地球，太陽，月のデータ

地球の赤道半径：	6.378140×10^6 m	地球の質量：	5.974×10^{24} kg
極半径：	6.356755×10^6 m	太陽の質量：	1.989×10^{30} kg
太陽の平均半径：	6.96×10^8 m	月の質量：	7.348×10^{22} kg
月の平均半径：	1.74×10^6 m	地球と太陽の間の平均距離：	1.50×10^{11} m
		地球と月の間の平均距離：	3.84×10^8 m

10のべきを表す接頭語

倍	名称	記号	倍	名称	記号
10^{24}	ヨッタ	Y	10^{-1}	デシ	d
10^{21}	ゼッタ	Z	10^{-2}	センチ	c
10^{18}	エクサ	E	10^{-3}	ミリ	m
10^{15}	ペタ	P	10^{-6}	マイクロ	μ
10^{12}	テラ	T	10^{-9}	ナノ	n
10^9	ギガ（ジガ）	G	10^{-12}	ピコ	p
10^6	メガ	M	10^{-15}	フェムト	f
10^3	キロ	k	10^{-18}	アット	a
10^2	ヘクト	h	10^{-21}	ゼプト	z
10	デカ	da	10^{-24}	ヨクト	y

ギリシア文字

大文字	小文字	相当するローマ字	読み方		大文字	小文字	相当するローマ字	読み方	
A	α	a, ā	alpha	アルファ	N	ν	n	nu	ニュー
B	β	b	beta	ベータ（ビータ）	Ξ	ξ	x	xi	グザイ（クシー）
Γ	γ	g	gamma	ガンマ	O	o	o	omicron	オミクロン
Δ	δ	d	delta	デルタ	Π	π	p	pi	パイ（ピー）
E	ε, ϵ	e	epsilon	エプシロン	P	ρ	r	rho	ロー
Z	ζ	z	zeta	ゼータ（ツェータ）	Σ	σ	s	sigma	シグマ
H	η	ē	eta	エータ（イータ）	T	τ	t	tau	タウ（トー）
Θ	θ, ϑ	th	theta	テータ（シータ）	Υ	υ	u, y	upsilon	ユープシロン
I	ι	i, î	iota	イオータ	Φ	ϕ, φ	ph(f)	phi	ファイ（フィー）
K	κ	k	kappa	カッパ	X	χ	ch	chi, khi	カイ（クィー）
Λ	λ	l	lambda	ラムダ	Ψ	ψ	ps	psi	プサイ（プシー）
M	μ	m	mu	ミュー	Ω	ω	ō	omega	オメガ

増補改訂版

シップマン自然科学入門 新物理学

James T. Shipman 著

勝守 寛 監訳

学術図書出版社

FUNDAMENTALS OF PHYSICAL SCIENCE, SECOND EDITION

by James T. Shipman, Jerry D. Wilson, Aaron W. Todd

Copyright© 1996 by D. C. Heath and Company, a division of Houghton Mifflin Company

All rights reserved.

Japanese translation rights arranged with Houghton Mifflin Company, Boston, through Tuttle-Mori Agency, Inc., Tokyo

図10.1，図10.15，図10.18，図10.20，図10.24，表B4.1，図B4.1

From Shipman, James T., Jerry D. Wilson, and Aaron W. Todd, AN INTRODUCTION TO PHYSICAL SCIENCE, Ninth Edition.

Copyright© 2000 by Houghton Mifflin Company.

Used with permission of Houghton Mifflin Company, Boston through Tuttle-Mori Agency, Inc., Tokyo

監訳者まえがき

　原著 "Fundamentals of Physical Science" はオハイオ大学名誉教授 James T. Shipman 氏ほか2名によって，アメリカの大学の一般教養向きに書かれた教科書である．数式の使用をできるだけ少なくし，微積分の知識も必要としない平易な説明が試みられている．その一方で最新の物理学の重要な発展にも触れて読者の興味をそそるように工夫してある．最近わが国では，高校のカリキュラム改定のため，理工系を専攻しようとする学生諸君の中にも，高校の段階で物理を履修していない学生が増えてきた．この書物はそのような学生諸君にも理解しやすいように書かれている．いうまでもなく理工系を専攻としない学生諸君には，取っ付きやすい適切な教科書であると思う．

　原著は物理学のほか，化学，天文学，地球科学を含むが，その第1部（第1章から第10章まで）物理学の部分を翻訳したのがこの訳書である．Shipman 教授らによる旧著書についても 1980 年に訳者らが翻訳を行ったが，今回の新しい著書は全面的に内容が書き改められ，イラストや写真なども美しいカラー印刷となっていて楽しく読むことができる．

　この翻訳をするにあたり，中部大学教授・吉福康郎氏に第1章から第7章までの最初の素訳をして頂いた．第8章から第10章までの素訳は勝守が行った．さらに全体としての文章のスタイルの調整，用語や数式の表記の統一など監訳者としての仕事は勝守が担当した．また原著中には明らかな誤植や誤記のほか，誤解の恐れのある記述や不適切と思われる説明の個所がかなり見受けられるので，原著者に直接連絡して了解を得た上で，書き直しや補足説明を行った．全章にわたるこれらの訂正の責任は監訳者にある．

　本文の説明を補足した方がよいと思われる個所には，かなり多くの訳注を入れた．また基本的な考えから容易に導かれる数式も訳注で説明した個所がいくつかある．進んで学習しようとする学生諸君の参考にして貰いたい．

　監訳者として多くの労力と時間を要したのは，原文を何度も読み返して原著者が主張しようとするニュアンスをできる限り尊重しながら，日本文として理解しやすい文章にすることであった．内容は物理学の初歩的な記述であり，一般によく知られたことばかりであるから，もし極端に意訳してしまうと，はじめから訳者が自分の発想で本を書くのと同じことになる．したがって原文の逐語訳や直訳ではなく，極端な意訳にもならないように注意しながら，原著の記述をわかりやすい日本語にするように極力努めたつもりである．しかし監訳者の非力のために不十分な点が多々あるかも知れない．読者からのご指摘を頂ければ幸いである．

　中部大学教授・坪井和男氏（電気工学一般），同教授・岡島茂樹氏（レーザー），同教授・纐纈銃吾氏（新元素名），同教授・袴田和幸氏（宇宙空間物理学）には，括弧内の事項についてご助言を頂いたり，資料を参照させて頂いたことを厚く御礼申し上げる．また京都大学原子炉実験所・小林圭二氏には，世界における高速増殖炉の現状について貴重な資料と書簡を頂いたことを感謝申し上げる．

　近年高等教育の大衆化が進む一方で，理工系離れの風潮があり，同時に学生諸君の中には自然科学の基礎である物理学の学習を敬遠する傾向があるといわれる．このとき学術図書出版社社長・発田卓士氏と同編集長・発田孝夫氏は，コスト的には容易でない全ページカラー印刷という教科書の刊行をあえて決断された．これはひとりでも多くの学生諸君が物理学に興味をもち，その入門の学習が楽しくできるように配慮したいという両氏の並々ならぬ熱意の現れであり，心から敬意を表する次第である．

1998 年 8 月

勝　守　寛

増補改訂版への監訳者の付記

　この訳書は1998年の刊行以来，多くの大学またはそれに準じた教育機関で教科書としてご採用いただき，数式をあまり使用しない平易な入門書としての評価をいただいてきた．一方で，一部の先生方からは少し進んだ学生には物足りないところもあり，簡単な数式を取り扱う項目を補充してはどうかとのご指摘もいただいている．

　このようなご指摘も考慮し，つぎの増補改訂を行った．

1) 原著はShipman氏ほか2名による"Fundamentals of Physical Science"（第2版，1996年発行，以下で"FPS 2"と略記）であるが，その後，同じ著者たちによる姉妹書"Inroduction to Physical Science"（第9版，2000年発行，以下で"IPS 9"と略記）が出版され，"FPS 2"にはないが"IPS 9"から補った方がよいと思われる部分として，第1章に1.7節「問題解決へのアプローチ」を追加した．また第10章に新たに"IPS 9"からの5枚の図を追加した．

2) 従来からの付録（付録5,6を除く）を付録Aとし，新たに訳者によって追加した増補部分を付録Bとした．ただし従来の付録5は付録B7の一部に入り，付録6は裏見返しに移した．

3) 原著"FPS 2"では第3部天文学の第15章，"IPS 9"でも第15章「太陽系」の中に含まれている「惑星の運動とケプラーの法則」は古典力学の重要な部分なので，第3章に追加すべき節として付録B4に入れた．内容は訳者によって書き改めてある．

4) 従来の付録5にあった「特殊相対性理論における，長さの縮み，時計の遅れ，質量の増加」に関する項目はローレンツ変換の説明を補充して付録B7に入れた．

5) このほか補充すべき説明事項として，以下の項目を付録Bに入れた．B1 スカラー積とベクトル積，B2 運動量保存則と角運動量保存則，B3 位置エネルギー（ポテンシャル）と保存力，B5 宇宙速度，B6 ローレンツ力と電磁誘導，B8 水素原子の電子軌道半径とエネルギー準位．

　今回の増補改訂により，本書がより一層使いやすい教科書としてご利用いただければ幸いである．

2002年9月

勝　守　寛

目 次

第1章　測定	2
1.1　人間の感覚	3
1.2　科学的方法と基本量	4
1.3　基本単位	7
ハイライト　メートル法と国際単位系（SI）	8
1.4　誘導量	12
1.5　単位の変換係数	15
1.6　数値の科学的記法とメートル法の接頭語	16
1.7　問題解決へのアプローチ	18
第2章　運動	22
2.1　位置と経路	23
2.2　速さと速度	25
2.3　加速度	31
ハイライト　ガリレオとピサの斜塔	35
2.4　放体の運動	35
第3章　力と運動	42
3.1　力とニュートンの運動の第1法則	43
3.2　ニュートンの運動の第2法則	46
ハイライト　アイザック・ニュートン	47
3.3　ニュートンの万有引力の法則	54
3.4　ニュートンの運動の第3法則	57
3.5　運動量と力積	60
ハイライト　力積と自動車のエアバッグ	65
第4章　仕事とエネルギー	70
4.1　仕事	71
4.2　仕事率	74
4.3　運動エネルギーと位置エネルギー	77
4.4　エネルギーの保存	81
4.5　エネルギーの形態とエネルギー源	85
ハイライト　質量-エネルギーの保存	88
第5章　温度と熱	92
5.1　温度	93
ハイライト　湖は表面から凍る	96
5.2　熱	97
5.3　比熱と潜熱	98
5.4　熱力学	103
5.5　熱伝達	108
5.6　物質の相	110
ハイライト　分子運動論，理想気体の法則，絶対零度	112
第6章　波動	118
6.1　波の性質	120
6.2　電磁波	123
6.3　音波	124
ハイライト　騒音の許容限界	128
6.4　ドップラー効果	130
6.5　定常波と共鳴	132
第7章　波動現象と光学	138
7.1　反射	139
7.2　屈折と分散	141
ハイライト　虹	146
7.3　回折，干渉，偏光	147
ハイライト　液晶ディスプレー	151
7.4　球面鏡	152
7.5　球面レンズ	154
第8章　電気と磁気	160
8.1　電荷と電流	161
8.2　電圧と電力	167
ハイライト　超伝導	170
8.3　簡単な電気回路と電気の安全性	171
ハイライト　感電	176
8.4　磁気	176
8.5　電磁気学	181
第9章　原子物理	190
9.1　光の2重性	191
9.2　水素原子に対するボーアの理論	194
9.3　量子物理学の応用	198
ハイライト　蛍光と燐光	203
9.4　物質波と量子力学	204
9.5　多電子原子と周期表	208
第10章　核物理	216
10.1　原子核	217
10.2　放射能	221
ハイライト　放射能の発見	224
10.3　半減期と放射性年代測定	226
10.4　核反応	230
10.5　核分裂	234
ハイライト　核爆弾の製造	238
10.6　核融合	240
10.7　放射線の生物学的影響	245

付録 A1	国際単位系（SI）における基本単位	252
付録 A2	10 のべき（累乗）による科学的記法	253
付録 A3	有効数字	254
付録 A4	次元解析	255
付録 B1	スカラー積とベクトル積	256
付録 B2	運動量保存則と角運動量保存則	258
付録 B3	位置エネルギー（ポテンシャル）と保存力	259
付録 B4	惑星の運動とケプラーの法則	260
付録 B5	宇宙速度	264
付録 B6	ローレンツ力と電磁誘導	266
付録 B7	特殊相対性理論における，長さの縮み，時計の遅れ，質量の増加	268
付録 B8	水素原子の電子軌道半径とエネルギー準位	272

Photo Credits　274

索引　276

増補改訂版　シップマン自然科学入門　**新物理学**

レーザー核融合　レーザーによって起こされる核融合の研究が，ローレンス・リバモア国立研究所にあるこの巨大な装置を使って行われている．30兆ワットの出力のレーザービームが重水素と三重水素を含む小さなペレットに集中すると，その熱と圧縮のために太陽のコアに起こっている温度と密度に近い状態になる．もしある時間そのままの状態が継続すれば核融合が起こる．

1
測　　定

ガリレオが製作した惑星の位置を調べる器具

物理学はわれわれをとりまく物理的世界を理解し説明しようとする学問である．ある現象を見ると，なぜ起こるかを知りたくなる．ものごとを科学的に理解し説明するには，まず**測定**によってそれがどんなものかを知らなければならない．測定とは物理量をなんらかの基準と比較することである．人類は長年にわたってつぎつぎに優れた測定方法を開発してきた．科学者はその中でもっとも高度かつもっとも単純なものを利用する．測定によって得られる情報をよく理解するには，測定方法の一般的知識を学ぶとともに，その限界を知ることも大切である．

　日常生活においても，われわれは絶えず測定をしている．毎日の行動を時間の関数として計画する．出来事が起こる時間は時計を使って測定する．10年ごとに国勢調査をして，人口を決定（測定）する．お金がいくら，降水量が何ミリ，人生何年，何日，何分というのも測定である．病気のために食物や薬の摂取量について正確な測定を続ける人もいる．病気を診断し治療するとき，医者や医療技術者や薬剤師が精密な測定をするが，これには大勢の生命がかかっている．

　気象台では気温，気圧，湿度，風速など天候に関する数多くの要素を測定する．その情報はマスメディアによって天気予報とともに何百万人もの人々に伝えられる．マスメディアは割り当てられた周波数（振動数）の電波を用いるが，この周波数もモニター（測定）されている．

　精密な測定をすることによって，現象を知り予測する能力を得ることができる．科学者はきわめて大きいものや小さいものを測定しなければならない．はるかな宇宙にまで探究の手を伸ばすかと思うと，微小な粒子を追い求める．すべてのものが完全な精度で測定できる，と考えられた時期もあった．ところが，測定の対象がだんだん小さくなるにつれ，測定という行為そのものが測定過程を乱すことがわかった．測定を行うときに生じるこの不確定は非常に小さなものであるが，第9章で議論しよう．

　以上に述べた例は，測定とはどんなことかを説明し，測定という概念を知る必要性を強調している．測定について理解することは，われわれのまわりの物理的環境を理解する第一歩になる．

1.1 人間の感覚

> **学習目標**
> 　人間の感覚の限界を知り，それらを乗り越える方法を学ぶこと．

　外界の環境は人間の感覚を直接あるいは間接に刺激する．五感すなわち視覚，聴覚，嗅覚，触覚，味覚によって，われわれは外界と結び付いている．外界から得られる情報の大部分は視覚によるものである．人間の目，したがって，頭もだまされることがあるので，目に見えるとおりのものが事実を表すとは限らない．錯視という現象には●図1.1のよう

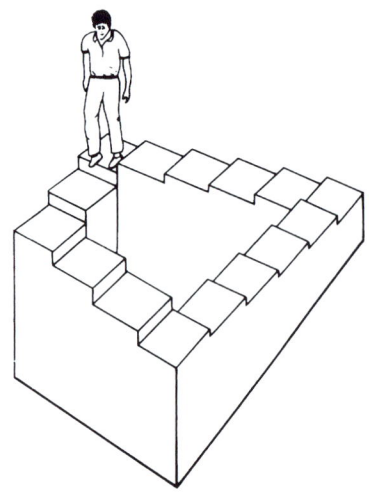

どこまでも下り続ける？

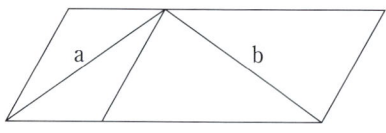

対角線 a と b は同じ長さ

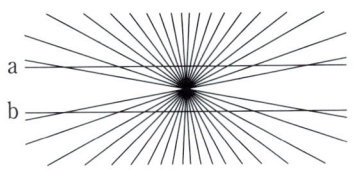

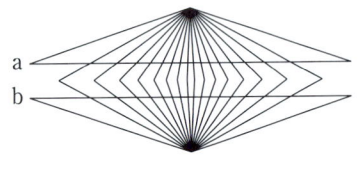

直線 a と b は平行

図 1.1 錯視の例 目に見える通りの物があると思うとだまされる．

によく知られたものがたくさんある．図の中には，目で見て感じるとおりに実際なっていると思い込んでしまうこともある．

外界からの情報を脳に供給する点で，視覚のつぎに重要なものは聴覚である．触覚，味覚，嗅覚は健康で楽しい生活を送る点で非常に重要ではあるが，外界からの情報を取り込む点では，視覚や聴覚よりはるかに劣る．

五感にはいずれも錯覚があり，誤った情報を伝えることがある．朝早く，空気の冷たいうちに浜辺へ行って泳いだことのある人ならだれでも，水が体に暖かく感じた体験があるだろう．ところが，午後になって空気が暖まると，水はほとんど同じ温度のままなのに，冷たく感じる．もし水温はどの位かと尋ねられたなら，おそらく気温の変化にしたがって答えが変わるだろう．

五感には錯覚だけでなく，限界もある．たとえば遠方の星（恒星）が2個接近した位置にあるとき，肉眼では区別できなくて，1個の明るい点の星に見える．また，銀河内の恒星と太陽系の惑星は肉眼では容易に見分けることができない．しかし，長期間にわたって観測すると，惑星はもっと遠方の恒星に対して相対的に移動しているのが観測される（実際，**惑星**という語は「さまようもの」というギリシア語からきている）．肉眼では太陽系の惑星のすべては見えないという限界もある．最も外側にある3個の惑星から反射される弱い光が見えるほど，肉眼は感度がよくないからである．同じように，その他の感覚にもそれぞれの限界がある．

測定や観測をするのに器械を用いると，五感のもつ不利な条件を乗り越えることができる．たとえば，望遠鏡が発明されたあとになって，天王星，海王星，冥王星の3惑星が発見されたのである．あるいは，図1.1の長さの錯視の図で，定規を使って対角線 (a) と (b) を測れば，同じ長さであることが確かめられる．測定機器を用いることによってさまざまなものを測定する能力を拡大できる．しかし，きわめて精密な装置にも限界がある．時間は腕時計で測定できるが，たいていの腕時計では1/10秒より短い時間間隔を測ることはできない．

1.2 科学的方法と基本量

> **学習目標**
> 　科学的方法によって理論がどのように検証されるかを理解すること．
> 　測定したり物理的記述に用いられる基本量を学ぶこと．

ではまわりの物理的環境を科学的に記述するにはどうすればよいだろうか．普通はまずまわりで起こる**現象**を観察し，つぎに基本的な概念の公式化を試みるのである．ここで**概念**とは現象を記述するのに使われる

意味のある考えのことである．そこでまず現象を説明するのに**仮説**を立てる．仮説とは，ものごとがなぜ，あるいは，どのように生じるかについての推量や考えられる解釈のことである．しかし，仮説が正しいかどうかを判定するためには，実験と測定によって検証しなければならない．

設定した実験条件下で何が起こるかを仮説によって，予測し記述することができる．その条件下での実験結果が予測と一致すれば，優れた仮説といえる．しかし仮説は，さまざまな局面や条件のもとで繰り返し検証しなければならない．広範囲の検証の結果，仮説の示す通りのことが観測されれば，普通はその仮説を**理論**と呼ぶ．自然を探求するこの過程を**科学的方法**といい，基本的には自然についてのどのような理論やモデルもその結果が実験と一致しない限り正当性はないということである．つまり，理論も仮説も実験による立証が必要である．科学的方法を発展させた人物として，一般にイタリアの科学者ガリレオ（第 2 章）とイギリスの哲学者フランシス・ベーコンが挙げられる．いろいろな推論や見解は実験で検証すべきだとする科学的方法により，科学はゆるぎない基盤の上に立つのである．

理論から科学的「**法則**」が確立されることもある．法則とは，何が観測されるかを多くは数学的に述べたものである．第 3 章で学ぶ，ニュートンの 3 つの運動の法則と万有引力の法則がその例である．法則は何が観測されるかを記述し，一方で理論や仮説は**なぜ**ものごとが起こるかを説明するのである．

では科学的方法を応用するとき，何を実験で測定するのか考えてみよう．確かに取り扱うものはできるだけ単純かつ基本的であることが望ましい．現象の物理的特性は**基本的な量**（基本量）で表すことができ，これらの量が物理的世界を理解する基礎となる．科学者は普通，**長さ**，**質量**，**時間**，**電荷**の 4 つを**基本量**と定めている．基本量というのは，自然を記述するのにこれより基本的な量は考えられないという意味である．物理学を理解するのに必要なその他のもっと複雑な量も，基本量をもとに組み合わせて決められる．

身のまわりの世界を語るのにどんな量を用いるだろうか．売店へ買物に行くとき疑問になることを考えてみよう．「店はどこにあるか」，「何時に開店するか」，「はかりに載せた分量だけ買おうか，その 2 倍にしようか」などである．ここに出てきた「どこか」，「いつか」，「どれだけか」という疑問は，空間，時間，物質の量という基本的な概念に関するものである．

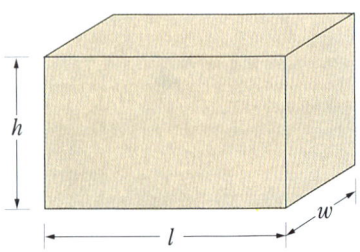

図1.2 **大きさと長さ** 直方体の箱の大きさは普通長さ(l)，幅(w)，高さ(h)で決める．これらはすべて3つの異なる方向に測った長さである．

長さ

物体の空間に関する性質としては，その位置と大きさがある．位置や大きさを測定するには，**長さ**という基本量を用いる．長さは，任意の方向について空間を測定した結果として定義される．

空間は3次元なので，3つの方向について長さを測定すればよい（●図1.2）．このことは直方体を思い描けばわかりやすい．直方体がもつ，縦，横，高さの3つの方向のどの寸法も長さという量で表される．ボールのような球体は，半径，直径，円周をもつが，これらはすべて長さの測定によって容易に決まる．

時間

注目の物体の位置がわかると，今度はその振る舞いが気になるものである．「その自動車は動いているか」，「つぎの飛行機はいつ出発するか」，「君は何日に帰省するか」などである．これらの疑問には，いずれも時間という基本量を用いて答えることができる．だれにでも時間という観念はあるが，それを定義したり説明するのはむずかしいだろう．時間についてよく使われる用語に，継続時間，一定時間，時間間隔などがある．時間とはできごとが連続的につぎつぎに起こっていく，未来へ向かう流れであるといってもよい．どんな事象も一切起こらなかったら時間を知覚できないだろう（●図1.3）．人間はもともと時間を直接感じることができない．ただ，事象がつぎつぎに起こっていくのがわかるだけである．すなわち，時間そのものを知覚することはできず，いくつかの事象によって時間間隔がわかるだけである．これはちょうどメートル尺の目盛りの間隔で長さを知るのと同様である．時間は過去から未来という一方向にしか流れないことに注意しよう．すなわち，ビデオテープを逆戻しするときに現れる画面のように，時間が逆向きに進むことはけっして観測されないのである．

時間と空間は不可分である．[訳注1]　実際，時間は3次元の空間に第4の次元として加えられることがある．しかしたいていの場合，時間と空間を別々の基本量とみなして扱ってもよい．[訳注2]

図1.3 **時間と事象** ニューヨークシティーマラソンでゴールするランナー．ゴールインするという事象が生じた時間はスタート後2時間9分40秒であることがわかる．

訳注1　アインシュタインは相対性理論において，時間と空間は互いに結びついて4次元の時空間をつくり，別々に分けられないことを示した．付録B7参照．

訳注2　光速にくらべて十分に遅い運動ならばよい．

質量

物質の量について考えるときには，**質量**という第3の基本量が必要になる．質量を正確に定義するには，力と加速度それに重力の概念を理解しておかなければならない．これについては第2章と第3章で述べる．さしあたり，質量とは物体の含む物質の量を指すとだけいっておこう．

地球上に住むわれわれは物質の量を重さで測ることが多い．実際，重い物体ほど多量の物質を含む．しかし，重さは基本的な量ではない．背中に生命維持装置がついた宇宙服を着て地球上で全重量180 kgw [訳注3]

訳注3　キログラム重 [kgw] の単位については第3章で学ぶ．

の宇宙飛行士も，月面上では重さが 1/6 の 30 kgw になる（●図 1.4）．しかし，宇宙飛行士の質量すなわち物質の量は地球上でも月面でも同じである．

重さは重力と関係がある．重力は天体が物体に及ぼす引力である．地球上の人の体重とは，地球がその人を引っ張る引力のことである．月面では引力が地球上の 1/6 しかないので，物体の重さも 1/6 になるのである．重さは宇宙のどこへ行くかで変わる．一方，物体の質量は宇宙のどこへ行こうと同じであり，**基本的**な量は質量である．質量と重さの関係は第 3 章で詳しく述べる．

電荷

第 4 の基本量は**電荷**である．電荷とは粒子のもつ特性であり，電気的な力や電気現象を引き起こす．電荷には正（＋）と負（－）の 2 種類がある．正電荷同士，負電荷同士は反発し合い，正と負の電荷は引き合う（●図 1.5）．

電荷は物質に関する重要な量である．なぜなら，どの原子の中にも電荷を持った粒子が含まれており，ほとんどの物質は原子でできているからである．電流は電荷の流れにすぎない．電荷と電気的な力の概念については第 8 章で詳しく述べる．

1.3 基本単位

> **学習目標**
> メートル単位系の基本単位の定義を理解すること．

基本量やそれらを組み合わせた量を測定するには，なんらかの基準と比較しなければならない．たとえば，長さの測定には定規を用いるが，これは未知の長さを定規の基準の長さと比較するのである．採用されている測定の基準を基本単位と呼ぶ．**基本単位**としては，正確な測定をするために，基準値が確立していて，再現が容易なものを選ぶ．一組の基本単位を**単位系**という．世界中で使われている主な単位系は 2 種類あり，訳注 それぞれ別の基本単位を用いている．

どの単位系でも時間の基本単位として秒 [s]，電荷の基本単位として通常は**クーロン** [C] を用いる．

メートル単位系は世界の大部分の国で使われており，英国式単位系よりずっと簡単である．メートル単位系の大きな長所は，単位間の換算が 10 の何乗倍かになっていることである．たとえば，1 キロメートルは 10^3 メートル ＝ 1000 メートル である．

メートル単位系のもう 1 つの長所は，10 の何乗倍あるいは 10 の何乗分の 1 を表す体系的な接頭語を使う点である．たとえば，1 キロメート

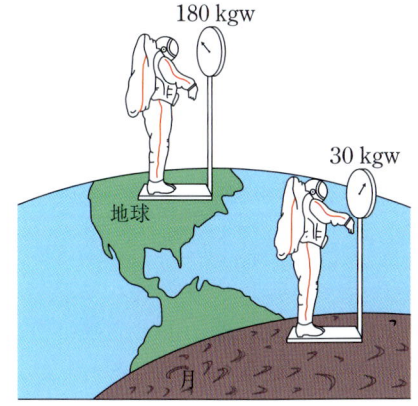

図 1.4　質量と重さ　月面上の宇宙飛行士の重さは地球上の 1/6 である．たとえば，宇宙服を着た宇宙飛行士の地球上での全重量を 180 kgw とすると，月面では 30 kgw である．しかし，宇宙飛行士の質量すなわち物質の量は同じである．質量は基本量である．

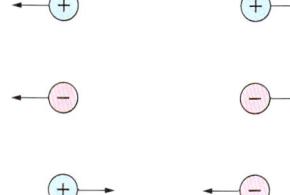

図 1.5　2 種類の電荷　電荷には正（＋）と負（－）の 2 種類がある．同種の電荷（正電荷同士，負電荷同士）は反発し合い，異種の電荷は引き合う．

訳注　その 1 つは英国式単位系で，長さの単位にフィート [ft]，重さの単位にポンド [lb] を用いる．アメリカではまだこの単位系がよく使われているが，原著のこれについての記述はこの訳本ではほとんど省略し，例題，問，練習問題などはメートル単位系に変更してある．

ハイライト

メートル法と国際単位系

メートル法の歴史は一般に，フランスの数学者ガブリエル・モールトンに始まる，とされている．モールトンは 1670 年，人体の大きさを基準とせず，自然界の物理量に基盤を置く，広範囲にわたる十進法の単位系を提唱した．長さの基本となる単位は，地球の大円[訳注a]の弧の中心角の 1 分に相当する長さ[訳注b]に等しくすべきで，また，この長さをもつ振り子の周期から時間の単位を決めるべきだ，と提唱したのである．

それから 120 年以上も後，フランス革命（1789～1799）のさなかの 1790 年代，フランス科学アカデミーは，赤道から北極点までの地球表面に沿った距離の 1000 万分の 1 を長さの単位とする十進法の体系を採用するよう推奨した．その長さの単位は，ギリシア語の metron－測る－にちなんでメートル（metre）と名付けられた．この長さの 10 分の 1 を一辺とする立方体を体積の単位とし，また，この立方体を満たす純粋な水の量を質量の単位とするよう提唱した．こうして，自然界の物理量に由来するただ 1 つの基本単位に基づく，簡単で便利な十進法の単位系が確立したのである．

最初に計画されたメートル法は，特に基本単位について問題があった．これらの問題を解決するため，フランス政府は 1870 年に法廷の会議において，統一的な測定体系のための基準を作成した．その 5 年後の 1875 年 5 月パリにおいて，アメリカを含む 17 ヵ国がメートル条約に調印した．

この条約に基づき，すべての活動に対して最高の権威を持つ度量衡会議総会が設立され，また，国際度量衡委員会も設立された．科学的度量衡学の恒久的な研究機関であり，世界的中心となる国際度量衡局に対する管理指導にこの委員会が責任を持つことになった．

アメリカは 1893 年にメートル法を公式に採用したが，法的な義務はなかったので，イギリス式単位系が使用され続け今日に至っている．

1960 年，第 11 回度量衡会議総会において，現代化したメートル単位系が制定された．これは，6 つの基本単位（メートル [m]，キログラム [kg]，秒 [s]，アンペア [A]，ケルビン [K]，カンデラ [cd]）を基礎におく単位系で，国際単位系 SI と呼ばれる．

1960 年に採用されたメートル法による質量の単位キログラムは化学の分野では使いにくいので，1971 年の第 14 回総会で，物質量に対して 7 番目の基本単位モル [mol] が認められた．7 つの基本単位と定義については付録 1 を参照．

訳注 a 地球の中心を通る平面が地球表面と交わってできる円．
訳注 b 1 分は 1/60 度．この長さは約 1.852 km ＝ 1 海里．

ルが 1000 メートルであることを知れば，1 キログラムが 1000 グラムであることがすぐわかる（キロは 1000 を意味する）．同様に，1 ミリメートルが 1/1000 メートルであることを知れば（ミリは 1/1000 あるいは 0.001 を意味する），1 ミリグラムが 1/1000 グラムであることもわかる．逆に，1000 ミリメートルが 1 メートル，1000 ミリグラムが 1 グラムである．メートル単位系の接頭語については，第 1.6 節で詳しく述べる．

メートル単位系で，長さ，質量，時間の基本単位はそれぞれメートル [m]，キログラム [kg]，秒 [s] である．これらの単位の**頭文字**をとって **MKS 単位系**と呼ぶ．これを含め現代化したメートル単位系が**国際単位系**である．フランス語（Système International d'Unités）の略語で **SI** と表される（ハイライトを参照）．[訳注]

もっと小さい量に対して使われるメートル単位系として **CGS 単位系**がある．C, G, S はそれぞれセンチメートル [cm]，グラム [g]，秒 [s] を表す．表 1.1 に SI（MKS）と CGS の基本単位を列挙した．

訳注 この訳本では，単位を表す記号を一般に [ ] で囲むことにする．[ ] がなくても明白であり，かえってわずらわしいときは省略する．

表 1.1 メートル法における基本単位

基本的な量	MKS 単位系	CGS 単位系
長さ	m	cm
質量	kg	g
時間	s	s

メートル

MKS単位系の長さの基本単位は**メートル**［m］である．もともと1mという長さは，地球の地理学的北極から赤道までの子午線に沿った距離の1000万分の1となるよう決められた（●図1.6）．この単位は1790年代にフランスではじめて採用され，現在では世界中で，科学の分野の長さの単位として用いられている．

1889年から1960年までの間，1mの標準としてメートル原器が用いられた．この原器は白金-イリジウム合金製の棒で，フランスのパリ近くにある国際度量衡局に保管されている．しかし，この原器は精度が変わる．たとえば，金属は温度の変化につれて膨張，収縮する．そこで，1960年と1983年にもっと変わりにくい基準が採用された．1960年，1mは光の波長を基準に決められたが，現在では，1983年に時間の基本単位に関連して定めたものを使っている．1mは，光が真空中を1/299 792 458秒の間に進む距離である．すなわち，真空中の光速は秒速299 792 458mと定義する．

長さに関するその他の単位は，この1mを基にして定義される．たとえば，1ミリメートル［mm］は1/1000m，1センチメートル［cm］は1/100メートル，1キロメートル［km］は1000mである．

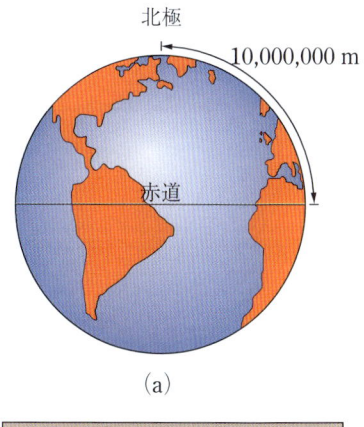

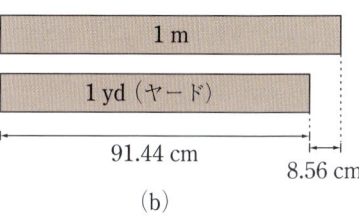

図1.6 メートル単位系の長さの単位—メートル (a) 1mはもともと北極から赤道までの距離の1000万分の1として定義された．したがって，両地点間の距離は10 000 000mである．(b) 1mは1yd（ヤード）より少し長い．

キログラム

SIつまりMKS単位系の質量の基本単位は**キログラム**［kg］である．この単位はもともと最大密度（4℃）（水の密度は温度によって変わる）となる水の体積によって定義された．これは，一辺が10cm（1/10m）の立方体の体積，すなわち1000 cm³（10cm×10cm×10cm）である．1kgは1000**グラム**［g］なので，最大密度の水1cm³の質量は1gである．訳注

しかし，取り扱いや水温調整のため水を基準とするのは不便なので，比較するのに便利な固体の基準が作られた．現在，1kgは国際度量衡局に保管されている白金-イリジウム合金製の円柱の質量として定義される．アメリカのキログラム原器はワシントン市内の米国標準技術研究所（NIST，元の米国標準局）にある（●図1.7）．長さ，質量，時間のうち，キログラムという質量の基本単位だけがキログラム原器という人工物を基準にしている．すでに学んだように，1mは光が真空中を1秒間に進む距離を基準にして定義し，また，すぐ後で述べるが，時間の基本単位はある原子から出る放射の振動数によって定義する．

訳注 実用上はこれで十分である．厳密にはキログラム原器とわずかの差がある—第5章ハイライト参照．

図1.7 1キログラムの基準 キログラム原器第20号はアメリカにおける質量の基準になっている．この原器は，白金-イリジウム合金製の円柱で，直径，高さとも39mmである．

問1.1

メートル原器は1つには温度によって長さが変わるため，新しい基準に取って代わられた．キログラム原器も同じ理由で他の基準に置き換えるべきだろうか．

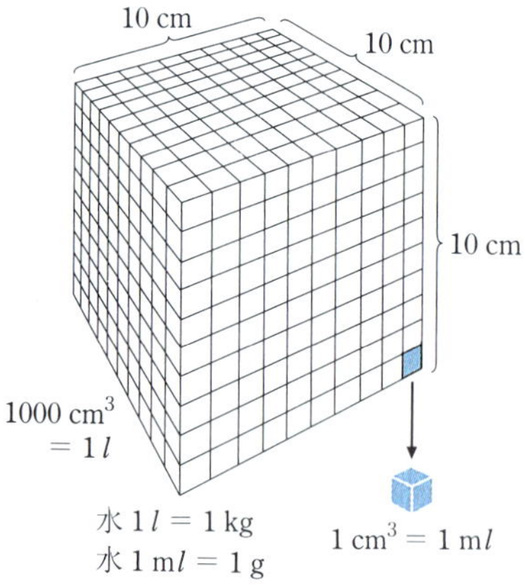

質量の単位と重さの単位を混同しないように注意しよう．たとえば，ある人の質量が 55 kg とすると，地球上での体重すなわち体の重さは 55 kgw である．[訳注1]

秒

時間の基本単位はメートル単位系でも英国式単位系でも**秒** [s] である．長年にわたって，1 s は平均太陽日を基準にして定義されていた（1 太陽日とは，太陽が 2 回続けて同じ位置を通過する間の時間である）．1 日は 24 時間 [h]，1 h は 60 分 [min]，1 min は 60 s だから，1 日は 86 400 s である．すなわち，1 s は 1 日の 1/86 400 である．平均太陽日を考えるのは，太陽をまわる地球の軌道が完全な円ではないため，1 太陽日の長さが一定ではないからである．

今日，1 s はセシウム原子の放射する光のある振動数に基づいて定義される．つまり 1 s は，セシウム 133 原子の特定の遷移[訳注2]に伴う放射の振動周期の 9 192 631 770 倍の時間によって定義する．

リットル

国際単位系（MKS 単位系）の体積の基本単位は 1 立方メートル [m^3] である．この単位はかなり大きいので，一般には 1 リットルというもっと小さな標準外の単位を用いる．もともと 1 kg の質量を定義するのに使われた水の体積 1000 cm^3 が 1 **リットル** [l] であった[訳注3]（●図 1.8）．したがって，1 l の水の質量を実用上は 1 kg に等しいとする．[訳注4]

リットルに 1/1000 を意味するミリという接頭語をつけたミリリットル [ml] もよく使われる．1 l は 1000 ml である．1 l は 1000 cm^3 で，1000 cm^3 = 1000 ml だから，

$$1 \text{ cm}^3 = 1 \text{ ml}$$

となる（●図 1.9）．1 立方センチメートル [cm^3] を cc と略記することもある．

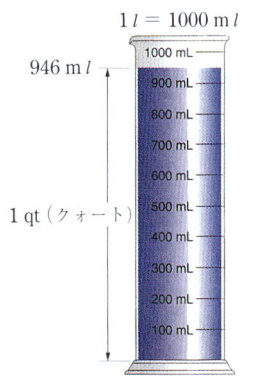

図 1.8 1 kg と 1 l 1 kg は，もともと一辺が 10 cm の立方体の体積 1000 cm^3 を占める水の質量として定義された．この体積が容量の単位のリットル [l] になっている．したがって，1 立方センチメートル [cm^3] は 1 ミリリットル [ml] に等しい．1 l の水の質量は実際上 1 kg なので，1 cm^3 すなわち 1 ml の水の質量は 1 グラム [g] である．

図 1.9 リットルとクォート 1 l は 1 qt（クォート）より 54 ml 多い．

図 1.10 メートル単位系へ変換の例 (a) ソフトドリンク類は普通 1 l のボトルで販売されている（アメリカには 2, 3 l のボトルもある）．(b) ハイウェーの制限速度標識が英国式とメートル単位系の両方で表されている．

訳注1 第 3 章参照．

訳注2 基底状態の 2 つの超微細準位間の遷移．

訳注3 小文字の l は数字の 1 と間違いやすいので，リットルを表すのに大文字の L もよく使われる．日本では一般に小文字の l が使われる．

訳注4 精密な数値を問題にすると，わずかの違いがある．第 5 章ハイライト参照．

All You Will Need to Know About Metric
(For Your Everyday Life)

10

Metric is based on Decimal system

The metric system is simple to learn. For use in your everyday life you will need to know only ten units. You will also need to get used to a few new temperatures. Of course, there are other units which most persons will not need to learn. There are even some metric units with which you are already familiar: those for time and electricity are the same as you use now.

BASIC UNITS

METER: a little longer than a yard (about 1.1 yards)
LITER: a little larger than a quart (about 1.06 quarts)
GRAM: a little more than the weight of a paper clip

(comparative sizes are shown)

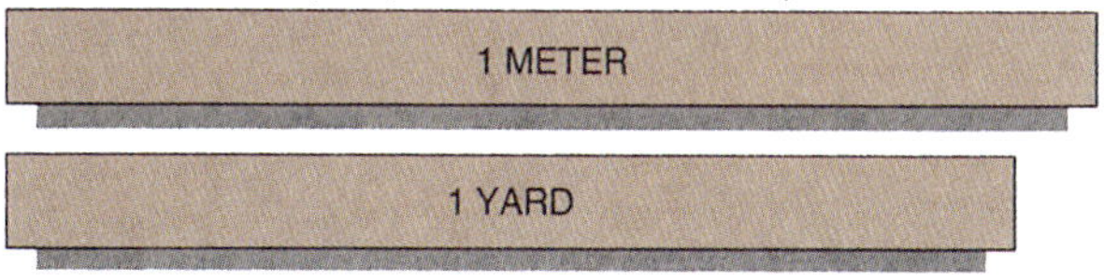

1 METER
1 YARD

25 DEGREES FAHRENHEIT

COMMON PREFIXES
(to be used with basic units)

milli: one-thousandth (0.001)
centi: one-hundredth (0.01)
kilo: one-thousand times (1000)

For example:
1000 millimeters = 1 meter
 100 centimeters = 1 meter
1000 meters = 1 kilometer

1 LITER   1 QUART

OTHER COMMONLY USED UNITS

millimeter:	0.001 meter	diameter of paper clip wire
centimeter:	0.01 meter	a little more than the width of a paper clip (about 0.4 inch)
kilometer:	1000 meters	somewhat further than 1/2 mile (about 0.6 mile)
kilogram:	1000 grams	a little more than 2 pounds (about 2.2 pounds)
milliliter:	0.001 liter	five of them make a teaspoon

OTHER USEFUL UNITS

hectare: about 2½ acres
metric ton: about one ton

25 DEGREES CELSIUS

WEATHER UNITS: **FOR TEMPERATURE**   **FOR PRESSURE**
degrees Celsius   kilopascals are used
100 kilopascals = 29.5 inches of Hg (14.5 psi)

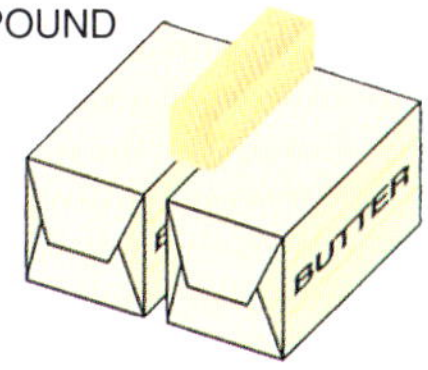

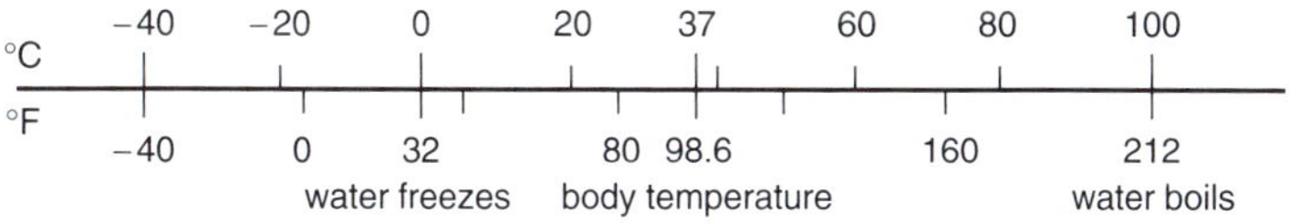

°C −40 −20   0   20 37   60   80 100
°F −40   0   32   80 98.6   160   212
            water freezes body temperature   water boils

1 POUND

1 KILOGRAM

図 1.11　メートル法への移行を推進するため，必要なことを書いたアメリカ政府のちらし．

1.4 誘導量

> **学習目標**
> 基本量を用いて誘導量を説明すること．
> 簡単な数式から導かれる知識情報を検討すること．

観測される現象の大部分は 4 つの基本量によって表すことができる．しかし，自然界の現象は多様なので，基本量を適当に組み合わせて使うことも必要になる．基本量を組み合わせたものを**誘導量**という．たとえば，面積，体積，速さ，密度は誘導される量であり，つぎのように定義される：

$$面積 = (長さ)^2$$
$$体積 = (長さ)^3$$
$$速さ = \frac{長さ}{時間}$$
$$密度 = \frac{質量}{体積} = \frac{質量}{(長さ)^3}$$

科学で用いる量の大部分は基本量を組み合わせて導かれる誘導量である．^{訳注} いくつかの誘導量とそれに伴う誘導単位はすでにこの本でも扱ってきたが，今後はさらに多くを学ぶことになる．前述の身近な誘導量とそれらの単位の例を表 1.2 に示す．

密度は物体中に物質がどれほどぎっしり詰まっているかを示す尺度である．数式で表すと，**密度** ρ（ロー）は決まった体積 V 中に含まれる質量 m であるから，

$$\rho = \frac{m}{V} \tag{1.1}$$

となる．たとえば，質量が 20 kg，体積が 5 m³ の物体を考えよう．その密度は $\rho = m/V = 20\,\mathrm{kg}/5\,\mathrm{m}^3 = 4\,\mathrm{kg/m}^3$ である．このように，密度は**単位体積**あたりの質量である．単位体積とは 1 立方メートル [m³] のことであり，その物体が均質ならばどの部分の 1 m³ も 4 kg の質量を持つ．kg/m³ は国際単位系 SI の単位である．しかし，もっと少量の物質を扱うときには，小さな単位 g/cm³（グラム/立方センチメートル）の方が便利である．

質量が物体全体にわたって均等に分布しているとき，密度が一様であるといい，どの部分も単位体積あたり同じ量の質量を含む．言い換えると，この物体の密度は一定である．●図 1.12 に示す，水のように均質な物質はその量にかかわらず密度が一定である．しかし，質量が物体の体積内で均等に分布していないときは，(1.1) 式は**平均密度**を表す．たとえば，地球は球に近い体積内で，質量が均等には分布していないので，(1.1) 式で計算した結果は平均密度である．

訳注 物理法則に現れる基本量と誘導量の関係は次元の概念を使って表される．次元解析については付録 A4 を参照せよ．

表 1.2 誘導量と誘導単位

誘導量	誘導単位
面積(長さ)²	m², cm² など
体積(長さ)³	m³, cm³ など
密度(体積あたりの質量)	kg/m³, g/cm³ など

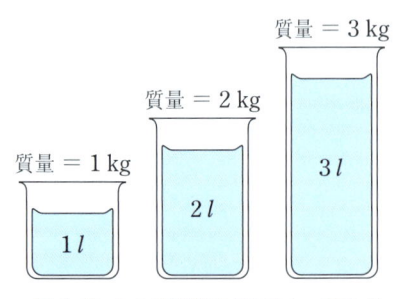

図 1.12 3 つの容器のどれをとっても水の質量と体積は異なるが，密度は 1 kg/l = 1 g/cm³ = 1000 kg/m³ で等しい．

kgとlについてのここまでの話からわかるように，水の密度は1g/cm³すなわち1kg/lである（SI単位では水の密度は1000kg/m³である）．ほかの物質の密度を水と比べることもできるが，g/cm³という単位を用いた方がずっと比べやすい．たとえば，ある岩石の平均密度が3.3g/cm³であれば水より3.3倍も重い．純粋な鉄の密度は7.9g/cm³であり，地球の平均密度は5.5g/cm³である．

科学者は(1.1)式のような数学的関係式を用いて研究をし，予測をたてる．これらの数式は科学の「言語」と考えることができる．方程式の表す関係によって簡潔に知識情報の伝達をすることができる．古いことわざを言い換えると，「百聞は一方程式にしかず」[訳注]である．数学は科学の「道具」である．一般に，多くの道具を使うほど，より多くの質のよい仕事をすることができる．同様に，科学者も数多くの高度な数学的方法を用いることによって，研究と予測を通して絶えず自然を探究することができるのである（結果が予測と一致することを立証しなければならない――科学的方法）．

訳注 直訳は「1つの方程式は千の言葉に値する」．

本書では数学的な手順と表現について**概観**し必要な説明をする．この概観によって科学的研究活動について基本的な理解と評価をすることを学ぶのである．数式を用いて科学的な情報を引き出すよい例として，密度を考えよう．体積100cm³のボールベアリング用鋼球の質量を知りたいとする．実験室へ行ってはかりに載せてもよいが，密度の式を使えば机を離れる必要がない．(1.1)式を少し変形すると

$$m = \rho V$$

となる．身近な物質の密度は表になっている．鋼鉄の密度は7.8g/cm³なので，鋼球の質量は

$$m = \rho V = 7.8 \text{g/cm}^3 \times 100 \text{cm}^3 = 780 \text{g}$$

である．つぎに，質量のわかっている場合としてたとえば密度13.6g/cm³の液体金属である水銀400gを考えよう．これが25mlのビーカーに入るかどうか知りたいとする．400gの水銀の体積がわかればよいわけである．(1.1)式から，$V = m/\rho$となる．簡単な計算で水銀の体積は$V = m/\rho = 400\text{g}/13.6\text{g/cm}^3 = 29.4\text{cm}^3 (= 29.4\text{ml})$であり，25mlのビーカーに入れればあふれてこぼれることがわかる（水銀は非常に毒性の強い物質なので，取り扱いには極度の注意が必要である）．

血液やアルコールのような液体の密度は**液体比重計**で測ることができる．液体比重計は普通おもりを封じ込めた中空のガラス球に細長い棒をつけたもので，これを液体に浮かせる．比重計がどのくらい浮き上がるかは棒の表面につけた目盛りで読み取ることができ，大きく浮き上がるほど液体の密度は大きい（●図1.13）．

医療技術者が尿のサンプルを検査するとき，密度もチェックする．健康な人の尿はほぼ1.015から1.030g/cm³の密度範囲にあり，大部分の水分と溶解塩分からできている．密度が正常の範囲からはずれるのは，溶解塩分が過剰または不足で，おそらく病気が原因であろう．

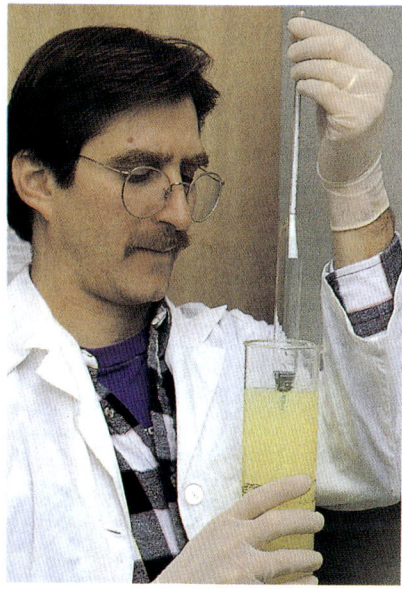

図1.13 比重計を用いて液体の密度を測定する．

比重計は自動車のバッテリー液や不凍液を検査するのにも使われる．自動車のバッテリーの中の液は純粋な水より重い硫酸溶液である．バッテリーが放電するにつれ，化学変化により硫酸が水に変わる．完全に充電すると，バッテリー液の密度は約 $1.3\,\mathrm{g/cm^3}$ になる．充電した後なのに液の密度が低くて水（$1\,\mathrm{g/cm^3}$）に近ければ，そのセルは故障していることになる．バッテリーテスターの比重計はガラス管の内部に入れてあり，この管にゴム球でバッテリー液を吸い込んで密度を測る．検査中に硫酸溶液が皮膚に触れてやけどを起こさないよう設計されている．

自動車のラジエーターの不凍液も同じように検査する．不凍液を水で薄めた溶液の密度が $1.0\,\mathrm{g/cm^3}$ に近いほど，液は純粋な水に近い．この検査に使う比重計には，密度の単位ではなく，直接凍結する温度を示す目盛りがつけてある．密度 $1.0\,\mathrm{g/cm^3}$ が水の氷点 $0\,°\mathrm{C}$ に相当する．混合液が純粋な水より大きな密度をもつほど，温度目盛りの読みが低くなる．不凍液の新型テスターは中空ガラス球の比重計の代わりに，プラスチックの回転する指示器を備えている．テスターのプラスチックボディの側面に温度表示の目盛りがあり，液に浸すと指示器が上を向き，使用適正温度を指すのである．

ここまで見てきたように，量は数値と**単位**で表される．測定された量は数式にあてはめて使うことがよくある．方程式の両辺は等号でつながっていて，両辺の数値が等しいだけでなく，単位も等しくなければならない．すなわち，速さの単位（たとえば m/s）を持つ量と面積の単位（たとえば $\mathrm{m^2}$）を持つ量を等しい，とおくことはできない．

単位の組み合わせが長く複雑になったとき，便宜上それ固有の単位名をつけることもよくある．あとの章で学ぶそのような単位の例をいくつか挙げておこう：

$$\text{ニュートン}\,[\mathrm{N}] = \mathrm{kg}\times\mathrm{m/s^2}$$
$$\text{ジュール}\,[\mathrm{J}] = \mathrm{kg}\times\mathrm{m^2/s^2}$$
$$\text{ワット}\,[\mathrm{W}] = \mathrm{kg}\times\mathrm{m^2/s^3}$$

誘導単位に固有の名前がついたとしても，やはり基本単位の組み合わせであることにかわりはない．ここに挙げた例は有名な科学者を記念して単位名にしたものである．一般に，人物名を単位にするときは，頭文字を大文字で表す．たとえば，ニュートンは N と書く．すでに習ったように，メートル [m]，キログラム [kg]，秒 [s] は小文字で表す．

1.5　単位の変換係数 ^{訳注}

訳注　日本の読者が物理学の学習をするためには，この節はあまり必要ではない．しかし，英国式単位系を今も使用しているアメリカなどに旅行や留学で滞在する諸君も多いと思われるので，原文を大幅に簡略にして概要だけを記すことにする．長さの単位の変換についていくつかの例を説明する．質量と重さ（力）については第3章で詳しく学ぶので，ここではそれらの単位系の変換の一例を簡単に記すだけにする．

学習目標

　ある単位系で表された量を，他の単位系の量に変換するときの，変換係数の使い方を理解すること．

長さの英国式単位系を SI 単位系に変換するにはつぎの関係を使う．

1.5 単位の変換係数

1 in（インチ）= 2.540 cm
1 ft（フィート）= 12 in = 0.3048 m
1 yd（ヤード）= 3 ft = 0.914 m
1 mi（マイル）= 1.609 km

例題 1.1 100 in（インチ）の長さを cm に変換せよ．

解 上の関係から in を cm への変換係数 2.54 cm/in（分母の 1 は省略してよい）を使って，

$$100 \text{ in} \times 2.54 \text{ cm/in} = 254 \text{ cm}$$

左辺では単位の in が代数式の約分のように，分母と分子でキャンセルされて（打ち消し合って），要求される単位の cm だけが残る．

例題 1.2 カフェテリアにあるトレーの長さは 1.50 ft である．m で表すといくらか．

解 ft から m への変換係数 0.3048 m/ft を使って

$$1.50 \text{ ft} \times 0.3048 \text{ m/ft} = 0.457 \text{ m}$$

ここでは単位の ft がキャンセルされた．

例題 1.3 インターステート・ハイウェー（州間主要道路）の速度制限が，65 mi/h（マイル/時）であるとする．km/h（キロメートル/時）で表すといくらか．

解 mi から km への変換係数 1.609 (km/h)/(mi/h) を使って，

$$65 \text{ mi/h} \times 1.609 \frac{\text{km/h}}{\text{mi/h}} = 105 \text{ km/h}$$

ここでは単位の mi/h がキャンセルされた．アメリカ国内で使用される新しい自動車の速度計には，mi/h（mph と略記してある）と km/h との両方の目盛りがつけられている（●図 1.14 参照）．

図 1.14 mi/h と km/h アメリカでは，多くの自動車の速度計に，mph（mi/h）と km/h の目盛りが付いている．

物理学では質量と重さ（力）は異なる概念であり，混同しないようにすべきである（第 3 章参照）．しかし，日常生活では区別しないで使うことも多い．質量の英国式（絶対）単位系は lb（ポンド）であるが，[訳注] 重さを表すのにもポンドがよく使われている．日本でも重さを表すのに kg を使うことがよくあるが，ここでは明確に区別するために kgw（キログラム重）とする．

SI 単位系の kg および N（ニュートン）との関係は

質量　1 lb（ポンド）= 0.4536 kg
重さ　1 lb（ポンド）= 0.4536 kgw = 4.448 N

（標準重力加速度の定義値から 1 kgw = 9.80665 N の関係を使った．）
簡単に概算値をだすには

1 kgw = 2.21 lb

と覚えておくと便利である．これは 1 lb = 0.454 kgw に相当する．

訳注 絶対単位系とは，基本単位として長さ，時間，質量を選ぶものである（1.3 節）．質量の代わりに重さ（力）を選ぶのが重力単位系である（第 3 章を参照）．

> **例題 1.4** ある学生の体重が 132 lb という．この学生の質量は何 kg か．
>
> **解** 重さ lb から kgw への変換係数 0.4536 kgw/lb を使って，
> $$132 \text{ lb} \times 0.4536 \text{ kgw/lb} = 59.9 \text{ kgw}$$
> または，概算するならば，変換係数 2.21 lb/kgw を使って，
> $$\frac{132 \text{ lb}}{2.21 \text{ lb/kgw}} = 60 \text{ kgw}$$
> したがって，この学生の質量は 59.9 kg，または概算で 60 kg である．これらの計算では，式の左辺で単位 lb がキャンセルされた．

以上では異なる単位系の間での変換係数について使い方を述べたが，もちろん同じ単位系の間での変換の際にも同様の計算によって（簡単な場合は暗算で）不要な単位のキャンセルを行っているのである．計算問題で練習してみよう．

訳注 ここでは指数が整数の場合だけを考える．

表 1.3 10 のべきで表した数値の例

数 値	10 のべきで表した数値
0.025	2.5×10^{-2}
0.0000408	4.08×10^{-5}
0.0000001	1×10^{-7}
0.00000000000000000016	1.6×10^{-19}
247	2.47×10^2
186 000	1.86×10^5
4 705 000	4.705×10^6
9 000 000 000	9×10^9
30 000 000 000	3×10^{10}
602 300 000 000 000 000 000 000	6.023×10^{23}

表 1.4 10 のべきを表す接頭語

倍	名称	記号
10^{24}	ヨッタ	Y
10^{21}	ゼッタ	Z
10^{18}	エクサ	E
10^{15}	ペタ	P
10^{12}	テラ	T
10^9	ギガ（ジガ）	G
10^6	メガ	M
10^3	キロ	k
10^2	ヘクト	h
10	デカ	da
10^{-1}	デシ	d
10^{-2}	センチ	c
10^{-3}	ミリ	m
10^{-6}	マイクロ	μ
10^{-9}	ナノ	n
10^{-12}	ピコ	p
10^{-15}	フェムト	f
10^{-18}	アット	a
10^{-21}	ゼプト	z
10^{-24}	ヨクト	y

1.6 数値の科学的記法とメートル法の接頭語

> **学習目標**
> 非常に大きいかまたは非常に小さい数値を簡潔に表す科学的記法（10 のべきによる記法）を理解すること．
> 10 の何乗あるいは何乗分の 1 を表すメートル法の接頭語の定義を知ること．

自然科学の分野で取り扱う数値には，非常に大きなものから非常に小さなものまである．このような数値を表すのに，**科学的記法**（10 のべきによる記法）が便利である．^{訳注} 10 を 2 乗，3 乗したものは，それぞれ
$$10^2 = 100, \quad 10^3 = 1000$$
である．10 の右肩につけた数字すなわち**指数**あるいは**べき**が 1 の後ろに並ぶ 0 の個数を表している．たとえば 10^{23} は指数すなわちべきが 23 なので，1 の後ろに 0 が 23 個並ぶことを意味する．10 の負のべきも使われる．たとえば，次のように使われる．
$$10^{-2} = \frac{1}{10^2} = \frac{1}{100} = 0.01$$

10 のべきが負になった数を普通の形に書くときは，指数の数だけ小数点を左へ移動する．たとえば，1 マイクロメーターすなわち 1×10^{-6} m は 0.000001 m である（1 の後ろに書いてないが小数点があると考え，これを左へ 6 だけ移動する）．表 1.3 は大きい数，小さい数を科学的記法で表した例である．

メートル単位系では標準的な接頭語を用いて 10 のべきを表す（表 1.4）．表には数多くの接頭語が並べてあるが，広く使われるのは，**キロ** (k)，**センチ** (c)，**ミリ** (m) などである．以下に例を挙げる．

1 キロメートル [km] $= 10^3$ m $= 1000$ m（1000 メートル）
1 センチメートル [cm] $= 10^{-2}$ m $= 0.01$ m（1/100 メートル）

1ミリグラム [mg] $= 10^{-3}$ g $= 0.001$ g (1/1000 グラム)

メガ (M), マイクロ (μ), ナノ (n) という接頭語もよく見かける:

1メガトン [Mt] $= 10^6$ トン [t] $=$ 100万トン

1マイクロ秒 [μs] $= 10^{-6}$ 秒 [s] $=$ 100万分の1秒

1ナノメートル [nm] $= 10^{-9}$ メートル [m] $=$ 10億分の1メートル

である.10のべきを使うと,大きな数も小さな数も非常に簡単に表される.たとえば,地球と太陽の距離は1億5000万 km すなわち 150 000 000 km だが,10のべきを使うと 1.5×10^8 km と書ける.小さい数の例として一枚の紙の厚さが 0.00045 m としよう.これは 4.5×10^{-4} m と書ける.このように,小数点の位置を変えると指数すなわち10のべきが変わる.この一般的な規則は次の通りである:

前におく数が小さくなるように小数点を移動すると,指数すなわち10のべきがそれに応じて大きくなる.同様に,前におく数が大きくなるよう小数点を移すと,指数はそれに応じて小さくなる.

たとえば,地球と太陽の距離は 150×10^6 km $= 15 \times 10^7$ km と書くことができ,また,150×10^6 km $= 1500 \times 10^5$ km とも書ける.訳注 指数が負の場合の例としては,$4.5 \times 10^{-4} = 0.45 \times 10^{-3}$ あるいは,$4.5 \times 10^{-4} = 45 \times 10^{-5}$ とも書ける.

注 とくに断らない限り,1.5×10^8 km のように,小数点の左に1位の数字(1 から9まで)がくるようにして,これに 10のべきをかけた形で表すのが,標準的または慣例的な科学的記法である.

問 1.2

695 000 kg と 0.000024 s という測定値を標準的または慣例的な科学的記法で表せ(前におく数を小数点の左に1位の数がくるようにする).

科学的記法は数量を表すときにだけ使うのではなく,加減乗除のような数値計算も科学的記法の形で実行すると便利である.訳注

表 1.5 には,非常に広い範囲にわたる長さ,質量,時間の測定値の例を 10 のべきで表した近似的概数値で示す.非常に大きい数,非常に小さい数を科学的記法で表す便利さがわかる(天の川銀河の直径や電子の質量を書くのに,0 をたくさん並べることは望まないだろう).

訳注 10のべきで表す科学的記法の計算規則を付録 A2 に示す.また**有効数字**について本書では詳しく述べていないが,場合により考慮する必要がある.付録 A3 を参照せよ.

表 1.5 長さ,質量,時間の例(もっとも近い10のべきで表した近似的な概数値)

長さ (メートル [m])		質量 (キログラム [kg])		時間 (秒 [s])	
観測されている宇宙の半径	10^{25}	観測されている宇宙	10^{51}	もっとも遠いクェーサーから出た光が地球に届くまでの時間	10^{17}
天の川銀河の直径	10^{21}	天の川銀河	10^{41}	ウラン 235 の半減期	10^{16}
1 光年	10^{16}	太陽	10^{30}	炭素 14 の半減期	10^{11}
地球と太陽の距離	10^{11}	地球	10^{25}	1 日	10^{5}
光が1秒に進む距離	10^{8}	人間	10^{2}	授業時間	10^{3}
地球の半径	10^{7}	1リットルの水	10^{0}	1 分	10^{2}
フットボール競技場の長さ	10^{2}	硬貨	10^{-3}	心拍の間隔	10^{0}
手の幅	10^{-1}	切手	10^{-5}	発射された弾丸がライフル銃の銃身を通過する時間	10^{-3}
紙の厚さ	10^{-4}	赤血球	10^{-12}	光がフットボール競技場を通過する時間	10^{-7}
水素原子の直径	10^{-10}	鉄の原子	10^{-25}	ポロニウム 212 の半減期	10^{-7}
陽子の直径	10^{-15}	陽子	10^{-27}	電子が水素原子の原子核を1周する時間	10^{-16}
		電子	10^{-30}		

1.7 問題解決へのアプローチ

> **学習目標**
> 問題解決にどう取りかかるかを決め，そのために必要な基礎を得ること．
> 何か数学的な不安があったとしてもまずは無視すること．

自然科学の問題を解くのに，多くの学生が苦労するのは用語の問題である．また正解を得る方法は決まった1通りとは限らない．以下に述べる一般的手順のステップにしたがって問題を分析すれば，多くの場合に解答を得るのに役立つと思う．

ステップ 1 問題を読み，学んだ法則や公式のうち適用すべきものを確認する．与えられた量を記号で書く（単位を忘れないように）．

ステップ 2 要求されているものが何であるかを決定し，それを書いてみる．つぎに，与えられた物理量の単位が適切であるかどうかをチェックし，もし必要なら適当な変換係数を使用する．一般に問題の中では，すべての物理量は同じ単位系で表されるべきであり，答もその単位系で与えられる．

ステップ 3 必要な公式を調べて，与えられた量（既知量）と求めるべき量（未知量）とを関係づける公式を決める（場合によっては2つ以上の公式が必要である）．数学的演算を行って，適当な単位と有効数字をもつ答を求める．

例題 1.5 太陽のまわりを1周りする地球の公転軌道の長さ（距離）を求める

地球は太陽のまわりを半径1億5000万km（表見返しにある表から 1.5×10^{11} m）の円に近い軌道を描いて運行している．1周でどれだけの距離を運行するかを計算せよ（単位はメートル m でもキロメートル km でもよいが，有効数字が2桁であることに注意し，10のべき記法を使うのが便利である）．

解 既知量 近似的な円軌道の半径
$$r = 1.5\times10^{11}\,\text{m} = 1.5\times10^{8}\,\text{km}$$
未知量 円軌道1周の距離 d

半径 r の円周の長さ $d = 2\pi r$ を計算する．ここで円周率は有効数字（1桁余分に）3桁をとって $\pi = 3.14$ を使う．答は問題に合わせて有効数字2桁とする．
$$d = 2\times3.14\times(1.5\times10^{8}\,\text{km}) = 9.4\times10^{8}\,\text{km}$$

問 1.3

地球の半径は 6.4×10^{3} km である．地球が球であると考えて，その表面積を平方メートル m^2 で求めよ．半径 r の球の表面積 A は，公式 $A = 4\pi r^2$ で与えられる．

（**解** $A = 4\times3.14\times(6.4\times10^{6}\,\text{m})^2 = 5.1\times10^{14}\,\text{m}^2$）

重要用語

概念	電荷	メートル [m]	密度
科学的方法	基本単位	キログラム [kg]	科学的記法（10のべき）
基本量	メートル法	グラム [g]	キロ
長さ	MKS単位系	秒 [s]	センチ
質量	国際単位系（SI）	リットル [l]	ミリ
時間	CGS単位系	誘導量	

重要公式

密度 $\rho = \dfrac{m}{V}$

質問

1.1 人間の感覚

1. まわりの世界についてもっとも多くの知識を与えてくれるのは，次のうちどの感覚か：(a) 触覚，(b) 味覚，(c) 視覚，(d) 聴覚．
2. 外界についての情報をわれわれに与える点で，聴覚は何番目に重要か：(a) 1番目，(b) 2番目，(c) 3番目，(d) 4番目．
3. あらゆる測定は最終的に人間の感覚に依存するか，説明せよ．
4. 視覚以外の感覚の限界について述べよ．

1.2 科学的方法と基本量

5. 科学的な仮説は，(a) 物理法則である，(b) 推測である，(c) 科学的方法によって検証する必要がない，(d) 以上のどれでもない．
6. 次のうち基本量でないものはどれか：(a) 重さ，(b) 質量，(c) 長さ，(d) 時間．
7. 2個の荷電粒子が反発し合うとしたら，(a) 異符号の電荷を持つ，(b) 2個とも正（＋）の電荷である，(c) 2個とも負（－）の電荷である，(d) 符号の同じ電荷である．
8. 次の量の定義を述べ，メートル単位系での単位を示せ：(a) 長さ，(b) 質量，(c) 時間．
9. (a) 70 kg の宇宙飛行士の質量は月面上でも地球上と同じか．
 (b) この宇宙飛行士の体重は月面上と地球上で同じか．
10. 時間が空間の3次元と並ぶ4番目の次元と見なされることがある理由を説明せよ．

1.3 基本単位

11. 国際単位系（SI）の質量の基本単位は，(a) トン，(b) キログラム，(c) グラム，(d) ミリグラム，である．
12. (a) メートル，(b) キログラム，(c) 秒，のそれぞれについて，国際的に採用された最初の定義と現在の定義を述べよ．
13. MKS単位系とCGS単位系における長さ，質量，時間の基本単位を示せ．

1.4 誘導量

14. 誘導量は次のどれか：(a) 電磁誘導に関する量，(b) 基本的でない現象を表す量，(c) 基本量を組み合わせた量．
15. 密度を表す誘導単位は国際単位系では次のどれか：(a) kg/cm³，(b) g/cm³，(c) kg/m³，(d) g/m³．
16. 1 kg の鉄と 1 kg の羽毛では (a) どちらの密度が大きいか．(b) また質量はどちらが大きいか．
17. 次の関係を式で表せ：(a) 物体の体積を密度と質量で，(b) 物体の質量を密度と体積で．
18. 自動車の (a) バッテリー液，(b) 不凍液，を検査する原理を説明せよ．また，(a) ではガラス製の計

器，(b)では普通プラスチック製の計器を使う理由も考えよ．
19. 自分の体の平均密度を計算するとしたら，どうすればよいか．（**ヒント**　練習問題3を参照）

1.6　数値の科学的記法とメートル法の接頭語
20. 科学的記法で表された数値の小数点を右へ移動させると，10のべきの指数は(a)大きくなる，(b)小さくなる，(c)大きくなることも小さくなることもある．
21. 100 cmは何mmか：(a) 10，(b) 100，(c) 1000，(d) 10 000．
22. 2 340 000という数値を科学的記法で表すと次のどれか：(a) 0.234×10^7，(b) 234×10^4，(c) 2.34×10^6，(d) 以上のどれでもよい．
23. 1×10^7という数値は1×10^4の何倍か．
24. 国の負債が50兆ドルとして，これを科学的記法で表せ．

思考のかて

1. 人間には"第六感"があると聞くことがあるが，人間は第六感を持つことができると思うか．第六感があるとしたら，どのようなものか考えてみよ．
2. 法律上の法規や規則は時には廃止されることがある．科学的法則もいつか廃止されることがあるだろうか．
3. もし運動がまったくなかったとしても，時間は存在するだろうか．
4. 重い物体と軽い物体では，重い方の密度が大きいと言えるか．

練習問題

1.1　人間の感覚
1. ●図1.15の質問に答えてから，自分で確かめよ．

1.4　誘導量
2. 同体積の水より1.2倍重いある液体がある．この液体の密度はいくらか．　　　**答**　1.2 g/cm^3

3. 地質学者が岩を発見して質量を測定したら1100 gだった．次にその岩を水のいっぱい入った容器に浸して，こぼれた水の量から体積を測定したら，215 cm³だった．この岩の平均密度はいくらか．
　　答　5.12 g/cm^3

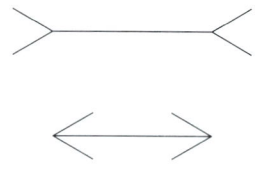
(a) 水平な線は上の方が長いか．

(b) 斜線は平行か．

(c) 3人とも同じ身長か．

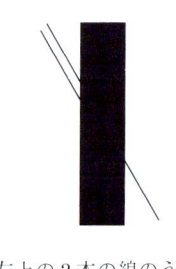
(d) 左上の2本の線のうち，どちらの延長が右下の線につながるか．

図1.15　目で見て感じるように，本当だと思ってよいか．図の下の質問に答えよ（定規を使うとよくわかる）．

4. 質量 2500 g の純粋な鉄がある．鉄の密度を 7.86 g/cm³ とすると，この鉄の体積は何 cm³ か．
   答　318 cm³

5. 体積 100 cm³ の均質な鉄球の質量は何 g か．
   答　786 g

6. 70.7 kg の学生が水槽に身を沈め，こぼれた水の量から体積が 0.07 m³ とわかった．この学生の平均密度を計算せよ．
   答　1010 kg/m³
   訳注：人体の密度は，息を吐いたとき水の密度よりわずかに大きい．

1.6 数値の科学的記法とメートル法の接頭語

7. 次の量を科学的記法で表せ．
   (a) 16 キロトン　　　(b) 50 マイクログラム
   (c) 33 メガワット　　(d) 33 ミリワット
   答　(a) 1.6×10^4 t　(b) 5.0×10^{-5} g
   　　(c) 3.3×10^7 W　(d) 3.3×10^{-2} W

8. 空白に適切な 10 のべきを書き入れよ：
   (a) 2.41 kg = 2.41 × ____ g
   (b) 3.54 ms = 3.54 × ____ s
   （ヒント：(c), (d), (e) については，メートル法の接頭語を 10 のべきで書いてから小数点を移動する）
   (c) 150 kV = 1.50 × ____ V
   (d) 0.65 Mt = 6.5 × ____ t
   (e) 0.0087 μs = 8.7 × ____ s
   答　(a) 2.41×10^3　(b) 3.54×10^{-3}
   　　(c) 1.50×10^5　(d) 6.5×10^5　(e) 8.7×10^{-9}

9. 次の数値を 10 のべきを使わないで数字を並べる書き方で表せ．
   (a) 134.6×10^4　　(b) 0.0234×10^{-5}
   (c) 2477.35×10^{-2}　(d) 0.00999×10^3
   答　(a) 1 346 000　(b) 0.000000234
   　　(c) 24.7735　(d) 9.99

10. 次の数値を普通に使われる標準的な科学的記法（小数点の左に 1 つだけ数字がくる）で表せ．
    (a) 115　　　　(b) 0.00045
    (c) 5280　　　(d) 0.007030
    答　(a) 1.15×10^2　(b) 4.5×10^{-4}
    　　(c) 5.280×10^3　(d) 7.030×10^{-3}

11. 次の数値を普通に使われる標準的な科学的記法で表せ．
    (a) 25.0×10^6　　(b) 458×10^{-4}
    (c) 0.314×10^3　　(d) 0.00107×10^{-8}
    答　(a) 2.50×10^7　(b) 4.58×10^{-2}
    　　(c) 3.14×10^2　(d) 1.07×10^{-11}

12. 科学的記法を用いて次の量を計算せよ：(a) 70 歳の人の人生の長さを秒で，(b) 自分のこれまでの人生の長さを秒で．
    答　(a) 2.2×10^9 s

質問（選択方式だけ）の答え

1. c　　2. b　　5. b　　6. a　　7. d　　11. b　　14. c　　15. c　　20. b　　21. c　　22. d

本文問の解

1.1 メートル原器の長さは，熱による膨張と収縮（第5章を参照）の影響を受けて変わる．キログラム原器も熱膨張により体積（したがって密度も）が変わるが，質量は不変である．

1.2　659 000 kg = 6.59×10^5 kg
　　　0.000024 s = 2.4×10^{-5} s

2
運 動

運動という現象はどこにでもある．教室へ歩いて行く．自動車で店へ行く．鳥が飛ぶ．風が木々に吹きつける．川が流れる．大陸でさえ移動している．もっと大きな世界に目を向けると，地球は自転し，月は地球のまわりを公転し，地球は太陽のまわりを公転している．さらに視野を広げると，太陽はわれわれの銀河の中で動き，銀河も互いに動いている．極微の世界でも，物質の分子が絶えず運動し，原子の中では電子が原子核をまわる軌道運動をする，と理解されている．

この章では，**速さ**，**速度**，**加速度**のような用語の定義と解説をし，まわりの世界の運動を書き表すことを中心の課題とする（これらの用語のだいたいの意味は知っているはずだが，正確に定義できるだろうか）．運動の原因となる力のことは考えないで（力については第3章で扱う）これらの用語で表される概念を検討していこう．

一般の運動についても述べるが，2種類の基本的な運動について詳しく述べる．その運動とは，もっとも単純な直線運動とどこにでも見られる円運動である．たとえば，自動車でハイウェーの直線部を走ったり，円を描いてカーブを曲がったりする．カーブを曲がっているときは，直線部を走っているのとは違う感覚が生じる．この種の運動を理解するには，加速度という概念を理解することが重要である．また，放体の運動にも触れる．投げられたボールの運動は放体の運動の例である．この運動でも1つの方向だけに加速度を持つ．

2.1 位置と経路

学習目標
 運動の定義をすること．
 移動距離というスカラー量と，変位というベクトル量の概念を対比して理解すること．

位置という用語は物体がどこにあるかを指示するのに用いる．位置を指定するには基準点をはっきりとまたは暗に決めなければならない．たとえば，キャンパスへの入り口はショッピングセンターから 1.6 km 離れたところにある．友だちが自分から 1 m 離れて立っている．あるいは●図 2.1 a のように，大学（点 B）は自宅のある町（点 A）から地図上の直線距離で 100 km 離れている．このように，位置は基準点からの距離で指定できるのである．

位置という概念が理解できたところで，次に，運動とは何か，を考えよう．だれでも知っているように，運動中の物体は動いているが，具体的にいうと，位置を変えつつある．したがって，物体の位置が絶えず変わっているとき，その物体は運動しているというのである．

しかし，位置の変化はいろいろな道筋に沿って起こりうる．たとえば図 2.1 で，家から学校への直線の道筋は1本しかないが，まっすぐでな

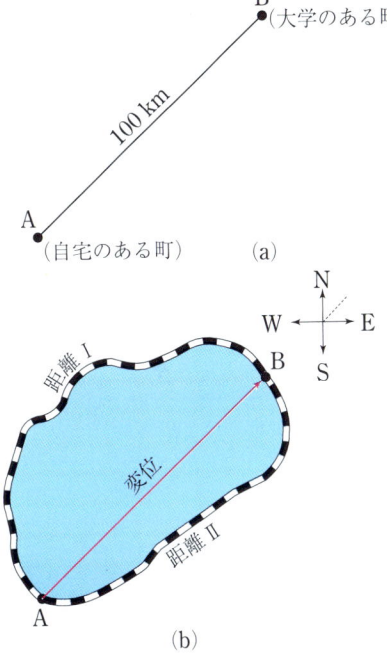

図 2.1 位置と経路 (a) 位置は基準点からの長さで指定される．この図では，大学のある町は自宅のある町から 100 km 離れている．(b) 位置の変化はいろいろな道筋で起こりうる．この図の例は点 A から B へ向かう 2 本の異なった道筋である．道筋の距離はそれに沿って進んだ実際の経路の長さである．しかし，直線的な変位つまり直線距離と向き（今の場合は北東）をもつ道筋は 1 本だけである．

い道筋ならたくさんある（図 2.1 b には 2 本示してある）．

自然科学では，スカラーかまたはベクトルで表せる量を区別する．**スカラー**量とは，大きさだけを持つ量である．たとえば，自動車で 100 km（量の大きさには単位名が付く）走ったとしよう．実際に走った経路の長さを測定して，これを**距離**という．図 2.1 b で，2 本の道筋の長さは明らかに異なるので，距離も異なるのである．

ベクトル量には大きさのほかに向きという重要な要素が加わる．訳注 **ベクトル**量とは，大きさと向きの両方を持つ量である．長さを測定するとき，2 点間の直線距離に向きを加えたものを**変位**という．変位は指定された向きをもって始点と終点を結ぶ最短の道筋である．たとえば図 2.1 b で，点 A から点 B への変位は北東（NE）の向きに 100 km の大きさである．このように，変位ベクトルの大きさは，単に 2 点間を結ぶ直線のスカラー距離で与えられる．

まとめて
　　距離はスカラー量——大きさ（単位名を含む）だけ
　　変位はベクトル量——大きさ（単位名を含む）と向き
をもつと覚えておこう．

問 2.1
図 2.1 b で，点 B から点 A への変位はどのように表されるか．

直線運動は，よく知られた x 軸と y 軸をもつ直交座標系を用いて表すと便利である．図 2.1 の直線の道筋を，●図 2.2 a のように x 軸の向きにとろう．x 軸の正の向きを北東にとって，水平方向に描く．図のように，変位は矢印で表される．一般に，矢の長さがベクトルの大きさを

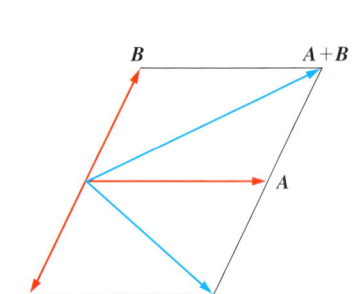

訳注 一般にベクトルは太文字（ボールド体）で A, B のように表す．2 つのベクトル A, B の和 $A + B$ および差 $A - B$ は，下図のように A と B，または A と $-B$ を 2 辺とする平行四辺形の対角線がつくるベクトルで与えられる．本書では太文字で表していないが，加減算はスカラーの場合と異なることに注意せよ．

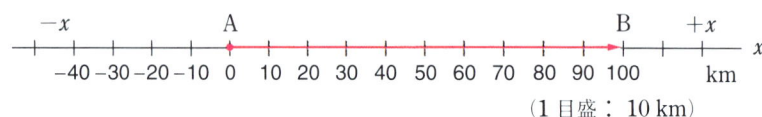

(a)

(b)　　　　　　　　　　　　　　(c)

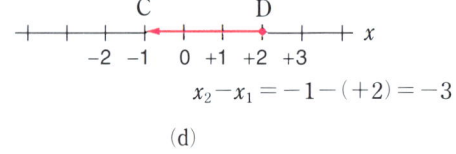

(d)

図 2.2　目盛りで表した変位ベクトル　ベクトルはある目盛りで描いた矢印で表すことができる．矢の長さがベクトルの大きさに比例し，矢先がベクトルの向きを示す．（a と b）x 方向の変位を異なる目盛り（縮尺）で表したもの．（c と d）ベクトルの始点が原点になくても，ベクトルの値は終点と始点の座標の差からわかる．ベクトルの値は (c) では +3（単位は任意），(d) では −3 である．符号はベクトルの向きを示す．

示し，矢先がベクトルの向きを示すように描く．矢印を適当な縮尺で短く描くと扱いやすい．図2.2 b では，20 km/区間 の縮尺を使って矢印を短く描いてある．

図2.2 a と 2.2 b では，矢印の始点を原点（0 km）に合わせてある．ベクトルの長さは，終点と始点の座標の差 x_2-x_1 であるが，始点を原点にとれば $x_1=0$ なので，長さがすぐわかる．しかし一般には図2.2 c と 2.2 d のように，始点の座標が 0 とは限らない．座標の差が正（負）ならベクトルは x 軸の正（負）の向きを向く．この計算は時間の「長さ」を測定するのと似ている．たとえば，何かを午後1時に始め，午後4時に終わったとすると，$\Delta t=t_2-t_1=4-1=3$ 時間である．Δ（デルタ）は，区間の大きさ，量の変化，量の差などを表すのに用いる．上の座標の差は $\Delta x=x_2-x_1$ となる．ついでながら，時間はつぎつぎ起こるできごとの未来への向きをもつ流れであるけれども，スカラー量である．

運動を表すには長さの測定が必要であるが，もう1つ必要な要素がある．運動により位置が変化するが，その変化には時間がかかることである．速い変化もあれば遅い変化もある．レースを考えれば明らかなように，運動を表すには長さと時間の両方が要る．たとえば，●図2.3のように，ランナーは決まった長さつまり距離を最短時間で走ろうとする．長さと時間を組み合わせて，位置の変化の時間的割合を算出することにより，速さとか速度という用語で運動を表すことができるのである．詳しくは次の節で述べる．

図2.3 運動 運動とは，時間とともに位置が変わることである．長さと時間という2つの量から，位置の変化の時間的割合がわかる．こうして，どのランナーが最も速いか，すなわち決まった距離を最短時間で走ったかが決められる．

2.2 速さと速度

> **学習目標**
> 速さと速度の区別をすること．
> 位置-対-時間のグラフで表される情報を解明すること．

あの自動車はどのくらい速く走っているか．こう聞かれたら，速さとか速度の数値で答えるだろう．**速さ**と**速度**は日常生活では区別しないで使うことが多いが，はっきり別の意味を持つ用語である．速さはスカラー量で，速度はベクトル量，という基本的な違いがある．たとえば，自動車のスピードメーターは速さを示すが向きを示さない（したがって，スピードメーターは「速度計」ではなく「速さ計」である）．

物体の運動の速さは，長さと時間という2つの量から求めた**位置の変化の時間的割合**であり，たとえば，（スピードメーターのように）km/h という単位で表される．一般の運動について，速さは移動の距離というスカラー量に関連している．物体の**平均の速さ**は全移動距離を所要時間で割ったものである．すなわち，

$$\text{平均の速さ} = \frac{\text{全移動距離}}{\text{所要時間}}$$

である．平均の速さの例として，大学から自宅へ車で帰るとする．全移動距離を 100 km, 所要時間を 2 h とすると

$$平均の速さ = \frac{100 \text{ km}}{2 \text{ h}} = 50 \text{ km/h}$$

となる．式で書くと，平均の速さ $\bar{v}$ は

$$\bar{v} = \frac{d}{t} \tag{2.1}$$

である．ただし，記号の上のバー（−）は平均値を表し，d は全移動距離，t は所要時間である．d と t は位置および時間それぞれの間隔なので，これをはっきり表すため $\Delta d, \Delta t$ と書くこともある．今後は簡単に d, t と書くことにするが，これらが位置と時間それぞれの**間隔**であることを忘れてはならない（移動距離と所要時間は常に間隔として測定される）．

平均の速さはある時間内の速さの平均値である．平均の速さは運動を全体として捉えた数値に過ぎない．たとえば自動車で長距離旅行をするとき，途中のスピードは速くなったり，遅くなったり，止まることもある．しかし，平均の速さは，旅行全体について平均した割合を表す 1 つの数値である．

運動の記述をもっと明確にするには，普通，より短い時間間隔をとる．たとえば，数秒とかまたは瞬間を考えたりする．任意の瞬間における物体の速さは平均の速さとはまったく異なることがあり，運動を正確に記述するには各瞬間の速さを考えなければならない．

物体の**瞬間の速さ**とは，Δt を極めて小さくしたその瞬間における速さのことである．瞬間の速さを近似的に表す日常的な例としては，自動車のスピードメーターが表示する速さがある（●図 2.4）．メーターの表示する値は自動車がいま走っているその瞬間の速さである．

次に，速度という概念を用いて運動を表してみよう．速度は速さと似ているが，方向を含んでいる．このため速度を考えるときは，位置の変化を示すのにスカラー量の距離を使わず，ベクトル量の変位を使う．平均速度は，変位を全所要時間で割ったものである（変位とは始点から終点へ向かう方向を持つ直線距離の長さのベクトル量であることを思い出そう）．一方向の直線運動の場合，速さと速度は非常に似ている．距離と変位は長さが同じになるので，速さと速度も大きさが同じになる．この場合，速度には向きがある点で速さと違いがある．

直線運動の向きは普通，正（＋）と負（−）の符号で表す．たとえば，正符号（$v > 0$）がグラフ上の x 軸の正の向きの速度を表すとすれば，負符号（$v < 0$）は反対に x 軸の負の向きの速度である．

任意の瞬間における速度，すなわち**瞬間速度**（v）を考えることもできる．たとえば，自動車のスピードメーターが示す値にその瞬間の車の進行方向を考え合わせたものが，瞬間速度である．もちろん，自動車の速さや向きは一般に変化する．このような運動を加速運動というが，これについては次の節で述べる．

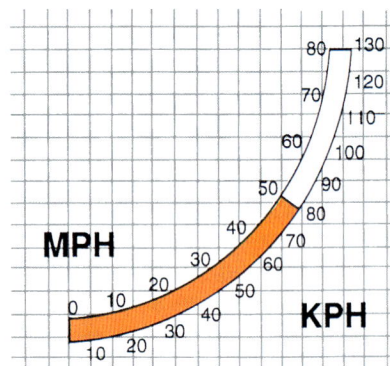

図 2.4 瞬間の速さ 自動車のスピードメーターの示す速さは，近似的に瞬間の速さつまり自動車がある瞬間に走っている速さの例である．図のスピードメーターには mi/h（マイル/時）と km/h の両方の目盛がある（**注意** mph, kph の略記は物理学では認められていない）．

速度が一定あるいは一様なら，変化を気にする必要がない．飛行機が 800 km/h という一定の速さで真東に向かって飛んでいるとしよう．この飛行機は一定の速度を持ち，一直線に飛んでいく．この特別な場合，一定の瞬間速度と平均速度が同じであることは確かである（$v = \bar{v}$）．

● 図 2.5 のように，自動車が一定の速度で走っている．今まで習った知識をもとに，その運動を表してみよう．

例題 2.1　運動の記述 ── 速さと速度

速さと速度を用いて，図 2.5 の自動車の運動を記述せよ．

解（例題を解くときは一般に次のような順序で行う．このような順序で考えるとわかりやすい．）

まず問題を読み，どの章の原理が当てはまるかをはっきりさせる（何を要求されているのかを考える）．つぎに，与えられた数値を記号で書き記す．図 2.5 から

既知：$d = 80$ m
$t = 4.0$ s

それから，要求されている未知のことがらを明確にする：

未知：速さと速度

これらの量の間の関係を調べると，(2.1) 式（$\bar{v} = d/t$）を当てはめればよいことがわかる．さらに例題の示す状況に注意すると，自動車の運動が一定（一様）であること，つまり，1 秒ごとに 20 m 進んでいることに気が付く．したがって，(2.1) 式を用いて速さ $v = \bar{v}$ を計算することができる．しかし，その前に既知の量の単位をチェックして，単位が適切（基本単位にするのが普通）で，しかも同じ単位系になっていることを確かめよう．上の d と t の単位は，どちらも国際単位系 SI である（t の単位が分や時間になっていたら，どうするか）．

次のような簡単な計算により

$$v = \frac{d}{t} = \frac{80 \text{ m}}{4.0 \text{ s}} = 20 \text{ m/s}$$

すなわち，自動車の一定の速さは 20 m/s となる．自動車は 1 s ごとに 20 m 走っているのだから，この結果は始めから予想できる．

運動は一方向すなわち一直線上だから，この一定の速さは自動車の速度の大きさに等しい．この速度も一定である（大きさも向きも変化しない）．速度として $+20$ m/s と書くこともできる．ただし，正符号（＋）は自動車の向き（図では右向き）を示す．このような一直線上の水平運動では，速度が正になる向きを x 軸の向きに取ることがある（2.1 節）．この場合，(2.1) 式は $v = x/t$ となる．

(2.1) 式 $v = d/t$ を変形すると，移動距離や所要時間をすぐ計算できる．すなわち，v と t がわかっているとき，移動距離は $d = vt$ である．次の例題では所要時間を求めよう．

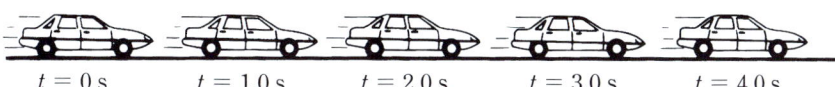

図 2.5　一定の速度　自動車が一直線上を同じ時間間隔に同じ距離だけ走っている．速さも向きも一定なので，自動車の速度は一定である．

例題 2.2　所要時間の計算

真空中の光速は約 30 万 km/s（3.0×10^5 km/s）である．太陽光線が地球に届くにはどれだけの時間がかかるか．

解　この例題では速さが既知で，所要時間が未知である．当然，移動距離すなわち太陽から地球まで光が進む距離を知る必要がある．太陽系のデータ（表紙の内側）から，太陽・地球間の平均距離は 1.5×10^8 km であることがわかる．

したがって

既知：$d = 1.5\times10^8$ km

$v = 3.0\times10^5$ km/s

光が太陽から地球まで伝わるのにかかる時間を求めたいのだから

未知：t（所要時間）

単位は同じ単位系のものである．d と v のどちらも距離の単位は km だから，打ち消し合う（一方が m であれば，換算が必要になる）．

さて，(2.1) 式を変形すると，$t = d/v$ となるので，

$$t = \frac{d}{v} = \frac{1.5\times10^8 \text{ km}}{3.0\times10^5 \text{ km/s}} = 5.0\times10^2 \text{ s}$$

この例題から，光は非常に速いが，それでも太陽から地球に届くまでに 500 s すなわち約 8.3 分もかかることがわかる（●図 2.6）．つまり，われわれは今 8.3 分前の太陽を見ているのである．この例題でも，速さと速度は一定として計算した．

質問

物体の速さが一定のとき，速度も一定だろうか．

答　そうとは限らない．物体が直線上を一定の速さで進んでいれば，速度も一定つまり速さと向きが一定である．しかし，物体は一定の速さで曲線上の経路を進むこともある．この場合，絶えず運動の向きが変わるので，速度は一定ではない．ベクトルは大きさと向きを持つので，どちらか一方あるいは両方が変わればベクトルは変化することを，覚えておこう．

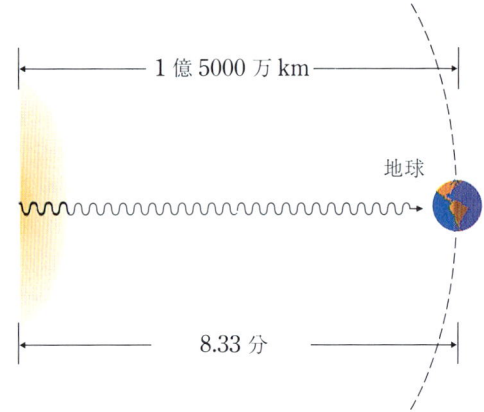

図 2.6　光の速さ　光は 1 秒間に約 300 000 km も進むが，それでも光が太陽から地球に到達するには 8 分以上もかかる．例題 2.2 を参照．

問 2.2

オリンピックの 100 m 競走で，はじめて 10 s 以内で走ったのは 1968 年のジム・ハインズ（アメリカ）で，記録は 9.92 s だった．平均の速さ（m/s）はどれだけか．

グラフ

状況の変化を特に時間の関数としてグラフに表すことがよくある．たとえば，体重を気にしている人は，体重を時間の関数としてプロットするだろうし，経済価値を意識するまじめな学生は，授業料を時間の関数としてグラフにするかもしれない．グラフにより，どんなことが起こっているかを知ることができる．

運動の記述や図解にはグラフを使う．●図 2.7 のような，位置 x-対

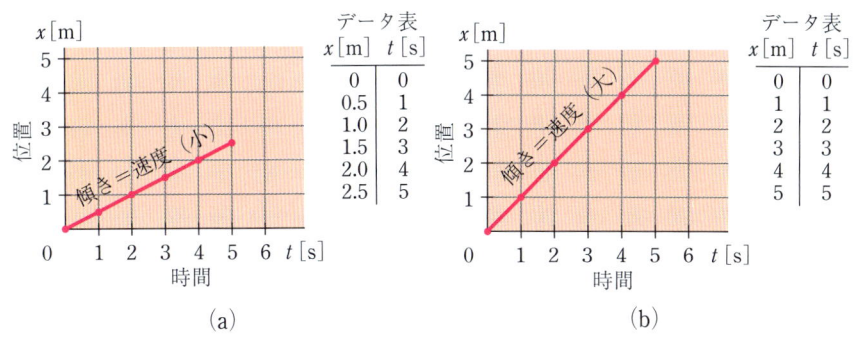

図 2.7 位置-時間のグラフ 運動を分析するのにグラフで表すと理解しやすい．(a), (b) はどちらも一様な運動（同じ時間間隔に同じ距離だけ動く）の例である．直線の傾きは運動の速度を表す．説明は本文を参照．

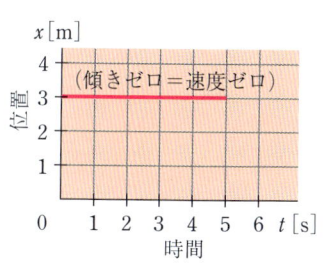

図 2.8 傾きゼロは速度ゼロ 水平な直線（傾きゼロ）は，時間が経っても位置が変わらないことを意味する．つまり，その物体は静止している．

-時間 t のグラフを考える．運動が x 軸に沿って生じていると仮定すると，速さ（または速度）の一般式は $v = x/t$ または $x = vt$ である．図2.7 の 2 つのグラフから何がわかるだろうか．まず，グラフの右側のデータの表から，どちらの場合も運動が一様で，同じ時間に同じ距離だけ動くことがわかる．グラフ (a) で表される物体は毎秒 0.5 m 動き，グラフ (b) の物体は毎秒 1 m 動いている．結果として，プロットは直線になる．このような直線の右上がりの傾斜の程度を**傾き**（または**勾配**）という．この傾きの値が一定の速さ（速度の大きさ）に等しい．このことはデータの表の x と t の値を $v = x/t$ に代入すればわかる（グラフごとに同じ値になることを確かめてみよ）．$t = 0$ で $x = 0$ になっているのは，$t = 0$ で測定を始めたとき，物体が原点にいたことを意味する．

それぞれのグラフから得られる情報が，他にもある．位置（x 座標）が時間とともに増加しているが，これは x 軸の正の向きの運動であることを意味する．一般に，x-対-t のグラフの直線が右上がりなら，$v = x/t$ の値が正なので，傾きが正であるという．傾きが正なら，物体は正の向きに動いているのである．ところで，図 2.7a と 2.7b の表す運動はどこが違うのだろう．どちらも x 軸の正の向きの運動を表すが，直線の傾きが異なっている．これは何を意味するだろうか．

データの表からわかるように，図 2.7 b の運動では，速さ（速度の大きさ）が図 2.7 a の運動より大きい．つまり，直線の傾きが大きいほど，x 軸の正の向きの速さ（速度の大きさ）が大きいのである．ただし，直線の傾きを目で見て比べられるのは，グラフの目盛りが同じときだけである．目盛りを変えると目で見た直線の傾きが変わるが，数値で表した傾きに変化はない．混乱を避けるには，2 組以上のデータを同じグラフにプロットすると便利である．

ここまで見てきたように，ある意味ではグラフは数式を図にしたものである．今後は，方程式や原理をできるだけグラフ化して話を進めていこう．

例として，●図 2.8 のグラフは何を意味するだろうか．物体が何であれ，時間が経っても位置は同じであるから，物体は動いていない．水平な直線の傾きがゼロなので，物体の速さも速度もゼロである．

例題 2.3　グラフ表示

● 図 2.9 のグラフのプロットから何がわかるか．

解　同じグラフに 2 種類の運動がプロットされている．プロット (1) で，直線の傾きは正だから，これが表す運動は x 軸の正の向きに一様である．しかし，縦軸との切片（直線が縦軸を横切る点）はどうだろうか．図 2.7 の運動とは違ってこのグラフからは，測定開始の時刻 $t=0$ に物体が $x=1.5\,\text{m}$ にあり，時間が経つとともに，物体は x 軸に沿って一定の速さ（速度も一定）で動いたことがわかる．

今度はプロット (2) を見てみよう．プロットのデータは $t=0$ から始まっているので，動いている物体が何であれ，はじめ原点にあり，一定の速さと速度で動いたのである．しかし，直線は右下に傾いている（この場合，直線の傾きが負であるという）．時間が経つにつれ，運動する物体の位置は x 軸の負の方へ移っていく．したがって，物体の運動は x 軸の負の向きなのである．

グラフから運動を分析する方法をしっかり理解するため，傾きについての包括的な例題をやってみよう．

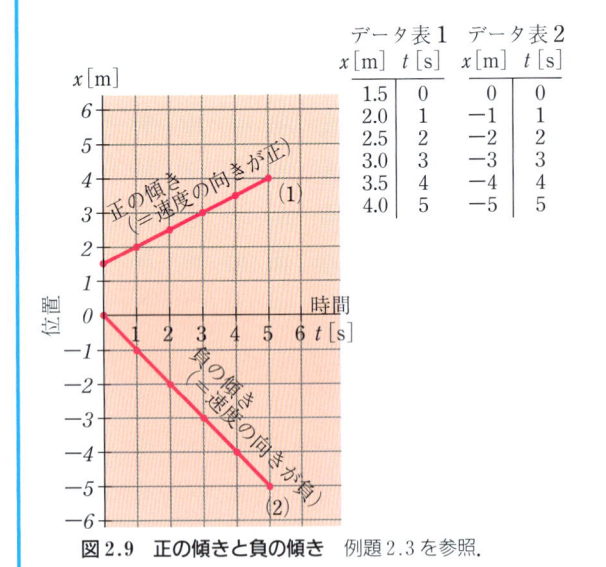

例題 2.4　グラフによる分析

● 図 2.10 のグラフに示す異なった領域における物体の一般的な運動を分析せよ．

解　傾きのもつ意味を念頭に置いて考えよう．運動の観測は $t=0$ から始まっているが，領域 (1) の直線が示すように運動の速度は一定である．また，運動は x 軸の正の向きである．領域 (2) で，運動は遅くなり始める（瞬間の速度は各点で曲線に引いた接線の傾きで与えられる．ある点の接線とは，その点で曲線に接する直線のことである）．領域 (2) の接線の傾きは領域 (1) に比べて小さくなっていき，運動が遅くなることを意味する．曲線の山の上で，接線の傾きは水平（図 2.8 と比べよう）になる．物体は遅くなって停止したのである．

次の領域 (4) で，傾きは負に変わり，物体は x 軸の負の向きに動き始める．自動車なら，いったん停止してつぎに逆戻りするのである（x 座標の値が時間とともに減少しているから，物体は x 軸の負の向きに進んでいる）．領域 (4) から領域 (5) に移ると，傾きは負でさらに大きくなる，すなわち物体の速さが増す．領域 (5) を領域 (1) と比べると，領域 (5) における負の向きの一定の速さは領域 (1) における正の向きの速さより小さいことがわかる．

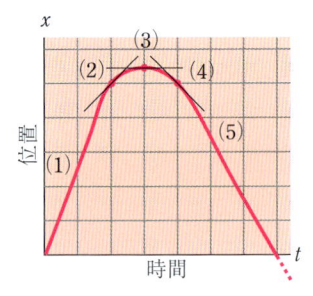

	データ表 1		データ表 2	
	$x\,[\text{m}]$	$t\,[\text{s}]$	$x\,[\text{m}]$	$t\,[\text{s}]$
	1.5	0	0	0
	2.0	1	-1	1
	2.5	2	-2	2
	3.0	3	-3	3
	3.5	4	-4	4
	4.0	5	-5	5

図 2.9　正の傾きと負の傾き　例題 2.3 を参照．

図 2.10　変化する傾き　このグラフは何を意味するか．例題 2.4 を参照．

問 2.3

図 2.10 のプロットがもっと右側の時間まで続き，物体の位置が t 軸より下になったとすると何を意味するか．

2.3 加速度

> **学習目標**
> 　加速度を定義し，速度-対-時間のグラフと加速度の関係を理解すること．

　ハイウェーの直線部を走っていて，たとえば，20 m/s（72 km/h）から 30 m/s（108 km/h）に急にスピードを増したとすると，体がシートの背もたれに押しつけられるように感じるだろう．また，クローバー型出入路の円形カーブを速く走ったとすると，今度はカーブの外側へ体を押し出されるように感じるだろう．これらの経験は速度が変化する結果として生じる．

　物体の速度を変える方法には次の2通りがある．(1) 一直線上の運動なら，速度の**大きさ**を変える（速度ベクトルの長さを変える），あるいは (1) と同時でもよいが，(2) 運動の**向き**を変える（速度ベクトルの向きを変える）．2通りの変化のうち，少なくとも1つが生じれば，物体は**加速している**という．

　加速度とは，速度の変化の時間的割合である．ある量の変化を記号 Δ で表すなら，加速度の方程式は

$$\text{加速度} = \frac{\text{速度の変化}}{\text{変化に必要な時間}} = \frac{\Delta v}{t}$$

である．速度の変化は，終わりの速度 v_f から初めの速度 v_0 を差し引いたものである（どちらも瞬間速度であることに注意）から，加速度の定義は

$$\bar{a} = \frac{\Delta v}{t} = \frac{v_\mathrm{f} - v_0}{t} \tag{2.2}$$

となる．[訳注] 加速度がある時間内の速度の変化の大きさであることを覚えておこう．(2.2)式では a の上にバーが付いているように，これは**平均の加速度**を表している．

　加速度が速度の変化に関係することは，次の日常的な例からもわかる．自動車のアクセルペダル（アクセラレイタ）は加速ペダルという意味である．アクセルペダルを踏み込むとスピードが上がり（速度の大きさが増える），ペダルを緩めれば，減速する（速度の大きさが減る）．速度はベクトル量なので，加速度もベクトル量である．直線運動をしている物体の場合，加速度ベクトルは速度ベクトルと同じ向きのこともある

[訳注] 速度，加速度ともベクトルなので太文字で表せば，(2.2)式は $\bar{\boldsymbol{a}} = \dfrac{\Delta \boldsymbol{v}}{t} = \dfrac{\boldsymbol{v}_\mathrm{f} - \boldsymbol{v}_0}{t}$ となる．

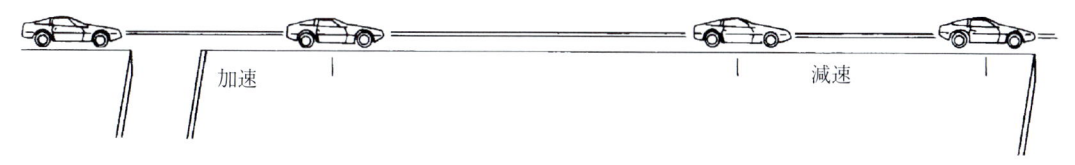

図 2.11　加速度と減速度（負の加速度）　一直線上を運動する物体について，加速度が速度と同じ向きのとき速さは増加する．加速度が速度と逆向きのとき，負の加速度が生じ速さが減る．

し，逆向きのこともある（●図 2.11）．両者が同じ向きの場合，加速すれば物体のスピードが上がり，速度も増える．両者が逆向きの場合（速度と加速度の符号が逆になる），逆向きの加速によって物体のスピードは落ちる．この負の加速度を**減速度**と呼ぶこともある．

加速度の単位はどうなるのだろうか．(2.2)式を見ると，加速度は速度を時間で割ったものである．したがって，国際単位系 SI で加速度の単位は，$(m/s)/s = m/s^2$ である．このような単位は最初とまどうかもしれないが，加速度の単位は，（速度の単位 m/s）÷（時間の単位 s）と覚えておけばよい．

例題 2.5　加速度の計算

自動車の加速だけを競うドラッグレースで，停止状態からスタートして一直線上を走り，4.0 s 後に 30 m/s の速さに達した．このときの平均の加速度はどれだけか．

解　停止状態からスタートするので，初めの速度はゼロである．

既知　$v_0 = 0$　　$t = 4.0$ s

$v_f = 30$ m/s

未知　$\bar{a}$（平均の加速度）

(2.2)式を使えばよいが，既知の量の単位が適切なことを確かめて

$$\bar{a} = \frac{v_f - v_0}{t} = \frac{30 \text{ m/s} - 0}{4.0 \text{ s}} = 7.5 \text{ m/s}^2$$

と計算できる．ここでは速度を正の向きに取ったので（v_f が正），加速度（これもベクトル量）も正の向きである．

問 2.4

直線上を 40 m/s で走っているスピードボートが，平均して 2.0 m/s² の割合で減速した．5.0 s 後のボートの速さはどれだけか．（**ヒント**　速度と加速度は逆向きである）

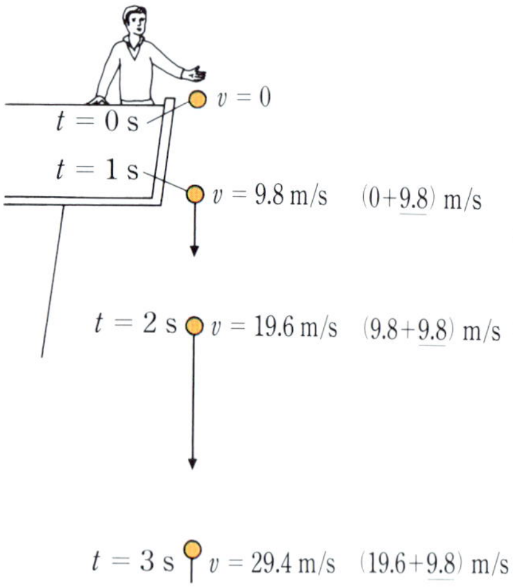

加速度は一定の場合もある（$\bar{a} = a$）．わかりやすい例を考える．初め静止していた物体が一定の加速度 9.8 m/s² で動き出すとする．この数値は，速度が毎秒 9.8 m/s だけ変わることを意味する（運動は直線上である）．速度は最初の 1 s 間に 0 から 9.8 m/s になり，2 s 後に 19.6 m/s（9.8 m/s + 9.8 m/s），3 s 後に 29.4 m/s（19.6 m/s + 9.8 m/s）というように，1 s ごとに 9.8 m/s ずつ増加していく．手から離れて 9.8 m/s² の加速度で落ちていく物体の速度が増加する様子を，●図 2.12 に示す．

一般に本書では一定の加速度を取り扱うので，今後，加速度 $\bar{a}$ の上のバーを省くことにする．

(2.2)式を変形すると，物体の終わりの速度を与える式が導かれる：

$$v_f = v_0 + at \tag{2.3}$$

となる．この式は速度 v-対-時間 t のグラフから加速運動を分析するのに役立つ．このようなグラフの例を●図 2.13 に 2 つ示す．縦軸の速度の値は各時刻 t における（終わりの）速度 v_f である．加速度が一定なので，(2.3)式は直線の方程式であり，グラフは前に述べた x-対-t のグ

図 2.12　一定の加速度　物体が下向きに一定の加速度 9.8 m/s² をもつとき，速度は 1 s ごとに 9.8 m/s だけ増える．速度を表す矢印の長さが増していくのは，物体の速度の増加を示す（**注意**　図に示す落下距離は正確な縮尺になっていない）．

グラフと同じように分析することができる．

グラフの意味を考えてみよう．図2.13aで，直線の傾きは一定の加速度の値である．傾きが急なほど単位時間あたりの速度変化が大きく，加速度が大きい．すなわち，プロット（2）の加速度はプロット（1）より大きい．また，どちらの場合も，速度と加速度が同じ（正の）向きである．

グラフからもう少し多くの情報が得られる．直線が縦軸を切る点つまり $t=0$ における切片に注目しよう．切片の値は初めの速度（v_0）である．グラフからわかるように，プロット（1）の物体の初めの速度はゼロ（$v_0=0$）で，プロット（2）の物体は最初 $v_0=+3.0$ m/s の速度（正の向きに 3.0 m/s の速さ）で動いていた．図2.13bの意味はすぐわかる．水平な直線の傾きはゼロで，時間が経っても速度が変わらないのだから，加速度はゼロである．グラフから速度は $+2.5$ m/s であると読み取ることができる．

問 2.5

● 図2.14に示す v-対-t のグラフで表される物体の運動について述べよ．

前に指摘したように，本書では主として一定つまり一様な加速度について考える．地表の近くを落下する物体の加速度は一定である．**地球表面上での重力加速度（重力による加速度）**は下向きであり，g という文字で表す．その大きさは国際単位系 SI でおおよそつぎの値である．

$$g = 9.80 \text{ m/s}^2 = 980 \text{ cm/s}^2$$

重力加速度は高度や緯度によってわずかに変化する．しかし，この変化は小さいので，ここでは g が地球表面上どこでも一定の 9.80 m/s^2 であるとする．

高名なイタリアの物理学者ガリレオ・ガリレイ（Galileo Galilei, 1564-1642，一般にはガリレオと呼ばれている）は，すべての物体が同じ加速度で落下すると主張した最初の科学者の1人である．もちろん，この主張は空気抵抗などを無視できると仮定しての話である．ガリレオの原理はつぎのように言い表すことができる：

> 空気抵抗などが無視できるとき，自由落下中の物体はその質量にかかわらず，地球表面付近では，すべて同じ割合で加速される．

これを具体的な実験で確かめるには，コインのような小さな質量の物体と，ボールのような大きな質量の物体を同じ高さから同時に落としてみればよい．判断できる限りでは，両者は同時に床に当たる（空気抵抗は無視できるとする）．ガリレオは自分でこの種の実験を行ったと言い伝えられている（この章のハイライトを参照）．

空気抵抗の影響を見るために，広げたままのティッシュペーパーとコインを落としてみよう．ティッシュペーパーは空気抵抗のためにコイン

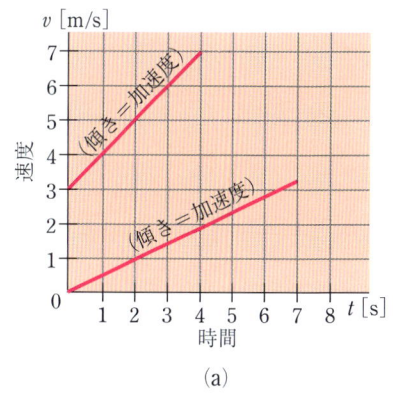

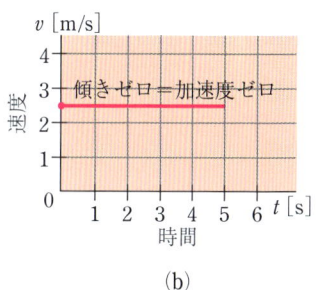

図2.13 速度-時間のグラフ 加速度が一定の物体については，v-対-t のグラフは直線になる．(a) 傾きが大きいほど，加速度すなわち速度の増加が大きい．この図では加速度は正，すなわち初めの速度と同じ向きである．初めの速度の大きさは直線が縦軸を切る切片で表される．(b) 速度は時間がたっても変化しない．傾きゼロの水平な直線は加速度ゼロを示す．

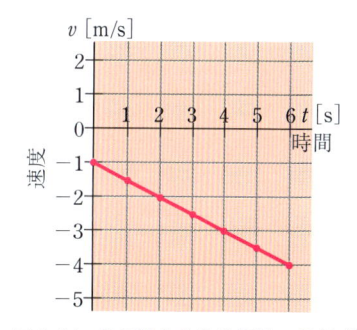

図2.14 負の傾きと負の切片 このグラフは何を意味するか．問2.5を参照．

ほど速くは落ちない．しかし，ティッシュペーパーを小さく丸めて空気抵抗を最小限にすれば，コインとほぼ同じ加速度で落ちるだろう．

月面には大気がないので，空気抵抗もない．宇宙飛行士の１人が羽毛とハンマーを同じ高さから同時に落とした（●図 2.15）．どちらも空気抵抗がじゃまをしないので，同時に月面に当たった．もちろん，月面上では物体の落下する割合は地球上より遅い．なぜなら，月面上の重力加速度は地球上よりかなり小さい（わずか 1/6 であることを思い出せ）からである．

自由落下中の物体の速度は１秒ごとに $9.8\,\text{m/s}$ だけ増える，すなわち，時間とともに一様に増加する．しかし，１秒ごとに進む距離はどうなのだろう．物体は加速しているので，１秒ごとに進む距離は一定ではない．落下中の物体の進む距離と速度が時間とともにどのように変わるかを，●図 2.16 に図解する．図からわかるように，最初の１秒がたったとき，物体は $4.9\,\text{m}$ だけ落ちている．２秒後の全落下距離は $19.6\,\text{m}$ である．３秒後には，物体は $44.1\,\text{m}$ だけ落ちている．これはほぼ 10 階か 11 階建ての建物の高さである．また，そのときの落下の速さは $29.4\,\text{m/s}$ になり，これは約 $106\,\text{km/h}$ というかなりの高速である．落下中の物体の速度の大きさは (2.3) 式で $v_0 = 0$ とおいた式 $v_f = at$ で計算できる．また，進んだ距離は $d = (1/2)at^2$ で与えられる．[訳注]

物体を真上に投げ上げると，次第に遅くなる，すなわち毎秒 $9.8\,\text{m/s}$ ずつ速度が減る．この場合，速度と加速度は逆向きなので減速となる（●図 2.17）．物体は減速しながら上昇を続け，ちょうど止まった瞬間の位置が最大の高さである．それからすぐに，物体はこの高さから落としたのと同じように落下を始める．上昇に要する時間と，初めの出発点まで落ちてくるのに要する時間は同じである．また，物体が出発点に戻ったときの速さは，投げ上げた瞬間の速さと同じである．

図 2.15 空気抵抗がなければ同じ加速度 スコット宇宙飛行士が，月面では羽毛もハンマーも同じ割合で落下することを実験した．月には空気がなく，空気抵抗がないので，羽毛もハンマーと同じ割合で加速される．

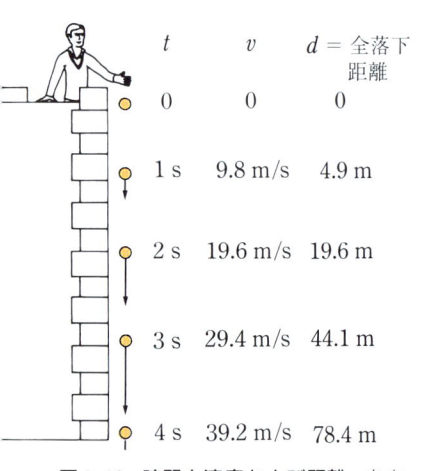

t	v	$d =$ 全落下距離
0	0	0
1 s	9.8 m/s	4.9 m
2 s	19.6 m/s	19.6 m
3 s	29.4 m/s	44.1 m
4 s	39.2 m/s	78.4 m

図 2.16 時間と速度および距離 自由落下中の物体が最初の数秒間に得る速度の大きさと落下距離を示す．速度の大きさは毎秒 $9.8\,\text{m/s}$ ずつ増える．物体が速度ゼロで落とされた場合，全落下距離は式 $d = (1/2)gt^2$ を用いて計算される（図から明らかなように，落下距離は正確な縮尺で描かれていない）．

訳注 平均の速さ $\bar{v} = (v_0 + v_f)/2$ に (2.3) 式の v_f を代入すると $\bar{v} = v_0 + (1/2)at$ である．両辺に t をかけて，(2.1) 式を使うと，$d = \bar{v}t = v_0 t + (1/2)at^2$ が得られ，$v_0 = 0$ のときは $d = (1/2)at^2$ となる．

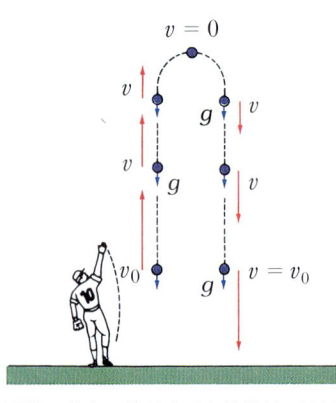

図 2.17 上昇と下降 真上に投げ上げた物体は，はじめから少しずつ遅くなり始める．これは，重力加速度 g が速度と逆向きだからである．それから物体は最高地点に達し一瞬静止する（$v = 0$）．その後は下向きに加速し，出発点に戻るが，そのときの速度は投げ上げた速度と大きさが同じで向きが逆である（図では見やすくするために，下降中の経路はずらして描いてある）．

ハイライト

ガリレオとピサの斜塔

よく知られた話として，ガリレオはピサの斜塔の上から質量の異なる石か砲丸を落として，物体が同じ割合で落下するかどうかを実験的に確かめようとしたと言われている．この言い伝えが事実かどうかは疑問である（図1）．

ガリレオがアリストテレスの見解に疑問を抱いたのは事実である．その見解とは，物体が落ちるのはその「土性」のためであり，重い物体ほど土性が強く，地球の中心にある「本来あるべき」場所を求めてより速く落下する，というものである．これに対するガリレオの考えは，彼の文書からの以下の抜粋を見れば明白である．[注1]

アリストテレスの見解が馬鹿げていることは，火を見るよりも明らかである．このような見解を誰が信じようか．たとえば，大きさの2倍異なる2個の石を同時に高い塔から投げ落とすと，小さい方が中間まで落ちたときに大きい方はすでに地面に到達しているというのである．

また，アリストテレスによると「1ポンドの砲丸が1キュービット[注2]（約50 cm）の距離も落下しない内に，100ポンドの砲丸は100キュービット（約50 m）の距離を落下して地面に到達する」ということである．私は2つとも同時に地面に落ちると主張する．

ガリレオは高い塔と述べているが，ピサの斜塔については何も書き残した文書はない．また，そのような実験についての別の記録もない．ピサの斜塔の実験についての最初の報告は，ガリレオの死より10年余り後に門人のひとりが著した伝記の中に見られる．真実はだれにもわからない．われわれにわかるのは地球表面近くで自由落下する物体が，すべて同じ加速度で落ちるということである．

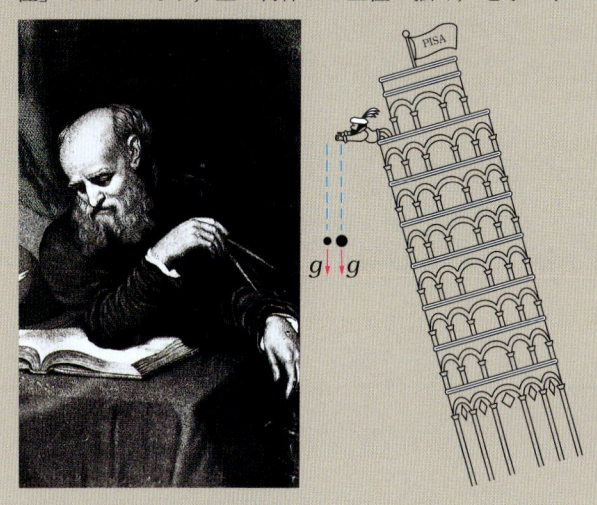

図1 (a) **ガリレオ・ガリレイ**（1564-1642）．ガリレオは数多くの科学的研究を行ったが，物体の運動の研究もその1つであった．(b) **自由落下**．地球表面近くで自由落下する物体は，すべて下向きに $g = 9.80 \text{ m/s}^2$ で加速される．ガリレオはピサの斜塔の上から質量（したがって，重さ）の異なる砲丸か石を同時に落とした，と伝えられている．落下距離が短い間は空気抵抗が無視できるので，物体は同時に地面に衝突したであろう．

注1 L. クーパー著「アリストテレスとガリレオおよびピサの斜塔」（コーネル大学出版，1935年）より．
注2 1キュービット（腕尺）は肘から中指の先までの長さ（通例50 cm前後）．

2.4 放体の運動

> **学習目標**
> 2次元の放体の運動を，2つの1次元成分の組み合わせとして記述すること．
> 放体の到達距離を決める要素は何かを確認すること．

物体を投げる機会はよくある．すぐ前の節で論じたように，鉛直方向の放体の運動は，一直線上（1次元）である．しかし，一般に放体の運

動は平面内(2次元)で起こる．このような運動を分析するには，物体の運動を2方向に分け，それぞれの**成分**について考えると便利である．つまり，2方向の直線運動について調べれば，それらを組み合わせたものが全体の運動になる．

水平方向の放体の運動の例として，ボールを水平に投げ出したとする(●図2.18)．ボールははじめ水平速度をもつので，水平方向に進む．しかし，ボールが進んでいる間にも重力が作用して，下向きに加速されるので，ボールは水平に進行しながら同時に下向きにも移動する．

そこでもし，空気抵抗が無視できるなら，水平に投げ出された物体は重力の影響を受けて落下しながら，本質的には，水平方向に一定の速度(水平方向の加速度はない)で進行するのである．2方向の運動を組み合わせた結果の経路は曲線の弧を描く．放体はこのような運動を続けていき，やがて地面に達する．放体の進んだ水平距離を**到達距離**という．

水平方向に投げ出された物体の下向きの運動は，静かに落下させた物

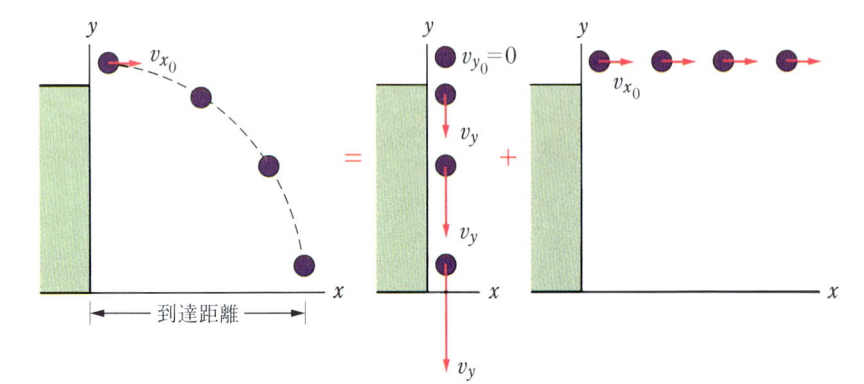

図2.18 水平に投げ出した物体の運動 水平に投げ出した物体の運動は，y方向の自由落下とx方向の等速運動という2つの運動成分の組み合わせである．物体が水平方向に進んだ距離を到達距離という．

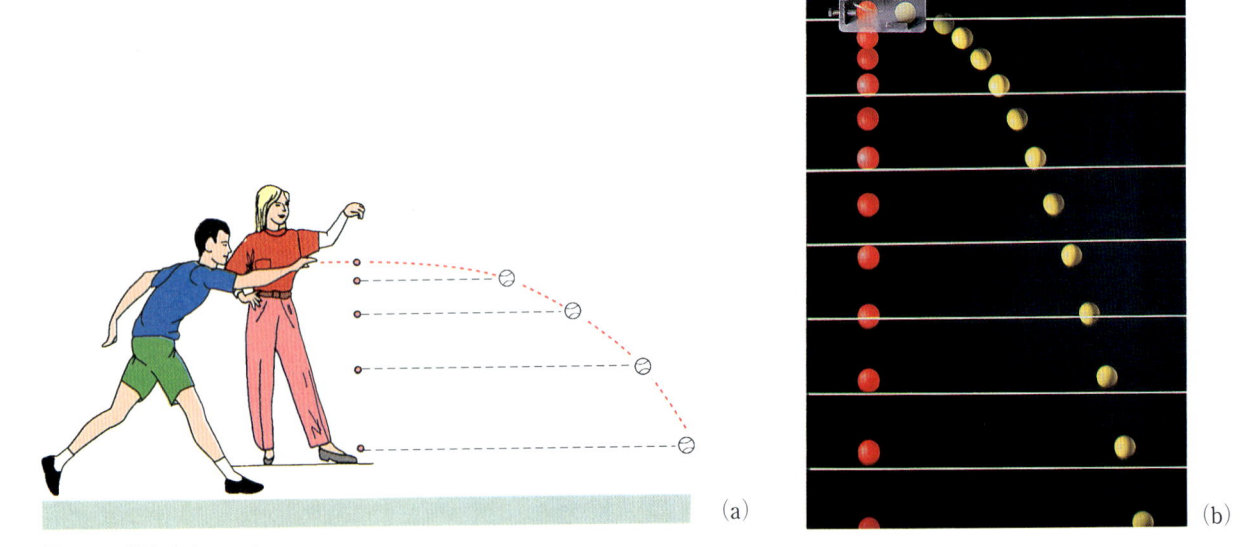

図2.19 鉛直方向の運動は同じ (a)同じ高さから同時に水平に投げ出したボールと静かに落としたボールとは，鉛直方向の運動が同じなので，(空気抵抗が無視できるなら)同時に地面に当たる(図は正確な縮尺ではない)．(b) 2つのボールの多重露光写真——水平に打ち出したボールと同時に落としたボール．水平な直線上で比べると，2つのボールが鉛直方向に同じ割合で落ちていくことがわかる．

体の運動と同じであることに注意しよう．●図2.19はこのことを説明する．水平に投げ出された物体は，落下させた物体と同じ割合で落ちていくのである．

フットボールの強肩のクオーターバックはボールを遠くまで一直線に投げることができると，スポーツ担当のアナウンサーが言うことがある．もちろん，そんなことはあり得ない．水平に投げ出された物体は，その直後から落ち始めるのである．

物体を水平線に対し仰角 θ（シータ）で投げ上げる場合，物体は●図2.20 a のような左右対称の放物線の経路を描く．ただし，ここでも空気抵抗は無視する．曲線の経路は，本質的に，鉛直方向と水平方向の運動を組み合わせた結果である．放体は鉛直方向に上昇し下降するが，同時に水平方向に一定の速度で進行しているのである．

バスケットボールの選手が得点しようとジャンプするとき，選手がちょっとの間，空中に浮いているように見えるのは，これまでの説明からその理由がわかる（図 2.20 b）．物体が最高地点付近を通過する間，鉛直方向の速度は非常に小さい —— 上向きからゼロになり，再び下向きになる（図2.17）．この間は，ゆっくりした鉛直方向の運動と，一定速度の水平運動の組み合わせで，選手が宙に浮いたように見えるのである．

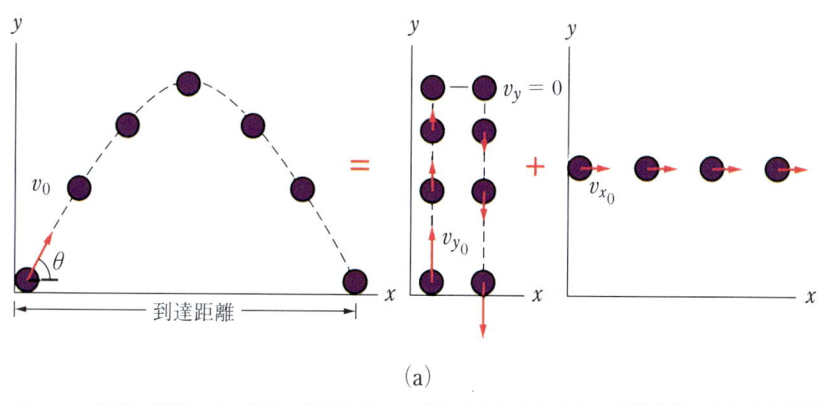

図 2.20 放体の運動 （a）放体の曲線経路は，鉛直方向と水平方向の運動を組み合わせた結果として生じる．（b）一瞬"宙に浮いた"ように見えるバスケットボールの選手．説明は本文を参照せよ．

ボールなどの物体をいろいろな角度で投げるとき，その描く経路は投げ上げた仰角に依存する．空気抵抗を無視すると，どの経路も●図2.21に示した曲線のどれかに似たものになる．図のように，物体を地表面に対して仰角 45° で投げ上げるとき到達距離が最大になる．はじめの速さが決まっていて，空気抵抗がないとすると，余角（足して 90°になる角度——たとえば 30°と 60°）の関係にある 2 つの仰角で投げたときの到達距離は同じになる．訳注

問 2.6
初めの速さが同じ 2 つの放体がある．空気の抵抗が無視できるとして，(a) 仰角が 55°と 65°のとき，どちらの到達距離が大きいか．(b) 到達距離が大きい方と同じになる他の仰角はいくらか．

訳注 放体の初速度，仰角を v_0，θ とすると，初速度の x, y 成分は $v_0 \cos\theta$，$v_0 \sin\theta$ なので，時間 t だけ経過後の x は (2.1) 式から，$x = (v_0 \cos\theta)t$ … (1) となる．y 成分については，p.34 の訳注の式 $d = v_0 t + (1/2)at^2$ で，d を y，v_0 を $v_0 \sin\theta$，a を $-g$ とおくと，$y = (v_0 \sin\theta)t - (1/2)gt^2$ … (2) となる．(2) 式で $y=0$ ($t \neq 0$) とおいて得られる $t = 2v_0 \sin\theta/g$ を (1) 式に代入すると，到達距離 x の値は $R = 2v_0^2 \sin\theta \cos\theta/g = v_0^2 \sin 2\theta/g$ … (3) から求められる．(3) 式から $\theta = 45°$ のとき，R は最大となり，また，$\sin 2\theta$ の θ に余角 $90°-\theta$ を入れても R の値は変わらないことがわかる．

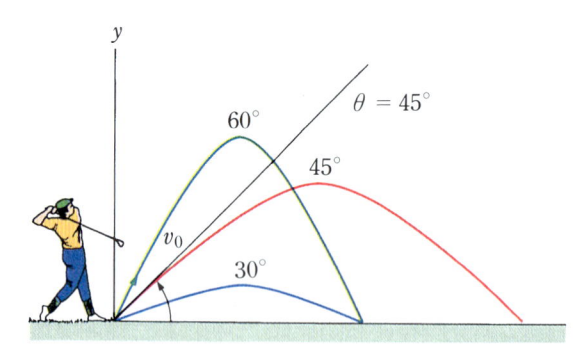

図2.21 最大到達距離 水平面での放体の到達距離は，初めの速さが与えられていれば，仰角45°のとき最大になる．ただし，空気抵抗はないと仮定する．

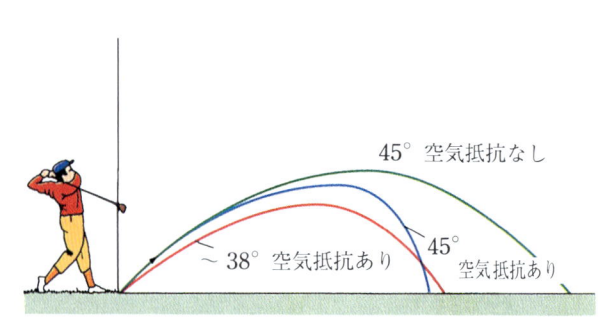

図2.22 空気抵抗の影響 これはゴルフボールの軌道であるが，フットボールのロングパスや当たりのよい野球のボールもよく似た軌道を描く．空気抵抗のため到達距離が短くなる（図の軌道は人に比べて縮小してある）．

図2.23 遠くまで飛ばすには 空気抵抗がある場合，到達距離が最大になる仰角は45°より小さい．

　空気抵抗が無視できるとき，放体は左右対称の経路を描く（この曲線を**放物線**という）．しかし，ボールなどの物体が強く投げ出されたりあるいは激しく打ち出されるとき，空気抵抗の影響が現れる．この場合，放体の経路は●図2.22に示したもののどれかに似ているが，もはや左右対称ではない．空気抵抗のため，放体のとくに水平方向の速度が減少する．結果として，45°より小さい仰角で到達距離が最大になる．

　フットボールのクオータバックや野球の選手は，到達距離を最大にするために投げるベストの角度があることを知っている．ゴルフのドライバーショットのよしあしも，ボールを打ち出す角度で決まる（もちろん，これらの例ではたいていボールのスピンのような別の要素も影響する）．陸上競技の円盤投げややり投げでは，スピンと仰角の両方が重要である．●図2.23では，選手が到達距離を最大にするために，45°より小さい仰角でやりを投げている．

重要用語

位置	ベクトル	平均速度	重力加速度
運動	変位	瞬間速度	到達距離（放体の）
スカラー	平均の速さ	傾き（グラフの）	
距離	瞬間の速さ	加速度	

重要公式

平均の速さ	$\bar{v} = \dfrac{d}{t}$	終りの速さ（加速度一定）	$v_f = v_0 + at$
平均の加速度	$\bar{a} = \dfrac{v_f - v_0}{t}$	重力加速度	$g = 9.80\,\mathrm{m/s^2}$

質問

2.1 位置と経路

1. ベクトル量は (a) 向き，(b) 大きさ，(c) 向きと大きさ，を持つ．
2. 物体の変位の大きさは必ず (a) 移動距離より大きい，(b) 移動距離に等しい，(c) 移動距離より小さい，(d) 移動距離以下である．
3. 直交座標系において物体の位置を指定するには何が必要であるか．
4. Δx や Δt のように用いるギリシア文字の記号 Δ（デルタ）の意味は何か．
5. 運動を記述するのに必要なのは長さと時間の 2 つの量だけであるか，説明せよ．

2.2 速さと速度

6. m/s は (a) 速さ，(b) 平均速度，(c) 瞬間速度，(d) 以上のすべて の単位である．
7. x-対-t のグラフで，直線の傾きの大きさは物体の (a) 変位，(b) 移動距離，(c) 速さ，(d) 加速度，を表す．
8. x-対-t のグラフで，直線の傾きが負（右下がり）ならば，物体は (a) 負の速さを持つ，(b) 一定の速さで x 軸の負の向きに動いている，(c) x 軸の負の向きに加速している，(d) 止まろうとしている．
9. 移動距離と変位は速さと速度とどのような関係にあるか，理由を付けて説明せよ．
10. 物体の平均の速さと瞬間の速さが等しい，すなわち同じ値を持つことがあるか．平均速度と瞬間速度ではどうか．
11. 直線運動において，変位が正で速度が負ということは可能であるか，説明せよ．
12. ある人がジョギングで真北に 2 ブロック走った．
    (a) この人の平均の速さと平均速度の大きさを比べよ．
    (b) この人が同じ道を引き返したとして，往復合せた平均の速さと平均速度の大きさを比べよ．
13. x-対-t のグラフで，直線が負の x 切片から始まって t 軸を横切った．この運動の一般的な記述をせよ．

2.3 加速度

14. 加速度とは (a) 速さ，(b) 速度，(c) 変位，(d) 移動距離，の時間的変化の割合である．
15. 加速度の国際単位系 SI 単位は (a) $\mathrm{m/s^2}$，(b) $\mathrm{m^2/s}$，(c) $\mathrm{m/s}$，(d) $\mathrm{m\cdot s/s}$ である．
16. 直線運動で，負方向の速度をもつ物体に正方向の一定の加速度を与え続けるとき，その物体については，(a) 負方向の速度をそのままもつ，(b) すぐに正方向の速度に変わる，(c) 負方向の速度の大きさが減少して，一たん 0 になり，次に正方向の速度となる，(d) 以上のどれも起こらない．
17. 物体が 1 つの向きに 9.8 m/s の瞬間速度をもち，同時にこれと同じ向きあるいは逆向きに $9.8\,\mathrm{m/s^2}$ の加速度をもつことができるか，説明せよ．
18. ガリレオがピサの斜塔の上から 2 つの物体を落としたとき，ほとんど同時に地面に当たった．しかし地面に当たった時刻にごくわずかな差があったのはなぜだろうか．
19. 自動車のステアリングホイール（ハンドル）を加速器と呼ぶのは適当だろうか，説明せよ．
20. 物体の瞬間速度がゼロで，しかも加速していることは起こりうるか（**ヒント** 真上に投げ上げた物体が最高点にきた瞬間を考えよ）．

2.4 放体の運動

21. 空気抵抗を無視するとき，仰角 θ で投げたボールは，(a) 水平方向の速度が一定である，(b) 下向きの加速度が一定である，(c) 上向きの速度が変化する，(d) 以上のすべてが当てはまる．
22. 空気抵抗がない場合，仰角 33° で投げた放体の到達距離は，仰角 (a) 45°，(b) 52°，(c) 57°，(d) 66° で投げたときの到達距離と等しい．
23. 放体の運動で一定の量は何か（空気抵抗は無視す

24. 放体の到達距離は何によって決まるか．
25. 野球のピッチャーは速球を水平な一直線上に投げることができるか，理由をつけて答えよ．
26. 空気抵抗を考慮に入れたとき，ボールをどのように投げれば到達距離が最大になるか．

思考のかて

1. 道路にはスピード（速さ）制限があるが，速度の制限ではない．速度の制限とは何を意味するだろうか．
2. 正の速度は加速すること，負の速度は減速することである，という仲間の学生がいたら，その通りだと賛成するか．また，正の速度は前進，負の速度は後退である，というのは正しいか．
3. 仰角が $50°$ と $35°$ の2つの放体の到達距離が同じということは可能か，説明せよ（空気抵抗は無視する）．
4. 放体の到達距離が空気抵抗によって減るのはなぜか．

練習問題

2.1 位置と経路

1. 100 m の競泳で選手は 50 m プールをまっすぐに泳いで往復する．(a) プールの向こう側まで泳いだとき，(b) スタート地点までもどったとき，選手の移動距離と変位はどれだけか．
   　　答　(a) 50 m, 50 m　(b) 100 m, 0 m
2. ある女性がショッピングセンターへ行くのに，北へ 3 km，次に東へ 4 km 車を走らせた．このときの (a) 移動距離，(b) 変位の大きさ，はどれだけか（**ヒント**　ピタゴラスの定理を思い出せ）．
   　　答　(a) 7 km　(b) 5 km
3. 飛行機が 400 km/h という一定の速さで北西に飛んでいる．飛行機の速度ベクトルを1目盛り 50 km/h の直交座標系で図示せよ．

2.2 速さと速度

4. 陸上競技大会の 100 m 競走で，ある走者の記録は 15 s であった．平均の速さはどれだけか．
   　　答　6.7 m/s
5. 飛行機が一定の速さで真東に向かって，2.0 h で 900 km 飛行した．
   (a) 飛行機の平均速度は何 km/h，また，何 m/s か．
   (b) 瞬間速度はどれだけか．
   　　答　(a) 450 km/h または 125 m/s で東向き
   　　　　(b) (a) と同じ
6. 図 2.8 のプロットでは傾きがゼロであることがどうしてわかるか．
7. ●図 2.24 で表される物体の運動を説明せよ．また各区間の速度を求めよ．
   　　答　区間 (1) で $v = +1.2$ m/s，区間 (2) で $v = 0$，区間 (3) で $v = -0.9$ m/s
8. ●図 2.25 で表される物体の運動を説明せよ．また各区間の速度を求めよ．

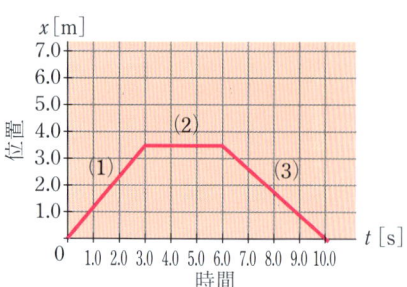

図 2.24　位置-時間のグラフ（練習問題7を参照）．

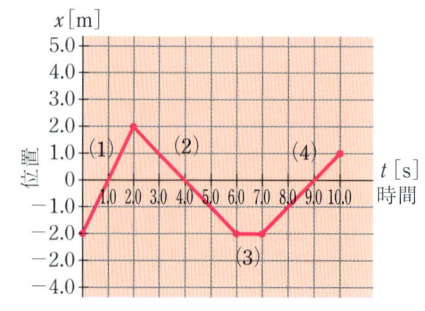

図 2.25　位置-時間のグラフ　変化は図 2.24 より複雑（練習問題8を参照）．

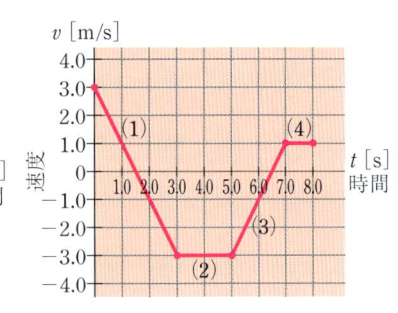

図 2.26　速度-時間のグラフ　ここで何が求まるだろうか（練習問題14）．

答 区間(1)で $v = +2.0$ m/s，区間(2)で $v = -1.0$ m/s，区間(3)で $v = 0$，区間(4)で $v = +1.0$ m/s

2.3 加速度

9. 飛行機が離陸時に6.0 sで100 km/hの速さに達した．飛行機の平均の加速度はどれだけか．
   答 4.6 m/s², 滑走路を進む向き

10. 高さ100 m（32階建て）のビルの上からボールを落とした．
    (a) 1秒後のボールの速度はどれだけか．
    (b) 2秒後ではどうか．
    答 (a) 9.8 m/s, 下向き (b) 19.6 m/s, 下向き

11. 水平でまっすぐなトラック上で，静止状態からスタートした短距離走選手が，4.0 sで10 m/sの速さに加速できたとする．選手の平均の加速度はどれだけか． 答 $+2.5$ m/s²

12. 180 km/hで走っているレーシングカーがパラシュートを出して，一様に減速し，4.5 sで10 km/hになった．このレーシングカーの加速度は国際単位系SIでどれだけか． 答 -10.5 m/s²

13. 図2.10の運動を加速度によって説明せよ．

14. ●図2.26で表される運動を説明せよ．区間の変わり目における速度の急激な変化は現実に起こるだろうか．もしそうでなければ，この領域におけるもっと現実的なグラフはどのようになるか．
    答 区間(1)で $a = -2.0$ m/s²，区間(2)で $a = 0$，区間(3)で $a = +2.0$ m/s²，区間(4)で $a = 0$

15. 初めの速さ4.0 m/sで下向きに投げ落とされた物体について，(a) v-対-t，(b) a-対-t のグラフを描け．

2.4 放体の運動

16. 飛行機が200 m/s（720 km/h）の速さで水平に西へ飛んでいる．この飛行機が取り残されたキャンパーに救援物資の包みを投下した．
    (a) 包みの初めの速度はどれだけか．大きさと向きの両方を答えよ．
    (b) 包みの加速度の大きさと向きはどれだけか．
    答 (a) 200 m/s, 西向き (b) 9.8 m/s², 下向き

17. 空気抵抗を無視するとき，仰角49°で投げた物体と到達距離が同じになる仰角はどれだけか．ただし，初めの速さは同じとする． 答 $41°$

18. 初めの速さが同じである2つの物体をそれぞれ仰角50°と39°で投げたとする．どちらの到達距離が大きいか（空気抵抗は無視する）． 答 $50°$

19. 水平に投げ出した物体の (a) x-対-t，(b) a-対-t のグラフを描け．

20. 仰角 θ で投げ出した物体の (a) x-対-t，(b) a-対-t のグラフを描け（空気抵抗は無視する）．

質問（選択方式だけ）の答

1. c   2. d   6. d   7. c   8. b   14. b   15. a   16. c   21. d   22. c

本文問の解

2.1 100 km，南西向き

2.2 $v = \dfrac{d}{t} = \dfrac{100 \text{ m}}{9.92 \text{ s}} = 10.1$ m/s

2.3 物体は原点を通り過ぎて，なおも x 軸の負の向きに運動を続ける．

2.4 $v_f = v_0 + at = 40$ m/s $+ (-2.0$ m/s²$)(5.0$ s$) = 30$ m/s．ここで，初速度 v_0 を正にとったので，加速度 a は負となる．

2.5 物体は初め（$t = 0$）$v_0 = -1$ m/s（x 軸の負の向き）の速度で運動するが，同じ向きに一定の割合で加速する（負の傾きを持つ直線）．また，速度の大きさは毎秒 $\Delta v = 0.5$ m/sだけ増えるので，加速度の大きさは $a = 0.5$(m/s)/s $= 0.5$ m/s² である．

2.6 (a) 55°（45°に近い）
     (b) 90° $-$ 55° $=$ 35°．または，55°は45°（到達距離最大）より10°大きいから，45°より10°小さい仰角として35°を得る．

3
力と運動

第2章では運動について述べたが，運動を起こす原因については触れなかった．物体を動かすには押したり引いたりする，つまり力を加えればよい．力と運動は密接な関係すなわち一種の因果関係にある．しかし，よく考えると，物体が最初に静止していようと動いていようと，その運動を**変化**させるのが力の作用である．この章では，力の性質と，力が物体の運動にどのような影響を及ぼすか，について学ぶ．

第2章で見たように，ガリレオは落下中の物体の運動に関心をもった．また，別のタイプの運動として惑星の運動などにも関心をもち，初期に製作された望遠鏡を用いて，惑星の運動を観測した．ガリレオは，静止中あるいは運動中の物体に関してはじめてきちんとした記述をした科学者の1人であった．しかし，実際に一組の運動の法則を定式化するには，ガリレオが死んだ年に偶然生まれたニュートン（Isaac Newton, 1642–1727）の出現を待たねばならなかった．ニュートンはさらに万有引力の法則を定式化し，惑星その他の天体の運動を記述した．ニュートンはこれらの業績の大部分をわずか25歳のときに成し遂げた．ニュートンは広範囲にわたる業績によって歴史上最高の科学者の1人としての名声を確立したのである．ニュートンの生涯については，この章のハイライトでもっと詳しく考えてみよう．

3.1　力とニュートンの運動の第1法則

> **学習目標**
> 力と慣性の概念を定義すること．
> ニュートンの運動の第1法則（慣性の法則）を説明すること．

だれでも，力とは何かについて，直観的な概念をもっているが，もう少し明確に考えてみよう．押したり引いたりするのは力を加える例である．これらは，**近接作用**の例と考えてもよいであろう．別のタイプの力としては**遠隔作用**がある．この章の後に出てくる重力はその一例で，月を地球のまわりの軌道に保ち，地球その他の惑星を太陽のまわりの軌道に保つのは，重力という力である．

ここで力の一般的な定義をしよう．基本的に，**力**とは運動を引き起こしたり変化させる能力のある量のことである．力が静止した物体に加われば運動が始まり，運動中の物体に加われば運動が変化する．どちらの場合も，加速度が生じるのである（第2章）．

力にはもう1つ重要な性質がある：**力はベクトル量であり，大きさと向きを持つ**．1つの物体にいくつかの力が加わり，結果として運動に何も影響の生じないこともある．これは，力がベクトル量として打ち消し合ったためである．このように個々の力については，運動を変化させる能力があっても，必ずしも運動の変化が生じるとは限らない．その例として，●図3.1aに示す綱引きでは，綱という1つの物体に多くの力が

図3.1 釣り合った力と釣り合っていない力 (a) 2つの力が同じ大きさで逆向きなら，釣り合って正味の力は生じない（系がはじめに静止していれば，ずっと動かない）．(b) F_2 が F_1 より大きければ，釣り合いが破れ，運動が生じる．正味の力は2つの力のベクトル和 $F_2 + (-F_1) = F_2 - F_1$，つまり2つの力の差に等しい．

作用しているが運動は生じていない．この場合，左向きの力と右向きの力は釣り合っている，すなわち大きさが同じで向きが逆なので，打ち消し合っている．運動の変化が生じるのは，作用する多くの力の釣り合いが破れ，互いには打ち消し合わなくなったときだけである．左向きと右向きに引く力に差があると**釣り合っていない力**（正味の力ともいう）となり，綱を一方に加速するのである（図3.1b）．

同様に1つの物体に3つ以上の力がさまざまな向きに作用するときも，一般には釣り合っていない力，つまり，正味の力が物体に作用する（正味の力は力のベクトル和である；ベクトルの和の計算はこの本の範囲を超える）．もし，正味の力がゼロであるなら，これらの力は釣り合い，物体に影響しない．

力を外力と内力に分けることもできる．**外力**とは，考える物体や系の外部から加わる力，**内力**はその物体や系の内部間で作用する力である．たとえば，乗用車とその乗員からなる系を考えよう．別の車がこの車に接触してフェンダーをへこますのは，外力の例である．ところが，乗員が車のフロアやダッシュボードを押しても（力を作用させても），これは内力であり，乗員を含む自動車全体の運動には何の影響もない．

ガリレオやニュートンより前の時代では，科学者は「運動の自然な状態は何か」という疑問を抱いていた．それまでは，ギリシアの哲学者アリストテレスの運動の理論が，その死後約2000年にもわたって正しい

とされてきたが，それは物体が運動を続けるには力が必要である，というものであった．すなわち，物体の自然な状態とは静止状態であり，例外として天体は運動を続けるのが自然であった．運動中の物体が自然に遅くなって静止する，という性質は容易に観察されたので，アリストテレスは，静止が自然な状態のはずだと考えたにちがいない．

ガリレオは斜面から水平面にボールを転がして運動を調べた．水平面を滑らかにするほど，ボールは遠くまで転がった（●図 3.2）．そこで，非常に長い水平面が完全に滑らかだとしたら，ボールを止める原因はないので，何かにぶつかって止まるまでどこまでも転がり続けるはずである，と推論した．こうして，ガリレオはアリストテレスの理論とは反対に，物体は運動を持続するのが自然である，と結論した．

ニュートンもこの現象の存在を認め，運動の第 1 法則にガリレオの得た結論を組み入れた．**ニュートンの運動の第 1 法則**はいく通りかの方法で言い表すことができるが，その 1 つとして次のように表現する：

> **釣り合いを破る外力が作用しない限り，物体は静止状態あるいは等速直線運動を持続する．**

図 3.2 抵抗を受けない運動 水平な面が完全に滑らかなら，ボールはどこまでも転がっていく．

「等速直線運動」は速度が一定であることを意味する．したがって，ニュートンの第 1 法則は，運動の自然な状態とは等速度運動である，ということもできる．等速度運動の速度がゼロならば，物体は静止しているという．

地球上の運動には摩擦力や重力がつきものだから，自然な状態すなわちゼロでない速度で等速度運動をする物体を観測することは難しい．しかし，摩擦がなく他の天体の引力を無視できる宇宙空間では，はじめに運動していた物体は等速度運動を続ける．たとえば，惑星間衛星[訳注]は打ち上げて軌道に乗った後，近似的にこの条件を満たす．パイオニアやヴォイジャーなどの宇宙船はすでに太陽系を離れている．このような宇宙船は，釣り合いを破る外力を受けてこの速度を変えない限り，等速度で飛び続けることになる．

訳注 厳密には人工惑星．

運動と慣性

ガリレオは運動に関するもう 1 つの概念を導入した．物体には運動の状態を維持しようとする性質，すなわち運動状態を変化することへの抵抗があるように思われた．また，静止した物体は，ずっと静止していようとする傾向があると思われた．ガリレオはこの性質を慣性と呼んだ．**慣性とは，物体が運動状態を変えることに抵抗する性質である．**

ニュートンはこの考えをさらに一歩進め，慣性という概念を測定可能な量である質量に関連づけた．**質量とは慣性の大きさを示す尺度である．**物体の質量が大きいほど慣性が大きく，またその逆も成り立つ．

質量と慣性の関係を示す例として，ぶらんこに乗ってはじめ静止して

いる 2 人の人を押して揺らすとしよう. 1 人は非常に大きなおとな, もう 1 人は小さな子供とする (●図 3.3 a). 明らかに, おとなを揺らす方が苦労する. すなわち, おとなと子供では, 運動することへの抵抗に目立った差がある. また, いったん 2 人とも揺らせてから, 止めようとすると, やはり運動状態の変化への抵抗に差のあることがわかる. おとなの方が質量が大きく慣性も大きいので, 運動の変化に大きく抵抗するのである.

図 3.3 b も慣性を表す例である. 紙の上にコインを積み重ねたものは, 慣性のため動き出すことに抵抗を示す. 紙を急に引っ張っても, コインは慣性のためほとんど動かず, 倒れることはない. 同様の方法で積み重ねた雑誌の一番下の一冊を急に引っ張り出すこともできる.

ニュートンの第 1 法則は運動と慣性の関係を表すので, **慣性の法則**と呼ぶこともある. この法則はさまざまな状況に当てはめることができる. たとえば, まっすぐな道路を高速で走る車の助手席に座っている人は, 緊急停止のため運転者が突然急ブレーキをかけたとするとどうなるか, 第 1 法則で考えてみよう. この人はシートベルトをせず, 助手席にはエアバッグの装備もなかったとする. 衣服とシートの間に摩擦力はあるが, とても体の運動を変えるほどの効果がないのはたしかである. この人の体は第 1 法則によって前進を続けるが, 車の方は止まる. 次に体が釣り合っていない外力を受けてひどい目にあうだろう. このようにニュートンの第 1 法則は, シートベルトやエアバッグの有効性を裏付けることになる (自動車のエアバッグの原理はこの後のハイライトで説明する).

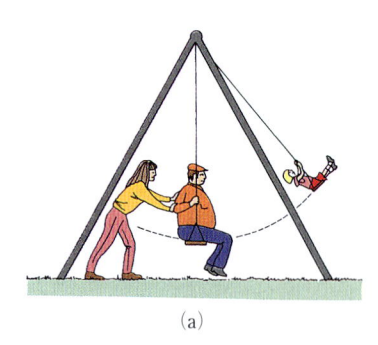

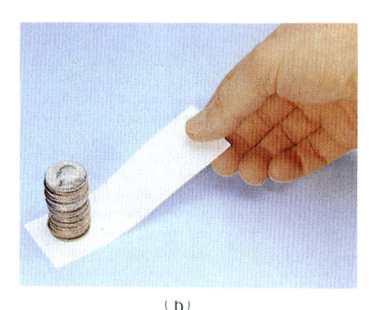

図 3.3 質量と慣性 (a) 物体が動き出すには, 外部から力を作用させることが必要である. どのように運動するかは, 物体の質量つまり慣性による. (b) 紙の上にコインを積み重ね, 紙を急に引っ張っても, 慣性のため重ねたコインはそのまま動かず崩れることはない.

3.2 ニュートンの運動の第 2 法則

> **学習目標**
> ニュートンの運動の第 2 法則で表される力, 質量, 加速度の関係を説明すること.
> 第 2 法則を用いて, 質量と重さを明確に区別すること.
> 向心力を定義すること.

第 2 章ではじめて運動について学んだとき, 加速度は速度の時間的変化の割合であると定義したが ($\Delta v/t$), 加速度を生じる原因については触れず, 速度の変化が起こることだけを述べた. ここで, 加速度を生じる原因は何かを考えてみよう. 答えはニュートンの第 1 法則である. 速度を変えるには釣り合いを破る外力が必要であるとすると, 釣り合っていない外力が加速度を生じる原因である.

ニュートンはこのことに気付いていたが, もう一歩進んで, 加速度を慣性つまり質量と関係づけた. 慣性とは運動の変化への抵抗であるから, 一定の力に対して, 物体の質量 (慣性) が大きいほど, 運動の変化

アイザック・ニュートン

アイザック・ニュートン（図1）とアルバート・アインシュタインは普通，歴史上の2大科学者と考えられている．ニュートンは物理学のさまざまな問題について多大な貢献をしたが，ニュートンの運動の法則もその1つである．ニュートンは1642年のクリスマスにイングランドのリンカンシャー州ウールズソープ村で生まれた．ニュートンは初期の学校教育では特に非凡な才能を示すこともなかったが，1人の教師が勉強を続けるよう勧めてくれたお陰で，1661年ケンブリッジ大学のトリニティカレッジに入学した．

ニュートンはその4年後に学位を授けられたが，さらに上級の学位を目指して研究を続けることにした．ところが，突然ペストが流行したため，大学は閉鎖になり，ニュートンはウールズソープ村に戻った．それに続く2年間の研究が基礎となって，物理学，数学，天文学に多大な貢献をすることになった．ニュートン自身の言葉によると「創造という点に関しては当時が人生の最盛期にあり，以前にもまして数学と哲学（科学）に思いを巡らせていた」のである．

その後20年以上にわたり，ニュートンの活躍は目覚ましく，45歳のときには有名な「**自然哲学の数学的原理**」（普通は「**プリンキピア**」と略称）を著した．* この本の中でニュートンは万有引力の理論とともに運動の法則を展開した．プリンキピアの出版資金を援助したのは，友人のエドモンド・ハリーだった．ハリーはニュートンの理論を応用して，彗星の再来を予言したが，これにはハリー彗星という名がついている．

ニュートンは内気な性格だったと伝えられているが，自分の理論や学問的業績についてはたびたび論争をした．最初に微積分学を発展させたのはだれか，を巡ってゴットフリート・ライプニッツと論争したことは有名である．ニュートンは国会議員に選ばれたが，後に造幣局長に任命され，イギリス通貨の改鋳という業務の管理にあたった．1705年には，アン女王からナイトの爵位を授けられた．これ以後，ニュートンには尊称サー（卿）をつけて，アイザック・ニュートン卿と呼ばれた．

ニュートンは，1727年85歳で没したが，ウェストミンスター寺院に栄誉をもって葬られた．厳格な独身主義者かつ偉大な科学者であったニュートンの人物像は，彼の書き残した次の文章から伺い知ることができる：

私は，未知のまま横たわる真理の大海を前にして，その浜辺ですべすべした石やきれいな貝殻を見つけては喜んで遊んでいる少年のようなものだったと思う．

私が他の人より遠くを見通せることができたとすれば，それは巨人たちの肩の上に立っていたからである．

ニュートンについて，詩人アレクサンダー・ポープはこう書いている：

自然と自然の法則は夜の闇に隠れていた．
神は言われた，ニュートンよ，出でよ！ かくして，すべてが光に照らし出された．

注 当時は物理学を自然哲学と呼んでいた．

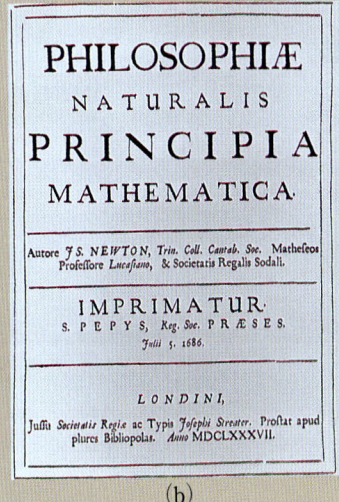

図1 ニュートンの人物像と著作 (a)アイザック・ニュートン卿（Sir Isaac Newton, 1642-1727）．(b)プリンキピアの表題ページ（とびら）．このページの下部に出版年1687がローマ数字で記してある．

すなわち速度の変化が小さい，と仮定するのが理にかなっている．ニュートンの科学への多大な貢献のうち，このような洞察は代表的なものである（この章のハイライトを参照）．まとめると，

1. 物体（質量）に作用する釣り合っていない外力によって生じる加速度は，力の大きさに正比例し $a \propto F$，力と同じ向きである（記号 $\propto$ はその両辺の量が比例することを表す）．
2. 釣り合っていない外力によって生じる物体の加速度は，物体の質量に逆比例する，$a \propto 1/m$（$1/m$ に比例するのは，m に逆比例することを意味する）．

これらの，加速度に対する力と質量の関係を合わせたものが，**ニュートンの運動の第2法則**であり，

$$\text{加速度} \propto \frac{\text{釣り合っていない外力}}{\text{質量}}$$

すなわち

$$a \propto \frac{F}{m}$$

のように簡単な式で表される．●図 3.4 はこれらの関係を図解したものである．同じ質量の物体に 2 倍の力を作用させると，加速度も 2 倍になる（正比例の関係）．また，同じ力を質量が 2 倍の物体に作用させると，加速度は半分になる（逆比例の関係）．

適当な単位を用いると，比例記号を等号に置き換えてニュートンの第 2 法則は方程式の形で

$$a = \frac{F}{m}$$

または

$$F = ma \tag{3.1}$$

と書くことができる．言葉で表せば，**力＝質量×加速度**である．これがニュートンの第 2 法則の数学的表現である．図 3.4 (a) で，質量 m は系の**全質量**，すなわち加速されるすべての物体の質量である．1 つの系が 2 つ以上の部分の質量からできていることもある．また，F は作用するすべての外力を合わせた結果としての正味の外力（釣り合っていない外力）である．一般に，正味の外力は座標軸に平行にとるので，その向きは＋と－の符号で表される．今後は特に断らない限り，力といえば，正味の外力のことである．

このようにニュートンの第 2 法則は，原因（力）と結果（加速度）の関係である．物体が加速や減速をしたり，動く向きを変えるのはよく目にするが，いずれも加速度が生じている．ニュートンの第 2 法則から，物体が加速度をもつのは正味の外力が作用している証拠である．

MKS 単位系あるいは国際単位系（SI）で，質量と加速度の単位はそれぞれ kg と m/s^2 なので，力（$F = ma$）の単位は kg·m/s^2 である．この誘導単位は，特に**ニュートン**［N］という名前がついている．[注]1 N は 1 kg の質量に 1 m/s^2 の加速度を生じさせるのに必要な力の大き

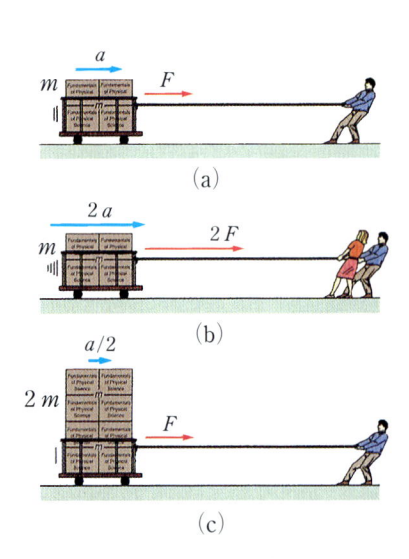

図 3.4 力，質量と加速度の関係 (a) 釣り合っていない力 F が質量 m の物体に作用すると，加速度 a が生じる．(b) 質量が同じで力が 2 倍（$2F$）なら，加速度も 2 倍になる．(c) 質量が 2 倍（$2m$）で力が同じ（F）なら，加速度は半分になる．

注 CGS 単位系の力の単位はダイン［dyn］である．$F = ma$ から 1 dyn $= 1\,\text{g·cm/s}^2 = 10^{-3}\,\text{kg·}10^{-2}\,\text{m/s}^2 = 10^{-5}$ N である．

さである．

このすぐ後で説明するが，重さは力であり，SIではNで表される．
●図3.5のような小さなりんご1個の重さがほぼ1Nである．ニュートンが重力の概念について考えにふけっているとき，りんごが落ちるのを見てヒントを得たという話があるので，小さなりんご1個が約1Nの重さ，と覚えておくとよい．

次に，$F = ma$ を用いた例題を解いてみよう．ただし，F は釣り合っていない正味の力，m は全質量である．

小りんご1個の重さは約1N

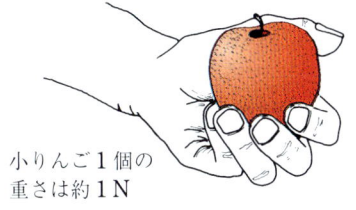

図3.5 おおよそ1N 小さなりんご1個の重さはほぼ1N（約100 gw）．

例題3.1 ニュートンの第2法則の応用

●図3.6のように，摩擦のない面に静止しているブロックにひもを付け，水平に6.0 Nの力で引く．(a) ブロックの質量が2.0 kgで，ひもの質量が無視できるとき，ブロックの加速度はどれだけか．(b) ひもを引く力の大きさを2倍にしたら，加速度はどれだけになるか．(c) 質量2.0 kgのブロックを2枚重ねて，6.0 Nの力で引いたら，加速度はどれだけになるか．

(a)

(b)

(c)

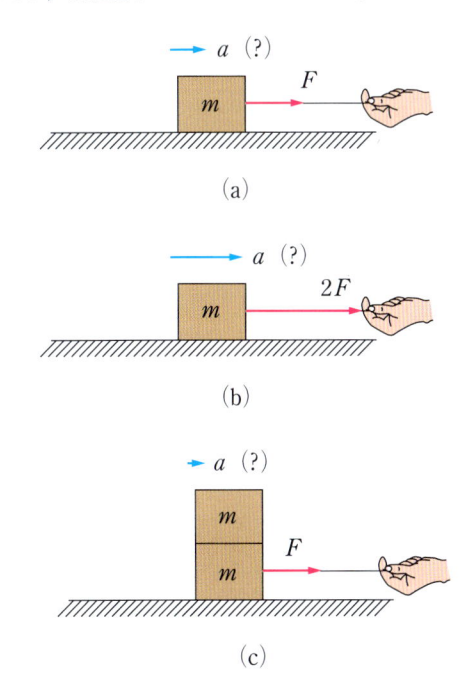

図3.6 力と加速度の因果関係 例題3.1を参照．

解 既知の量と未知の量をまとめると次のようになる：

既知：(a) $F = 6.0$ N　　$m = 2.0$ kg
　　　(b) $F = 12$ N　　$m = 2.0$ kg
　　　(c) $F = 6.0$ N　　$m = 4.0$ kg

未知：どの場合も　　　　a（加速度）

（面に摩擦はないから，ブロックの運動を妨げる摩擦力は考えなくてよい．一般に2つの物体が接触し，相対的に動いている，あるいは相対的に動こうとするとき接触面で摩擦力が発生し，動きに逆らおうとする．しかし，以下の議論では摩擦を無視する）．単位はすべてSIであるから，換算の必要はない．ニュートン[N]が kg·m/s² であることを思い出そう．以下の計算では，分母と分子での単位のキャンセル（打ち消し合い）をはっきり書くのは省略する．

(a) (3.1)式の $a = F/m$ に数値を代入すると，加速度は

$$a = \frac{F}{m} = \frac{6.0 \text{ N}}{2.0 \text{ kg}} = 3.0 \text{ m/s}^2$$

で，力と同じ向きである．ただし，力の向きを正に取った（力と加速度はベクトル量で，加速度は正味の力と同じ向きである）．

(b) 力は (a) の2倍である．ニュートンの第2法則がわかっていれば答えは明らかだが，一応計算しておこう．加速度は

$$a = \frac{F}{m} = \frac{12 \text{ N}}{2.0 \text{ kg}} = 6.0 \text{ m/s}^2$$

で，力と同じ向きである（$a \propto F$ なので F が2倍になれば a も2倍になる）．

(c) 力は (a) と同じで，質量が2倍になるから，加速度は

$$a = \frac{F}{m} = \frac{6.0 \text{ N}}{4.0 \text{ kg}} = 1.5 \text{ m/s}^2$$

で，力と同じ向きである．加速度の大きさは (a) の半分になった．

問 3.1
(a) 例題 3.1 の (b) で,初めの力 F に対して逆向きに余分の力 F を加えると,結果はどうなるか.
(b) 図 3.6 (a) の質量 2.0 kg のブロックが,1.5 m/s^2 の割合で左に加速されているとする.この加速度を生じさせる正味の力はどれだけか.

記号 F は任意の力を表し,ニュートンの第 2 法則 $F = ma$ は,力がどんな作用をするかを示すものであり,力がどんな種類かを決めるものではない.日常の状況で見られる力は,ほとんどが 2 種類の基本的なタイプ:**重力**と**電磁気力**である.重さは重力の例であり,この力の性質については次の節で詳しく考える.電磁気力の例としては,摩擦で静電気を帯びた衣服が体にまつわり付くような静電力,磁石で鉄片を引きつける現象がある.電気力と磁気力は第 8 章で別々に学ぶが,どちらも同じ電磁気力の別の形の現れである.極微(ミクロ)の世界では,電磁気力が原子や分子の結合状態を保ち,また他の原子や分子に力を及ぼす.外見上すぐに明らかではないが,これらミクロな相互作用を通しての電磁気力は,たとえば摩擦力のようにマクロな日常の状況でも働いているのである.

基本的な力はこれ以外にも 2 種類だけ知られている.どちらも原子核の内部に関連する力で,重力や電磁気力のように直接感覚で理解することはできない.その 1 つは**強い核力**(簡単に**強い力**という)で,原子核を構成する粒子をいわば「のり」のように結び付けている.もう 1 つは**弱い力**で,原子核のある種の放射性崩壊に関与する力である.[訳注] これらの力については第 10 章で説明する.

訳注 p. 222 の β 崩壊を参照.

電気力と磁気力はかつて別個の力と考えられていた.しかし,同じ電磁気力の別の形での現れであることがわかった.科学者は,自然をできるだけ単純化しようと試み,上記の 4 種類の基本的な力の関連を示してそれらを統一したいと考えている.この力の統一は部分的に成功し,弱い力と電磁気力は,**電弱力**という同じ力の別の形の現れであることがわかっている.いつかは,すべての力がただ 1 つの「超統一力」のいくつかの様相として理解できることになるかもしれない.

質量と重さ

ニュートンの第 2 法則に慣れたので,ここで質量と重さをはっきり区別しておこう.これらの量を前に次のように定義した:**質量**は物体の含む物質の量を指し,慣性を表す尺度である.**重さ**とは重力すなわち地球のような天体が物体に及ぼす引力である.しかし,質量と重さが密接な関係にあることが,ニュートンの第 2 法則から明らかになる.

地球表面上で重力加速度はほぼ一定 ($g = 9.8$ m/s^2) で,質量 m の物体の重さ(地球が物体に及ぼす引力)は

重さ = 質量 × 重力加速度

$$w = mg \tag{3.2}$$

という式で表される．これは $F = ma$ で $F = w$, $a = g$ とおいた特別の場合である．

このことから，なぜ質量が基本的な量であるかがわかるだろう．一般に，物体に含まれる物質の量が同じなら，質量 m も同じである．しかし，物体の重さは g の値によって変わる．たとえば月面上で，重力加速度（g_m）は地球表面上の約 1/6 である（$g_m = g/6 = (9.8 \, \text{m/s}^2)/6 = 1.6 \, \text{m/s}^2$）．同様に，火星表面上の重力加速度は地球の 0.38 倍の $g_M = 3.7 \, \text{m/s}^2$ である．(3.2)式からわかるように，月でも地球でも火星でも物体の質量は同じであるが，g の値が異なるので，重さが変わるのである．

重さの単位は SI ではニュートン [N] である．しかし，メートル単位系を用いる国においては，日常生活では重さを表すのに，質量の単位キログラム（簡単にキロ）で呼ぶことが多い．重力単位系では，[訳注] 質量 1 kg の物体の重さを 1 キログラム重 [kgw] という．(3.2)式で $m = 1$ kg とおくと

$$1 \, \text{kgw} = 1 \, \text{kg} \times 9.8 \, \text{m/s}^2 = 9.8 \, \text{kg} \cdot \text{m/s}^2 = 9.8 \, \text{N}$$

である（●図3.7参照）．

第2章で学んだように，自由落下する物体はすべて g という一定の加速度で落ちる．ガリレオはこの結果を実験で証明したが，その理由は説明できなかった．(3.2)式のように，自由落下中の物体には $F = w = mg$ という釣り合っていない外力が下向きに作用する．物体の質量によってこの力は違う値になるのに，なぜどの物体も同じ加速度で落ちるのだろうか．これはニュートンの法則から説明できる．

●図3.8のように，自由落下中の物体が2つあり，一方の質量が他方の2倍であるとする．ニュートンの第2法則によると，重い方の物体には2倍の重さつまり引力が作用する．ところがニュートンの第1法則により，重い方の物体は慣性が2倍なので，同じ加速度で落ちるのに2倍の力がいる．$F = ma$ を用いた図の中の数式のように，どちらの物体も同じ加速度 g で落ちることがわかる．

向心力

ニュートンの第2法則は多くの状況に適用できる一般的な関係式である．よく見られる特別な運動の例として，等速円運動を考えよう．たとえば，自動車が一定の速さ 90 km/h で円形のカーブを曲がる場合である．物体の運動の向きが絶えず変わるので，等速円運動の速度は連続して変化する（速度は大きさと向きをもつベクトル量であり，少なくとも一方が変われば速度は変わる）．速度の変化は加速度の存在を意味し，ニュートンの第2法則により正味の力が作用しているはずである．

この加速度は各瞬間の速度の向きと同じであるはずがない．もし向きが同じなら，物体の速さが次第に大きくなり，円運動は等速でなくなる

図3.7 質量と重さ 質量1kgの分銅が重量秤に吊るされている．目盛りを読むと重さは 9.8 N である．これは 1 kgw でもある．

訳注 重力単位系とは，基本単位として長さ，重さ（力），時間を選ぶものである（絶対単位系については第1章を参照）．

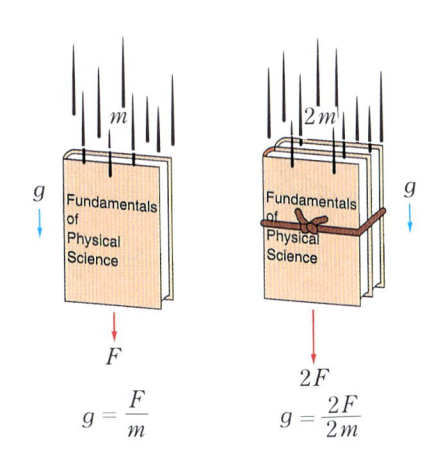

図3.8 重力加速度 落下する物体の重力による加速度は，物体の質量によらず一定である．質量が2倍の物体には2倍の引力が作用するが，慣性も2倍なので落下の加速度は同じになる．

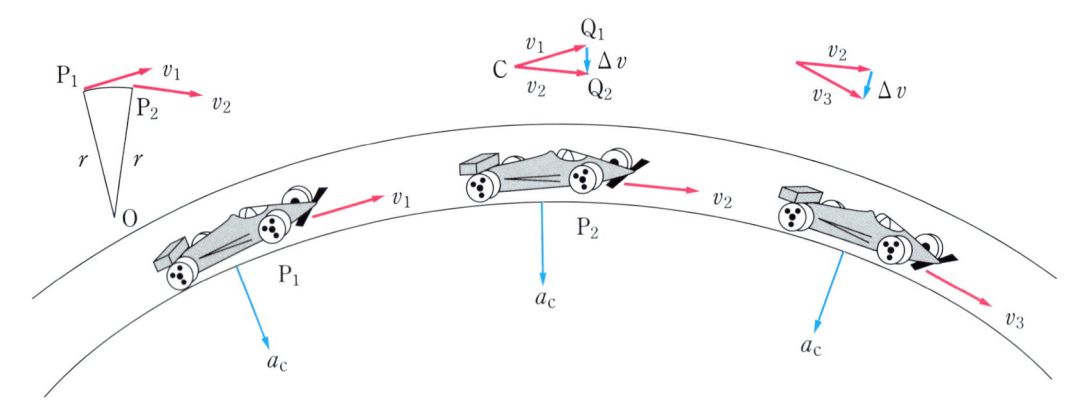

図3.9 向心加速度 一定半径の円形カーブを等速で走る自動車は，速度（の向き）が変化するので，加速し続ける．加速度は円形経路の中心を向くので，向心加速度と呼ばれる（**訳注** 向心加速度の公式を導くために，図の左上に△OP$_1$P$_2$を書き加えてある．曲率半径 r の中心をOとすると，$\overline{OP_1} = \overline{OP_2} = r$ であるが，ここでは縮小して描いてある）．

訳注 図3.9の△OP$_1$P$_2$と△CQ$_1$Q$_2$は相似なので（どちらも二等辺三角形で角Oと角Cは等しい）$\dfrac{\overline{P_1P_2}}{\overline{OP_1}} = \dfrac{\overline{Q_1Q_2}}{\overline{CQ_1}}$．短い時間 Δt を考え，$\overline{P_1P_2} \fallingdotseq \widehat{P_1P_2} = \Delta d$, $\overline{Q_1Q_2} = \Delta v$, $\overline{OP_1} = r$, $\overline{CQ_1} = v_1 = v$ を代入すると $\dfrac{\Delta d}{r} = \dfrac{\Delta v}{v}$ これから $\dfrac{\Delta v}{\Delta t} = \dfrac{v}{r}\dfrac{\Delta d}{\Delta t}$ となり，$\Delta t \to 0$ の瞬間に左辺は $\dfrac{\Delta v}{\Delta t} \to a_c$, 右辺では，$\dfrac{\Delta d}{\Delta t} \to v$ となるので，$a_c = \dfrac{v^2}{r}$．

からである．では，加速度と力の向きはどうか．加速度と力は向きを変化することで，物体を円形軌道上に保つのであるから，加速度と力は各瞬間の速度ベクトルに垂直である．

● 図3.9のように，等速円運動をする自動車を考えよう．どの点においても，瞬間速度は円に接している（その点を通る半径に垂直）．短い時間の後，速度ベクトルは（向きが）変化している．図に示したように，速度の変化 Δv は速度ベクトルの作る三角形の一辺として表される．

この速度変化は時間間隔 Δt についての平均であるが，Δt を小さくすると，近似的に Δv ベクトルは円軌道の中心を向いていることがわかる．瞬間的な測定つまり Δt が無限小になった極限では，このことが正確に成り立つ．すなわち，等速円運動をする物体の加速度と力は円の中心を向くのである．この加速度を**向心加速度**と呼ぶ．物体が半径 r の円周上を一定の速さ v で動くとき，向心加速度 a_c の大きさは $a_c = v^2/r$ で与えられる．^{訳注} ニュートンの第2法則により，この加速度を生じるように作用している力を**向心力**と呼ぶ．その大きさは

$$F = ma_c = \frac{mv^2}{r} \tag{3.3}$$

で表される．向心力は速さの2乗で変化する．また，円軌道の半径が小さいほど，物体が同じ速さで円運動を続けるのに必要な向心力が大きくなる．

このように等速円運動をする物体には，速さが一定でも円軌道上の運動を続けるために円の中心に向かって作用する向心力が必要なのである．実際の状況で必要な向心力がどのように与えられるか，具体例を見よう．円形カーブを走る自動車の場合，向心力はタイヤと路面の摩擦によって与えられる．路面が凍結していると摩擦力が減り，必要な向心力が得られないので，車はカーブの外側へ滑ってしまう．同様に，人がボールにひもを付けて頭の上で水平に振り回すと，ひもを引く力が絶えずボールの運動の向きを変え，円運動を持続させる向心力を与える．ひ

もを離したり，ひもが切れると，ボールはその瞬間の円の接線方向へ飛んでいく（重力加速度 g で下向きにも動く——水平に投げ出した放体と同じ）．月はほぼ円軌道を描いて地球をまわっている．では月を円軌道上に保つ向心力は何から供給されているのか．地球が月を引っ張る重力が，ボールのひもを引く力に相当するのである．このような引力については次の節で詳しく述べる．

おそらく自動車に乗っているとき向心力の不足を経験したことがあるだろう．直線道路を走っている車が高速で円形カーブに入ると，カーブの外側へ投げ出されるように感じる．力と運動について学んだことから外向きに作用する力があると考えるかもしれない．この種の力を遠心力と呼ぶ．しかし遠心力は実在する力ではない．[訳注] カーブに入る前，体はまっすぐ動いている．カーブに入ってからも，ニュートンの第1法則によって体はまっすぐ動き続けようとする．ところが，車の方はカーブの通りに曲がるので，ドアが体を押しつけてくる（●図 3.10 a）．体がドアの方向に投げ出されるように感じるが，実際は車が曲がっているのでドアが近づいてきて体をカーブの内側へ押して，体が車とともに円運動をするのに必要な向心力を与えるのである．シートベルトを締めていると，この向心力はベルトによって与えられる．

訳注 一般に慣性座標系（ニュートンの慣性法則が成り立つ座標系）でない体系内にある物体には慣性力という見かけの力が働く．カーブを曲がる自動車は回転座標系であり，体系内に静止した物体に働く慣性力のことを遠心力とよぶ．

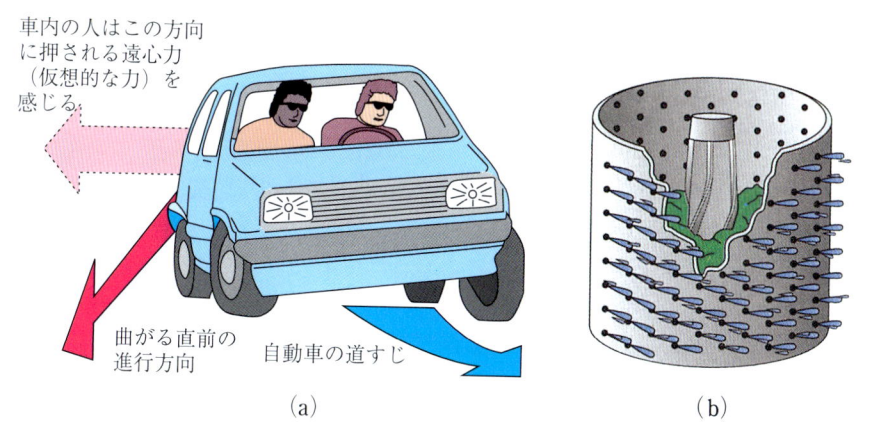

車内の人はこの方向に押される遠心力（仮想的な力）を感じる

曲がる直前の進行方向　　自動車の道すじ

(a)　　　　　　　　　(b)

図 3.10　ニュートンの第1法則の実例　(a) まっすぐな道を走ってきた自動車が急なカーブに入ったとき，ニュートンの第1法則によって，乗っている人はもとのまっすぐな向きに進もうとする．その結果，カーブの外側へ投げ出される感じを受ける．ドアやシートベルトまたはハンドルから体に加わる力が，必要な向心力となり，自動車と一緒にカーブを曲がる加速度が得られる．(b) 洗濯機の脱水槽は回転運動によって，衣類から水分を分離する．問 3.2 を参照．

問 3.2
洗濯機の脱水槽が高速回転によって衣類から水を分離する原理を説明せよ（図 3.10 b）．

3.3 ニュートンの万有引力の法則

学習目標
ニュートンの万有引力の法則を理解すること．
この法則を応用して，重力による加速度，潮の満ち引き，衛星の軌道運動を説明すること．

ニュートンは惑星の運動を研究することによって，2つの粒子の間に働く引力の法則を定式化した．これは万有引力の法則と呼ばれ，次のように表される：

宇宙にあるあらゆる粒子は互いに引き合う．その引力の大きさは2つの粒子の質量の積に比例し，粒子間の距離の2乗に逆比例する．

2つの粒子の質量を m_1, m_2 とし，粒子間の距離を r とすると（●図3.11 a），引力 F は

$$F \propto \frac{m_1 m_2}{r^2}$$

で表される．

物体は多くの粒子でできているので，物体に作用する引力はすべての粒子に作用する引力のベクトル和である．この計算はかなり複雑であるが，簡単でよく使う例として，均質な球を考える（**均質**とは，質量が物体全体に一様に分布していて，密度が一定であることを意味する）．この場合，球の質量がすべてその中心に集中したのと同じ正味の力が働く．^{訳注} 2つの均質な球の場合，相互作用をする距離としてその中心間の距離をとる（図3.11（a））．地球などの惑星と太陽が一様な質量分布をもつと仮定すると，これらの天体に万有引力の法則を適用することができる．また，地球が均質な球だと仮定し，地球表面上の人（小さいので粒子と見なす）と地球の間の距離は地球の半径に等しいとして万有引力（重力）を計算する（図3.11（b））．この引力がその人の重さ（体重）である．

ニュートンの万有引力の法則は，適当な比例定数を用いて

$$F = \frac{G m_1 m_2}{r^2} \tag{3.4}$$

と書くことができ，G は万有引力定数と呼ばれる．万有（普遍的）という名称は，宇宙のどこでもこの法則が同じ G の値で成立する，という考えに基づいている．

ニュートンは万有引力の法則と第2法則を用いて，月が地球のまわりをほぼ円軌道を描いてまわるのに必要な向心力は，地球が月に及ぼす万有引力によって与えられることを示した．しかし，当時 G の実験値は

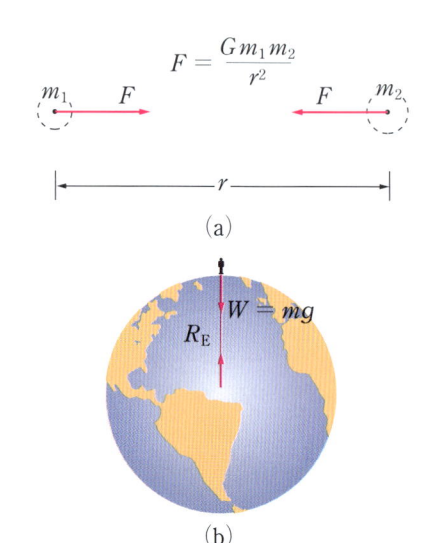

図3.11 万有引力の法則 （a）ニュートンの万有引力の法則によって，2つの粒子の間に働く引力の大きさを表す．均一な質量分布をもつ球については，その球のすべての質量が中心に集中したような引力が作用する．（b）地球表面上の人の体重は，地球の全質量が中心に集中し，人と地球の間の距離は地球の半径に等しいとおいたときの万有引力である，とすればよい近似で求めることができる．

訳注 このことは質量分布が一様でなくても，一般に，物体の密度が球の中心からの距離だけできまる場合について成り立つ．地球などの惑星や太陽がその例である．

わかっていなかったので，計算は比例式の形でなされた．Gの値がはじめて決定されたのは，ニュートンの死後約70年のことで，イギリスの科学者キャヴェンディッシュ（Henry Cavendish, 1731-1810）が，2つの物体の間の引力を非常に精密な装置を用いた実験によって測定したのである．

Gの値は非常に小さい．表3.1にGの性質を列挙した（Gの単位を表のように選ぶと，(3.4)式を用いて求めた引力の単位がニュートン[N]になる）．万有引力定数のGと地球の重力加速度のgをはっきり区別しよう．

物体を落としてみれば，重力が作用し加速されることは明らかである．あらゆる2つの物体の間に万有引力が作用するならば，なぜこの本と自分の間には引力を感じないのか．実は，自分と本の間にも引力が作用しているが，非常に小さくて感じないだけである．たとえば，自分と本を粒子と見なして，1m離れているとし（$r = 1$ m），本の質量をm_1 = 1 kg，自分の質量を多少大きめであるがm_2 = 100 kgと仮定する．これらの値を(3.4)式に代入し，表3.1のGの値を用いると，自分と本の間の引力は$F = 6.67 \times 10^{-9}$ N（= 0.00000000667 N）となる．これは非常に小さな力で，微細な1粒の砂の方がずっと重いだろう．2つの物体間の引力がかなり大きくなるには，少なくとも一方の質量が相当大きくなければならない（●図3.12）．自分の体重とは地球と自分の間に作用する引力である．これがはっきり感じられる大きさであるのは，地球の質量が非常に大きいからである．

ニュートンの万有引力の法則は，なぜ地球表面上の重力加速度がほぼ一定であるか，またなぜこの加速度が物体の質量によらないかを説明する（自由落下中のすべての物体は一定の同じ加速度をもつことを学んだ）．質量mの物体が，質量M，半径rの大きな均質な球状物体（後でこれを地球と考える）の表面にあるとしよう．物体mが球Mから受ける引力すなわち物体mの重さは$F = mg = GmM/r^2$である．これより一般的な関係式

$$g = \frac{GM}{r^2} \tag{3.5}$$

が得られる．この式から，月面上や惑星表面上の重力加速度がわかる．たとえば，月の半径と質量を代入すれば，月面上の重力加速度（g_m）が求まる．前に述べたように，月は地球よりずっと質量が小さいので，月面上の重力加速度は地球表面上の1/6である（$g_m = g/6$）．はやく体重を減らしたい人は，月へ行くとよい（●図3.13）．

こんどは(3.5)式を地球に当てはめてみよう．物体の質量はm，地球の質量と半径をM_EとR_Eとする．(3.5)式より，$w = mg = GM_Em/R_E^2$となり，これより地球表面上の重力加速度は

$$g = \frac{GM_E}{R_E^2} \left(= 9.80 \text{ m/s}^2 \right) \tag{3.6}$$

となる．(3.5)式，(3.6)式を求めるとき，両辺にある物体の質量mは

表3.1 万有引力定数Gの性質

$G = 6.67 \times 10^{-11}$ N·m²/kg²
Gの値は非常に小さい
Gは普遍定数であり，宇宙のどこでも同じ値である
Gは重力加速度のgとは別である

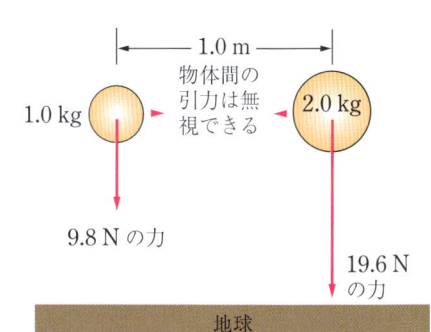

図3.12 普通の大きさの質量の間では万有引力は無視できる 質量1 kgと2 kgの物体が1 mの距離にあるとき，互いに引き合う引力（≒ 10^{-10} N ≒ 10^{-9} kgw）は無視できるほど小さい．しかし，地球の質量は非常に大きいので，これらの物体にそれぞれ9.8 Nと19.6 Nの引力を及ぼす．地球が物体に及ぼす万有引力が，その物体の重さである．

図3.13 質量と重さの違い 月面上の宇宙飛行士が持っている装置の質量を約120 kgとしよう．地球上なら重さは120 kgwだが，月面の重力加速度は地球表面の1/6なので，重さは20 kgwになる．しかし，質量は同じ120 kgである．宇宙飛行士の体重も軽くなる．たとえば，地球上の体重が60 kgwなら，月面では10 kgwになる．しかし，質量は60 kgで変わらない．

打ち消し合うので，結果の式に m は含まれない．したがって，g は物体の質量によらず，自由落下中の物体はすべて同じ加速度をもつことになる．

また，(3.6) 式から，地球の表面近くで g がほぼ一定である理由もわかる．まず，右辺の万有引力定数 G と地球の質量 M_E は一定である．物体と地球中心間の距離は，落下する物体が普通の高さにある限り，半径 R_E に加える高さはわずかなので，この距離を一定の R_E で近似することができる．

しかし，物体の高度がかなり増加すると，重力および g は減少してくる．たとえば，地球表面から h の高度にある物体では (3.5) 式の r が $r = R_E + h$ となるので，高度 h とともに r が大きくなり，r の 2 乗に逆比例して g が小さくなるのである．しかし，地表上の値に比べて重力加速度したがって物体の重さは高度 1 km で約 0.03 %，高度 100 km で約 3 % とわずかに減少するだけである．

物体間の引力はその距離の 2 乗に逆比例する ($F \propto 1/r^2$)．このような関係を逆 2 乗の法則という．逆 2 乗の関係のために，物体間の距離が大きくなると，引力は急速に減少する．たとえば，物体と地球中心間の距離が 2 倍になると，物体の受ける地球の引力はわずか 1/4 になる．

引力が距離によって変わることから，1 日 2 回の潮の満ち引きが説明できる．よく知られているように，潮の満ち引きの主な原因は月の引力である．月の引力によって月に近い側の海水が引きつけられ海面が盛り上がって，満潮となる．地球が自転するので，満潮の位置が移動する．単純に考えると，地球の反対側では，逆に海水が少なくなって干潮になるはずである．しかし，この説明では，満潮と干潮の場所がどちらも 1 日 1 回しかないことになる．満潮と干潮がそれぞれ 1 日 2 回生じる理由は次の通りである．まず，月に面した側の海水は月から最大の引力を受ける．月に面した側から遠ざかるにつれて引力は小さくなり，反対側では最小となる．地球の中心に対する相対的な引力の差のために生じる起潮力を考えると，訳注 地球の月に面した側と反対側と 2 ヵ所で満潮となり，その中間に干潮が生じる．そこで 1 日に満潮と，干潮が 2 回，交互に起こることになる．実際には，さらに太陽の引力も影響して大潮，小潮が生じる．

万有引力 (重力) は遠距離力であるという．2 つの物体間の引力をゼロにするには，両者を十分遠距離 ($r \to \infty$) に引き離すしかないからである．したがって，物体の高度がどうであれ，また，地球からどれほど離れようと，引力はやはり存在する．

衛星を軌道上に保つのに必要な向心力は万有引力によって与えられる．これは地球を回る人工衛星についても自然の衛星である月についても当てはまる．外力がなければニュートンの第 1 法則で決まるように直線運動をするはずであるが，万有引力のために直線運動からはずれて運動の向きが絶えず内側にずれていき，衛星を軌道上に保つのである．地球を回る軌道上の宇宙船の中では，宇宙飛行士も物品も宙に浮いて漂う

訳注 月と反対側の地球表面では，地球の中心に相対的な引力の差 $\propto 1/(R_E+r)^2 - 1/r^2 \simeq -2R_E/r^3 < 0$ となり，月と反対の向きに海面が盛り上がる ($R_E \ll r$ なので近似式 $1/(1+R_E/r)^2 \simeq 1-2R_E/r$ が成り立つ)．

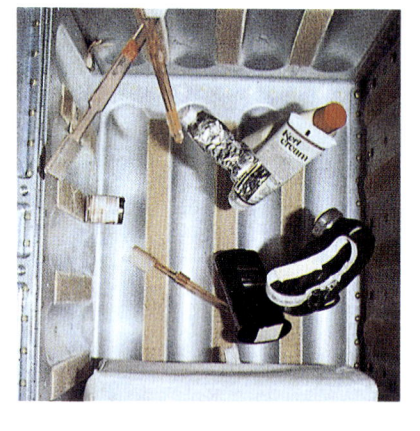

図 3.14 何もかも浮遊する 地球をまわる軌道上の宇宙船の船室内は，「ゼロ g」(重力ゼロ) の「無重量」になるので，歯ブラシも歯磨きチューブも宙に浮いて漂う．本当は，これらの物体も地球の引力つまりその物体の重さによって，宇宙船と同じ軌道を飛んでいるのである (船室の側面にマジックテープがあるのは，物体が浮遊するのを防ぐためである)．

ので，ゼロ g とか**無重量**という新しい用語が生まれた（●図 3.14）．しかし，これらの用語は適正な表現ではない．軌道上の宇宙船の中でも引力は確実に作用しているのである．引力がなければ，飛行士は（宇宙船も）軌道を保てないからである．引力が作用しているので，定義によって飛行士には重さがある．[訳注1]

宇宙船内を漂う飛行士が「無重量」のように感じるのは，宇宙船も飛行士も地球に向かって「落下中」だからである．軌道上の宇宙船には向心力（重力）が作用し，地球に向かって加速している．しかし，宇宙船の運動は軌道の接線方向であり，これらの運動を組み合わせた結果として円軌道（あるいは楕円軌道）が生じる．結局，宇宙船もその中の物体もたえずいっしょに地球に向かって「落下」しているので，宙に浮いていることになる．ワイヤーが切れて自由落下中のエレベーターの中で，体重計に乗っている人を想像してみよう．体重計の目盛りがゼロを指すのは，体重計も人も同じように落ちているからである．もちろん，無重量でもなければゼロ g でもない．[訳注2]

最後に，万有引力の法則に関して，(3.6) 式から興味ある計算をしよう．自分の体の質量を知るには，体重（単位は [N] あるいは [kgw]）を測ってそれを質量 [kg] に換算すればよい．それでは，地球の質量を知るにはどうするか．そんな大きな秤はない．しかし，(3.6) 式を使えば容易に計算できる．g と G の値はすでにわかっているし，地球の半径 R_E は紀元前 250 年ころから測定されている．g と G の値および R_E の現在測定されている平均値 6.37×10^6 m を (3.6) 式に代入し，M_E について解くと，地球の質量が約 6×10^{24} kg であることがわかる．[訳注3]

訳注1 宇宙船の中で観測すると，宇宙飛行士に重力の他にこれと同じ大きさで逆向きの仮想的な力（この慣性力を遠心力という．p.53 訳注を参照せよ）が働くので，飛行士に働く力の合計は0となる．

訳注2 エレベーターの中で観測すると，宇宙船の中と同様に見かけの慣性力が働く．

訳注3 $M_E = gR_E^2/G = (9.80 \text{ m/s}^2) \times (6.37 \times 10^6 \text{ m})^2/(6.67 \times 10^{-11} \text{ N·m}^2/\text{kg}^2) = 5.96 \times 10^{24}$ kg.

3.4 ニュートンの運動の第3法則

> **学習目標**
> ニュートンの第3法則で記述される，作用-反作用の力を理解すること．
> 第3法則が示す作用-反作用の力と，釣り合っている2つの力とはどう違うかを理解すること．

ニュートンの運動の第3法則は，作用反作用の法則とも呼ばれ，普通つぎのように表される：

> あらゆる作用に対して，必ずそれと同じ大きさで逆向きの反作用が存在する．

ここで，作用とか反作用とかいうのは，力の作用のことなので，ニュートンの第3法則は次のようにもいえる：

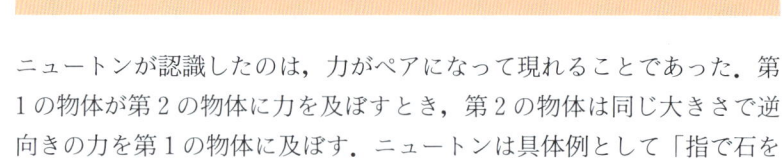

> あらゆる力に対して，必ず同じ大きさで逆向きの力が働いている．

ニュートンが認識したのは，力がペアになって現れることであった．第1の物体が第2の物体に力を及ぼすとき，第2の物体は同じ大きさで逆向きの力を第1の物体に及ぼす．ニュートンは具体例として「指で石を押すと，指も石に押し返される」と述べている．

ニュートンの第3法則で重要なのは，ペアになった2つの力がそれぞれ異なる物体に作用する点である．数式で表すと，

$F_1 = $ 物体2が物体1に及ぼす力
$F_2 = $ 物体1が物体2に及ぼす力

として

$F_1 = -F_2$

となる．F_1とF_2の符号が反対なのは，互いに逆向きであることを示す．どちらの力を作用あるいは反作用と呼んでもよい．物体1と2の質量と加速度をそれぞれm_1とm_2，a_1とa_2とすると，ニュートンの第2法則から

$m_1 a_1 = -m_2 a_2$

となる．この式から，m_2がm_1よりずっと大きければ，a_1がa_2よりずっと大きいことがわかる．

ジェット推進やロケットはニュートンの第3法則の具体例である．ロケットの後方へ噴出された噴射ガスが加速すると，ロケットは逆方向の前方へ加速する．噴射されるガス粒子の質量は非常に小さいが加速度は大きい．ロケットの方は，質量が非常に大きいので，比較的ゆっくり加速する（●図3.15）．

噴射ガスが発射台を押すことによってロケットが加速される，と思い違いをしている人がよくあるが，もちろん誤りである．もしこれが正しかったとすると，宇宙空間には噴射ガスが押すべき相手がないから，宇宙旅行はできないことになってしまう．ロケットの原理は，作用（ロケットがガスを後方へ噴射する）と反作用（ガスがロケットを前方へ推進する）の法則である．ガス粒子（個々に及ぼす力は非常に小さいが多数の粒子がある）がロケットを前方へ押す力を作用，逆にロケットがガス粒子を後方へ押し返す力を反作用と考えてもよい．

作用反作用の法則では，大きさが同じで逆向きの力が働く．2つの物体の質量と加速度が異なる別の例として，落下中の本を考えよう．本には地球の引力が下向きに作用として加わる．反作用は，本が地球に及ぼす上向きの引力である．法則のたてまえとしては，地球が上向きに加速されて，本とぶつかるという表現をしてもよい．しかし，地球の質量は本に比べて余りにも大きいので，地球の加速度は非常に小さくて測定できない．

この他，ニュートンの第3法則による作用と反作用の例は日常生活に

図3.15 ニュートンの第3法則の実例
ロケットと噴射ガスは互いに力を及ぼし合って，逆向きに加速される．

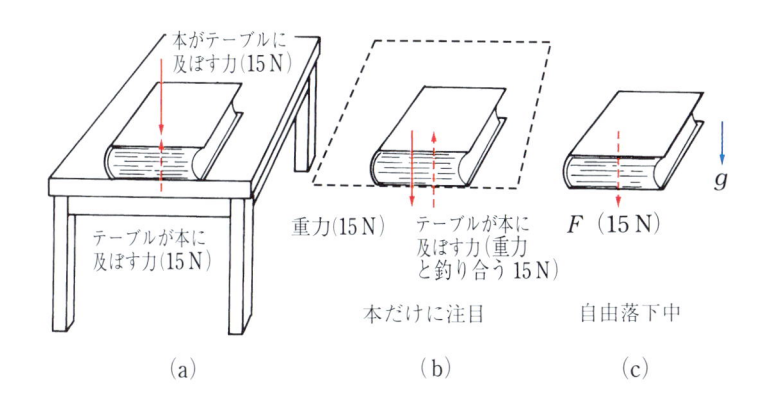

図 3.16 作用と反作用 (a) 同じ大きさで逆向きの力が2つの別の物体に加わっている．本はテーブルに力を及ぼし，テーブルは本に力を及ぼす．(b) テーブルの上で静止している本には，同じ大きさで逆向きの2つの力が加わっている．この2つの力は，ニュートンの第3法則のペアの力ではない．理由を考えよ．(c) 本が自由落下しているとき，重力だけが作用して下向きに加速される．

もたくさん見られる．

　ニュートンの第3法則のペアの力と，釣り合う2つの力の違いを理解しておくことは大切である．重さ15 Nの本がテーブルに置いてあるとき，本はテーブルに15 Nの力を下向きに加えている（●図3.16 a）．テーブルの方は，本に15 Nの力を上向きに加えている．これがニュートンの第3法則のペアの力である．

　次に，この本だけに注目しよう（図3.16 bでは本だけを描いてある）．本には2つの力が加わっている．1つは，大きさ15 Nの下向きの重力である．もう1つは，テーブルから本に加わる15 Nの上向きの力である．これら2つの力が，本という同じ物体に加わっていて，これらはニュートンの第3法則のペアの力でないことに注意しよう．2つの力は釣り合い，正味の力はゼロだから，ニュートンの第2法則によって本の加速度はゼロである（本はテーブルの上で静止している）．

　今度は，本が床に向かって落ちている途中を考える（図3.16 c）．本に働くのは，大きさ15 Nの下向きの重力だけである．この力が本に加わるただ1つの力なので，ニュートンの第2法則によって，本は下向きに加速される．

　このように，ニュートンの第3法則に現れる2つの同じ大きさで逆向きの力は，2つの別々の物体に作用する．一方，ニュートンの第2法則では，ただ1つの物体あるいは系に働く正味の力によって，どんな加速度が得られるかを表す．1つの物体に同じ大きさで逆向きの2つの力が作用すれば，正味の力がゼロで，加速度もゼロである．

　ニュートンの第3法則では必ずペアの力が生じるが，反作用の力に気付きにくいこともある．●図3.17のように，天井から吊り下げた電灯用グローブに対して天井が及ぼす上向きの力や，自動車が壁にあたったとき，壁が自動車に及ぼす力のことを普通は考えていない．しかし，図の例以外の場合にも反作用の力が存在することを忘れないようにしよう．

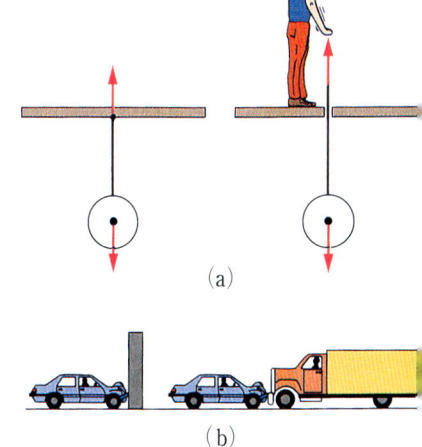

図 3.17 反作用を及ぼすのは何か
(a) 天井はコードを通してグローブに上向きの力を及ぼす．人がコードを持ってグローブを支えているのと同じ力である．(b) 衝突時に壁から乗用車に力が働く．衝突したトラックも壁と同じ効果を与える．

3.5 運動量と力積

> **学習目標**
> 運動量，力積，角運動量を定義すること．
> 運動量と角運動量の保存法則の具体例を挙げて説明すること．

運動量

質量が小さくても，弾丸は高速で飛んでくるので止めるのがむずかしい．また，低速のオイルタンカーは質量が大きいので，やはり止めにくい．一般に，物体の質量と速度をかけた積を**運動量**（p で表す）と呼ぶ[訳注]：

$$p = mv \tag{3.7}$$

運動量 ＝ 質量 × 速度

訳注 物体の速度を v，運動量を p とベクトルで表せば，(3.7) 式は $\boldsymbol{p} = m\boldsymbol{v}$ となる．

速度がベクトル量なので，運動量もベクトル量であり，向きは速度と同じである．高速の弾丸も低速のオイルタンカーも大きな運動量をもつ．実際に計算して比べると，タンカーの運動量の方がはるかに大きいことがわかる．

運動量を決めるのは質量と速度の両方である．小さな乗用車と大きなトラックが同じ 50 km/h の速度で走っているなら，質量のずっと大きなトラックの方が大きな運動量をもつ．2個以上の物体でできている系について，系の全運動量は各物体の運動量のベクトル和になる．

重要な性質として，1つの系の運動量は，正味の外力が作用しない限り保存される．つまり系の運動量は一定で，時間がたっても変化しない．いろいろな系の運動を分析するとき，この性質はきわめて重要である．**運動量保存**の法則が成り立つ条件は次の通りである：

> 孤立した系の全運動量は，その系に正味の外力が作用しない限り，一定に保たれる．

岸に接するボートの中で立っている人を考える．人とボートを合わせて1つの系ができる（●図 3.18）．ボートが止まっていれば，系の全運動量はゼロである（運動がなければ運動量もない）．人がボートから岸に向かってジャンプしたとすると，ただちに，ボートが岸から離れる向きに動くことに気がつくだろう．ボートが動くのはジャンプするとき，足でボートを後方に押す力のためである．その力は内力なので，系の全運動量は保存されゼロのままである．跳び移るとき，人は岸に向かう運動量をもつが，これとキャンセルするため，ボートは同じ大きさで逆向きの運動量をもたなければならない．運動量はベクトル量なので，力のベクトルのように，同じ大きさで逆向きの運動量を加えるとゼロになる．

図 3.18 運動量の保存 系がはじめに止まっていれば，系の全運動量はゼロである．人が岸に向かってジャンプすると（人とボートの間に働く作用と反作用は系の内力である），ボートが逆向きに動いて全運動量をゼロに保つ．

前の節で，ジェット推進やロケットの原理をニュートンの第 3 法則によって考察した．これを運動量の見地から説明することもできる．燃料の燃焼によって生じる噴射ガスと，ロケットの間の相互作用は系の内部のものであり，発生する力は**内力**である．したがって，系の全運動量は保存される．噴射ガスがロケットの後方に向かう運動量をもって飛び出すと，全運動量を一定に保つためロケットは同じ大きさで前向きの運動量をもって，前進する．風船を膨らませて離したときも，このロケットの原理が働いている．方向を決める装置がないと，風船はでたらめにジグザグと進むが，吹き出る空気が噴射ガスの役目をするので，風船もジェット推進である．

プロペラ機はプロペラでまわりの空気を後方へ加速し，その力の反作用で推進力を得る．高速になるにつれ，空気を加速する割合が構造的に小さくなるので，推進力にも限度があり，それほど高速で飛ぶことができない．ジェット機はエンジンに吸い込んだ空気で燃料を燃やし，後方へ噴射する．吸い込んだ空気と燃料の両方を後方へ加速する作用の反作用がジェット機の推進力となる．当然，ジェット機は空気のない宇宙空間を飛ぶことができない．ロケットは，燃料とそれを燃やす酸素の両方をもっている．燃料がこの酸素で燃えて，噴射ガスとなる．ロケットはまわりの空気を利用しないので，莫大な燃料（と酸素）を必要とするが，宇宙空間へ飛んでいくことができる．なお，プロペラ機は音速（約 340 m/s = 1200 km/h）を越えられないが，ジェット機は「音の壁」を突破することができる．^{訳注}

訳注　原著の記述は誤解のおそれがあるので，このパラグラフはほとんど書き改めてある．

大型のジェット旅客機に乗ると，離陸のため滑走路を加速しているとき，ジェットエンジンの力強い推力を感じる．急に回転を上げたジェットエンジンは，多量のガスを後方へ噴射して，大きな推進力を得るのである．

ところが着陸のため滑走路に接地した直後，再びエンジンが大きく回転を上げているのが聞こえる．こんどは加速ではなく，逆にブレーキをかけて減速しているのが感じられる．これは，どういうことなのだろう．

大型ジェット機は運動量が大きいので，摩擦による機械的ブレーキだけでは止まることができない．ブレーキの作用の大部分はエンジンによる逆推力を利用しているのである．着陸後，噴射ガスの向きを変える装置によってガスを前方（飛行機の進行方向）へ逆噴射する．飛行機には逆推力が働き，ブレーキがかかる．注意して見ると，エンジンの外側に小さなフラップがいくつかあり，ガスの噴射を前向きに変えているのがわかる．

問 3.3

凍った湖の真ん中に立っている人を考える．氷の表面は滑らかでほとんど摩擦がない．どうしたら湖岸に到達できるだろうか（歩くためには摩擦が必要である）．

図3.19 フォロースルーで力積を増す
フォロースルーの効いたフォームでクラブを振ると、ヘッドスピードが大きくボールに対する撃力が大きくなる。ボールに加わる力積（= ボールの運動量）も大きく、ボールの初速が増し、飛距離が伸びる。

力積 = $F\Delta t$

訳注1 原著の記述は誤解のおそれがあるので、このパラグラフの前半は修正した。図3.19の説明も同様である。

訳注2 ボールが手から受ける力は$-F$であり、$-F\Delta t = \Delta p = -mv_0$である。

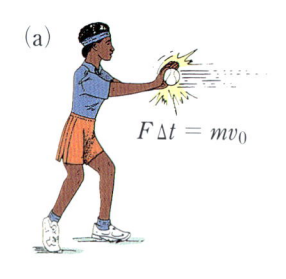

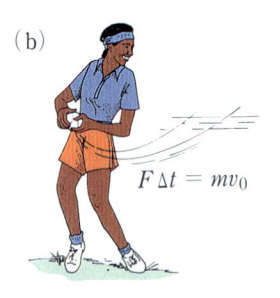

図3.20 撃力を緩和する (a) ボールを受け止めるときの運動量の変化は一定（mv_0）である。ボールを急に止めると（Δt が小）、撃力が大きくなり、ボールを受けるとき手に突き刺さるような痛みを感じる。(b) ボールを受け止めるとき、手を後方に動かして、Δt を増加すると、撃力が減少するので、ボールを受けるのが楽しくなる。

力積

運動量あるいは運動量の変化は、**力積**という興味深い量と関係がある。ニュートンは運動量の概念を導入して、第2法則を運動量で表した：

$$F = ma = \frac{m\Delta v}{\Delta t} = \frac{\Delta(mv)}{\Delta t} = \frac{\Delta p}{\Delta t}$$

つまり、力は運動量の時間的変化の割合に等しい（質量 m は一定と仮定）。これを変形して次式を得る。

$$F\Delta t = \Delta p \tag{3.8}$$

力積 = 運動量の変化

ただし、F は平均の（または一定の）力である。

(3.8)式の下に書いたように、$F\Delta t$ を**力積**と呼ぶ。力積は、働く力と力が作用している時間の積に等しい。力積を決める力は普通一定ではなく、時間とともに変化する。玉突きのボールをキューで突いたり、ゴルフボールをクラブで打ったりする衝突に関連する現象では、力積を考えると便利である。衝突時に作用する大きな力を**撃力**といい、この力は短時間（Δt が小）だけ働く。この Δt が接触時間、または衝突時間である。

ゴルフのスイングでは、フォロースルーが大切とされている（●図3.19）。それは、フォロースルーの効いたフォームは一般に正しいフォームで、ヘッドスピードが大きく、衝突時にボールに大きな撃力 F が作用するからである。接触時間 Δt はあまり変わらない。[訳注1] 撃力 F が大きければ、力積 $F\Delta t$ も大きく、(3.8)式よりボールの運動量の変化 Δp も大きい。$\Delta p = m\Delta v = mv_f - mv_0 = mv_f$ である（ボールは最初静止しているので $v_0 = 0$）。こうして、フォロースルーの効いたスイングによって、ボールは衝突直後の速度が大きくなり、到達距離が長くなるのである（2.4節を参照）。

衝突時の撃力 F と接触時間 Δt はある程度加減することができる。●図3.20 a のように、高速で飛んでくる硬球を受け止めるのに腕を突き出したままでは、手に突き刺さるような痛みを感じる。ボールの速度は v_0 から静止して $v_f = 0$ に変わるので、運動量の変化は一定の値 $\Delta p = -mv_0$ である。したがって、手がボールから受ける力を F とすれば、[訳注2]

$$F\Delta t = mv_0$$

となる。ただし、Δt は短い接触時間であり、F は大きな撃力である。

そのボールを受け止める瞬間、両手をすばやく手前に引けば撃力を減らすことができる（図3.20 b）。上式のように、接触時間と撃力の積は同じ mv_0 のままなので、手を引いて接触時間 Δt を増すと、撃力 F が減ることになる。同様の原理で衝突の撃力を減らす方法の重要な例として、自動車のエアバッグがある（この章のハイライトを参照）。

角運動量

ニュートンは，このほか角運動量という重要な保存量があることを発見した．**角運動量**は，たとえばある物体が等速円運動をしているときのように，物体がある回転軸のまわりに回転運動をするときに生じる重要な概念である．角運動量の大きさを式で表すと

$$L = mvr \tag{3.9}$$

ここで，$m =$ 物体の質量，$v =$ 瞬間の速度，$r =$ 回転軸から物体までの距離である．^{訳注1} たとえば，ボールにひもを付けて頭の上で水平に振り回すとき，回転軸は手を通っている．

系の運動量は，釣り合っていない正味の外力によって変化することを学んだ．同様に，系の角運動量は釣り合っていない外部からの力のモーメント（トルクともいう）によって変化する．**力のモーメント**は「回転力」とも呼ぶべき量で，1つあるいはいくつもの力によって物体を回転させる作用のことである．たとえば●図 3.21 では，自動車のステアリングホイール（ハンドル）の両側に，逆向きの 2 つの力を加えている．これらの力による，コラム軸のまわりの力のモーメントが，ハンドルを回転させるのである．^{訳注2}

角運動量も保存される．**角運動量保存**の法則^{訳注3}は次の条件で成り立つ：

> 釣り合っていない外部からの力のモーメントが作用しない限り，物体の角運動量は一定に保たれる．

言い換えると，ある時刻における角運動量 = 別の時刻における角運動量であり，数式で表すと

$$L_1 = L_2$$

または

$$m_1 v_1 r_1 = m_2 v_2 r_2$$

である．例として●図 3.22 のように，太陽のまわりを回る惑星を考えよう．惑星が太陽から受ける引力は両者を結ぶ直線上に働き，動径に垂直な成分をもたないので，力のモーメントはゼロである．したがって，太陽のまわりの惑星の角運動量は一定に保たれる．図のように，惑星が太陽に最も近くまたは遠くなった位置では，惑星の速度ベクトルと動径が垂直になる．上の式で $m_1 = m_2$ とおくと $v_1 r_1 = v_2 r_2$ となり，$r_1 < r_2$ なので，$v_1 > v_2$ となる．惑星がその他の位置にあるときは，太陽から惑星までの距離 r は回転半径とは異なるので（(3.9)式のすぐ下の訳注を参照）計算が複雑になるが，やはり惑星が太陽に近づくほど速く動く，という結論になる（惑星は円軌道に近い楕円軌道を描いているので，太陽からの距離の変化につれて速度が少しずつ変化する．細長い楕円軌道にある彗星では，速度の変化は惑星より大きい）．

●図 3.23 も，角運動量保存の例である．アイススケーターはこの原

訳注1 2つのベクトルのベクトル積の定義を使って表された角運動量 $\boldsymbol{L} = \boldsymbol{r} \times \boldsymbol{p} = m\boldsymbol{r} \times \boldsymbol{v}$，力のモーメント $\boldsymbol{N} = \boldsymbol{r} \times \boldsymbol{F}$ について，付録 B1 を参照せよ．ここで $\boldsymbol{r}$ は回転の中心から測った物体（質量 m の点状の小さな粒子を考え，質点という）の位置ベクトル，$\boldsymbol{v}$ をその質点の速度，$\boldsymbol{F}$ を質点に働く力とする．

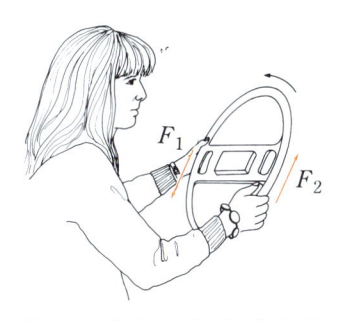

図 3.21 力のモーメント（トルク） 力のモーメントは，回転運動を起こすねじれの作用である．物体に力を加えると運動量が増すように，力のモーメントを加えると角運動量が増す．

訳注2 平行で逆向きの 2 つの力の大きさが同じで，作用線がずれている場合，この 1 対の力を偶力または力対という．偶力を受ける物体は回転運動だけが加速される．

訳注3 角運動量保存の法則については，付録 B2 を参照．また図 3.22 の惑星の運動については，付録 B4 に詳しく説明してある．

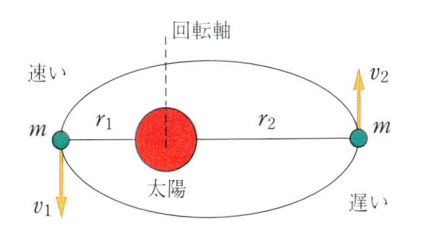

図 3.22 角運動量 太陽をまわる惑星の角運動量は，図に示す楕円軌道上の 2 つの位置で $mv_1 r_1$ と $mv_2 r_2$ で与えられる．角運動量は保存されるので $mv_1 r_1 = mv_2 r_2$ である．太陽に最も近い点（r_1）では惑星は最大の速さ（v_1）になり，太陽から最も遠い点（r_2）では最小の速さ（v_2）になる．

図 3.23 角運動量の保存 (a) スケーターが両腕を広げてスピンを始める．(b) 両腕を引き寄せると，質量の回転軸からの平均動径距離が減るので，角運動量を一定に保つためにスピンの角速度が増える．

訳注 原著の記述は誤解のおそれがあるので，このパラグラフはほとんど書き改めてある．図3.24の説明も同様である．

理を応用して氷上で高速スピンをする．スケーターが両腕とときには片脚も広げて，ゆっくり回転しているとする．氷の面からスケートを通してスケーターにかかる力のモーメントは無視できる程度に小さいので，スケーターの回転の角運動量は一定である．スケーターが両腕と片脚を体のほうに引き寄せると，回転軸から質量に向かう動径距離の平均値が減少するため，引き寄せた腕と脚の速度が大きくなり，スピンの速さ（角速度）は大きくなる（角運動量 $L = mvr$ が一定ならば，r が小さくなると v が大きくなる）．

次に，ヘリコプターを例にして，力のモーメントと角運動量の関係を考えてみよう．ヘリコプターの回転翼が右回りに回転しているとすると，空気抵抗のため回転翼には左回りの力のモーメント（反トルク）が作用する．●図3.24 a の大型のヘリコプターは互いに逆向きに回る回転翼を2基備えているので，両方の力のモーメントが打ち消し合い，ヘリコプターの機体は回転しないで済む．図3.24 b の小型ヘリコプターの回転翼は1基だけなので，このままでは機体が回転翼と逆に回ってしまう．尾部の小さなプロペラはこれをうち消す力のモーメントを発生し機体の回転を防ぐのである．訳注

図 3.24 力のモーメントと角運動量の関係
(a) 大型ヘリコプターの2基の回転翼は互いに逆回転する．両方の力のモーメントが打ち消し合うので，ヘリコプターの角運動量は変化せず，機体も回転しない．(b) 回転翼が1基だけの小型ヘリコプターは，回転翼と逆回りの力のモーメントを受ける．尾部の小さなプロペラでこのモーメントを打ち消し，角運動量を普通はゼロに保って機体の回転を防ぐ．

力積と自動車のエアバッグ

　比較的新しい自動車の主要な安全装置に，エアバッグがある．前に学んだように，シートベルトは車が急停止したとき，乗員がニュートンの第1法則によって前へ放り出されるのを防ぐ．では，エアバッグの作用の基になる原理は何だろうか．

　車が他の車あるいは立木のような固定障害物に正面衝突すると，ほとんど瞬間的に停止する．シートベルトを締めていなければ，ドライバーはハンドル（ステアリング・ホイール）や軸（コラム）にぶつかって重傷を負うかもしれない．助手席に座った人はどうなるか想像できるだろう．たとえシートベルトをしていても，正面衝突の衝撃は非常に強いので，シートベルトだけでは体を完全に抑えることができず，負傷するかもしれない．そこでエアバッグが登場する．エアバッグは強い衝撃を受けたとき，風船のように自動的に膨らんで，そのクッションの支えでドライバーを守る（図1）．助手席のエアバッグもますます普及してきており，後部シートにエアバッグのついた車もある．

　エアバッグを力積の観点から考えてみよう．エアバッグは接触時間を増加する（時間を掛けて体を受け止める）ので，撃力が減少する．しかも，撃力は人とバッグの広い接触面に分散し，シートベルトのように体の一部に集中することがない．

　ところで，エアバッグが膨らむきっかけと仕組みはどうなっているかを知りたいだろう．とにかく，自動車が衝突相手に接触してからドライバーがハンドルにぶつかるまでのわずかな時間内にバッグが作動しなければ，何の役にも立たないのである．現在のエアバッグは，電子感知ユニットで膨らみ始める設計になっている．このユニットには，激しい衝突が起きたときの急減速を感知するセンサーが付いている．センサーにはしきい値が設定してあって，通常の急ブレーキではバッグが作動しないようになっている．

　衝撃を感知すると，制御ユニットはエアバッグシステムの点火装置に電流を送り，化学爆発を起こす．発生したガス（大部分は窒素）によって薄いナイロンでできたバッグが急激に膨らむのである．衝撃の感知からバッグが完全に膨らむまで，全部でわずか25/1000秒（0.025 s）しかかからない．

　感知ユニットには，独自の電源が付いている．というのは，前部の衝突ではバッテリーや発電機が最初にだめになるからである．現在装備されているエアバッグは，前部の衝突に対してだけ有効で，乗員が前へ放り出される（正確には，前へ動き続ける――ニュートンの第1法則）のを防ぐ．側面からの衝撃には無力である．しかし，アメリカ以外のあるメーカーの発表によると，その自動車にはフロントエアバッグだけでなくサイドエアバッグも装備するそうである．おそらく将来はほとんどの車に，フロントとサイドのエアバッグが付くことになるだろう．しかし，エアバッグがあっても常にシートベルトを締めるのを忘れないようにしよう．

図1　命を救う力積とは接触時間を伸ばすこと　エアバッグは図のように膨らんでドライバーを保護する．同じ力積（運動量変化）でもエアバッグによって接触時間が伸びると，衝撃力が減る（直接ハンドル軸（ステアリング・コラム）にぶつかったら，衝撃力は非常に強い）．シートベルトは体を固定し前方への運動を遅くして，大きな保護効果がある．いつもシートベルトを締めておこう．

重要用語

力
釣り合っていない（正味の）力
ニュートンの運動の第1法則
慣性
質量
ニュートンの運動の第2法則
ニュートン（単位）
向心加速度
向心力
ニュートンの万有引力の法則
ニュートンの運動の第3法則
運動量およびその保存
力積
力のモーメント
角運動量およびその保存

重要公式

ニュートンの第2法則 　$F = ma$
重さ　$w = mg$
万有引力の法則　$F = \dfrac{Gm_1m_2}{r^2}$

運動量　$p = mv$
力積　$F\Delta t = \Delta p$
角運動量　$L = mvr$

質問

3.1　力とニュートンの運動の第1法則

1. 運動の自然な状態は次のどれか：(a) 等速度運動，(b) 円運動，(c) 加速運動，(d) 自由落下．
2. 釣り合っていない力を必要とするのは次のどれか：(a) 静止，(b) 等速度運動，(c) 加速運動，(d) 以上のすべて．
3. 慣性は：(a) 物体に運動をさせる，(b) 運動の変化を引き起こす，(c) 正味の力の結果である，(d) 物体の質量に比例する．
4. ある人は大きな慣性をもつ，とはどういう意味か．
5. 昔からあるパーティでの余興で，皿やグラスが上に載っているテーブルクロスを急に引っぱり出すという早わざがある．皿やグラスがテーブルクロスにつられて落ちたりひっくり返ったりしない理由を説明せよ．
6. 自動車のシートベルトの原理を，ニュートンの運動の第1法則を用いて説明せよ．

3.2　ニュートンの運動の第2法則

7. 速度の変化は：(a) 慣性によって生じる，(b) 釣り合っていない力によって生じる，(c) 正味の力がゼロのときに生じる，(d) 運動の自然な状態である．
8. 物体の加速度は：(a) 質量に逆比例する，(b) 加わった力に比例する，(c) 慣性によって抵抗を受ける，(d) 以上のすべてである．
9. 次の量の間の関係を説明せよ：(a) 力と加速度，(b) 質量と加速度．
10. 力と加速度の関係に関する第2法則を，ニュートンの第1法則から導けるか，説明せよ．
11. (a) いくつかの力が同時に物体に作用しているとき，物体は静止したままでいることができるか，説明せよ．
    (b) 物体にまったく力が作用していないとき，物体は運動をすることができるか，説明せよ．
12. 10 kgの岩と1 kgの岩を同時に同じ高さから落としたとする．
    (a) 10 kgの岩は1 kgの岩の10倍の重さつまり引力を受けるから，先に地面に落ちる，と言う人がいる．これは正しいか，理由を付けて答えよ．
    (b) 同じことを宇宙飛行士が月面で行ったらどうなるか，説明せよ．
13. この章で学んだ概念を用いて，●図3.25の人がな

ぜ泥まみれになるのか説明せよ．

図 3.25 この人は運動の法則を知らないのだろうか
問題 13 を参照．

3.3 ニュートンの万有引力の法則

14. 重力による加速度は：(a) 普遍定数である，(b) 地球上どこでも正確に一定である，(c) 高度が上がると小さくなる，(d) 自由落下中のいくつかの物体についてそれぞれ異なる．

15. 定数 G は (a) 非常に小さな量（SI で表した値が非常に小さい）である，(b) 力である，(c) g と同じである，(d) 高度が高いほど小さくなる．

16. 大文字の G と小文字の g で表される量について述べ，それらの違いを記せ．

17. $F = Gm_1m_2/r^2$ という公式を地球表面上の物体に適用するとき，r は何を表すか．また，地球を回る軌道上にある人工衛星の場合，r は何か．

18. 重力が遠距離力である，とはどういう意味か．

19. 重力加速度は高度によって変わるのに，地球表面近くで g を一定と見なすことができるのはなぜか．

20. (a) 地球を回る軌道にある宇宙船の中の宇宙飛行士は「無重量」か．
    (b)「ゼロ g」は可能であるか，説明せよ．

21. 月は「落ち続けている」すなわち常に地球に向かって加速しているのに，なぜ地面に落ちてこないのか．

3.4 ニュートンの運動の第 3 法則

22. ニュートンの第 3 法則のペアの力は (a) 決して加速の原因とならない，(b) 異なる物体に作用する，(c) 互いに打ち消し合う，(d) 内力としてのみ存在する．

23. テーブルの上に 2 冊の本が重ねて置いてある．下の本には何通りの力が作用するか：(a) 1 (b) 2 (c) 3 (d) 4．

24. (a) ニュートンの第 3 法則を用いて，ロケット打ち上げの原理を説明せよ．
    (b) 月に着陸しようと近づいた宇宙船は，方向転換をして月面に向かってガスが噴射するようにし，ロケットに点火する（逆推進ロケットという）．この操作の目的は何か．

25. どのような力にも反作用として同じ大きさで逆向きの力が働くならば，2 つの力のベクトル和はゼロになるのに，どうして物体は加速されるのか．

26. 物体が加速しているとして，ニュートンの第 3 法則は当てはまるか，説明せよ．

27. ライフルや散弾銃を発射したときの反動をニュートンの第 3 法則を用いて説明せよ．銃と弾丸の質量によって違いが生じるか．

3.5 運動量と力積

28. 運動量を変えるのに必要なのは (a) 力積，(b) 力，(c) 加速度，(d) 以上のすべて，である．

29. 角運動量が保存されるのは (a) 慣性，(b) 重力，(c) 正味の力のモーメント，(d) 運動量，のないときである．

30. (a) 運動量の単位は何か．
    (b) 力積の単位は何か．これは運動量の単位と同じか，説明せよ．

31. 運動量の保存はニュートンの運動の第 1 法則から直接導かれるか，説明せよ．

32. (a) 自動車のダッシュボードがクッションで覆われていることの利点は何か．
    (b) 壊れ物を発泡プラスチックで包装するのはなぜか．

33. 高飛び込みの選手が空中で体を小さく丸め「かかえ型」で回転し，それから体をまっすぐ伸ばして水に突き進む．どうしてかかえ型になって体を回転するのか．

34. 仮に後部にプロペラのない回転翼が 1 基だけのヘリコプターに乗ったとすると，離陸後どんなことが起こるだろうか．

思考のかて

1. 落下中の物体は空気抵抗を受ける．空気抵抗はどのような要素によって決まるか．
2. 最大の惑星である木星は，表面での重力加速度が $2.53\,g$，すなわち地球表面の重力加速度の 2.53 倍である．天王星も地球より大きいけれども，表面での重力加速度は $0.89\,g$ である．なぜこんなことが起こりうるのか説明せよ．
3. 地球を回る軌道に人工衛星を乗せるためには何が必要か（運動の観点から論ぜよ）．
4. 地球の重力をしばらくの間消失させることができたとすると，どんなことが起こるか，推測してみよ．

練習問題

3.2 ニュートンの運動の第 2 法則

1. 質量 $4.0\,\text{kg}$ の物体に $2.5\,\text{m/s}^2$ の加速度を与えるのに必要な力を求めよ． **答** $10\,\text{N}$
2. 質量 $0.014\,\text{kg}$ のライフルの弾丸に $2800\,\text{N}$ の力が加わっている．弾丸の加速度はどれだけか． **答** $2.0\times10^5\,\text{m/s}^2$
3. 北向きに $20\,\text{m/s}$ ($72\,\text{km/h}$) という一定速度で走っている自動車に作用する正味の力はどれだけか． **答** 0
4. $6\,\text{kg}$ の釘の箱の重さは何 N か． **答** $58.8\,\text{N}$
5. $6\,\text{kg}$ の釘の箱が屋根から滑り落ちて地面に落下中である．箱に作用する力は何 N か． **答** $58.8\,\text{N}$
6. (a) 体重 $60\,\text{kgw}$ の人の質量は何 kg か，また，体重は何 N か．
   (b) 自分の体重は何 N か計算してみよ． **答** (a) $60\,\text{kg}$, $588\,\text{N}$
7. $500\,\text{g}$ のシーリアル（穀物食）の包みの重さは何 N か． **答** $4.90\,\text{N}$
8. 全員の質量 $310\,\text{kg}$ のボブスレーチームがあり，そりの質量は $40\,\text{kg}$ である．全員の乗ったそりが斜面を $6.0\,\text{m/s}^2$ の加速度で下るとき，斜面に沿って下向きに働いている力はどれだけか（この力は何から与えられるか）． **答** $2100\,\text{N}$
9. 水平な面の上に $3.0\,\text{kg}$ のブロックが置いてあり，その上に $2.0\,\text{kg}$ のブロックが固定してある．
   (a) 水平面に摩擦がないとして，下のブロックに $10\,\text{N}$ の水平方向の力を加えたら，系全体の加速度はどれだけになるか．
   (b) 下のブロックと水平面の間に $4.0\,\text{N}$ という一定の摩擦力が作用するならば，この場合の加速度はどれだけか． **答** (a) $2.0\,\text{m/s}^2$ (b) $1.2\,\text{m/s}^2$

3.3 ニュートンの万有引力の法則

10. (a) 地球上で $78\,\text{kgw}$ の人の体重は，月面上でどれだけになるか．
    (b) 月面上で自分の体重は何 kgw になるか計算してみよ． **答** (a) $13\,\text{kgw}$
11. 宇宙飛行士が月面上で荷物を秤に乗せたら，$18\,\text{N}$ の重さだった．
    (a) 地球上でこの荷物の重さはどれだけか．
    (b) 月面上でこの荷物の質量はどれだけか． **答** (a) $108\,\text{N}$ (b) $11\,\text{kg}$
12. ある質量をもつ 2 個の粒子間の距離が (a) 3 倍 または (b) 半分 になったら，それらの間の万有引力はそれぞれどうなるか． **答** (a) $1/9$ (b) 4 倍
13. 高度 h が (a) R_E，(b) $2R_\text{E}$ のとき，地球の重力による加速度はどれだけになるか（**ヒント** (3.5) 式で $r=R_\text{E}+h$ として (3.6) 式を参考にする）． **答** (a) $g/4$ (b) $g/9$

3.5 運動量と力積

14. 質量 $15\,000\,\text{kg}$ のトラックが $20\,\text{m/s}$ ($72\,\text{km/h}$) で東に走っている．運動量の大きさと向きを求めよ． **答** $3.0\times10^5\,\text{kg}\cdot\text{m/s}$，東向き
15. 質量 $900\,\text{kg}$ の小型自動車が $30\,\text{m/s}$ ($108\,\text{km/h}$) で北に走っている．運動量の大きさと向きを求めよ． **答** $2.7\times10^4\,\text{kg}\cdot\text{m/s}$，北向き
16. 質量 $1000\,\text{kg}$ の自動車が一定の速さ $90\,\text{km/h}$ ($25\,\text{m/s}$) で半径 $100\,\text{m}$ の円形道路を走っている．円の中心に関する角運動量の大きさはどれだけか． **答** $2.5\times10^6\,\text{kg}\cdot\text{m}^2/\text{s}$
17. 彗星が太陽のまわりの楕円軌道を回っている．太陽

から最も遠い9億6千万 km の点における彗星の速さは 2.4×10^4 km/h である．太陽に最も近い1億6千万 km の点におけるこの彗星の速さはどれだけか． **答** 1.44×10^5 km/h

質問（選択方式だけ）の答

1. a   2. c   3. d   7. b   8. d   14. c   15. a   22. b   23. c
28. d   29. c

本文問の答

3.1 (a) 作用する2つの力が同じ大きさで逆向きだから，正味の力はゼロになり，ブロックは静止したままである（$a=0$）．
(b) $F=ma=(2.0\,\text{kg})(-1.5\,\text{m/s}^2)=-3.0$ N．これが左向き（負の向き）の正味の力である．図3.6aではすでに右向きに $F_1=6.0$ N の力が加わっている．この力を打ち消してさらにブロックを左に加速するには，$F_2=-9.0$ N の（左向きの）力が必要である．

3.2 水は回転運動によって衣類から分離する．高速で回転するドラム内で衣類が水を引き止める力は，水が円運動をするのに必要な向心力より小さいので，水は衣類から離れてドラムの穴から飛び散るのである．

3.3 この人の初めの運動量はゼロである．氷の面から水平方向の力は作用しないので，運動量は保存される．なんらかの物体（靴，腕時計，衣服など）を投げ出せば，運動量を保存するため体は逆向きに動き出す．ニュートンの第1法則によって，この人は岸辺に向かって等速度で動くことになる（ロケットと同じ原理で，息を勢いよく吐き出してもよいかも知れない）．（**訳注** 同じ速度で投げるなら，なるべく質量の大きい物体の方が運動量が大きくなって効果がある．腕時計を投げたり息を吐き出す程度では，質量が小さくて体は実際にはほとんど動かないだろう．）

4
仕事とエネルギー

遠景は風力発電の設備

仕事という言葉は日常，労働や職務という意味で使われる．仕事をするとエネルギーを消耗する．したがって，仕事とエネルギーは密接な関係にある．

仕事をすると疲れる．仕事を効率よく続けるには，休息と食事が必要である．休息をとるだけでは仕事を続けるのに不十分で，必要なエネルギーをまかなう燃料として，食べ物が必要である．

物理学の用語としての「仕事」の意味は日常使われているのとは大きく異なる．たとえば，本を何冊か抱えて立っていると疲れてくるが，物理的には少しも仕事をしていない．物理的な仕事がなされるのは，ある距離にわたって，力を加えながら物体を動かす場合だけである．物体がもつ仕事をする能力のことをエネルギーという．

エネルギーは蓄えられた仕事であると見なすことができる．人類はエネルギーを統御することによって，今日の現代文明を築いてきた．古くは火の使用に始まり，現在の核エネルギーの制御に到るまで，人類は豊富なエネルギーを利用し制御する能力を身につけることによって生活水準を高めてきたのである．エネルギーは熱エネルギー，化学的エネルギー，電気的エネルギー，放射エネルギー，核エネルギー，重力エネルギーなどさまざまな形態をとる．これから学ぶように，これらのエネルギーの形態も結局は，運動エネルギーと位置エネルギーという一般的カテゴリーに分類されることがわかる．

人類にとっての主なエネルギー源は太陽である．太陽は毎日，莫大な量の放射エネルギーを宇宙空間に放出し，地球が受け取るのはそのエネルギーのごく一部だけである．地球上のほとんどすべての生命体は太陽エネルギーに支えられている．地球上の人類が利用している自然界のエネルギーも，もとは太陽エネルギーなのである．

その上，人類にとってエネルギーへの依存度がますます増大している．仕事とエネルギーについてしっかり理解することが大切なのは，このためである．

4.1 仕事

> **学習目標**
> 仕事の物理学的定義，単位，応用例を理解すること．

前述のように，物理学で定義される仕事には力が必要である．日常の仕事をするときも普通は力が必要だから，これはもっともである．しかし，力が物体に仕事をするには，ある距離にわたって力を加えながら物体を動かすことが必要である．重い荷物を抱えてただ立っているだけでは，その人がいくら疲れたとしても力学的にはまったく仕事をしたことにならない．物理的概念として，一定の力によってなされる仕事は次のように定義される：

図 4.1 動かないとき仕事はゼロ 壁に力を及ぼしても動かない（$d = 0$）ので，仕事はなされない．

図 4.2 動けば仕事がなされる 力 F を加えて，力と平行に距離 d だけ動かす．力と変位が同じ向きのとき，仕事は力と平行移動距離の積に等しい．

図 4.3 仕事をする力の成分と仕事をしない成分 加えた力 F のうち，仕事をするのは変位に平行な水平成分 F_h だけである．垂直方向の変位はない（$d = 0$）ので，力の垂直成分 F_v は仕事をしない．

訳注 2つのベクトルのスカラー積の定義を使って表した仕事 $W = \boldsymbol{F} \cdot \boldsymbol{d}$ について，付録 B1 を参照せよ．ここで $\boldsymbol{F}$ は物体（質点）に働く力，$\boldsymbol{d}$ は質点の移動距離を表す変位ベクトルである．

> 物体に作用する一定の力 F によってなされる仕事 W は，力の大きさ（または力の成分）と力が働いている間に物体が力と平行に動く距離 d との積である．

式で表すと，

仕事 ＝ 力 × 平行移動距離

$$W = Fd \tag{4.1}$$

となる．訳注 この式から，仕事をするには物体の運動が必要なことがわかる．物体が動かず $d = 0$ ならば，仕事はなされない．

図 4.1, 4.2, 4.3 は仕事の概念と，力の成分，平行移動距離を図示したものである．●図 4.1 では，人が壁に力を加えているが，壁はまったく動かないので仕事はゼロである．●図 4.2 では，人が物体に力 F を加えながら距離 d だけ動かしている．力と物体の移動の向きが平行であるから，なされた仕事は両者の積 $W = Fd$ である．

●図 4.3 のように，力と移動の向きが互いに平行でない場合を考える．芝刈り機を斜め下に押していくとき，地面に平行な力の水平成分 F_h が，移動距離 d にわたって作用し，$W = F_\mathrm{h} d$ の仕事をする．力の垂直成分（F_v）は仕事をしない．なぜなら，芝刈り機は力の垂直成分によって地面に押しつけられるだけで，垂直方向にはまったく動かないからである．

仕事がスカラー量である，ということは重要な性質である．力も平行移動距離（変位ベクトルと考える）も，それぞれ向きをもつが，仕事は適当な単位で表される大きさだけをもち，向きをもたない．

仕事は力と距離の積であるから，その単位は力と長さの単位の積である．国際単位系 SI（MKS単位系）の仕事の単位はニュートン・メートル [N・m] である．この単位にはイギリスの科学者ジュール（James Prescott Joule, 1818-1889）にちなんで**ジュール** [J] という独自の名前が付いている．

1 J は，1 N の力で 1 m の距離だけ物体を動かすときの仕事の量であ

表 4.1 仕事とエネルギーの単位

単位系	力×距離の単位	単位名
MKS	ニュートン × メートル [N・m]	ジュール [J]
CGS	ダイン × センチメートル [dyn・cm]	エルグ [erg]

訳注 $1\,\text{J} = 1\,\text{N·m} = 1\,\text{kg·m}^2/\text{s}^2 = 10^3\,\text{g·}(10^2\,\text{cm})^2/\text{s}^2 = 10^7\,\text{g·cm}^2/\text{s}^2 = 10^7\,\text{dyn·cm} = 10^7\,\text{erg}$.

る．CGS 単位系の仕事の単位は 1 エルグ [erg] といい，1 ダイン [dyn]（$1\,\text{dyn} = 1\,\text{g·cm}/\text{s}^2$）の力で 1 cm だけ物体を動かす仕事の量である．1 erg は 10^{-7} J に等しく^{訳注} 非常に小さな仕事の量である．表 4.1 に仕事の単位をあげた．

物体に仕事がなされるいくつかの場合について説明する．

(a) **慣性に対する仕事** すでに学んだように，静止した物体は外力が作用しない限り，静止したままである．また，運動中の物体は外力が作用しない限り，等速直線運動を続ける（ニュートンの第 1 法則）．この性質が**慣性**である．力が物体に作用して速度（ゼロでもよい）が変わるとき，慣性に対して仕事がなされた，という．たとえば図 4.4 では，上面の穴から空気が吹き出て摩擦をなくすようにした台の上に物体が置いてある．この物体に水平方向の力 F が作用して，距離 d だけ移動するとき，速度がたとえば 0 から 1 m/s に増えるとする．このときは，慣性に対して仕事がなされたことになる．

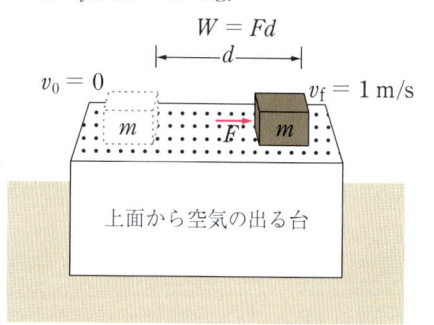

図 4.4 慣性に対する仕事 ほとんど摩擦のない表面をもつ台の上に静止した質量 m の物体がある．これに力 F を加えて，1 m/s の速度に加速する．

(b) **重力に対する仕事** 物体を（ゆっくりと）一定速度で持ち上げるとしよう．物体は加速していないので，正味の力はゼロである．物体の重さ（mg）は下向きにかかるから，同じ大きさで逆の上向きの力を加えることになる．上向きの力に平行な移動距離は，物体を持ち上げる高さ h である（●図 4.5）．

したがって，重力に対してなされた仕事は

$$W = mgh \tag{4.2}$$

である．たとえば，質量 4 kg の物体を真上に 1.5 m 持ち上げるとすると，なされた仕事は

$$W = (4.0\,\text{kg})(9.8\,\text{m/s}^2)(1.5\,\text{m}) = 59\,\text{J}$$

である．

重力に対する仕事という概念を理解すれば，水平な地面を歩くより階段を上がる方がずっと疲れる理由が説明できる．水平な地面を歩くとき，自分の体はほとんど持ち上げなくてよい（●図 4.6）．もちろん，脚を持ち上げるため筋肉は多少の仕事をするが，たいして疲れることはない．実際，健康な人ならたいてい休まずに何 km も平地を歩くことができる．ところが階段を上がるときは，全身を持ち上げるので，体重を mg，上がる高さを h とすると，mgh だけ余分な量の仕事をすることになる．

図 4.5 重力に対する仕事 重さ mg のバーベルを持ち上げるには，少なくとも重さと同じ mg の力を上向きに加える必要がある．バーベルの上昇した高さを h とすると，なされた仕事は mgh である．

(c) **摩擦に対する仕事** 摩擦は常に運動を妨げるので，ある表面上で実際に物体を動かすには，力を加えなければならない．つまり，摩擦に対して仕事がなされることになる．●図 4.7 a のように，物体を

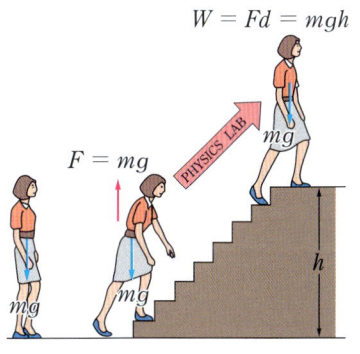

図 4.6 仕事と重力 階段を上がるには，水平な地面を歩くより多くの仕事が必要である．体重を mg，上がった高さを h とすると，水平な地面を歩くより mgh だけ余分に仕事をすることになる．

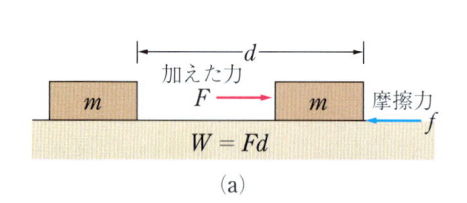

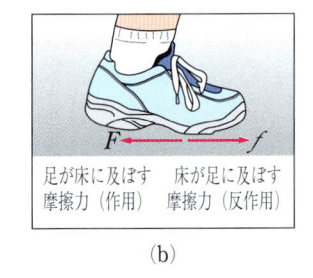

図 4.7　摩擦に対する仕事　(a) 摩擦力 f と同じ大きさで逆向きの力 F を加えて，物体を一定速度で滑らせる（運動摩擦）．(b) 歩き始めようとするとき，足と床の間に摩擦があると摩擦力は足が滑るのを妨げる（静止摩擦）．この段階では運動がないので摩擦に対する仕事はゼロである．

一定速度で動かすとき，加える力 F は摩擦力 f と同じ大きさで逆向きである．この力が摩擦に対してする仕事は $W = Fd = |fd|$ である．

われわれが滑らずに歩けるのは，足と床の間に摩擦があるからである．しかしこの場合，摩擦に対しては仕事をしていない（図 4.7 b）．なぜなら，摩擦力は足が運動する（滑る）のを妨げているので仕事はしない．もちろん，歩くという動作ではこれとは別に，筋肉の力が仕事をしている．実際，図 4.7 b に示すように，前進するときには足が床に後ろ向きの力を及ぼしているのである．

4.2　仕事率

> **学習目標**
> 仕事率とその単位を定義すること．
> 仕事率と仕事の相違を理解すること．

ある家族が 2 階に住居のあるアパートへ引っ越すとする．家財をみな階段を上がって運ぶには多くの仕事をしなければならない．たとえば，家具や本などを持って階段を上がるたびに，自分たちの体も持ち上げなければならない．これだけの仕事をするのに，3 時間かかる場合と，2 時間で終わる場合を比べてみると，どちらも仕事の量は同じであるが，なされる仕事の時間に対する割合に差がある．

仕事がどのくらい速くできるかを表すのに仕事率を使う．**仕事率**とは，単位時間あたりになされる仕事のことである．仕事率を計算するには，なされる仕事をそれをするのに要する時間で割ればよい．式にすると

$$\text{仕事率} = \frac{\text{仕事}}{\text{所要時間}}$$

$$P = \frac{W}{t} \tag{4.3}$$

である．仕事は力と距離の積（$W = Fd$）であるから，これを用いて仕事率は $P = Fd/t$ と書くことができる．

国際単位系 SI（MKS 単位系）で，仕事の単位はジュールであるから，仕事率の単位は ジュール/秒 [J/s] になる．この単位には特別にワット [W] という名が付いているが，これは蒸気機関を改良し発展させたスコットランドの技術者ワット（James Watt）にちなんだものである．1 W = 1 J/s である．電球の大きさはワットで表すが，たとえば，100 W の電球は 1 秒あたり 100 J の電気的エネルギーを消費する（100 W = 100 J/s）．

ここで W という文字の使い分けに注意しよう．$P = W/t$ という式の W は「仕事」を表すが，$P = 25$ W というときの W は「ワット」である．一般に，方程式の変数として使われる物理量は斜体（イタリック）で書き，単位を表すには普通の立体（ローマン）で書く．

仕事率を表す単位には，このほか馬力がある．1 馬力 [HP] は 75 kgw・m/s，すなわち重さ 75 kgw の物体を 1 s 間に 1 m だけ持ち上げる仕事率のことである．これを MKS 単位系に換算すると

1 HP = 75 kgw・m/s = 75 kg×9.8 m/s²×m/s = 735 J/s = 735 W

になる．つまり毎秒 735 J の仕事をする仕事率が 1 HP である．

馬力という単位はもともと前述のジェームズ・ワットが考えたものである．訳注 1700 年代，炭鉱で石炭を地上に運び出し，また排水ポンプを回す動力源は馬であった．ワットは自分が改良した蒸気機関を売り込む際，平均して馬何頭分の働きをするか比較しやすくするため蒸気機関を馬力で格付けしたのである．

訳注 英国式単位系の 1 馬力は 746 W であり，メートル法の 1 馬力とわずかに異なる．

エンジンやモーターの仕事率が大きいほど，仕事が速くできる，すなわち，一定時間に多くの仕事ができる．たとえば 2 HP のモーターは 1 HP のモーターより同じ時間に 2 倍の仕事ができる．あるいは，2 HP のモーターは同じ量の仕事を 1 HP のモーターの半分の時間でできる．

次に，よくある具体例について仕事率を計算してみよう．

例題 4.1　仕事率の計算

エンストしたモーターバイクを，平らな路上で 150 N の力を使って，20 s 間に 10 m 押したとする．仕事率は何 W か．

解　既知の量と未知の量をあげると，

既知　$F = 150$ N
　　　$d = 10$ m
　　　$t = 20$ s

未知　P [W]

である．すべて MKS 単位系なので，$W = Fd$ から仕事を計算して (4.3) 式に代入すればよい：

$$P = \frac{W}{t} = \frac{Fd}{t} = \frac{150 \text{ N} \times 10 \text{ m}}{20 \text{ s}} = 75 \text{ W}$$

ここで N・m/s = J/s = W であることに注意しよう．

問 4.1

ある学生が本を入れた質量 5.0 kg のバッグを持って，1.0 分でいくつかの階段（鉛直距離 8.0 m）を上がったとする．バッグを運び上げた分だけの仕事率はどれだけか．

図4.8 エネルギー消費 モーターがグラインダーをまわして仕事をしている間，電気的エネルギーが消費される．消費される電気的エネルギーに対して電力会社に支払う料金は，電力 [kW] ではなく電力量 [kWh] の単位で表される．

次の節で，仕事はエネルギーの変化を生み出すことを学ぶ．したがって，仕事率 P とは，生産または消費されるエネルギー E をそれに要する時間 t で割ったものであると考えてもよい．すなわち

$$P = \frac{E}{t}$$

これから

$$E = Pt$$

となる．この式は家庭で消費する電気的エネルギーの量を計算するのに便利である．とくに，エネルギーは 仕事率 × 時間 なので，単位はワット秒 [W·s] と表すこともできる．もっと大きいエネルギーの単位としては，キロワット [kW] と時間 [h] を用いて，キロワット時 [kWh] という単位がある．

電力とは電流による仕事率である．電力会社に支払うのは，電力に対する料金ではなく，消費した電力量 [kWh] つまり電気的エネルギーに対する料金である．実際に電気料金の請求書には「使用量何kWh」と書いてある（●図4.8を参照）．次の例題で電気的エネルギーの消費量を計算してみよう．

例題4.2 エネルギー消費量の計算

1.0 HP の電気モーターを10時間動かした．消費エネルギーは何 kWh か．

解 既知　$P = 1.0\,\mathrm{HP}$
　　　　　　$t = 10\,\mathrm{h}$
　　　未知　$E\,[\mathrm{kWh}]$

時間は，そのままでよいが，仕事率は kW 単位に換算しなければならない．1 HP = 735 W の関係を用いると

$$1.0\,\mathrm{HP} = 735\,\mathrm{W} \times \frac{1\,\mathrm{kW}}{1000\,\mathrm{W}} = 0.735\,\mathrm{kW}$$

そこで，

$$E = Pt$$
$$= 0.735\,\mathrm{kW} \times 10\,\mathrm{h} = 7.35\,\mathrm{kWh}$$

となる．モーターが動いて仕事をしている間に，これだけのエネルギーが消費されたのである．

訳注1 日本では家庭用で 1 kWh につき 20〜25 円である．

訳注2 人間が長時間肉体労働をするときの平均の仕事率は 0.1 馬力か 0.2 馬力程度だから，このモーターは5人分以上の仕事をする．

電気料金の請求書によく不平を言う人がいる．アメリカでは地域にもよるが，1 kWh あたり 7〜14 セントである．[訳注1] 上のモーターの例では10時間で 50 セント〜1 ドル（日本の電気料金では 150〜180 円）である．考えようによっては，電気料金はかなり安いものである [訳注2]（電気的エネルギーについては，第8章でさらに議論する）．

4.3 運動エネルギーと位置エネルギー

> **学習目標**
> 仕事とエネルギーの関係を説明すること．
> 運動エネルギーと位置エネルギーを定義し，相違を理解すること．

物体に仕事をすると何が起こるだろうか．慣性に対して仕事をすると，物体の速さが変わる．重力に対して仕事をすると，物体の高さが変わる．摩擦に対して仕事をすると，熱が生じて，普通は温度の変化を伴う．これらの例では，どれも仕事がなされると物理量が変化する．

エネルギーという概念は，仕事がなされたときに起こる可能な変化をすべて統一するのに役立つ．仕事をするとエネルギーが変わり，なされた仕事の量はエネルギーの変化量に等しい．ところで，エネルギーとは何だろう．厳密に定義するのは，ちょっと難しそうである．力と同じようにエネルギーも1つの概念である．エネルギーとは何かというより，エネルギーは何をすることができるかを記述する方がやさしい．

エネルギーは科学のもっとも基本的な概念の1つである．エネルギーとは物体や系（物体の集まったもの）がもつ物理量である．一般に，**エネルギーは仕事をする能力をいう．すなわち，エネルギーをもった物体や系は仕事をする能力をもつ**．したがって，エネルギーは**蓄えられた仕事**であると考えることができる．ある系によって仕事がなされると，その系のエネルギーが減り，逆にある系に対して仕事がなされると，その系のエネルギーが増える．

仕事とはエネルギーが1つの物体から他の物体へ移る過程であるといってもよい．エネルギーをもった物体は，他の物体に仕事をしてエネルギーを与えることができる．最初の物体のエネルギーの減少量はなされた仕事に等しい．しかし，なされた仕事がすべて別の物体に移るとは限らない．エネルギーの移る過程では，普通はエネルギーの一部がまわりに逃げて失われるからである．ただし，仕事の総量とエネルギーの総量は等しい．したがって当然，仕事とエネルギーは同じ単位である．SI（MKS）単位系で，エネルギーの単位は仕事と同じ J である．

仕事もエネルギーもスカラー量である．すなわち，それ自身の向きをもたない．したがって，それぞれ異なる量のエネルギーは数値的に簡単に加減算ができる．力はこれと違って，向きをもつベクトル量なので，合成するのは複雑である．

エネルギーには数多くの形態があるが（4.5節参照），ここで考察しようとする力学的エネルギーは，基本的に運動エネルギーと位置エネルギーの2つに分類される．

運動エネルギー

運動エネルギーは物体が運動しているためにもっているエネルギーである．前に学んだように，物体に仕事をすると一般にその運動が変わるので，それに応じて運動エネルギーも変化する．物体の運動エネルギーは

$$運動エネルギー = \frac{1}{2} \times 質量 \times (速度)^2$$

$$E_k = \frac{1}{2}mv^2 \tag{4.4}$$

で表される．この式は，質量 m の物体が速度 v で動いているときにもつ運動エネルギーの量である．注 あるいは，静止（$E_k = 0$）した物体を速度 v まで加速するときの運動エネルギーの変化である．仕事がすべて運動エネルギーになるとすると，物体を加速するためになされた仕事の量が (4.4) 式の運動エネルギーに等しい．また，物体がもつ運動エネルギーと同じ大きさの仕事を外部にすると，その物体は完全に止まってしまう．

仕事をすることによって物体に運動エネルギーを与える例として，野球のボールを投げているピッチャーを考えよう（●図 4.9）．静止したボールを速さ v まで加速するのに必要な仕事が，ちょうどボールの運動エネルギー $(1/2)mv^2$ に等しい．

運動中の物体に仕事をすると，物体の運動エネルギーが変わる．式で表すと，

$$仕事 = 運動エネルギーの変化$$

$$W = \Delta E_k = E_{k_2} - E_{k_1} = \frac{1}{2}mv_2^2 - \frac{1}{2}mv_1^2$$

となる．ここで物体の初めの速さを v_1，終わりの速さを v_2 とした．これは仕事と運動エネルギーの関係を示す重要な方程式である．訳注

注 速度はベクトル量であるが，その積 $v \cdot v = v^2$ はスカラー量なので，運動エネルギーもスカラー量である．運動エネルギーの計算には，瞬間速度の大きさ（速さ）だけが関係し，速度の向きは無関係である．

図 4.9 仕事とエネルギー 物体の速度を増すのに必要な仕事は，物体の運動エネルギーの増加分に等しい（エネルギーの損失はないと仮定）．

訳注 質量 m の物体の慣性に対してなされる仕事 W は，(4.1) 式に (3.1) 式と (2.2) 式を $a = \dfrac{v_2 - v_1}{t}$ として代入し，さらに (2.1) $\bar{v} = \dfrac{v_1 + v_2}{2} = \dfrac{d}{t}$ を使って書き直すと，

$W = Fd = mad = m\dfrac{v_2 - v_1}{t}d = m(v_2 - v_1)\dfrac{v_1 + v_2}{2} = \dfrac{1}{2}mv_2^2 - \dfrac{1}{2}mv_1^2$

となる．

問 4.2
質量 1000 kg の自動車が平坦な直線路を走っていて，速さが 15 m/s（54 km/h）から 25 m/s（90 km/h）に増えた．この車の運動エネルギーの変化はどれだけか．

運動エネルギーは速度の 2 乗に比例するので，速度が 2 倍になると運動エネルギーは 4 倍になる．

例題 4.3　速さと運動エネルギー

自動車の速さが 30 km/h から 50 km/h に増加すると，運動エネルギーは何倍になるか．

解　初めと終わりの運動エネルギーの比を求めればよい．題意より

既知　$v_1 = 30$ km/h
　　　$v_2 = 50$ km/h

未知　$\dfrac{E_{k_2}}{E_{k_1}}$（比）

である．

$$\frac{E_{k_2}}{E_{k_1}} = \left(\frac{v_2}{v_1}\right)^2 = \left(\frac{50 \text{ km/h}}{30 \text{ km/h}}\right)^2 = 2.8$$

から

$$E_{k_2} = 2.8\, E_{k_1}$$

つまり，終わりの運動エネルギーは初めの 2.8 倍

である．速さは

$$\frac{v_2}{v_1} = \frac{50 \text{ km/h}}{30 \text{ km/h}} = 1.7$$

と 1.7 倍にしか増えていないことに注意しよう．

　自動車が急停止のためブレーキをかけ始めてから止るまでに走る距離を一般に制動距離という．自動車の運動エネルギーに等しい量の仕事がなされることが，完全に停止するために必要である．制動力 F が一定とすると，その仕事は　制動力 F × 制動距離 d　に等しいので，制動距離は自動車の初めの運動エネルギーに比例する．終わりの運動エネルギーは $E_{k_2} = 0$（停止）であり，自動車になされる仕事は負であるから $E_{k_2} - E_{k_1} = -E_{k_1} = -Fd$　となり　$E_{k_1} = Fd \propto d$　である．例題 4.3 の計算からわかるように，50 km/h で走る自動車の制動距離は 30 km/h で走る自動車のほとんど 3 倍にもなる．

　通学路区域では制限速度が 30 km/h とかなり低いところが多いのは，制動距離を考えるとその理由がわかる．仮に，30 km/h で走る自動車の制動距離を 8.0 m とすると，50 km/h では，制動距離が 2.8×8.0 m = 22 m になる（●図 4.10）．この簡単な例からわかるように，通学路区域で制限速度を越えて走ると，子供が急に飛び出してきたときその手前で止まることができない．

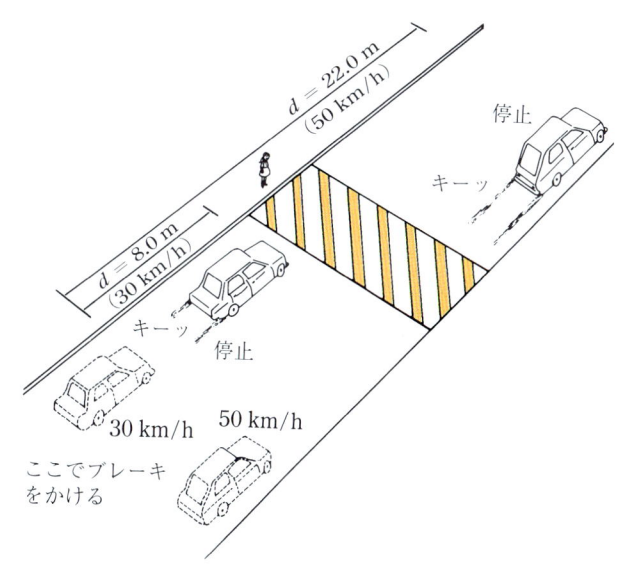

図 4.10　運動エネルギーと制動距離　一定の制動力に対して，30 km/h で走る車の制動距離が 8.0 m であれば，同じ車が 50 km/h で走ると制動距離は 2.8 倍の 22 m になる．

位置エネルギー

位置エネルギーとは，物体がその占める位置のためにもっているエネルギーのことである．物体の位置を変えるのには仕事がなされ，一般に位置エネルギーも変化する．

たとえば，床に置いてある質量 1.0 kg の本を高さ 1.0 m のテーブルの上に持ち上げると，重力に対して仕事をすることになる．この仕事の量は $W = mgh$ ((4.2)式を参照) から計算できる．ただし，mg は本の重さ，h は持ち上げた高さである．すなわち，

$$W = 1.0\,\text{kg} \times 9.8\,\text{m/s}^2 \times 1.0\,\text{m} = 9.8\,\text{J}$$

である．仕事がなされている間，本のもつエネルギーは増加していき，テーブルの上ではより高い位置を占めることによって多くのエネルギーすなわち仕事をする能力をもつ．このエネルギーを**重力による位置エネルギー**という．もし，この本を床に落とすと，ものを押しつぶしたりして仕事をすることができる．

重力による位置エネルギー E_p は，持ち上げるときになされた仕事に等しいので，式で表すと

重力による位置エネルギー ＝ 重さ × 高さ

$$E_p = mgh \tag{4.5}$$

となる．

仕事が重力によって，または重力に対してなされると位置エネルギーが変化する．[訳注1]

仕事 ＝ 位置エネルギーの変化

$$W = \Delta E_p = E_{p_2} - E_{p_1} = mgh_2 - mgh_1 = mg(h_2 - h_1) = mg\,\Delta h$$

物体がある高さにあれば，その位置に対応する位置エネルギーをもつ．高さを変えるには仕事が必要で，それが位置エネルギーの変化であるから，(4.5)式の h は実際には高さの差 Δh である．

なされる仕事は物体が移動する経路にはよらないで，初めと終わりの高さ h_1 と h_2 だけできまる．つまり，初めの位置と終わりの位置の間をどのように通っていこうと，なされる仕事の値は同じである（●図 4.11）．物体を床からテーブルの上まで持ち上げるのに必要な力は，下向きに作用する重力に打ち勝つ必要がある．したがって，物体を持ち上げるのに加える力は，どんな経路でテーブルの上に到達しようと上向きである（図 4.11 で h が高さの差になっていることに注意）．[訳注2]

$$E_p = W = mgh \qquad E_p = W = mgh$$

訳注1 重力によって，仕事がなされると位置エネルギーは減少し，重力に逆らって仕事がなされると位置エネルギーは増加する．

訳注2 滑らかな斜面を利用した場合，斜面に沿って加える力は物体の重さより小さくなるが，物体の移動距離が増えるので 仕事 ＝ 力 × 距離 は斜面の傾きによらず同じである．

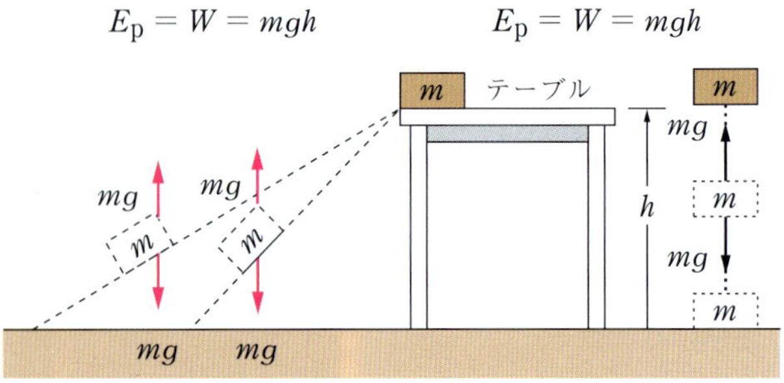

図 4.11 仕事は経路によらない 物体をテーブルの上まで運ぶ仕事は経路によらず，初めと終わりの位置，つまり高さの差だけによる．

ある位置における重力による位置エネルギーの値は，基準点のとり方に依存する．基準点とは高さがゼロ（位置エネルギーがゼロ）の点で，これを基準にして高さを測定する．地球表面近くでは重力加速度がほとんど一定なので，基準点はどこにとってもよい．これは，長さを測るときに物差しの端のゼロマークのほかにもどこを基準点にとってもよいのと同様である（●図 4.12）．図 4.12 のように，基準点より上を正，下を負にとると，負の位置や変位が生じる．

高さの変位は基準点のとり方で正または負になるが，2 点間の高さの差や位置エネルギーの差は基準点によらないことに注意しよう（図 4.12 はその例）．高さ h が負のとき位置エネルギー mgh も負になる．普通は地面を基準 $h = 0$ にとるので，負の位置エネルギーは井戸の中にあるようなものである．

位置エネルギーには，重力によるタイプ以外のものがある．たとえば，ばねを縮めたり伸ばしたりすると，（ばねの力に対して）仕事がなされる．正確にいうと，ばねはその長さ（端の位置）の変化の結果として位置エネルギーが変化する．また，弓の弦を引くときも仕事がなされる．弓はたわむことによって位置エネルギーを貯える．この位置エネルギーは，矢に対して仕事をし，運動エネルギーを与えることができる．ここでも，仕事はエネルギーを移し変える過程であることがわかる．

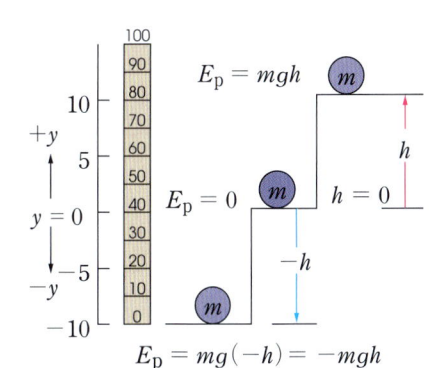

図 4.12　位置エネルギーの基準点　高さを測る基準点をどこにとるかは任意である．たとえば，基準点 ($y = 0$) を左の座標軸の原点にとっても，あるいは物差しの下の端（目盛り 0）にとってもよい．y 軸上の原点を基準点にとれば，それより下の位置（たとえば $y = -5$）は高さが負になるので，位置エネルギーも負になる．しかし基準点を物差しの下端（$y = -10$）に選ぶと，同じ点（$y = -5$）の位置エネルギーが正になる．重要なのは基準点をどこにとっても，2 点間の位置エネルギーの差は同じということである．

4.4　エネルギーの保存

> **学習目標**
> エネルギー保存の原理を理解すること．
> 全エネルギーの保存と力学的エネルギーの保存を区別すること．
> このような保存法則の重要性を説明すること．

エネルギー保存法則にはいろいろな表現方法がある．たとえば：

1. 孤立した系の全エネルギーは保存され，一定の値を保つ．
2. エネルギーは生成されることもなければ，消滅することもない．
3. エネルギーは形態を変えても，常に保存される．

ここでは**全エネルギーの保存**を次のように表現する：

> **孤立した系の全エネルギーは保存される（一定に保たれる）．**

孤立した系のエネルギーはある形態から他の形態に変わることはあっても，系の中からエネルギーが失われることはない．

系とは，現実または想像上の境界で囲まれたものであり，**孤立**とは，系が外部と一切影響を及ぼし合わない，という意味である．たとえば，教室にいる学生の集団は 1 つの系と考えることができる．学生は教室内

訳注 エネルギー保存法則(4.6)式は，第2章で学んだ運動に関する公式から導き出すことができる．質量 m の物体が重力加速度 g で，高さ h_1 から h_2 まで落下する場合を考える．初めと終わりの速さ v_0, v_f を v_1, v_2 と書き，加速度 a を g で置き換える．平均の速さ $\bar{v} = (v_1 + v_2)/2$ に (2.3) 式 $v_2 = v_1 + gt$ を代入すると，$\bar{v} = v_1 + \frac{1}{2} gt$ となる．ここで移動距離 d は高さの差なので，

$$d = h_1 - h_2 = \bar{v}t = v_1 t + \frac{1}{2} gt^2.$$

つぎに (2.3) 式を $t = (v_2 - v_1)/g$ と書き直し，上の式に代入すると，

$$h_1 - h_2 = v_1 \left(\frac{v_2 - v_1}{g} \right) + \frac{1}{2} g \left(\frac{v_2 - v_1}{g} \right)^2$$
$$= \frac{v_2^2 - v_1^2}{2g}$$

となる．これから $v_1^2 + 2gh_1 = v_2^2 + 2gh_2$ が得られ，両辺に $m/2$ をかけると (4.6) 式となる：

$$\frac{1}{2} mv_1^2 + mgh_1 = \frac{1}{2} mv_2^2 + mgh_2.$$

を動き回ることはできるが，もし教室が孤立していればだれも部屋に出入りすることはできないので，学生の数は保存される(「学生数の保存」)．宇宙の全エネルギーは保存される，ということがよくあるが，これは本当である．なぜなら，宇宙は考えられる限りの最大の孤立した系で，宇宙の全エネルギーはどこにあってもどんな形態であっても，宇宙の中にあるからである．

全エネルギー E_T の保存を式にすると

$$(E_T)_1 = (E_T)_2$$

である．ここで下つき添え字 1, 2 は初めと終わりの時刻 t_1, t_2 における値を表す．すなわち，全エネルギーは時間が経っても変化しない．

簡単でわかりやすい場合として，エネルギーが2つの形態，**運動エネルギーと位置エネルギー**だけの理想的な系を考える．**合わせて力学的エネルギー**という．この場合は**力学的エネルギーの保存**が成立し，

$$(E_k + E_p)_1 = (E_k + E_p)_2$$
$$\left(\frac{1}{2} mv^2 + mgh \right)_1 = \left(\frac{1}{2} mv^2 + mgh \right)_2 \quad (4.6)$$

と書くことができる．ただし，位置エネルギーとして重力による位置エネルギーだけを考えた ((4.5) 式)．つまり，上式の両辺は初めと終わりのエネルギーを表す．^{訳注} この方程式を得るには，力学的エネルギーが摩擦により熱エネルギーの形で失われることのない理想的な保存系といわれる場合を仮定している．実際には，これらの熱の効果も重要なので，第5章で論ずることにする．しかし，ここでは摩擦の効果は無視できるものと考える．

例題 4.4 位置エネルギーと運動エネルギーを計算する

そりに乗った子供が雪の積もった斜面の上部にいる(●図 4.13)．その位置は平坦な地面から 25 m の高さにあり，子供とそりを合わせた全質量を 50 kg とする．図に示した高さに子供とそりが滑り降りてきたときの，位置エネルギーと運動エネルギーを求めよ(摩擦による力学的エネルギーの損失はないとする)．

解 この場合，子供とそりで1つの系である．力学的エネルギー保存法則によって，系の全力学的エネルギー (E_T) は斜面のどこにいても同じである．子供とそりが斜面の最高部で静止しているとき，$v = 0$ で $E_k = 0$ であるから，全エネルギーがすべて位置エネルギーになっている ($E_T = E_p$)．

斜面の任意の点で，位置エネルギー $E_p = mgh$

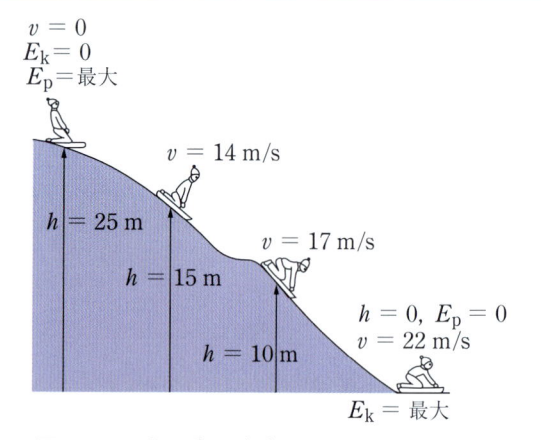

図 4.13 エネルギーの保存 子供とそりが斜面の上で静止しているとき，全力学的エネルギーは位置エネルギーだけである．そりが斜面を滑り降りるにつれ，高さが減り速さが増すので，位置エネルギーが減り運動エネルギーが増える．摩擦などによる損失がなければ，斜面の下まできたとき速度が最大になるので，全エネルギーは運動エネルギーだけになり，位置エネルギーはゼロである．例題 4.4 を参照．

を，$mg = 50\,\text{kg} \times 9.8\,\text{m/s}^2 = 490\,\text{N}$ を使って，高さ $h = 25\,\text{m}$, $15\,\text{m}$, $10\,\text{m}$, $0\,\text{m}$ について計算する．

$$h = 25\,\text{m}: E_\text{p} = 490\,\text{N} \times 25\,\text{m} = 12\,250\,\text{J}$$
$$h = 15\,\text{m}: E_\text{p} = 490\,\text{N} \times 15\,\text{m} = 7350\,\text{J}$$
$$h = 10\,\text{m}: E_\text{p} = 490\,\text{N} \times 10\,\text{m} = 4900\,\text{J}$$
$$h = 0\,\text{m}\ : E_\text{p} = 490\,\text{N} \times 0\,\text{m} = 0\,\text{J}$$

となる．

全力学的エネルギーは保存され，一定であるから，任意の点における運動エネルギー E_k は $E_\text{T} = E_\text{k} + E_\text{p}$ から $E_\text{k} = E_\text{T} - E_\text{p} = 12\,250\,\text{J} - E_\text{p}$ によって計算できる．斜面の上部では $E_\text{k} = 0$ なので $E_\text{T} = E_\text{p} = 12\,250\,\text{J}$ となることを用いた．計算の結果をまとめると，表 4.2 のようになる．

表 4.2 例題 4.4 のエネルギーのまとめ

高さ[m]	E_T[J]	E_p[J]	E_k[J]	v[m/s]
25	12 250	12 250	0	0
15	12 250	7 350	4 900	14
10	12 250	4 900	7 350	17
0	12 250	0	12 250	22

表 4.2 と図 4.13 からわかるように，そりが斜面を滑り降りるにつれ（h が減少），子供とそりの位置エネルギーが小さくなり，運動エネルギーが大きくなる（v が増加）．すなわち，位置エネルギーが運動エネルギーの形に変わるのである（この計算では，斜面の形は影響せず，計算する点の高さだけが重要である．前に学んだように，重力によってなされる仕事，つまり位置エネルギーの変化は物体の移動経路によらないからである）．

斜面の最低部では h がゼロなので，系のエネルギーはすべて運動エネルギーの形態をとり，そりの速度が最大になる．(4.6) 式で，t_1 と t_2 を斜面の最高部と最低部における時刻と考えればよい：

最高部での全力学的エネルギー $(E_\text{T})_\text{最高}$ = 最低部での全力学的エネルギー $(E_\text{T})_\text{最低}$，つまり

$$\left(\frac{1}{2}mv^2 + mgh\right)_\text{最高} = \left(\frac{1}{2}mv^2 + mgh\right)_\text{最低}$$

である．斜面の最高部では $v = 0$，最低部では $h = 0$ であるから，斜面の最高部の高さを h，斜面の最低部での速さを v とすると，

$$0 + mgh = \frac{1}{2}mv^2 + 0$$
$$\therefore\quad mgh = \frac{1}{2}mv^2$$

となる．このように，全エネルギーは斜面の最高部ではすべて位置エネルギーであったが，最低部ではすべて運動エネルギーになる．斜面の最低部における運動エネルギーの値は，斜面の最高部でもっていた位置エネルギーの値に等しく，つまり全力学的エネルギーは保存されている．

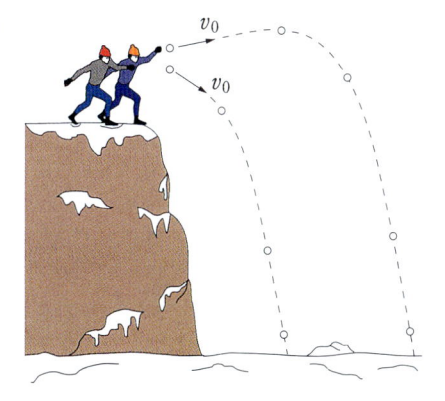

図 4.14 雪玉の投げ比べ 同一の雪玉を同じ高さから同じ初速で，別の方向に投げる．がけの下に達するとき，どちらの雪玉の速さが大きいか．

問 4.3

● 図 4.14 のように，2 人の学生が同一の雪玉を投げている．初めの速さは v_0 で同じとする．がけの下の平坦な地面に落ちたとき，どちらの玉の速さが大きいか，上で学んだエネルギーの考察によって答えよ．

図 4.15 単振り子のエネルギー 左右に揺れる振り子では，運動エネルギーと位置エネルギーの間の変換が次々と起こっている．点 (b) と (d) における振り子の全力学的エネルギーについて何がいえるか．

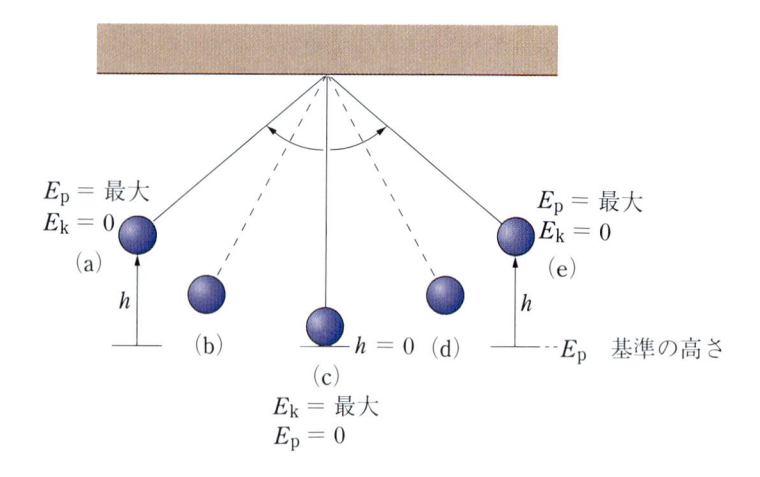

単振り子（●図 4.15）もエネルギー保存についての多くの特徴を説明する．**単振り子**は，質量の大きなおもり（ボッブと呼ぶ）を軽い糸の先にぶら下げて，左右に自由に揺れる（振動する）ようにしたものである．単振り子とよばれるのは，振動する質量の大部分がおもりの中心に集中し，糸の質量は無視できる簡単な系という意味からである．振り子が左右に揺れるにつれて，おもりの高さが変化する．おもりの最低点を高さの基準点とし，最高点における高さを h とする．おもりの高さは 0 と最大値 h の間で連続的に変わるので，位置エネルギーも連続的に変わる．

問 4.4

図 4.15 のように単振り子が左右に振動している．この振り子は摩擦などによる力学的エネルギーの損失のない理想的なものとする．次の 1 から 10 に当てはまる振り子の位置を記号で答えよ．答えは 1 つとは限らない．

1. 一瞬停止する位置 _____
2. 速度が最大になる位置 _____
3. E_p が最大になる位置 _____
4. E_k が最大になる位置 _____
5. E_p が最小になる位置 _____
6. E_k が最小になる位置 _____
7. 通過後に E_p が増える位置 _____
8. 通過後に E_k が増える位置 _____
9. 通過後に E_p が減る位置 _____
10. 通過後に E_k が減る位置 _____

4.5 エネルギーの形態とエネルギー源

> **学習目標**
> エネルギーの形態の一般的なものをいくつかあげること．
> 重要なエネルギー源およびエネルギー消費の主要な分野を並べて比較すること．
> 「代替」エネルギー源をいくつかあげ，その長所と短所を説明すること．

エネルギーには，化学的エネルギーや電気的エネルギーのように様々な数多くの形態があるが，重要な統一的概念は**エネルギー保存**である．エネルギーは生成することも消滅させることもできないが，1つの形態から他の形態に変えることができる．

たとえば，エネルギー保存を十分に考えるため，4.4節の例題をさらに詳しく調べてみよう．現実の問題として，そりも振り子も最後には止まる．とすると，エネルギーはどこへいったのだろう．もちろん摩擦がかかわっている．たいていの現実的な状況のもとでは，物体の位置エネルギーも運動エネルギーも最終的には熱になる．**熱エネルギー**については第5章でかなり詳しく学ぶが，さしあたり熱とは，エネルギーが移り変わって，分子的レベルにおける運動エネルギーと位置エネルギーになったもの，ということができる．どんな物質も原子や分子で構成されていて，温度が上ると，それら構成粒子の微視的（ミクロ）な内部運動が激しくなって，分子的レベルでの力学的エネルギーが増加するのである．

重力による位置エネルギーについてはすでに学んだ．その応用として水の重力による位置エネルギーを利用して電気エネルギーを生みだす水力発電所がある．電気は電気力と**電気エネルギー**という概念で説明できる（第8章）．電気エネルギーは電荷の運動すなわち電流と関連している．われわれの生活に役立つ多数の電気器具や機械を動かすのは電気エネルギーである．

原子や分子を保持し結合するのは電気的な力であり，これらの結合には位置エネルギーが関与する．燃料を燃やすと（化学反応），燃料を構成する電子や原子の配置が変わってエネルギーが解放される．これが**化学エネルギー**である．主な燃料である薪，石炭，石油，天然ガスなどは，もとをたどれば太陽エネルギーの間接的な結果である．太陽から出る**放射エネルギー**は光も含め電磁放射である．荷電粒子を加速すると電磁波が放射される（第6章）．可視光線，ラジオの電波，テレビの電波，マイクロ波などは電磁波の例である．

エネルギーの仲間に新しく参加したのは**核エネルギー**である．太陽のエネルギー源も核エネルギーである．基本的な核力がかかわっていて，原子核を構成する粒子の配置が変わって異なる原子核ができるとき，エ

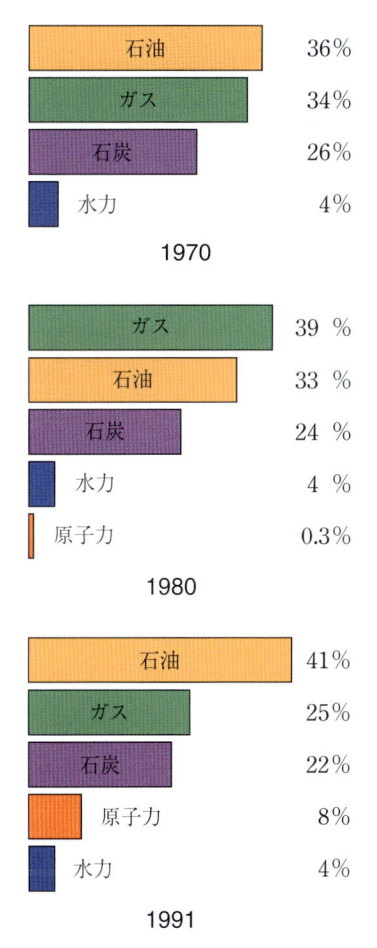

1970
- 石油 36%
- ガス 34%
- 石炭 26%
- 水力 4%

1980
- ガス 39 %
- 石油 33 %
- 石炭 24 %
- 水力 4 %
- 原子力 0.3%

1991
- 石油 41%
- ガス 25%
- 石炭 22%
- 原子力 8%
- 水力 4%

図4.16 燃料消費の種類別比較 最近約10年毎のアメリカにおける燃料消費の相対的比率を棒グラフで示す．核エネルギー消費量の相対的比率が増加したことと，天然ガスと石油の消費の相対的比率が変化したことに注目せよ．

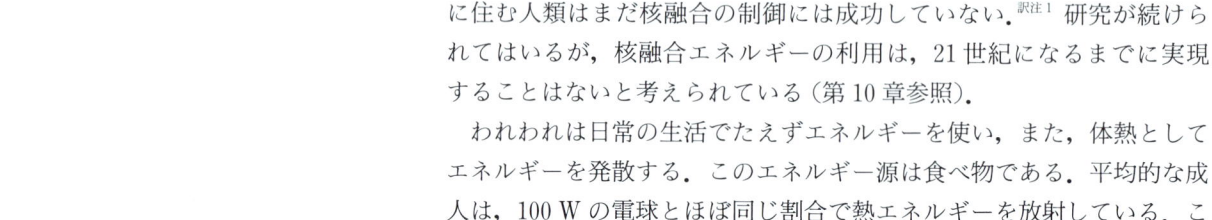

ネルギーが解放される．原子核からエネルギーが解放される過程で，原子核の質量の一部がエネルギーに変わることが知られている．こうして現在では，質量もエネルギーの一形態であると考えられている（この章のハイライトを参照）．

人類は，エネルギーを解放する核反応の１つである**核分裂**（第10章参照）を制御し，発電に利用するようになった．核分裂は太陽の内部で起こっている**核融合**とは異なる核反応である．太陽は莫大な量の核燃料（水素）を「燃やして」，途方もない量のエネルギーを放出している．これは今後少なくとも20～30億年は続くと予想されている．一方，地球に住む人類はまだ核融合の制御には成功していない．[訳注1] 研究が続けられてはいるが，核融合エネルギーの利用は，21世紀になるまでに実現することはないと考えられている（第10章参照）．

われわれは日常の生活でたえずエネルギーを使い，また，体熱としてエネルギーを発散する．このエネルギー源は食べ物である．平均的な成人は，100 Wの電球とほぼ同じ割合で熱エネルギーを放射している．このことから，人でいっぱいの部屋がすぐに暑くなる理由がわかる．冬には余分に衣服を着て，熱が身体から逃げるのを防ぎ，夏は発汗をして，その蒸発によって熱を取り去り，体を冷やすのである．

アメリカ全体のエネルギー消費をまかなう商業上のエネルギー源は，主として石炭，石油，天然ガスである．●図4.16は，過去20数年間にこれらの資源を消費してきたパーセンテージを示す．これらの他エネルギー源として重要な原子力と水力発電についても示してある．アメリカで消費する石油の約半分は輸入したものである．[訳注2] アメリカは豊富な資源として石炭を保有しているが，石炭は環境汚染問題を引き起こす．

これらのエネルギーは，どこへいってどのように消費されるか考えてみよう．●図4.17は用途を分野別にした一般的分類を示す．ますます電気に依存する社会になっていることが明らかである．[訳注3] 図4.16に示した過去のデータについても，分野別の消費を考えてみよう．

これらあらゆる形態のエネルギーは，増大する一方の需要に応えるものである．世界人口のわずか約4.7％のアメリカが，世界中の石炭，石油，天然ガスなどの化石燃料による年間エネルギー消費の約25％を占めている．[訳注4] 増え続ける世界人口と「第３世界」諸国の発展により，エネルギーの需要は増える一方である．そのエネルギーはどこから得られるだろうか．

もちろん，今後も化石燃料は引き続き使われるだろうが，使用量が増えるにつれて環境汚染の問題が深刻になってくる．いわゆる**代替燃料**や**代替エネルギー源**の研究が続けられていて，これらは汚染のない補助的なエネルギー供給源になるであろう．この章を終わるにあたり，いくつかの代替エネルギー源について考えてみよう．

水力は発電の手段として広く利用されている（●図4.18）．落下する水は環境汚染をしないので，できれば水力発電の増加が望ましい．しかし，ダム建設の適地はほとんど開発済みであり，また河川に新たにダム

37%	発電用
27%	輸送用
24%	産業用
12%	家庭用，商業用

図4.17 分野別エネルギー消費 1991年度のアメリカにおける経済活動の分野別にしたエネルギー消費率を棒グラフで示す．

訳注1 太陽など大きな質量をもった恒星のエネルギー源は，反応速度の非常に遅い核融合反応（水素融合やヘリウム融合）によるものと考えられている．ゆっくりした反応であるが，莫大な量の燃料があるので，長期間にわたって大量のエネルギーを持続して放出する．一方地上では，小さな装置によって実用的な大きなエネルギーを得る必要から，大きな反応速度の核融合反応を利用することになり，爆発的でなく持続的にエネルギーを取り出すための制御をしなければならない．

訳注2 エネルギー源の大部分を輸入に頼っているわが国のエネルギー事情は，アメリカとは比較にならないほど深刻であることを認識すべきである．

訳注3 発電によって生じた電気エネルギーは，最終的には他の分野で消費される．

訳注4 わが国のエネルギー消費量はアメリカの約25％，国民１人当たりでは，アメリカの約46％である．

を造れば農地が水没して失われ，生態系を変えてしまうことになる．

　アメリカの農業は発展の可能性が大きいので，多量のとうもろこしを生産して，それからエタノール（エチルアルコール）をつくることができる．これをガソリンと混合した「ガソホール」という燃料は，自動車を走らせるのに使用できる．エタノールをガソリンと混ぜて燃やせば大気汚染が減る，と宣伝されてきた．たしかにある種の汚染物質は減るが，別の汚染物質が増加する．また，エタノール生産の過程で生じる廃棄物の処理の問題がある．しかも残念なことに，エタノールの生産に必要な化石燃料のエネルギーは，エタノールが発生するエネルギーの2倍にもなるのである．

　カリフォルニア州のロスアンゼルスからパームスプリングズへ車を走らせると，砂漠の中に突然広大な敷地を占める風車の群が現れる．風力は何世紀にもわたって利用されてきた．アメリカの農場でも昔は，水を汲み上げるポンプの動力源として風車が普通であった．その後，風力利用の技術は著しく進歩し，カバーの写真に示すような風力タービンにより直接発電できるようになった．風力は無償であり，環境汚染もないが，広範囲にわたる大規模な風力発電の開発を進めるには，十分な風力（最低 20 km/h）のある場所を入手するのに限界がある．それに，風は絶え間なく吹くわけではない．

　太陽は主要なエネルギー源であり，もっと利用することができる．太陽熱による冷暖房システムは家庭や事業所で使われている．また，太陽放射を集めて大規模なエネルギー源にする技術がある．●図 4.19 a は反射鏡を配置し，太陽光を中央のパイプ状の受光部に集める装置である．パイプ内の液体が熱せられて，これで水蒸気を発生させ発電のために使う．図 4.19 b はコンピュータ制御で太陽を追跡するヘリオスタットという鏡を備えていて，これで太陽光を集めて，中央タワーの上にある受光部に集中させる装置を示す．

　しかし，環境面でもっとも期待の大きい太陽エネルギーの利用は，光電池（太陽電池）である．光電池は太陽光を直接電気に変える．写真撮影に使う露光計も光電池である．光電池は以前からその効率が問題で，最初はわずか約4％しかなかった．技術の進歩のお陰で，現在の効率は 20％を越える．とはいえ，光電池による発電コストは 1 kWh あたり約 30 セント（約 30 円）であり，化石燃料による発電コスト（1 kwh あたり 10〜15 セント）とは経済的に競合しない．太陽電池は建物の屋根に敷き詰めることができて，これなら余分の土地が不要である．しかし，太陽電池は日照時間中しか使えないので，補助の電力設備が必要である．また，曇りの日も発電能力が下がってしまう．

　いつの日か太陽をまねて核融合によってエネルギーを得る方法が開発されることを期待したい．これについては第 10 章で詳しく学ぶ．

図 4.18 フーバーダム　ダムでせき止めた水の位置エネルギーを利用して発電する．コロラド川につくられた大きなフーバーダムの後方には川をせき止めてできた湖が遠くまで広がっている．

(a)

(b)

図 4.19 太陽エネルギー発電システム（a）多数の反射鏡を配置して，太陽光を中央のパイプ状の受光部に集める．（b）コンピュータ制御で太陽を追跡するヘリオスタットという鏡を備え，これで太陽光を集めて中央タワーの上にある受光部に集中させる．

ハイライト

質量-エネルギーの保存

エネルギーおよび質量に対してそれぞれ独立した保存則が成り立つと，長年にわたって考えられていた．つまり孤立した系の全エネルギーと全質量はそれぞれ別々に保存するものとされていた．エネルギーは形態を変えることがあり，たとえば，運動エネルギーから位置エネルギーに変わる．また相転移や化学反応によって物質としての形態が変わることがある．しかし，エネルギーも質量もどちらも生成されることもなければ消滅することもないと考えられていたのである．

1900年代の初期にアインシュタインが発展させた相対性理論により，エネルギーと質量の概念は統合され，拡張された．相対性理論は，本質的に**質量がエネルギーの一形態である**ということを予言した．これは簡単な関係

$$\text{エネルギー} = \text{質量} \times (\text{真空中の光速})^2$$
$$E = mc^2$$

で与えられる．この，質量-エネルギーの関係は実験的に何度も繰り返し証明された．つまり，質量はエネルギーに変換し，エネルギーは質量に変換する（付録B7参照）．

質量-エネルギーの変換があるとすると，なぜ日常生活で簡単に観測されないのだろう．1枚の紙を燃やすとき，燃焼ガスを考慮に入れても，質量の欠損を精密な測定器で検出できない．これは，質量-エネルギーの変換が特別の場合を除いて，測定にかかるほど大きくないからである．相対性理論によれば，粒子を光速にかなり近い速さにまで加速する（運動エネルギーが与えられる）とき，その質量は測定できるほど増加する．日常生活で普通に見られる運動は，光速（3.0×10^8 m/s，秒速30万km）に比べきわめて小さい．しかし，粒子加速器を使うと，粒子が質量増加の振る舞いを示す速さまで加速することができる（第10章）．また，ある特別な反応では，エネルギーが直接に質量に変換され，質量が直接にエネルギーに変換される．

質量とエネルギーの同等性は質量をエネルギーに勝手に変換できることを意味するわけではない．もし，これができたとすれば，エネルギー問題はすべて解決したことになるだろう．たとえば，1gの質量を完全にエネルギーに変換したとすると，$E = mc^2$ の公式から，そのエネルギーは 20 000 世帯の家が平均して1か月に使用する電気的エネルギーに相当することがわかる．[訳注1]

核反応では，質量-エネルギーの変換が部分的に起こっている（第10章）．原子炉では質量からエネルギーへの変換を利用している．アメリカの電力消費の約20％は原子炉が生み出す原子力発電によるものである．[訳注2]

太陽などの恒星の内部では，大規模な質量-エネルギーの変換が連続的に起こっている．太陽は現在の総放射量（ルミノシティ）を生み出すため，毎秒約6000億kg（6億トン）の水素をヘリウムに変え，同時に毎秒43億kg（430万トン）の質量を放射エネルギー[訳注3]に変換している（核融合では反応に関わる質量のごく一部だけが直接エネルギーに変換する．水素の原子核は核融合によってヘリウムの原子核をつくる．第10章を参照）．

毎秒6億トンの水素をヘリウムに変換し続けると，太陽が水素を使い果たしてしまうように思うかもしれないが心配しなくてよい．太陽の質量は巨大なので，この割合で10億年間消費を続けても，全質量のわずか1/1000％がエネルギーに変換されるだけである．

このように質量とエネルギーは互いに変換するので，一般に質量-エネルギーの保存ということができる．

訳注1　これは石油約 2000 t を燃やした熱エネルギーに等しい．電力量にすると 2.5×10^7 kWh に相当する．ここではアメリカの標準で1世帯が月に平均1250 kWh 消費するとして計算してある．

訳注2　わが国では総発電量の約1/3は原子力発電による．

訳注3　3.85×10^{26} W．

重要用語

仕事	馬力 [HP]	全エネルギーの保存
ジュール [J]	エネルギー	力学的エネルギーの保存
仕事率	運動エネルギー	
ワット [W]	位置エネルギー	

重要公式

仕事　　$W = Fd$　　　　　　運動エネルギー　　$E_k = \frac{1}{2}mv^2$

重力に対する仕事　$W = mgh$　　重力による位置エネルギー　$E_p = mgh$

仕事率　$P = \dfrac{W}{t} = \dfrac{Fd}{t}$　　力学的エネルギーの保存　$\left(\dfrac{1}{2}mv^2 + mgh\right)_1 = \left(\dfrac{1}{2}mv^2 + mgh\right)_2$

質問

4.1 仕事

1. 仕事は何に対してなされるか：(a) 慣性　(b) 摩擦　(c) 重力　(d) 以上のすべて．
2. 仕事の SI 単位 (MKS 単位系) は：(a) 馬力，(b) ワット，(c) ニュートン，(d) ジュール である．
3. すべての力が仕事をするか．説明せよ．
4. 仕事の単位を基本単位で表すと $kg \cdot m^2/s^2$ であることを示せ．
5. 重量挙げの選手が 900 N のバーベルを頭上に差し上げて保持している．彼はいまバーベルの重さに対して仕事をしているか，また彼はバーベルを持ち上げるときに仕事をしたか．説明せよ．
6. (a) 慣性，(b) 重力，(c) 摩擦 に対して仕事をするとはどのような意味か．

4.2 仕事率

7. 仕事率を増やすには，(a) 時間をかけて多くの仕事をする，(b) 加える力を大きくする，(c) 所要時間を長くして同じ仕事をする，(d) 単位時間あたりの仕事を増やす必要がある．
8. 仕事率の単位は次のどれか：(a) J・m，(b) N・m/s，(c) $kg \cdot m^2/s^2$，(d) W/s．
9. A と B，2 人が同じ仕事をしたが，B の方が長い時間かかった．仕事の量が多いのはどちらか．また仕事率の大きいのはどちらか．
10. SI (MKS 単位系) の基本単位でワット [W] を表せ．
11. 仕事率が大きいと次の量はどう変わるか：(a) 決まった時間にできる仕事量，(b) 決まった量の仕事をするのにかかる時間．
12. 電力会社に払うのは何に対する料金か．

4.3 運動エネルギーと位置エネルギー

13. 自動車 B は自動車 A の 2 倍の速さで走っているが，A は B の 3 倍の質量である．A と B の運動エネルギーは　(a) A が大きい，(b) B が大きい，(c) A と B で同じ，である．
14. 2 台の同じ自動車 A と B が同じ点から出発して別の経路をたどって丘の頂上に上がった．A が走った距離は B の 1.5 倍であった．位置エネルギーの変化は　(a) A が大きい　(b) B が大きい　(c) A と B で同じである．
15. 一般的用語でエネルギーを定義せよ．
16. 自動車の制動距離は運動エネルギーとどのように関係するか説明せよ．
17. 動いていなくてもエネルギーを持つことはできるか説明せよ．

18. ある物体の位置エネルギーが負であるとする．負の数値を扱いたくなければ，この物体を動かすことなく位置エネルギーの値を正に変えることができるか．
19. 棒高跳びの選手が跳躍前に高速で助走する理由は何か．走り高跳びについてはどうか．
    （訳注　棒高跳びは跳躍の高さが大きいので，できるだけ高速で助走して運動エネルギーを蓄え，それをバーを越えるのに必要な位置エネルギーに変える必要がある．走り高跳びでは，必要な位置エネルギーは棒高跳びよりずっと小さいので，助走速度は小さくてよい．また，助走が速すぎると踏み切るとき速度を上向きに変えることが困難になる．）

4.4　エネルギーの保存
20. 常に保存されるのは次のどれか：(a) 仕事率，(b) 力学的エネルギー，(c) 運動エネルギー，(d) 宇宙の全エネルギー．
21. 系という用語の意味を説明せよ．
22. 全エネルギーが保存されるのはどのような場合か．また，それは何を意味するか．

4.5　エネルギーの形態とエネルギー源
23. アメリカで消費量の最も多い燃料はどれか：(a) 天然ガス，(b) 石油，(c) 石炭，(d) 原子力．
24. アメリカでエネルギーを最も多く消費するのはどの分野か：(a) 電力事業，(b) 住宅・商業，(c) 製造業，(d) 輸送．
25. 人間は平均して毎秒どのくらいのエネルギーを放射しているか．
26. エネルギーの形態を5つ挙げよ（運動エネルギーと位置エネルギーを除く）．
27. いろいろなエネルギー源の問題点，限界，利点を述べよ．

思考のかて

1. 何かに対して仕事をするとき，仕事は正であるとする．力が負の仕事をすることは可能か（**ヒント**　バーベルを持ち上げるときと，持ち上げたバーベルを下ろすときに手がバーベルに加える力と運動の向きを考える）．
2. 床からの高さ3mの棚の上に本が置いてある．この本の全力学的エネルギーはゼロであるということができるか．
3. 問4.3（図4.14）で，2つの雪玉の質量が異なっていたら，答えは変わるか（**ヒント**　エネルギーの保存を式で書いて考える）．
4. 太陽は間接的に水力発電のエネルギー源であるというのは正しいか．

練習問題

4.1　仕事
1. トラックの荷台の端に乗せてある荷物を50Nの力で押して，荷台の奥の方へ2.0mだけ滑らせた．なされた仕事はどれだけか．　　**答**　100 J
2. 5.0kg入りの砂糖の袋がカウンターの上に置いてある．
   (a) この袋をカウンターより0.60m上にある棚に乗せるのに必要な仕事はどれだけか．
   (b) 月面上にある宇宙ステーションで同じことをしたとすると，仕事はどれだけか．
   　　　答　(a) 29.4 J　(b) 4.9 J
3. テーブルの上に4.0kgの箱が置いてある．この箱が滑り動いている間の摩擦力は20Nであるとすると，テーブル上を0.75mだけ滑らせるのに必要な仕事はどれだけか．　　**答**　15 J
4. 芝刈り機を80Nの力で押していく．この力の水平成分は全体の60％の大きさとする．芝刈り機を10mだけ押していくときなされる仕事はどれだけか．
   　　　答　480 J

4.2　仕事率
5. 練習問題4で，48sかかって芝刈り機を10mだけ押したとする．仕事率はどれだけか．　**答**　10 W
6. 体重600Nの学生が20sかけて階段を上がった（高さ4.0m）．
   (a) なされた仕事はどれだけか．

(b) この学生の仕事率の出力はどれだけか．

　　　　　　答　(a) 2400 J　(b) 120 W

7. 1200 W のドライヤーを 5.0 分間使うとき，消費されるエネルギーは何 kWh か．　答　0.10 kWh

4.3　運動エネルギーと位置エネルギー

8. (a) 質量 20 kg の犬が 9.0 m/s（約 32 km/h）の速さで走っている．運動エネルギーはどれだけか．
 (b) この犬を止めるのに必要な仕事はどれだけか．

　　　　　　答　(a) 810 J　(b) 810 J

9. (a) 40 km/h の速さで走っている自動車が 60 km/h に加速すると，運動エネルギーは何倍になるか．
 (b) 60 km/h の速さで走っている自動車が 40 km/h に減速すると，運動エネルギーは何倍になるか．

　　　　　　答　(a) 2.25 倍　(b) 0.44 倍

10. 地面を高さの基準にとったとき，深さ 10.0 m の井戸の底にある 3.00 kg の物体の位置エネルギーはどれだけか．答の符号について説明せよ．

　　　　　　答　−294 J

11. 深さ 10.0 m の井戸の底にある 3.00 kg の物体を地面に持ち上げるのに必要な仕事はどれだけか．

　　　　　　答　294 J

4.4　エネルギーの保存

12. そりと子供（全重量 700 N）が高さ 5.0 m の丘の上にいる．
 (a) 丘の上にいるときの全エネルギーはどれだけか（丘の最低部を高さの基準点にとる）．
 (b) 摩擦などがないとして，丘を半分下りたときの全エネルギーはどれだけか．

　　　　　　答　(a) 3500 J　(b) 3500 J

13. 1.0 kg の岩が 6.0 m の高さから落ちてくる．運動エネルギーが位置エネルギーの 2 倍になる高さはいくらか．　答　2.0 m

14. 100 W の電球 4 個が点灯し，30 人が入っていっぱいになった部屋の中では，毎秒約何 J のエネルギーが放出されるか．　答　3400 J

質問（選択方式だけ）の答

1. d　　2. d　　7. d　　8. b　　13. b　　14. c　　20. d　　23. b　　24. a

本文問の解

4.1　$P = \dfrac{W}{t} = \dfrac{Fd}{t} = \dfrac{mgh}{t}$

$= \dfrac{(5.0\ \text{kg})(9.8\ \text{m/s}^2)(8.0\ \text{m})}{60\ \text{s}} = 6.5\ \text{W}$

4.2　$\Delta E_k = \dfrac{1}{2} mv_2^2 - \dfrac{1}{2} mv_1^2 = \dfrac{1}{2} \times 1000\ \text{kg} \times (25\ \text{m/s})^2 - \dfrac{1}{2} \times 1000\ \text{kg} \times (15\ \text{m/s})^2$

$= 3.13 \times 10^5\ \text{J} - 1.13 \times 10^5\ \text{J} = 2.00 \times 10^5\ \text{J}$

4.3　どちらの玉も同じ速さになる．最初，2 つの玉は運動エネルギーも位置エネルギーも同じである．地面に当たる直前（$h = 0$），位置エネルギーがゼロなので，どちらの玉も運動エネルギーが同じになり，速さも同じである．

4.4　1. a と e　　2. c　　3. a と e　　4. c
5. c　　6. a と e　　7. c，上昇中の b と d
8. a と e，下降中の b と d
9. a と e，下降中の b と d
10. c，上昇中の b と d

5
温度と熱

シュリーレン写真(空気の温度差により光の屈折率に不均質な部分ができている様子を撮影したもの)

火は熱い，氷片をつかむと冷たい，両手をこすり合わせると暖かくなる，などはよく知られていることである．しかし，これらの場合に何が起こっているかを説明するのは容易ではない．熱いことや冷たいことを表すのに，日常は**温度**と**熱**という用語を混同して使うことが多い．しかし，温度と熱は同じものではなく，互いに関係はあるが，はっきりと異なった意味をもっていることを以下で学ぶ．

アメリカのラムフォード (Count Rumford, 1753-1814) は，力学的仕事と熱の間の関係を確認した最初の1人であった．1789年ラムフォードは，刃先の鈍い中ぐり機を用いて，水に浸した大砲の砲身をくり抜く実験を行いその結果を発表した．くり抜き作業を2時間半続けると，水の温度が沸点にまで上昇した．この結果から，摩擦によって大量の熱が発生したと確信し，熱はエネルギーの1つの形態であり，穴あけの運動によって発生したと考えられることを結論した．

その後，イギリスの科学者ジュール (James Prescott Joule, 1818-1889) は，力学的エネルギーと熱の定量的関係を決定した．また，ジュールは，熱に関するエネルギー保存という重要な概念を確立し，気体分子運動論の発端となる多くの基本的な考察を行った．

温度と熱という概念は日常生活でも重要である．われわれは熱いコーヒーや，冷たいアイスクリームが好きである．住宅や職場の温度はきめ細かに調整されている．気温の予測はおそらく気象情報のもっとも重要な部分であろう．暑いか寒いかは衣服を着るにも，行動の計画を立てるにも影響するからである．

太陽は地球に熱を供給している．地球の各部分と大気の間で熱のバランスをとるため，風や雨その他の気象現象が生じる．発電所からの温水が河川の生態系に影響を与えるという熱公害が関心事になっている．宇宙規模でみると，さまざまな恒星の温度は，それらの年齢や宇宙の起源を知る手がかりを与える．

温度とは何か．熱とは何か．熱が発生する原因は何か．熱はどのように移動するか．この章ではこれらの疑問を解くことにしよう．答えがわかれば，身のまわりの多くの熱現象を説明することができる．

5.1 温度

> **学習目標**
> 温度の定義をすること．
> セ氏温度目盛りと絶対温度目盛りの換算をすること．

温度とはあるものが熱いか冷たいかを表す相対的尺度である．たとえば，あるカップに入った水の温度が他のカップに入った水の温度より高ければ，第1のカップの水の方が熱い．しかし，別のカップにもっと高温の水が入っていれば，第1のカップの水はこれより冷たい．このよう

に，熱いとか冷たいとかいうのは，**相対的な表現である**．

原子のレベルでみると，温度は物質を構成する原子や分子の運動の激しさ，すなわち力学的エネルギーによって決まる．（一般に，物質の元素は原子で構成されていて，化合物は原子が組み合わさった分子で構成されている）．あらゆる物質の原子や分子は絶えず動いている．この運動は固体の中でも起こる．固体内の原子や分子は原子間力で結合していて，ばねによる結合にたとえられる．原子や分子は，釣り合いの位置のまわりで振動している．

一般に，物質の温度が高くなるほど，それを構成する原子や分子の運動が激しくなる．これに基づいて，温度とは物質の原子や分子の平均運動エネルギーを示す尺度である，ということができる．

温度は熱いか冷たいかの尺度であるが，必ずしも熱の量を表す尺度ではない．熱は一般にエネルギーの1つの形態として定義される（詳しくは後で述べる）．例として簡単な実験を考えてみよう：アイスキューブと水を適当な量だけ鍋に入れて混ぜ合わせ，平衡（一定温度）に達してから温度計で温度を測る．温度は氷の融点になっている．次に，徐々に鍋に熱を加えてかきまわす．熱が加わると氷は溶ける．しかし，かき回した氷と水の混合の温度を再び測ってみると，変わっていない．さらに（かき回しながら）熱を加え続けても，氷が全部溶けるまで温度は変わらない．熱を加えたのは明らかなのに，温度は変化しなかった．このように，温度は必ずしも熱を表す尺度ではないのである．

別の例として，教室の気温と戸外の気温が同じとしよう．しかし，戸外にある空気は教室の空気よりずっと多いから，戸外にある熱の量は間違いなく教室よりずっと多い．

人間は皮膚の触覚によって温度を感じることができる．しかし，この感覚は当てにならず，個人差も非常に大きい．触覚に頼っては，温度を正確に定量的に測ることはできない．それに，非常な高温や低温を触覚で測るわけにはいかない．温度を定量的に測定するには温度計を用いる．**温度計**とは，温度を正確に測定するために物質の物理的性質を利用した計器である．温度を測るためにもっともよく使われる物質の温度依存特性は**熱膨張**である．ほとんどすべての物質は温度が上がると膨張する（温度が下がると収縮する）．

物質の長さや体積が熱によって膨張する割合は非常に小さいが，特別の装置を工夫すれば熱膨張の効果がはっきり現れるようにすることができる．2種類の金属片を張り合わせて細長い板にしたバイメタルがその例である（●図5.1）．バイメタルを熱すると，一方の金属は他方より膨張するので，細片は膨張の小さい金属の側に曲がる．図5.1aのように，物差しで目盛りを決めておけば，温度が測定できる．バイメタルを渦巻き状にしたダイアル型の温度計が冷蔵庫のフリーザーなどに使われている（図5.1b）．

最も普通のタイプの温度計は液体封入ガラス温度計である．細長いガラスの毛細管の先端にガラス球が付いていて，上端は閉じている．ガラ

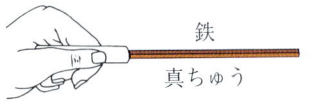

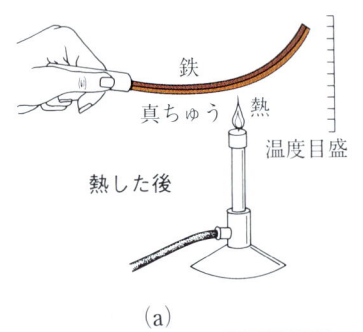

図5.1 バイメタル (a) バイメタルは帯状に張り合わせた2種類の金属からできていて熱膨張の程度が異なるため，熱すると湾曲する．湾曲の度合いは温度変化に比例するので，目盛りを付けておけば温度を読みとることができる．(b) バイメタルを渦巻き状にした温度計が，オーブンや冷蔵庫，冷凍庫に使われている．温度を指す針がバイメタルに直接取り付けてある．

ス球の中の液体（普通は水銀か，見やすいように赤く着色したアルコール）が熱で膨張すると，毛細管の中を液柱が上がっていく．ガラスもわずかに膨張するが，液体の膨張の方がずっと大きい．

温度計は温度を数値で示すことができるように目盛りを付けてある．目盛りを付けるには，2つの基準点と単位の選択が必要である．これは長さを測る物差しを作るのと同じである．2つの基準点に印を付けて，この区間を単位の区分ごとに分割する．

温度計の目盛りで広く採用される基準点は，水の氷点（凝固点）と沸点である．**氷点**とは，1気圧のもとで空気で飽和している水と氷の混合物の温度である．**沸点**とは，1気圧のもとで純粋な水が沸騰する温度である．

温度目盛りとしてよく使われるのは**セ氏（セルシウス）温度**である（●図5.2）．水の氷点を0°，沸点を100°として，この間を100等分する．セ氏温度の単位は°Cで表す．注1

アメリカでは日常の温度目盛りとして**カ氏（ファーレンハイト）温度**も使われ，単位は°Fで表す（図5.2）．水の氷点を32°F，沸点を212°Fとし，その間を180等分する．注2 セ氏温度 T_C とカ氏温度 T_F は

$$T_F = \frac{9}{5}T_C + 32 \quad \text{または} \quad T_C = \frac{5}{9}(T_F - 32) \tag{5.1}$$

の関係にある．

温度の上限は知られていないが，下限は存在して約 −273 °C（正確には −273.15 °C）であり，これを**絶対零度**と呼ぶ．この低温の限界を温度0にしたのが，**ケルビン温度**である（図5.2）．注3 これは**絶対温度**とも呼ばれる．ケルビン温度の単位は**ケルビン** K（°Kではない）で表し，1 Kの目盛り間隔つまり単位の大きさはセ氏温度と同じである．ケルビン温度の最低目盛りは絶対零度なので，ケルビン温度が負になることはない．

ケルビン温度とセ氏温度の目盛り間隔は同じであるから，セ氏温度 T_C をケルビン温度 T_K で表すには，セ氏温度に273を加えればよい．

$$T_K = T_C + 273 \tag{5.2}$$

たとえば，0 °Cは273 Kに等しく，27 °Cは300 Kである．逆にケルビンをセ氏で表すには，ケルビン温度から273を差し引けばよい（$T_C = T_K - 273$）．

熱膨張は温度計について重要なだけではなく，鉄橋や自動車から腕時計や歯科用セメントにいたる広範囲のものを設計・製造する上で考慮すべき大きな要素である．ハイウェーのすき間は，夏にコンクリートが熱膨張によって曲がったり割れたりしないように設計したものである．橋に伸縮ジョイントが設けられているのも同じ理由である（●図5.3）．また，熱膨張の特性を利用して，自動車のラジエーター内の水流を調整したり，サーモスタットの作用によって住宅内の熱の流れを制御している．熱膨張が自然環境に及ぼす重要な効果の1例をこの章のハイライトで議論する．

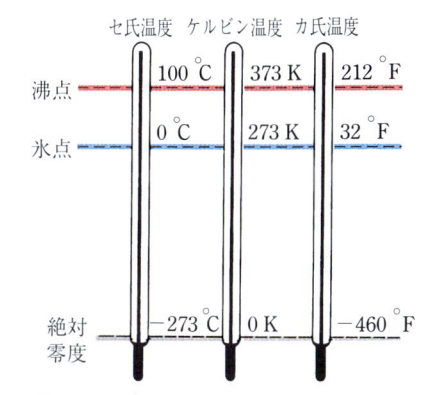

図 5.2 温度目盛 セ氏，カ氏，ケルビン温度の目盛りを比較する．セ氏温度とケルビン温度の目盛り間隔は等しい．

注1 この温度目盛りの創始者であるスウェーデンの天文学者セルシウス（Anders Celsius, 1701-1744）の名をとってつけられた．

注2 カ氏温度目盛りは初期の水銀温度計を開発したドイツの科学者ファーレンハイト（Daniel Fahrenheit, 1686-1736）の名からとったものである．

注3 この温度目盛りを導入したイギリスの物理学者ケルビン卿（Lord Kelven, 本名は William Thomson, 1824-1907）の名をとって付けられた．

図 5.3 熱膨張 橋や高架道路には伸縮ジョイントを使って，鋼鉄製のけたが温度変化で伸び縮みする余地を設ける．

ハイライト

湖は表面から凍る

　一般的法則として，物質は熱すると膨張し冷やすと収縮する．この法則に反する顕著な例外は水である．水も約4℃までは冷やせば体積が収縮する．4℃から0℃までの間は，冷やすと水の体積が膨張する．水の温度による振る舞いは図1のようになる．これを密度（$\rho = m/V$，第1章）の観点から考えてみよう．水が冷えて4℃になるまでは，密度が増える（体積が減る）が，4℃から0℃の間は密度が減る（体積が増える）．したがって，水は4℃（正確には3.98℃）のとき最大の密度を持つことになる．

　このかなり独特の振る舞いは，水の分子構造が原因で起こる．水が凍るとき，水の分子が集まってすきまの多い六方晶系の構造になる（図2）．これはやはり6角形の雪片からも明らかである．この分子構造はすき間があるため，氷は水より密度が低く水に浮かぶ．水のこの性質はかなり例外的なものである．ほとんどの物質は液体のときより固体の方が密度が高い．

　水の密度が4℃で最大になることから，湖の水が表面から凍り始める理由が説明できる．冷却はたいてい広々とした水面で起こる．表面層の水の温度が4℃に下がるまでは，表面の冷えた水の方が下層の水より密度が高く，底へ沈んでいく．ところが，表面の水が沈むのは4℃に達するまでである．4℃以下では，表面層の水は下層の水より密度が低いので冷えた水はそのまま表面に残り0℃になって凍るのである．

　このように，湖の水が表面から凍るのは，水の密度が温度によって独特の変化をするからである．もし水を冷やしたとき体積が0℃までずっと減り続け，密度が増えるとしたら，底の水がもっとも冷たくなり，底から凍り始めることになる．こうなるとアイススケートはもちろんのこと，水生生物がどんな影響を受けるか考えてみよう．

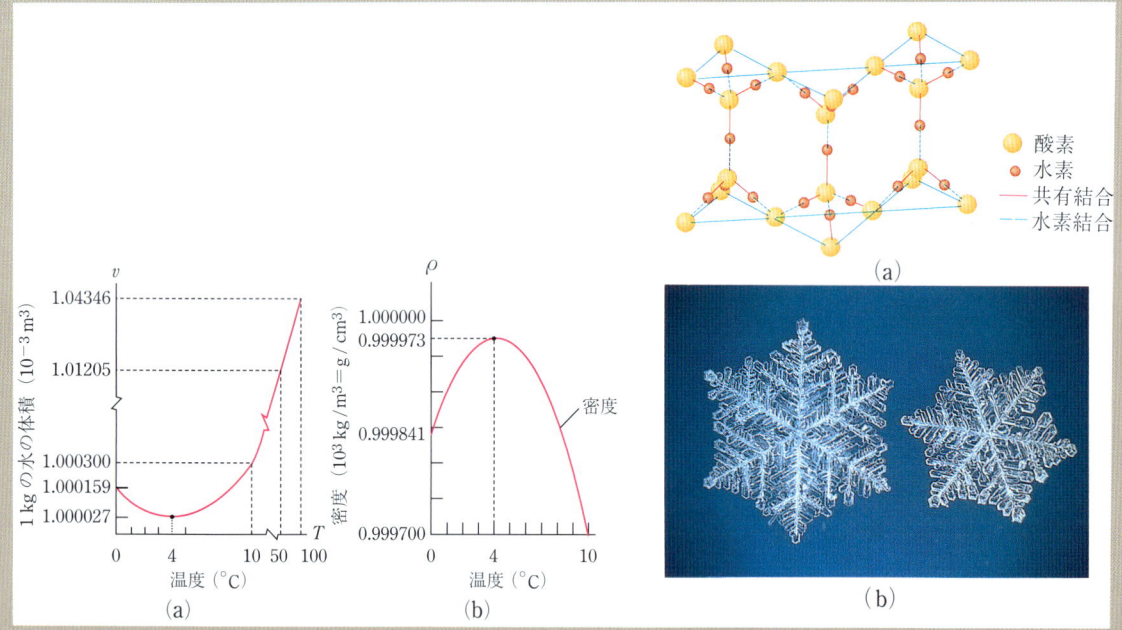

図1　不思議な水の振る舞い　(a) 大部分の物質と同じように，ある量の水の体積も温度が下がるとともに減少するが，これは4℃までに限られる．4℃以下では体積がわずかに増加する．(b) 4℃で体積が最小になるので，水の密度は4℃で最大となり，それ以下の温度では減少する（**訳注**　縦軸のスケールは小数点以下6位まで書いてあるので，比重（単位なし）の0.999973倍がCGS単位で表した密度になることを考慮しなければならない．実用上はこの差を無視してよい）．

図2　氷の分子構造　(a) すきまの多い六方晶系にある氷の分子構造を図解する．(b) この六方晶系の模様は雪片にはっきり現れている．

5.2 熱

> **学習目標**
> 熱の定義をすること．
> 熱量の測定によく使われる単位の間の比較をすること．

すでに18世紀の終り頃，熱はエネルギーの1つの形態であることがわかっていた（この章のはじめを参照）．一方，基本的な力学的エネルギーとして，運動エネルギーと位置エネルギーの2つがあることを知っているので，熱をこれとは別種のエネルギーであると思うかもしれない．しかし，熱エネルギーのミクロ的根源を追究していくと，原子や分子の運動エネルギーと位置エネルギーが熱の究極の根源であることがわかる．したがって，熱をエネルギーの1つの形態と考えてもよいし，原子や分子の力学的エネルギーがマクロ的なスケールで現れたものと考えてもよい．いずれにせよ，**熱はエネルギーである**．

普通には，物体が熱をもつとか，熱を加えたり奪ったりするという．最も厳密な意味では，物体がもつのは内部エネルギーである．そこで，温度差の結果として物体間を移動する正味のエネルギーを**熱**と定義する．このエネルギーの移動によって内部エネルギーが変化する．物体に熱を加えると，普通，温度が上昇する．加わった熱はすべてその物体の内部エネルギーの一部になる．つまり，原子や分子の運動エネルギーや，分子結合の位置エネルギーになる．物体の絶対温度は原子や分子の平均の運動エネルギーに比例することが知られている．ある決まった量の熱を加えたとき，その物体の温度がどれだけ上昇するかは物質によって異なっている（これについては5.3節で述べる）．

エネルギーの1つの形態として，熱にも他のエネルギーのようにジュール[J]の単位が使われる．熱エネルギーを測るのに昔から使われてきた単位はカロリー[cal]である．

> **1カロリー[cal]は標準気圧（1気圧）のもとで1gの純水の温度を1℃だけ（正確には14.5℃から15.5℃まで）上昇させるのに必要な熱量である．**

SI単位系では
$$1\,\text{cal} = 4.186\,\text{J}$$
である．この関係は**熱の仕事当量**と呼ばれ，ジュールが実験によって決定したものである．熱量の測定は普通，カロリーの単位で行われてきたが，熱の仕事当量を用いると，calをJの単位に換算するのは容易である．

ダイエットや栄養摂取を話題にするときに使うカロリーは，上に定義した1 calの1000倍つまり1 kcalのことである．

> **1キロカロリー [kcal] は標準気圧のもとで1kgの純水の温度を1°Cだけ上昇させるのに必要な熱量である.**

1 kcal を意味する食物カロリー [Cal] は，普通混同を避けるため，大文字のCで書く．
$$1 \text{ Cal} = 1 \text{ kcal} = 1000 \text{ cal} = 4186 \text{ J}$$
食物のカロリー値とはその内部に含むエネルギー量を示し，体内で完全燃焼したときに供給される値のことである．

5.3 比熱と潜熱

> **学習目標**
> 比熱と潜熱の定義をすること．
> 比熱や潜熱が熱の測定にどのように関わるか説明すること．

比熱

熱と温度は異なる概念であるが，密接に関係している．一般に，物質に熱を加えると温度が上昇する．たとえば，同じ質量の鉄とアルミニウムに同じ量の熱を加えたとき，温度の上昇は同じだろうか．意外なことに，鉄の温度が100 °C上がったとすると，アルミニウムは48 °Cしか上がらないのである．アルミニウムの温度を同じ質量の鉄と同じ温度だけ上げるには，2倍以上の熱が必要である．

> **物質の比熱とは，その物質1kgの温度を1°C (K) だけ上昇させるのに必要な熱量である.**

1 kcal の定義から，水の比熱は 1.0 kcal/kg·°C であることがわかる．氷と水蒸気の比熱はほとんど同じ 0.50 kcal/kg·°C である．物質

表 5.1 種々の物質の比熱 (20 °C での値)

物質	kcal/kg·°C	J/kg·°C
アルミニウム	0.22	920
銅	0.092	385
ガラス	0.16	670
人体 (平均)	0.83	3470
氷	0.50	2100
鉄	0.105	440
銀	0.056	230
土 (平均)	0.25	1050
水蒸気 (体積一定)	0.50	2100
水	1.000	4186
木材	0.40	1700

ごとに比熱の値が異なる．いくつかの物質の比熱を表 5.1 に示す．^{訳注}

比熱の単位は kcal を使うと kcal/kg·°C であるが，SI 単位系では J/kg·°C である．物質の比熱が大きいほど，単位質量の温度を上昇させるのに必要な熱量が大きい．言葉を換えると，同じ質量と温度変化に対し，比熱が大きいほど熱を受け入れる容量（熱容量）が大きい．実際には，比熱とは**比熱容量**の意味である．

水の比熱は特に大きく，一定の温度上昇に対して多量の熱を貯えることができる．このため，水は太陽エネルギー利用の装置に使われる．昼間に太陽エネルギーで水を温めると，他の液体ほど高温にならずに多くの熱エネルギーが貯えられる．夜間，温水を住宅内の暖房のために送り込むことができる．

物質の温度を変えるのに必要な熱量 H は，質量 m，比熱 c，温度変化 ΔT の積によって与えられる．

$$H = mc\,\Delta T \tag{5.3}$$

この式が当てはまるのは，熱を加えたとき相変化が起こらない場合である．相変化とは，氷が水になるように固体が液体に変わる（またはその逆の）現象を指す．物質が相変化をするときは，熱を加えたり奪ったりしても温度は変化しない（すぐ後で詳しく述べる）．

訳注 ここで °C の代わりに K と書いても同じである．上に述べたアルミニウムと鉄の場合，1 kg の代わりに 1 mol（付録 1 参照）についてのモル比熱 [J/mol·K] の値を求めると，それぞれ 0 °C において 24.3, 25.2 となって近い値であることがわかる．

例題 5.1　必要な熱量を計算する

バスタブに入れた水 80 kg を 12 °C から 42 °C に暖めるのに必要な熱量はどれだけか．熱が周囲に逃げ去ることはないと仮定する．

解　既知　$m = 80$ kg
　　　　　　$c = 1.0$ kcal/kg·°C
　　　　　　$\Delta T = T_f - T_i = 42\,°C - 12\,°C = 30\,°C$
　　　未知　H（熱量）

単位はすべて標準のものを使っているので，答は kcal の単位になる．必要なら J で表すこともできる．(5.3) 式を用いると

$$H = mc\,\Delta T = 80\,\text{kg} \times 1.0\,\text{kcal/kg·°C} \times 30\,°C$$
$$= 2400\,\text{kcal}$$

となる．答の数値は正である．これは水に熱が加えられたことを意味する．熱を奪う場合は（T_i が T_f より大きい），$\Delta T = T_f - T_i < 0$ であるから H が負になる．

水を温めるコストを考えてみよう．電気料金はキロワット時 (kWh) 単位になっているが，裏表紙の内側の換算表を見ると，1 kcal が 0.00116 kWh に相当することがわかる．^{訳注} したがって，

$$H = 2400\,\text{kcal} \times 0.00116\,\text{kWh/kcal}$$
$$= 2.8\,\text{kWh}$$

である．電気料金を 1 kWh あたり 25 円とすると，水を温めるのに必要な電気エネルギーの値段は 2.8 kWh × 25 円/kWh = 70 円となる．毎日 1 回 1 人がこれだけの湯を使うとすると，30 日では 30 × 70 円 = 2100 円の電気料金が要ることになる（熱の損失はないとする）．

訳注 この値は熱の仕事当量から簡単に計算できる．1 kcal = 4186 J = 4.186 kW·s = 4.186 kWh/60² = 0.001163 kWh．

問 5.1
(a) 1.0 kg の水，および (b) 1.0 kg のアルミニウムのおのおのに 11 kcal の熱を加えた．それぞれの温度変化はどれだけか（熱損失は無視する）．

潜熱

自然環境で普通に見られる物質の形態は，固体，液体，気体である．これらの形態を物質の**相**（固相，液相，気相）という．物質に熱を加えたり，取り去ったりすると，相変化が生じることがある．たとえば，水を十分に加熱すると水蒸気に変わり，また十分に熱を取り去ると氷になる．

よく知られているように，標準気圧のもとでは水は 100 °C で水蒸気に変わる．100 °C の水を加熱し続けると，液体から気体への変化を伴う沸騰が継続するが，水の温度は一定である．これは熱を加えても物質の温度が変化しない 1 例である．では，加えた熱エネルギーはどこへいったのだろうか．

分子レベルで見ると，物質が液体から気体に変わるとき，分子間の結合を断ち切って分子を引き離すのに仕事が必要である．気体の分子は液体の分子に比べて分子間の距離がずっと大きい．したがって，相変化が起こっている間，熱エネルギーは分子を大きく引き離すために使われ，分子の平均運動エネルギーは増えないので，温度は上昇しない．相変化に伴うこの熱を**潜熱**という（相変化は 5.6 節でもっと詳しく説明する）．

●図 5.4 を見ながら，水のような典型的な物質に，熱を加えることによって固体から液体，気体へと相変化をする過程を調べてみよう．左下の隅で，物質は固相の状態にある．熱を加えると温度が上昇していく．点 A に達すると，さらに熱を加えても温度が変わらない．熱エネルギーは固体を液体に変える仕事をする．融点（融解の温度）にある物質 1 kg を固相から液相に変えるのに必要な熱量を，その物質の**融解熱**（または**融解の潜熱**）という．図 5.4 で融解熱は，点 A から B へ移るのに必要な熱量である．この水平線が縦軸を切る点が融点を示し，1 気圧のもとで水の融点は 0 °C，鉛なら 328 °C である．点 A と B の間の領域においては，物質は固相と液相が共存している．

点 B に達すると，物質はすべて液体になる．さらに点 C に達すると，これ以上熱を加えても温度は変わらない．加えた熱は液体を気体に変える仕事をする．沸点（沸騰の温度）にある物質 1 kg を液相から気相に変えるのに必要な熱量を，その物質の**気化熱**（または**気化の潜熱**）とい

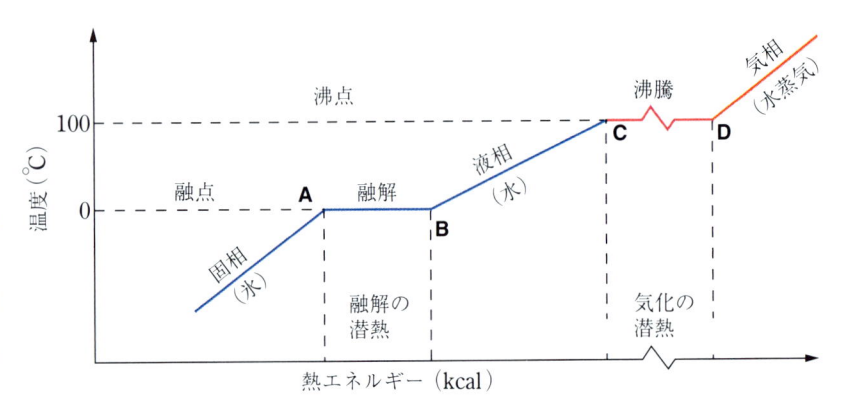

図 5.4 典型的な物質に対する温度-熱エネルギーのグラフ 典型的な物質として水を考えると，図に示すように固相，液相，気相は氷，水，水蒸気である．相変化が起こっている間は，熱を加えても温度が変化しない．詳しくは本文を参照せよ．

う．図 5.4 で，これは単に点 C から D へ移行するのに必要な熱量である．この水平線が縦軸を切る点が沸点を示し，1 気圧のもとで水の沸点は 100 °C，鉛なら 1744 °C である．点 C と D の間の領域においては，物質は液相と気相が共存している．

点 D に達すると，物質はすべて気相になる．さらに熱を加えれば，温度が上昇する．100 °C 以上の高温になった水蒸気を普通，**過熱蒸気**という．

問 5.2
鉛の融点と沸点は，なぜ水に比べてずっと高いのだろうか．

物質が固相から直接気相へ変わる場合もある．このような変化を**昇華**という．例として，ドライアイス（固体の二酸化炭素），モスボール（防虫剤），固形芳香剤などがある．

図 5.4 から，温度と熱の違いがよく理解できる．また，熱を加えて物質の温度が上昇するのは，相変化が起こらないときだけであることもわかる．

0 °C の氷に熱を加えると，氷は融けるが温度は変わらない．氷の量が多いほど，融かすのに必要な熱量も多くなる．凝固点（液相から固相に変わる温度．融点と同じ温度）にある固体を完全に液体にするのに必要な熱量 H は，ちょうど物質の質量 m に融解熱 L_f をかけたものに等しい．すなわち，

$$H = mL_f \tag{5.4}$$

である．同様に，沸点にある液体を気体に変える気化に必要な熱量 H は，質量 m と気化熱 L_v の積である．すなわち，

$$H = mL_v \tag{5.5}$$

水の融解熱と気化熱はそれぞれ

$$L_f = 80 \text{ kcal/kg} = 80 \text{ cal/g} = 3.35 \times 10^5 \text{ J/kg}$$
$$L_v = 540 \text{ kcal/kg} = 540 \text{ cal/g} = 2.26 \times 10^6 \text{ J/kg}$$

である．1 kg の水を気化するのに必要な熱エネルギーは，1 kg の氷を融解するときのほとんど 7 倍にもなることがわかる（$L_v/L_f = 6.75$）．

問 5.3
水を水蒸気に変えるには，同じ質量の氷を水に変えるよりずっと多量の熱が必要なのはなぜか．

例題 5.2　必要な熱量の計算

-5 °C の氷 0.200 kg を 0 °C の水に変えるのに必要な全熱量を計算せよ（熱の損失はないと仮定）．

解　過程を 2 つの部分に分けて考える．第 1 に，氷を融点まで暖め，次に熱を加えて固体から液体への相変化をさせる．つまり，全熱量 H_t は 2 つの熱量の和である：$H_t = H_{\Delta T}$（温度上昇）$+ H_{melt}$（融解）．これらの熱量は，別々の式を使って分けて計算する．1 つは氷の比熱 c，もう 1 つは融解熱 L_f を含む．

既知　$m = 0.200$ kg

$$\Delta T = T_\mathrm{f} - T_i = 0\,°\mathrm{C} - (-5\,°\mathrm{C})$$
$$= 5\,°\mathrm{C}$$
$$L_\mathrm{f} = 80\,\mathrm{kcal/kg}$$
$$c = 0.50\,\mathrm{kcal/kg\cdot °C}$$

未知　　$H_\mathrm{t} = H_{\Delta T} + H_\mathrm{melt}$　（全熱量）

すべて標準の単位を使っているので，答の単位は kcal になる．氷を $0\,°\mathrm{C}$ まで暖めるのに必要な熱量 $H_{\Delta T}$ および，氷を融かすのに必要な熱量 H_melt を計算する：

$$H_{\Delta T} = mc\,\Delta T$$
$$= 0.200\,\mathrm{kg} \times 0.50\,\mathrm{kcal/kg\cdot °C} \times 5\,°\mathrm{C}$$
$$= 0.5\,\mathrm{kcal}$$
$$H_\mathrm{melt} = mL_\mathrm{f}$$
$$= 0.200\,\mathrm{kg} \times 80\,\mathrm{kcal/kg} = 16\,\mathrm{kcal}$$

そこで

$$H_\mathrm{t} = H_{\Delta T} + H_\mathrm{melt} = 16.5\,\mathrm{kcal}$$

問 5.4

室温（$20\,°\mathrm{C}$）の水 $0.50\,\mathrm{kg}$ を沸騰させて，完全に水蒸気に変えるのに必要な熱量はどれだけか（熱の損失はないと仮定）．

相変化はいわば両面通行の道路である．たとえば，$1\,\mathrm{kg}$ の水を水蒸気に変えるには $540\,\mathrm{kcal}$ の熱が必要であるが，水蒸気を水に変える逆過程では，$540\,\mathrm{kcal}$ の熱を放出する（エネルギーの保存による）．このため，水蒸気のやけどは，一般に熱湯のやけどより重傷になる．$100\,°\mathrm{C}$ の水蒸気には $100\,°\mathrm{C}$ の湯より $540\,\mathrm{kcal/kg}$ の潜熱が潜んで（隠れて）いるので，多量の水蒸気が皮膚に触れて凝縮すると余分の熱を放出して，やけどがひどくなる可能性がある．

水の凝固点（融点）と沸点は，標準気圧のもとでそれぞれ $0\,°\mathrm{C}$ と $100\,°\mathrm{C}$ である．この節の最後の話題として，圧力が凝固点と沸点に及ぼす影響を考えてみよう．水の凝固点は圧力が増すにつれてわずかに下がることが知られているが，この影響は小さい．かつてはアイススケートができるのは，ブレードが氷に大きな圧力をかけるので凝固点が下がって，ブレードの下に薄い水の膜ができ，滑りやすい潤滑の状態になるからであると考えられたこともあった．しかし，実際にブレードの圧力による凝固点の低下は余りに小さくて，これでは説明はできない．ブレードと氷の間の摩擦でも氷は融けるが，雪面上のスキーと比べるとアイススケートの場合の摩擦は小さい．現在では，固体の表面には，通常は凝固点以下の温度でも薄い液体の膜があることが知られている．これを**表面融解**という．

圧力が水の沸点に及ぼす影響は，凝固点に及ぼすよりずっと大きい．予想通り，圧力が増すにつれて沸点が上昇する．沸騰とは液体内部から気泡を生じて起こる気化のことで，加熱で大きなエネルギーを得た分子が液体内に気泡を作って飛び出す過程である．外圧が高くなると，液体内の気泡の蒸気圧も高くなり，液体の分子が気泡を作るのにより大きなエネルギーを要するので，沸点は上昇する．

圧力が増すと水の沸点が上昇するという原理を利用したのが圧力なべである（●図 5.5）．密閉した圧力なべの内部では液体表面に加わる圧力

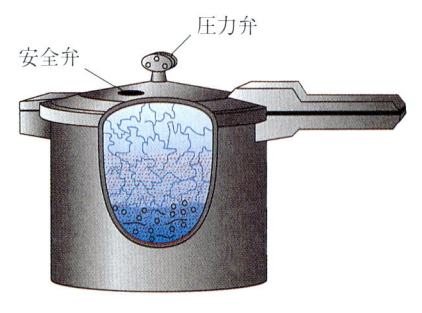

図 5.5　圧力なべ　圧力なべの内部では圧力が高くなるので，水の沸点が上昇し食物は高温で速く調理される．

が高く,沸点が上昇する.余分の圧力は,圧力弁で調節して蒸気を逃がす(圧力弁が作動しないときのためにふたに安全弁が付いている).圧力なべは100 °C以上の温度で加熱するので,調理時間が短くてすむ.高い山の上では,水の沸点が海面上より何度も下がる.たとえば,ロッキー山脈のパイクスピークの頂上(標高4300 m)では,気圧が低いので水の沸点は100 °Cでなく86 °Cである.地上と同じ時間で調理をして早く食べるには,圧力なべが役に立つ.

5.4 熱力学

> **学習目標**
> 熱力学の法則を説明すること.
> 熱機関とヒートポンプの原理を理解すること.

熱力学とはその名前が示すように熱についての力学全般に関係し,熱の発生や流れ,熱の仕事への変換などを取り扱う.日常生活で見られる仕事の多くは,間接または直接に熱エネルギーを利用したものである.内燃機関や冷蔵庫のような熱機関の作動の基礎にあるのが,熱力学の法則である.これらは,熱エネルギー,仕事の間の関係や,熱力学的過程が起こる向きを与える重要な法則である.

熱力学第1法則

熱力学では熱エネルギーの伝達を問題にするので,過程に関わるエネルギーの出入りを計算することが重要である.前に学んだように,エネルギーは生み出されることも消滅することもない.エネルギー保存の原理を単に熱力学的過程に適用したものが,熱力学第1法則である.たとえば,ふくらませた風船を熱するとき,この系(風船と風船内の空気)に熱エネルギーが加わるので,その一部が空気の内部エネルギーになり温度が上昇する.しかし,同時に風船はふくらむので,エネルギーの一部は風船を膨張させる仕事に変わる.

こうして**熱力学第1法則**は,一般に次のように書くことができる.

系に与えられる熱 = 系の内部エネルギーの増加 + 系によってなされる仕事

$$H = \Delta E_i + W$$

すなわち,熱力学第1法則によれば

> 閉じた系に加えられる熱は,系の内部エネルギーおよび系によってなされる仕事になる.

この概念を理解するため,堅くて変形しない容器に入った気体を加熱

する場合を考えよう．この場合，熱はすべて系の内部エネルギーになり，これに対応する温度の上昇を伴う．容器は堅くて，風船のようにふくらまないから，系は仕事をしない（$W = 0$）．第1法則の式により $H = \Delta E_i$ となる．つまり，加えた熱は内部エネルギーの変化だけをもたらす．

問 5.5
ふくらんだ風船を冷凍庫に入れると収縮する．この場合どのように熱力学第1法則が適用されるか考えよ．

熱機関も第1法則のよい例である．**熱機関**とは，熱エネルギーを仕事に変える装置である．熱機関には多くの種類がある：芝刈り機や乗用車のガソリンエンジン，トラックのディーゼルエンジン，昔の機関車の蒸気機関などである．これらが作動する原理はすべて同じで，入力として熱を受けとり（たとえば，燃料の燃焼により），その一部（全部ではない）を目的の仕事に変えるのである．

熱力学では熱機関の構成部分には立ち入らず，作動の原理だけを考える．熱機関は概略図で●図 5.6 のように表すことができる．熱機関は高温の熱源と低温の熱源の間で作動する．熱機関は高温の熱源から熱を受けとり，余った熱を低温の熱源に捨てる（自動車のエンジンでは，シリンダー内で燃焼中の空気と燃料の混合気体が高温の熱源，排気ガスを捨てる大気が低温の熱源である）．作動の過程で熱機関は入力として受けとる熱エネルギーの一部を仕事に変える．図では，熱と仕事の道筋を表す矢印の幅がエネルギー保存と一致するように描いてある：

　　受け取る熱 ＝ 仕事 ＋ 捨てる熱

つまり

　　仕事 ＝ 受け取る熱 － 捨てる熱

　　$W = H_{hot} - H_{cold}$

熱機関は実用上連続的なエネルギー出力を得るために，周期的に作動する．たとえば，広く使われている自動車のガソリンエンジンは4つのシリンダー工程で1サイクルを終え，これを次々と繰り返す．

機械などでは，供給する力学的仕事のうち有効な仕事として使われる割合を効率と呼ぶ．熱機関では，受けとる熱エネルギー（入力）H_{hot} のうち外部にする仕事（出力）W の割合を**熱効率**といい，普通パーセントで表す：

$$\text{熱効率 } e = \frac{W}{H_{hot}} \quad (\times 100\ \%) \tag{5.6}$$

たとえば，もしある熱機関が1サイクル毎に1000 J の熱を吸収し 400 J の熱を排出して，600 J の仕事をするなら，効率は 600 J/1000 J ＝ 0.60 ＝ 60 ％ である．この効率は非常に高い．実際，自動車のエンジンの総合的な効率は 15～20 ％ 程度である．燃料が燃えて発生した熱エネルギーのうち，自動車を走らせたりカーエアコンを動かす仕事になるのは

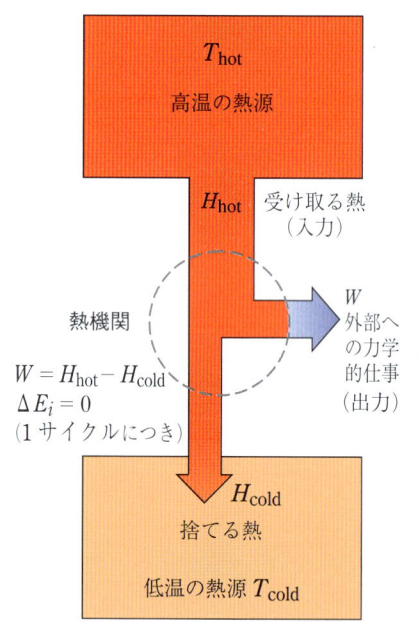

図 5.6　熱機関の概略図　熱機関は高温の熱源から熱 H_{hot} を受けとり，その一部を力学的仕事 W に変え，残りの熱 H_{cold} を低温の熱源に捨てる．

せいぜい25％で，残りは高温の排気ガスの熱として，あるいはシリンダーの壁への熱損失，エンジン内部の摩擦などに費やされてしまう．

熱力学第2法則

ここまでの話のように，熱力学第1法則はエネルギー保存則に他ならない．エネルギーのバランスシートが合っている限り，第1法則は満たされる．供給される熱をすべて仕事に変えて作動する熱機関があったとする．この熱機関は第1法則に反することはない．しかし，効率が1.0すなわち100％で，実現は不可能である．実際の状況では，熱エネルギーの一部が必ず失われる．

この問題を明確にするのが**熱力学第2法則**で，ある過程が熱力学的に起こることができるかどうかを示す．この法則を言い表す方法はいく通りもある．その1つは熱機関の立場から述べるものである：

> 循環過程（サイクル）により熱エネルギーを完全に仕事に変える熱機関を作ることはできない．

ここで循環過程とは出発した状態と同じ状態で終わる周期的過程のことである．言い換えると，周期的に作動する熱機関の熱効率を100％にすることはできない．なお，力学的な表現をすれば，もし100％の効率をもつ機械が存在すると，この機械自身がなした仕事の出力を再び入力のエネルギーとして使うことができるので，新たにエネルギーを補給することなく，永久に運転を続ける．このような永久運動をする機関を第2種永久機関という．熱力学第2法則は第2種永久機関を否定するものである．訳注1

熱機関は受けとった熱の一部だけを仕事に変え，残りの熱を捨てることになるが，到達できる効率の最大値はいくらであろうか．100％でないことは知っている．最大の**理想的効率**は，高温の熱源と低温の熱源の温度だけで決まることがわかっている（図5.6）．

$$理想的効率\ e_{ideal} = \frac{T_{hot} - T_{cold}}{T_{hot}} = 1 - \frac{T_{cold}}{T_{hot}} \quad (\times 100\%) \quad (5.7)$$

ここで T_{hot} と T_{cold} はそれぞれ高温の熱源と低温の熱源の絶対温度（ケルビン温度）である訳注2（この式の熱源の温度に，誤ってセ氏温度を使ってはいけない）．

現実の熱機関の効率は常に理想的効率より低い．理想的効率は上限であり，近づくことはできても到達できない値である．

訳注1 熱力学第1法則つまりエネルギー保存則によって否定される機関を第1種永久機関という．

訳注2 (5.6)式に $W = H_{hot} - H_{cold}$ を代入し，思考上の理想的な可逆変化をする熱機関（カルノーサイクル）についての計算の結果，$H_{cold}/H_{hot} = T_{cold}/T_{hot}$ を考慮すると(5.7)式を得る．

例題 5.3　理想的効率の計算

火力発電所で 300 ℃ の水蒸気が蒸気タービンを回した後 100 ℃ になるとする．理想的な効率はいくらか．

解　温度はセ氏で与えられているので，(5.2) 式を使って絶対温度に変換する．

既知　$T_{\text{hot}} = 300\ ℃ = (300+273)\ \text{K} = 573\ \text{K}$

　　　$T_{\text{cold}} = 100\ ℃ = (100+273)\ \text{K} = 373\ \text{K}$

未知　理想的効率　e_{ideal}

(5.7) 式から

$$\text{理想的効率}\ e_{ideal} = 1 - \frac{T_{\text{cold}}}{T_{\text{hot}}}\ (\times 100\ \%)$$

$$= 1 - \frac{373\ \text{K}}{573\ \text{K}}\ (\times 100\ \%) = 35\ \%$$

となる．その他の損失も考慮すると，典型的な火力発電所の全体の効率は 32 % 程度になる．

訳注　最新鋭の火力発電所ではより高温の水蒸気を使うので，最終的な全体の効率は約 40 % である．

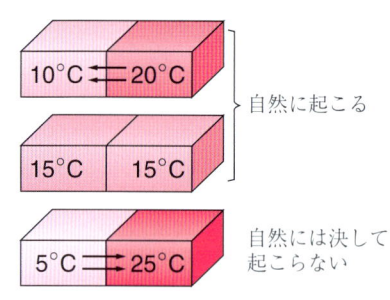

図 5.7　熱の流れ　温度の異なる物体が熱的に接触するとき，高温の物体から低温の物体へ熱が自然に流れ，熱的平衡つまり同じ温度になるまで流れ続ける．熱が低温の物体から高温の物体へ自然に流れることは決してない．すなわち，低温の物体を高温の物体と接触させたとき，さらに低温になることは決してない（系全体からの熱損失はないと仮定）．

(5.7) 式から，低温の熱源の温度 $T_{\text{cold}} = 0\ \text{K}$（絶対零度）であれば，理想的効率は 100 % になり，これは熱力学第 2 法則により排除される．このことを次のように表現して**熱力学第 3 法則**と呼ぶ．

> **絶対零度の温度に到達することは不可能である．**

実験的に絶対零度が今までに観測されたことはない．低温実験では，現在のところ約 0.000000001 K（10 億分の 1 度）以内に達している．絶対零度に近づくにつれ，試料から熱を奪って温度を下げることがますます困難になる．おそらく無限大の量の仕事をしないと，絶対零度に達することはできないであろう．

ヒートポンプ

熱力学第 2 法則は次のように表現することもできる：

> **熱が低温の物体から高温の物体へ自然に移動することは不可能である．**

この観察はよく知られている．低温の物体と高温の物体を接触させると，高温の物体は温度が下がり，低温の物体は温度が上がる（●図 5.7）．この逆のことが起こっても第 1 法則に反するわけではないが，実際には起こらない．第 2 法則は熱の移動がどの「方向」に起こるかを決めるのである．もし，熱が低温から高温の向きに自然に流れるとしたら，ボールがひとりでに転がって丘の上に登っていくようなものである．

もちろん，ボールに力を加えて仕事をすれば，丘の上へ転がり上げることができる．同様に，外から仕事をすることによって，熱をいわば「温度の丘」の上まで持ち上げることができる．これが**ヒートポンプ**の原理である．●図 5.8 はヒートポンプの概略図である．ヒートポンプは外部から仕事の入力を得て，低温の熱源から熱エネルギーを「くみ上げ」高温の熱源へ移す．本質的にこれは熱機関の逆過程である．

ヒートポンプの例として，冷蔵庫や空調機（エアコン）がある．コン

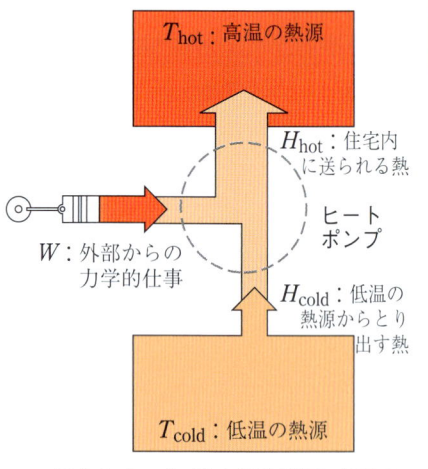

図 5.8　ヒートポンプの概略図　低温の熱源から高温の熱源へ熱を「くみ上げる」には仕事が必要である．

プレッサーで気体を圧縮するのに必要な仕事を，電気的エネルギーの消費によって外部からもらい，この気体の働きで冷蔵庫の内部の熱を庫外に送り出す．庫内が低温の熱源，庫外が高温の熱源である．庫外に送り出される熱は，庫内から取り出した熱と入力としてもらった仕事の合計に等しい．エアコンも同じで，室内や車内（低温の熱源）から戸外（高温の熱源）へ熱を送り出す．

同じヒートポンプを，家屋などの暖房と冷房の両方に使うことができる．夏は熱を住宅内から戸外へ送り出して冷房し，冬は戸外の空気や水から熱を取り出し住宅内に送り込んで暖房する．ヒートポンプは気候の温和なアメリカ南部で広く使われている．冬の寒さが厳しい地方では，ヒートポンプだけでは不足なので，補助暖房装置（普通は電気ヒーター）が必要である．

エントロピー

熱力学の第2法則はエントロピーという概念を使って表現することもできる．**エントロピーは，**数学的概念であるが**系の無秩序の程度を示す尺度である**ということができる．物体や系に熱を加えると，そのエネルギーによって無秩序な分子運動が激しくなるので，エントロピー（無秩序の程度）が増える．自然の過程が起こるとき，無秩序の程度は増加する．たとえば，固体が融けると，固相よりも液相の方が分子は自由に不規則な運動ができる．同じように液体が気化するとさらに大きな無秩序が生じ，エントロピーは増加する．

熱力学第2法則はエントロピーを使って表現することができる：

> **孤立した系のエントロピーは決して減少しない．**

自然の過程はますます無秩序が増える方向に進み，その逆は決して起こらない．学生寮の部屋は自然に無秩序になり，決してその逆にはならない．もちろん部屋を掃除をしたり，整頓すれば，その部屋の系のエントロピーは減少する．しかし，部屋を片づける人はエネルギーを消費し，部屋のエントロピー減少よりも大きなエントロピー増加をもたらす．したがって，よくいわれるように，あらゆる自然の過程について宇宙全体のエントロピーは増大する．

さらに第2法則は長期的見地から重要な意味をもつ．熱は自然に高温領域から低温領域へ流れる．秩序という語を使うなら，熱エネルギーが狭い範囲に集中しているほど「秩序」の程度が大きいということができる．熱が自然に低温領域へ移動して「広がる」と，「無秩序」になり，エントロピーは増大する．したがって，恒星や銀河系からなる宇宙も結局は冷却していき，最後にいたるところ共通の温度になってしまう．このとき宇宙全体のエントロピーは最大値に達したことになる．今から何十億年か後には宇宙はこのような運命をたどるかもしれない．これを宇宙の「熱的終焉」ということがある．

5.5 熱伝達

> **学習目標**
> 熱伝達の3つの機構を説明すること．
> 3つの機構の身近な例と応用を示すこと．

熱エネルギーがどのように伝わるかは，重要な問題である．熱伝達は伝導，対流，放射という3つの機構またはそれらの組み合わせによって行われる．

伝導は分子の運動による熱伝達である．分子の運動エネルギーは1つの分子から他の分子へ衝突や分子間相互作用によって移っていく．たとえば，金属製のスプーンを熱い飲み物に入れると，熱伝導ですぐに柄が熱くなる．

物質の熱伝導がよいかどうかは，分子結合や電子の動きやすさによって決まる．一般に，固体，特に金属は熱の良導体である．金属では，分子間の相互作用以外に，内部を動き回る「自由」電子が多数存在し，これらの電子が熱伝導に大きく寄与する（電流にもこれらの電子が寄与する．第8章参照）．物質が熱を伝える能力の度合いを**熱伝導率**で表す．図5.2に示すように，金属は比較的高い熱伝導率をもつ．

表5.2 種々の物質の熱伝導率（常温または0℃近くでの値）

物質	W/℃·m[注]	物質	W/℃·m
銀	425	ガラス	0.4
銅	390	木材	0.2
鉄	80	綿	0.08
れんが	3.5	発泡スチロール	0.033
フロアタイル	0.7	空気	0.026
水	0.6	真空	0

注 W/℃ = (J/s)/℃ という単位は，単位温度差あたりの熱流の割合 $(\Delta H/\Delta t)/\Delta T$ を表す．ただし，W はワットである．長さの単位 [m] が現れるのは，熱伝導体の面積 [m^2] と厚さ [m] を考慮した結果である（**訳注** 単位面積を通って単位時間に流れる熱流と温度勾配との比を考えているので $(1/m^2) \times (1/(1/m)) = 1/m$）．

一般に，液体と気体の熱伝導はあまりよくない．液体の方が気体よりは熱伝導がよいのは液体では分子が近くに集まっていて相互作用をする頻度が高いからである．気体の熱伝導がよくないのは，分子が比較的離れていて衝突の頻度が少ないためである．熱伝導率が低い物質を**熱的絶縁体（断熱材）**という．

料理用のなべ類が金属でできているのは，中の材料に熱が伝わりやすいからである．一方，なべつかみを布地など熱的絶縁体で作る理由は明らかであろう（●図5.9）．布地，木材，発泡スチロールのような固体は多孔質で内部に空気の入った多数の細孔があり，熱伝導がよくない．たとえば発泡スチロールを冷却用容器に使ったり，ガラス繊維の断熱材を住宅の壁や屋根裏に使うのはこの性質のためである．

図5.9 熱的絶縁体（断熱材） なべつかみが低い熱伝導率の布でつくられているのは，すぐ手に熱が伝わってやけどするのを防ぐためである．逆に，なべややかんを金属でつくるのは熱が伝わりやすいからである．

物質（気体や液体のような流体）がひとかたまりで1つの場所から他に移動することによって熱を伝達するのが**対流**である．熱エネルギーは移動する物質とともに運ばれる．部屋の空気や湯沸かしの水の移動は対流による熱伝達の例である．

住居の暖房はほとんど温風の対流により行われる．暖房炉やヒートポンプで熱せられた空気は金属ダクトなどを通って家屋内を循環する．部屋に吹き出した暖気は，密度が小さく軽いので浮力で上昇する．周囲に熱を与えて冷えた空気は床の方へ下降し，部屋全体がむらなく暖まる．冷えた空気の一部は暖房炉に戻り再加熱されて再循環する．対流を促進するため，床下のダクトを通してファンで強制循環させることもある（●図 5.10）．吹き出し口と吸い込み口は部屋の反対側に設けるのが普通である．地球の大気圏内でも室内と同様に対流が生じて熱が移動する．

対流または伝導による熱伝達の過程が起こるためには，物質の存在が必要である．しかし，太陽からの熱は，電磁波によって何もない宇宙空間を通って地球までやってくる．このように熱エネルギーが電磁波として放出され，伝達される過程を**放射**という．電磁波である光，ラジオやテレビの電波，マイクロ波なども放射エネルギーを運ぶ（第6章）．

放射による熱伝達の身近な例に，たき火や暖炉からの熱がある．露出した皮膚を火に向けると，暖かさがすぐ感じられる．まわりの空気は熱伝導がよくないだけでなく，火で熱せられると上昇してしまう（暖炉では煙突を上っていく）．したがってこの場合，唯一の熱伝達の機構は放射である（●図 5.11）．あらゆる物体は電磁波を放射しているが，この放射の特性は物体の温度に依存する．この性質を利用したものにサーモグラフィーがあり，放射赤外線を検出して温度別に色分けした図を示す．住宅をサーモグラフィーで眺めて「温度地図」を作ると，熱がどこから逃げていくかを目で見ることができる．

一般に暗い色の物体は放射をよく吸収し，明るい色の物体は吸収がよくない．この理由から淡色の衣服は夏に涼しく，濃色の衣服は冬に暖かいのである．

3つの機構の熱伝達をすべて妨げて，液体の温度を熱くまたは冷たく保つよう設計したものに魔法びんがある（●図 5.12）．二重壁のガラスびんの壁の間の空気を抜いて，ある程度の真空にしてからこの空間を密封する．

ガラスは比較的熱伝導率が低いが，多少の熱はガラスの壁を（外から内へ，または内から外へ）通り抜ける．しかし，二重のガラス壁の間の真空は，熱的絶縁体なので伝導を阻む．ガラス壁の間には空気がごくわずかしかないので，一方の壁から他方の壁への対流による熱伝達は少ない．さらに，ガラス壁の表面は銀メッキして，放射による熱伝達を妨げている．メッキされた壁は鏡の表面のように，放射を反射して通さない．こうして，魔法びんに入れた熱いコーヒーや冷たい飲み物はかなり長い時間にわたってその温度を保つのである．

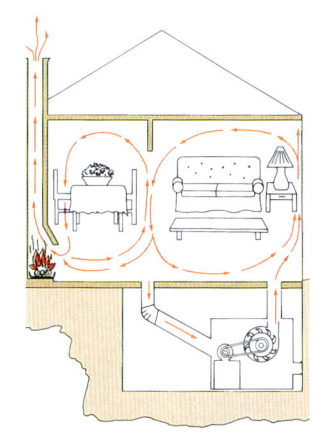

図 5.10 対流による空気の循環 暖房機で熱せられた空気は熱膨張で軽くなって上昇し，冷えると重くなって下降するので，対流が生じる．冷えた空気の一部は暖房機に戻り，再加熱される．対流によって熱が部屋全体に行き渡るが，さらに対流を促進するため図のようにファンで強制循環させる．図のような暖炉ではかなりの熱エネルギーが煙突から逃げてしまう．

図 5.11 放射による熱伝達 手を火にかざして，放射で暖める．熱の大部分は対流で上の方へ行ってしまう．

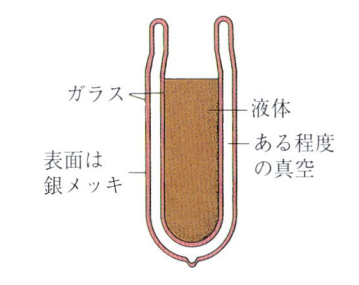

図 5.12 魔法びん 魔法びんのガラスは熱伝導がよくない．また，ガラスの二重壁の間はある程度の真空になっているので，そこで対流が起こるのを妨げる．さらにガラス壁の表面は銀メッキしてあり，熱を反射するので放射によって熱が失われるのを妨げる．こうして魔法びんは内部の液体の温度を保つのである．

5.6 物質の相

学習目標
物質の固相，液相，気相を分子的観点から考察すること．
物質が相変化する際に何が起こるかを対比して理解すること．

5.3節で学んだように，物質に熱を加えたり取り去ったりすると相変化を起こすことができる．普通に現れる3つの**物質の相**は固相・液相・気相である．普通の室温と大気圧のもとでの物質の相が，もっともよく知られている．たとえば，酸素は気相，水は液相，銅は固相になっている．しかし，温度と圧力の組み合わせを変えると，ある物質は3つの相のうちのどの相にでも存在することができる．

分子的観点から固体，液体，気体を考察すると，これらの相の主な特徴を一般的に理解することができる．ほとんどの物質は分子と呼ばれる非常に小さな粒子からできている．分子は物質を分割したときのその物質としての最小要素である．

多くの純粋な**固体**では，分子が特有の3次元様式で配列をしている．この規則正しい分子の配列を**格子**と呼ぶ．●図5.13は2次元に限った格子の例である．分子（図では小円で表す）は電気的な力によって互いに結合している．

熱を加えると，分子は力学的エネルギーを得て振動する．さらに熱を加えると，振動はますます激しくなり，図5.13のように，振動する分子はたがいの距離が離れるように移動して，固体は膨張する．

固体が融点に達してから，さらに熱（融解熱）を加えると，分子を適切な位置に保持している結合が破れる．結合が破れると，格子内に空孔ができ，近くの分子はその空孔に移動することができる．ますます多くの空孔ができると，結晶は大きくひずむことになる．

●図5.14は**液体**の分子の配列を示したものである．液体の中には多くの空孔があり，規則正しい配列はほとんどない．空孔が多いので分子は容易に移動できる．液体の分子は比較的自由に動くことができて，容器の形状のままになる．液体に熱を加えると，個々の分子は力学的エネルギーを得て，さらに多くの空孔ができるので，液体は膨張する．

沸点に達してから，さらに熱を加えると，分子の結合が完全に破られる．沸点にある物質1kgの分子を完全に離して，互いに自由にするのに必要な熱が**気化熱**である．分子同士を結合している電気力は相当に強いので，気化熱はかなり大きい．分子が互いに本質的に自由になるとき，その物質の状態は気相である．

液相から気相への変化の過程で比較的ゆっくりしたものに**蒸発**がある．液体中の分子はさまざまな速さで動いている．液体の表面付近で速く動いている分子の中には十分のエネルギーをもっていて液体から逃げ出し空気中へ飛び出すものもある．この過程はときどき起こるので，液体はある時間をかけて蒸発するのである．液体の温度が高いほど蒸発は

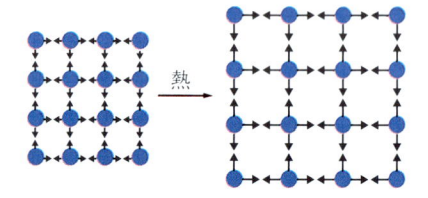

図5.13 結晶格子 2次元における固体の結晶格子の概略図．熱を加えると，結晶を構成する分子の振動の振幅が大きくなり分子間の距離が増す．これが固体の熱膨張である．

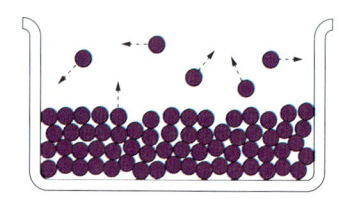

図5.14 液体の分子 液体の分子（小円）の配列を図解する．分子は密に詰まっていて，少しは格子に近い構造を持つが，比較的自由に動くことができる．表面付近のある分子は十分なエネルギーを得て液体から飛び出し自由になる．このような気化の過程を蒸発という．

盛んになる．

　液体から飛び出す分子はエネルギーをもって逃げるので，液体の温度は下がる．つまり，蒸発は冷却過程である．実際，人体の冷却（体温調節）も主として蒸発に頼っている．暑くなると汗をかくが，この汗が蒸発して体を冷やすのである．扇風機の前に立ってみるとこれを確かめることができる．体に当たる空気の流れで蒸発が促進されるので，非常に涼しく感じる．

　気体を構成する分子は，衝突する時を除けばほとんど互いに力を及ぼすことがない．気体中での分子間の距離は分子の大きさに比べてずっと大きく，各分子は速く飛び回っている．その結果，気体には決まった形がなく，容器の体積と形に従うことになる．

　まとめると，

固体は決まった大きさと形をもつ．
液体は決まった大きさをもつが，決まった形はなく容器の形状に従う．
気体は決まった大きさも形もなく，容器の大きさと形状に従う．

　気体を熱し続けると，分子の飛び回る速さはますます大きくなる．結局ある程度以上の高温になると，分子や原子の間の激しい衝突によって原子内の電子がはぎとられ，電子と正イオンが飛び回る電離状態になる．太陽などの恒星の内部では原子も分子も存在せず，**プラズマ**といわれる物質相になっている．プラズマは物質の第4の相で，荷電粒子からできた気体である．蛍光灯やネオンランプなどの気体放電管の内部では，部分的イオン化によりプラズマが生じている．

　すでに学んだように，単一の相にある物質を加熱すると，それを構成する分子の力学的エネルギーが増える．物質が相変化をしているとき加熱すると，分子同士を結びつける引力に打ち勝つためのエネルギーとして使われる．加熱によって温度が上昇するのは，物質が相変化を起こしていないときだけであるから，物質の温度はそれを構成する分子の内部運動（熱運動）のエネルギーの平均を示す尺度として定義できる．

　気体の中では，すべての分子が同じ速さで飛び回っているのではない．このため，すべての分子の平均運動エネルギーを基準にして，絶対温度を定義する．^{訳注} 飛び回る速さが平均より大きい分子もあれば，小さい分子もある．この速さは，衝突の際のエネルギー移行によって変化する．液体封入ガラス温度計で気体やその他の物質の温度を測るのは，分子衝突により温度計の球の部分に伝わるエネルギーを測っているのである．この章のハイライトでは，気体温度計といわれる型の温度計を説明し，どのようにして絶対零度を決定するかについて述べる．

訳注 希薄な気体については，分子同士の相互作用を無視できるので，力学的エネルギーは運動エネルギーだけを考えればよい．

ハイライト

気体分子運動論，理想気体の法則，絶対零度

　気体分子運動論の見方によると，気体の分子は高速で不規則に運動している．分子は互いに衝突したり，容器の壁に衝突する．1回の衝突で壁に作用する力は非常に小さいが，多数の分子がつぎつぎと壁に衝突することにより壁に対する圧力が生じる（図1）．圧力は単位面積あたりの力として定義される（$p=F/A$）．圧力のSI単位は N/m^2 で，これを**パスカル**[Pa]と呼ぶ．訳注1

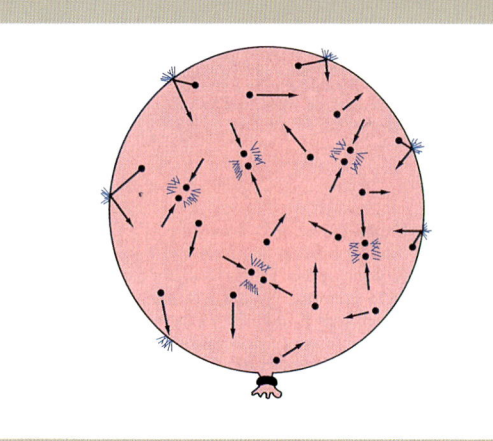

図1　気体の分子モデル　気体の分子は平均して遠く離れた距離にある．分子は高速で不規則に運動していて，互いに衝突したり容器の壁に衝突する．容器の壁に分子が衝突するとき及ぼす平均の力が壁に作用する圧力をもたらす．

　ある決まった量の気体の圧力は，その体積と温度に依存する．気体の温度を一定に保つ変化（等温変化）を考えよう．体積が半分に減ったとすると（たとえば，シリンダーに入れた気体をピストンで圧縮する），圧力は増えて，ちょうど2倍になる．気体分子の占める体積が半分になるので，分子が壁に衝突する回数が前より2倍に増え，圧力が2倍になるのである．このように，圧力（p）と体積（V）の間の逆比例関係は，次の式で表すことができる

$$p_1 V_1 = p_2 V_2$$

ここで添字1, 2は変化の前後の値を示す．この式は発見者であるイギリスの化学者ボイル（Robert Boyle, 1627-1691）の名をとって，**ボイルの法則**と呼ばれる．この法則は通常の圧力にあるすべての気体に対し，かなりよい精度で成り立つ．

　統計的気体分子運動論を用いると，積 pV が気体分子の平均運動エネルギーに比例することが示される：

　　$pV \propto$ 気体分子の平均運動エネルギー

分子の運動エネルギーが大きいほど，分子は速く運動し，壁との衝突の頻度が増える．壁との衝突回数が多くなるほど，圧力は大きくなる．また，分子のエネルギーが大きいほど，分子は仕事をする能力が大きく，（容器が変形する場合）容器の体積を増加させる．p と V の積の単位は $(N/m^2) \times (m^3) = N \cdot m = J$ であり，仕事とエネルギーの単位になっている．気体の絶対温度（T）は気体の内部エネルギーの尺度なので，

$$pV \propto T$$

と書くことができる．希薄な気体について $pV/T=$ 一定 であることから，次のように書くことができる．

$$\frac{p_1 V_1}{T_1} = \frac{p_2 V_2}{T_2}$$

この関係を**理想（完全）気体の法則**と呼ぶ．訳注2

　理想気体は，気体分子間の相互作用として衝突だけを考える理論上の体系である．理想気体の法則は，希薄な気体について通常の温度範囲で成立する．

　つぎに気体の定積変化を考える．これは，たとえば変形しない容器に入った気体のように体積が一定に保たれる変化である．定積変化では $V_1 = V_2$ なので，上の式は

$$\frac{p_1}{T_1} = \frac{p_2}{T_2}$$

となり，k を定数として $p = kT$ と書くことができる．

　定積変化では，圧力が絶対温度に比例して変わるので，温度を測る手段として定積気体温度計が考えられる（図2a）．希薄にした実在の気体は $p=kT$ の関係に従う．圧力と温度の対応する測定値をプロットすると，通常の温度範囲で直線になる．この過程を利用して温度計の目盛りをきめることができる．つまりグラフにより，気体温度計の圧力の読みからただちに気体の温度がわかるのである．訳注3

　非常な低温では実在の気体は液化し，直線関係がもはや成立しないので，気体温度計の温度範囲には限界がある．しかし，p-T のグラフの直線を圧力ゼロまで外挿すると，絶対零度に対する値を得る（図2b）．この値は約 -273 ℃（正確には -273.15 ℃）で，ケルビン目盛りの0Kである．

　気体の絶対温度はその分子の平均運動エネルギーに比例する．実在の気体では分子間力が働くので，気体の内部エネルギーの一部は位置エネルギーになっている．低

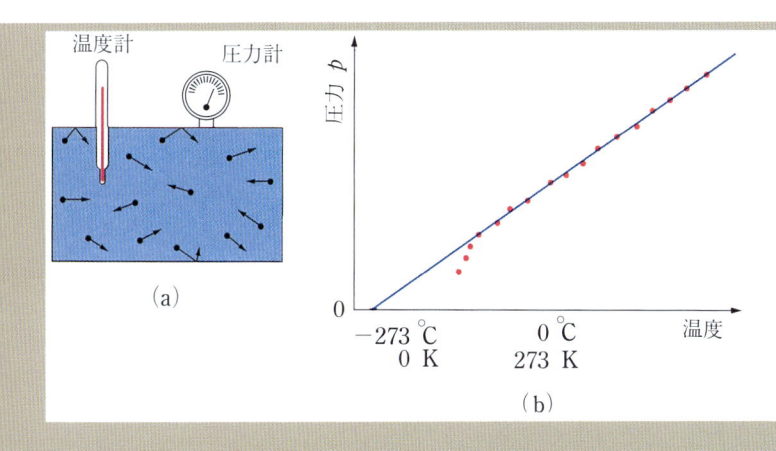

図2 定積気体温度計 (a) 変形しない容器に入れた一定量の気体の体積は一定であり，圧力は温度に比例する（$p = kT$）（b) 温度と圧力の関係を測って最初にグラフをつくっておけば，気体温度計の示す圧力の読みから直接に温度がわかる．低温になると，気体はこの直線関係に従わなくなる．しかし，このグラフの直線を延長すると，横軸（圧力ゼロ）と交わる点の温度が絶対零度である．

温になると，分子の運動エネルギーが小さくなり，分子間力が優勢になって気体を液化する．しかし，理想気体では衝突以外の分子間相互作用を考えないので，どのような低温でも液化することはない．また，内部エネルギーは運動エネルギーだけであり，絶対温度は全内部エネルギーの尺度になっている．

このように，理想気体では内部エネルギーはすべて分子の運動エネルギーなので，温度が2倍になれば内部エネルギーも2倍になる．ただし，理想気体に熱を加えて内部エネルギーを2倍にするとき，もし定積変化でなければ，体積が膨張して外部に仕事をするので，加えた熱の一部しか内部エネルギーつまり分子の運動エネルギーにならない．したがって，温度は2倍にはならない．ここで，温度はすべて絶対温度目盛りであることに注意しよう．

訳注1 標準の大気圧は約1013ヘクトパスカル [hPa] である．（$1\,\mathrm{hPa} = 10^2\,\mathrm{Pa}$）

訳注2 ボイル-シャルルの法則ともいう．

訳注3 また圧力が一定の変化（定圧変化）を考えると $p_1 = p_2$ なので，理想気体の法則から $\dfrac{V_1}{T_1} = \dfrac{V_2}{T_2}$ となり，気体の体積は絶対温度に比例する．この研究を行ったフランスの実験物理学者シャルル（Jacques Alexandre César Charles, 1746-1823）の名前をとって，この関係を**シャルルの法則**という．

重要用語

温度	比熱	ヒートポンプ
温度計	潜熱	エントロピー
熱膨張	融解熱	伝導
氷点	気化熱	熱伝導率
沸点	昇華	熱的絶縁体（断熱材）
セ氏温度	熱力学	対流
絶対零度	熱力学第1法則	放射
ケルビン温度（絶対温度）	熱力学第2法則	物質の相
ケルビン（単位）	熱力学第3法則	固相（固体）
熱	熱機関	液相（液体）
カロリー	熱効率	気相（気体）
キロカロリー	理想的効率	プラズマ

重要公式

セ氏温度をケルビンに $T_K = T_C + 273$

比熱 c と熱量 H $H = mc\Delta T$
 （水：$c = 1.0 \text{ kcal/kg} \cdot {}^\circ\text{C}$）
 （氷と水蒸気とも：$c = 0.50 \text{ kcal/kg} \cdot {}^\circ\text{C}$）

融解熱 L_f $H_{melt} = mL_f$
 （水の融解熱：$L_f = 80 \text{ kcal/kg} = 80 \text{ cal/g}$）

気化熱 L_v $H_{vap} = mL_v$
 （水の気化熱：$L_v = 540 \text{ kcal/kg} = 540 \text{ cal/g}$）

熱効率 $e = \dfrac{W}{H_{hot}}$ （×100 %）

理想的効率 $e_{ideal} = \dfrac{T_{hot} - T_{cold}}{T_{hot}} = 1 - \dfrac{T_{cold}}{T_{hot}}$ （×100%）

質問

5.1 温度

1. 希薄な気体の温度は (a) 熱と同じものである，(b) いつでも液体封入ガラス温度計で測定される，(c) 通常はケルビンという単位で表される，(d) 物質分子の平均運動エネルギーの尺度である．

2. セ氏温度とケルビン温度（絶対温度）で1度の目盛り間隔は (a) セ氏温度が大きい，(b) ケルビン温度が大きい，(c) 同じである．

3. なぜ温度はある物質が熱いか冷たいかを表す相対的尺度となるか．

4. アルコールと水銀以外の液体を温度計に使うことは可能か，説明せよ．

5. 水の氷点と沸点は，セ氏温度と絶対温度の目盛りではそれぞれ何度か．

6. ●図5.15は，エアコンなどの温度調節に使われる型のサーモスタットを示す．ガラス小びんが左右に傾くと水銀（電気伝導のよい液体金属）が移動して，設定温度でスイッチが入ったり切れたりする．ガラス管がなぜ左右に傾くか説明せよ．

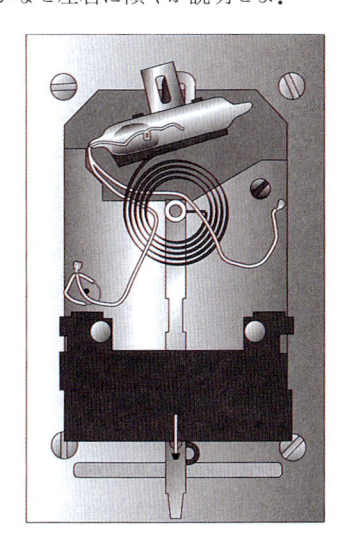

図5.15 冷暖房装置を制御するのに用いられるサーモスタットの内部の図解．質問6を参照．

5.2 熱

7. 熱は (a) 伝達されるエネルギーである，(b) 温度と同じものである，(c) 物質の内部エネルギーである，(d) エネルギーとは無関係である．

8. 熱エネルギーの単位で最大のものは (a) キロカロリー，(b) カロリー，(c) ジュール，である．

9. 「熱は移動するエネルギーである」という記述の意味を説明せよ．

10. 実際上は (a) 凝固点と融点，および (b) 沸点と凝結点 の間にどんな違いがあるか．

11. 歩道が切れ目のない一様な区画になっていないで，中間に溝やすき間が設けてあるのはなぜか．

5.3 比熱と潜熱

12. 本文の(5.3)式 $H = mc\Delta T$ から比熱の単位は (a) kg/kcal，(b) kg/J·℃，(c) kcal·kg/J，(d) kcal/kg·℃ であることがわかる．

13. 昇華とは (a) 固体から液体，(b) 固体から気体，(c) 気体から液体，(d) これら以外，の相変化のことである．

14. 比熱と熱容量の違いを説明せよ．

15. 水は比熱が大きいので，太陽熱を蓄えておくのに好都合である．このほかにどんな利点があるか．

16. 気温が氷点下に下がっても湖が凍るのに長時間かかるのはなぜか．

17. 熱を加えても温度が変化しないのはどのような場合か，またその理由は何か．

5.4 熱力学

18. 系に加えた熱は (a) 仕事になる，(b) 内部エネルギーになる，(c) 仕事や内部エネルギーになる．

19. 自然に起こる過程の方向を示すのは (a) エネルギー保存，(b) 熱効率，(c) エントロピーの変化，(d) 比熱，である．

20. 熱力学第1法則と第2法則は何を教えるか．

21. (a) 熱機関および (b) ヒートポンプ に対して，$H_{hot} - H_{cold}$ は何を意味するか．

22. 熱効率と理想的効率の違いを説明せよ．

23. 火力あるいは原子力発電所で発生した熱の約3分の2が捨てられるのはなぜか．また，この捨てられた熱はどうなるか．

24. 気体から液体，または液体から固体への相変化では，系はより規則正しくなる（エントロピーの減少）．このことは熱力学第2法則に矛盾しないか，説明せよ．

25. 次の記述(a)と(b)を熱力学の法則の立場から比較し，説明せよ：(a)「エネルギーは生み出されることも消滅することもない」．(b)「エントロピーは生み出されるが消滅することはない」．

5.5 熱伝達

26. 金属では熱伝導率の多くは (a) 放射，(b) エントロピー，(c) 潜熱，(d) 電子，からの寄与である．

27. 物質がひとかたまりで移動にして熱を伝える機構を (a) 伝導，(b) 対流，(c) 放射，という．

28. 熱のよい導体とよい絶縁体（断熱材）の例をいくつか示せ．一般に，物質がよい導体または絶縁体になる原因は何か．
29. 同じ温度であっても，ビニールの床の方がじゅうたんより冷たく感じるのはなぜか．
30. 空気は熱の絶縁体なのに，住宅の壁の間にわざわざ断熱材を入れるのはなぜか．
31. なべには底が銅でできたものがある．これには実用的な理由があるのか，あるいは単なる装飾のためか（**ヒント** 表 5.1 を参照）．
32. 保温のよい肌着には，大きなすきまができるよう編んだものがある．これは保温の目的にあうだろうか．

5.6 物質の相

33. 分子間結合が最大なのは (a) 固体，(b) 液体，(c) 気体，(d) プラズマの状態，である．
34. 理想気体の法則によれば，ある量の気体の温度を上げるとき (a) 圧力だけが増える，(b) 体積だけが増える，(c) 圧力と体積の両方が増える，(d) 圧力と体積のどちらかまたは両方が増える．
35. 固体，液体，気体の違いを形と体積の観点から説明せよ．
36. 気体の等圧変化とはどのような変化か．

思考のかて

1. 1 度の目盛り間隔は水銀温度計とアルコール温度計で同じか，説明せよ．
2. 室温と同じ温度の液体封入型ガラス温度計を熱湯に入れると，液柱がわずかに下がってから上昇を始める．これはなぜだろうか（自分でも試みよ）．
3. 雪片はすべて 6 角形である，というのは正しい記述か．
4. 自動車のラジエーター（冷却器または放熱器）はエンジンを冷却するのに使われる．「ラジエーター」というのは適切な名称か．
5. 熱機関が 100 % 以上の効率をもつとすると，これは何を意味するだろうか．
6. 水交換型ヒートポンプは，井戸からの水や地中の貯水槽の水を利用する．空気交換型ヒートポンプはまわりの空気を利用する．水交換型ヒートポンプの方がずっと高価である．水を利用する長所は何だろうか．

練習問題

5.1 温度

1. 正常な体温はほぼ 37 °C である．これはケルビン温度（絶対温度）ではいくらか． **答 310 K**
2. 本文の図 5.2 のように，カ氏温度では水の氷点が 32 °F，沸点が 212 °F である．カ氏温度 T_F をセ氏温度 T_C に変換する (5.1) 式をつくれ．
3. 衛星放送でアメリカのニュースを見ていたら天気予報で「明日は暑くて 100 度になる」と言ったので一瞬驚いたが，もちろんカ氏温度である．これはセ氏何度か． **答 37.8 °C**
4. 宇宙空間のバックグラウンド放射温度は 3 K（正確には 2.73 K）である．これはセ氏何度か．
   （**訳注** 温度 3 K の黒体が出すのと同じ放射が真空中にあるとき，その空間の温度は 3 K であるという．） **答 −270 °C**
5. 絶対零度 0 K はカ氏では約 −460 F° であることを示せ．
6. カ氏温度とセ氏温度の目盛りの読みが等しくなる温度はあるか． **答 −40 °F = −40 °C**

5.3 比熱と潜熱

7. 水 1 l の温度を 20 °C から 30 °C まで上げるのに必要なエネルギーは何 kcal か． **答 10 kcal**
8. (a) 水 1.0 kg を室温（20 °C）から沸点まで上げるのに必要なエネルギーは何 kcal か．(b) インスタントコーヒーを入れるのに，(a) の湯を電気ポットで沸すときのコストを計算してみよう．電気料金は 1 kWh あたり 25 円とする（熱の損失は無視する）． **答 (a) 80 kcal (b) 約 2 円**
9. −10 °C の氷 500 g を 20 °C の水にするのに何 kcal の熱が必要か． **答 52.5 kcal**
10. 110 °C の水蒸気 200 g を冷やして 90 °C の水にす

るには，何 kcal の熱を取り去る必要があるか．ただし，相変化が起こるとする． **答** 111 kcal

11. アイスティーをつくるため，100 °C の熱い紅茶 1.6 kg を 0 °C に冷やしたい．何 kg の氷（0 °C）が最小限必要か（熱損失はないとする）． **答** 2.0 kg

5.4 熱力学

12. 熱効率 40 % の熱機関について，50 kcal の熱の入力からどれだけの仕事が得られるか．
 答 20 kcal または 8.4×10^4 J

13. 海の表層水温と深海の海底水温との温度差を利用した熱機関による海洋発電プラントを提案する研究者がいる．海の表面温度を 15 °C，海底の温度を 4 °C とすると，この熱機関の理論的効率の最大値はどれだけか． **答** 3.8 %

14. ある石炭火力発電所で，運転している高温と低温の熱源の温度は $T_{hot} = 320$ °C，$T_{cold} = 100$ °C であるとする．この発電所の効率についてどんなことがいえるか． **答** 37 % 以下

15. 計画中のある原子力発電所は $T_{hot} = 350$ °C，$T_{cold} = 100$ °C で効率が 42 % であると言われている．この提案を支持してこの電力会社の株を買ってもよいだろうか（**訳注** 42 % は理想的効率 40 % を超えていて，明らかに誤りである．全体の効率はエネルギー伝達の各段階の効率の積であるから，さらに減少して 34〜35 % になるであろう）．

質問（選択方式だけ）の答

| 1. d | 2. c | 7. a | 8. a | 12. d | 13. b | 18. c | 19. c | 26. d | 27. b |
| 33. a | 34. d | | | | | | | | |

本文問の解

5.1
(a) $\Delta T = \dfrac{H}{mc} = \dfrac{11 \text{ kcal}}{1.0 \text{ kg}\times 1.0 \text{ kcal/kg}\cdot\text{°C}}$
$= 11$ °C

(b) $\Delta T = \dfrac{H}{mc} = \dfrac{11 \text{ kcal}}{1.0 \text{ kg}\times 0.22 \text{ kcal/kg}\cdot\text{°C}}$
$= 50$ °C

5.2 鉛の原子は水の分子よりずっと結合が強い．

5.3 液体を気体に変えるには，分子を完全に分離しなければならないので，必要なエネルギーが大きい．

5.4 $H_t = H_{\Delta T} + H_{vap} = mc\,\Delta T + mL_v$
$= 0.50 \text{ kg}\times 1.0 \text{ kcal/kg}\cdot\text{°C}\times 80 \text{ °C}$
$+ 0.50 \text{ kg}\times 540 \text{ kcal/kg} = 310$ kcal

5.5 $-H = -\Delta E_i - W$ ただし，$-H(>0)$ は系から奪われた熱，$-W(>0)$ は風船が収縮するとき外圧によってなされた仕事，$-\Delta E_i(>0)$ は系が失った内部エネルギー（**訳注** $H = \Delta E_i + W$ と書いて，$H(<0)$ は系に加えられた負の熱量，$W(<0)$ は系によって外になされた負の仕事，$\Delta E_i(<0)$ は系の内部エネルギーの減少と考えてもよい）．

6
波　動

今までに，エネルギーの形態，エネルギーと仕事の関係，エネルギー保存などエネルギーについて多くのことを学び，数多くの疑問に答えてきた．しかし，この他にも興味深い問題が残っている．たとえば，エネルギーはどのようにして形態を変えるのか，また，エネルギーはどのようにして伝達されるのか，といった問題がある．

エネルギー伝達についての2つの重要な考え方である衝突および波動を用いて，これらの問題にある程度答えることができる（●図6.1）．粒子や物体がある距離にわたって力を及ぼしあうと，エネルギーのやりとりが起こり，一方がエネルギーを得て，もう一方がエネルギーを失う．全体として，2個以上の粒子が衝突するとき，エネルギー伝達が起こる．物質は粒子でできていて，粒子は互いに結合している相互作用を通して，「衝突」により物質内のエネルギー伝達を生じる．

物質内に乱れが生じると，粒子間の相互作用によってその乱れを中心にエネルギーが拡散していく．エネルギーがこのように伝搬するのを波動と呼ぶ． たとえば，池に石を投げ込むと，池の水がかき乱され，そこからエネルギーが波動となって広がっていく．伝わるのはエネルギーだけで，物質（水）は移動していない．これは，波に揺られて上下する浮きを見れば明らかである．

固体の中でも同じような現象が起こる．地震は，たとえば断層にそって地殻がずれるなどの原因で地殻に変動が生じ，この乱れが波動となって広く遠くまで伝わるものである．この場合も，伝わるのはエネルギーであって物質ではない．

エネルギーの伝達は媒質（物質）があってもなくても起こりうる．媒質を伝わる波の例として，空気中を伝わる音波，楽器などの張った糸や金属の弦を伝わる波がある．媒質中の隣り同士の粒子が互いに作用し合い，乱れを伝えるのである．しかし，ラジオやテレビの電波，赤外線，可視光線，X線などの電磁波は，媒質がなくても伝達できる．これは放射という形の電磁的な乱れが真空中を伝わるのである．たとえば，太陽からの光は宇宙空間を通って放射として到達する．

惑星や太陽などの恒星についての知識は，電磁放射という手段で伝わってきたものである．この電磁放射を一般的に，光と呼んでいる．第9章の量子力学のところで論ずるが，光には二重性がある．本当に不思議なことに，波動であると考えられている光は，粒子としての性質ももつのである．

目と耳はどちらも波動を感知する装置であり，これによって人間は外界から情報を取り入れる．光も音もなければわれわれの生活がどうなるか考えてみよう．多くの科学的原理やわれわれのまわりの自然界を理解する上で，波動についての知識がとくに重要である．

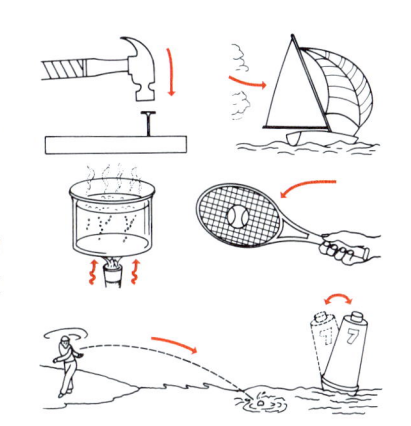

図6.1 エネルギー伝達 エネルギーを伝達するいくつかの例．

6.1 波の性質

学習目標
横波と縦波の区別を理解し，それぞれの例をあげること．
波を記述する諸特性を説明すること．

波を起こす乱れを与えるものに，手のひらで机を叩くような急激なパルスの力がある．しかし，ここでは周期的な乱れ，つまり規則的に繰り返し加わる乱れの結果として生じる連続的な波動を考えよう．この種の波動は，ギターの弦をはじいたり笛を吹くときに生じる（●図6.2）．

●図6.3のように，ぴんと張ったひもの端を振る（乱れを与える）と，周期的な波ができる．この波はひもを伝って一定の速さ（向きまで指定すれば速度）で進んでいく．**波の速度は媒質内の粒子の相互作用で決まるので，媒質となる物質ごとに異なる．**一般に，固体を伝わる波の速さは液体や気体におけるよりも大きい．

図6.3において張ったひもの中の粒子は上下（または左右）に振動している．リボンの小さな切れ端をひもに結びつけると，リボンがひもの粒子と同じように運動するので，振動の効果を目で見ることができる．この波の速度は粒子の運動と垂直であって，これは波のタイプを特徴づけるものである．波を起こす個々の粒子の変位が，波の伝わる速度の向きと垂直であるような波を**横波**という．電磁波は伝搬のための媒質を必要としないが，すべて横波である（6.2節）．物質中を伝わる弾性波では，横波は固体中でしか生じない．液体や気体では分子間に横方向の復元力が働かないので横方向に粒子の振動が起こらず，横波ができないのである．

ぴんと張ったばねに波を起こすこともできる（●図6.4）．ばねの一端を図の左右方向に振ると，その乱れがばねの長さ方向に伝わっていく．この場合は，やはりリボンの小片を結びつければわかるように，ばねの粒子は波の伝わる速度の向きと平行に振動する．粒子の変位と波の速度が平行な波を**縦波**という．^{訳注} 固体，液体，気体の物質はどれも縦波を伝える媒質である．液体の分子は縦振動には十分な結合をしており，気体も圧縮の効果により縦方向の振動が生じる．6.3節で学ぶように，音波は空気の圧縮と膨張によって生じる縦波である．

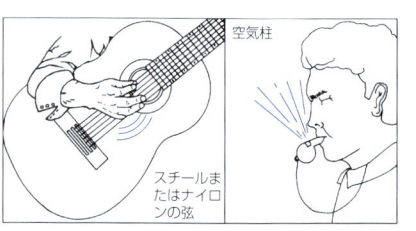

図6.2 波動 波を起こすありふれた方法．

訳注 縦波について媒質内の粒子の変位を，横波のように見やすい波形で表すため，波の進行方向をx軸にとり，x軸を含む任意の平面内でx軸に垂直にy軸をとる．x軸上の粒子の変位を反時計まわりに90°回転して，xy面内のy座標によって表すことにする．したがって，$\pm x$方向の変位は$\pm y$方向の座標で表される．密の部分および疎の部分のそれぞれ中心は変位しないので，対応するy座標は0である．また疎から密に変わる中間点がy方向の極大（山）となり，密から疎に変わる中間点がy方向の極小（谷）となる．図6.4参照．

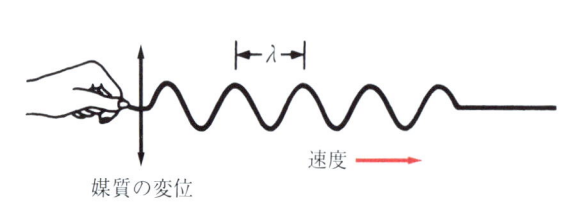

図6.3 横波 図のように張られたひもを伝わる横波では，波の速度（ベクトル量）の向き，つまり波の伝搬方向とひもの微小部分の変位は垂直である．

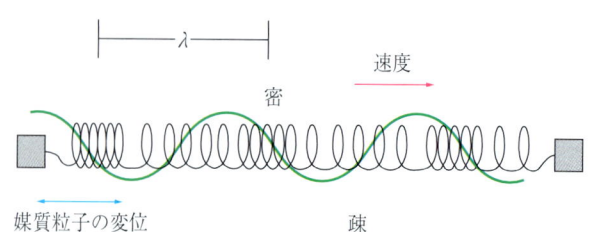

図6.4 縦波 図のように張られたばねを伝わる縦波では，波の速度（ベクトル量）の向き，つまり波の伝搬方向とばねの微小部分の変位は平行である．このページの訳注を参照

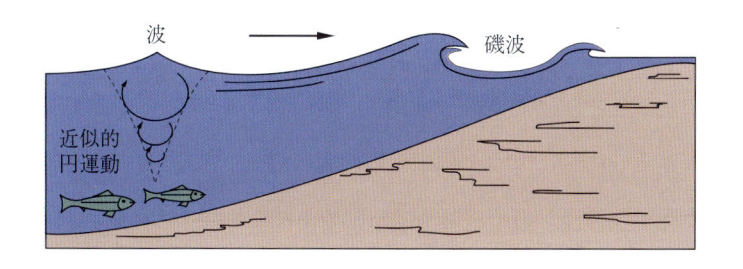

図 6.5　水面波　水深の大きい場所を進む水の波の粒子は，一般に近似的な円運動をしている．これは横方向と縦方向の運動を組み合わせたものである．浅い場所にくると，粒子はもはやこの運動ができなくなり，波は砕けて磯波となる．

普通に見かける波として水の表面波がある．水の表面波はその外形から横波のように思うかもしれない．しかし，実際は横方向と縦方向の運動が組み合わさったものである．[訳注] 水の「粒子」はほぼ円形の経路を描いて運動する（図 6.5）．水自身は波の進む向きには動かず，波動のエネルギーを伝えるだけである．

訳注　縦波とも横波ともいえない．

円形の経路の直径は深さとともに急速に減少する．たとえ海の表面は猛烈な暴風による大波があっても，海面下 100 m の水中にある潜水艦はほとんど影響を受けない．海の波が海岸に近づき水深が浅くなると，水の粒子の経路は変形し，粒子は経路の下部まで行けなくなって波が砕け，波頭が前方に落ちて磯波ができる．

横波も縦波もいくつかの特性によって記述することができる．すでに学んだように，波の速度は波動の方向と大きさを表し（図 6.6），波の速さは媒質の性質で決まる．振動する媒質，粒子の変位の最大値を波の**振幅**という．振幅は，横波では波の「高さ」を表し，縦波では媒質部分が伝わる方向へずれる最大距離を表す．振幅は波の速さに影響しないが，波の伝えるエネルギーは振幅と関係がある．実際に波のエネルギーは振幅の 2 乗に比例する．

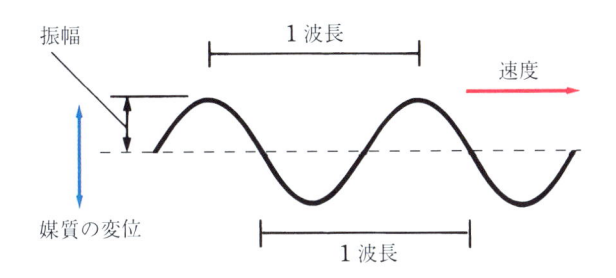

図 6.6　波を記述する用語　波の特性を記述するいくつかの用語．説明は本文を参照．

周期的な波動では，粒子は規則正しい振動を繰り返す．この波の性質は，一定時間に振動する回数すなわち**振動数**によって特徴づけられる．振動数は一般に 1 秒あたりのサイクル数 [cps] で表し，初期に電磁波を研究したヘルツ（Heinrich Hertz, 1857-1894）の名をとって，この単位をヘルツ [Hz] と呼ぶ．1 Hz は毎秒 1 回の振動数である．たとえば，決まった点を 1 秒間に 5 個の波の山が完全に通過すれば，振動数は 5 Hz である．ラジオには，AM と FM バンドの領域が kHz（キロヘルツ）と，MHz（メガヘルツ）で示してある．ラジオ波はかなり速く振動している．

波が完全に1回振動するのに要する時間を波の**周期**という．たとえば，決まった点を1秒間に5個の波の山が通過すれば，1個あたりの通過時間は1/5 s である．すなわち周期は1/5 s であり，振動数は5 Hz である．振動数 f と周期 T の間には　振動数 = 1/周期，つまり

$$f = \frac{1}{T} \tag{6.1}$$

という簡単な関係がある．周期は時間の単位をもつので，(6.1)式からわかるように，振動数の単位は時間の逆数である．したがって，標準単位で表すと Hz = 1/s である．

波の空間的な大きさは波長で表される．**波長**は波の任意の点からつぎの波の同等の点までの距離である．波長は普通，波の山から山まで，または都合のよい点の対応する距離で測る（図 6.6）．

波の速さ v，波長 λ，周期 T（または振動数 f）の間には簡単な関係がある．波の速さは，1波長の距離を移動する時間つまり1周期で割れば得られる．

$$v = \frac{\lambda}{T} \tag{6.2}$$

あるいは (6.1) 式を用いて

$$v = \lambda f \tag{6.3}$$

である．ここで，波長 λ をメートル [m]，周期 T を秒 [s]（振動数 f はヘルツ [Hz] = 1/s）で表すと，波の速さ v は m/s で表される．

例題 6.1　音の波長を求める

空気中の音速を 344 m/s として，(a) 20 Hz (b) 20 kHz の振動数をもつ音波の波長を求めよ．

解　既知　$v = 344$ m/s
(a) $f = 20$ Hz $= 20$/s
(b) $f = 20$ kHz $= 20 \times 10^3$/s
未知　λ （波長）
(6.3) 式を変形した

$$\lambda = \frac{v}{f}$$

に数値を代入する．

(a) $\lambda = \dfrac{v}{f} = \dfrac{344 \text{ m/s}}{20/\text{s}} = 17$ m

(b) $\lambda = \dfrac{v}{f} = \dfrac{344 \text{ m/s}}{20 \times 10^3/\text{s}} = 0.017$ m

振動数 f が高いほど，波長 λ が短くなることに注意せよ．

問 6.1

波長が 1.00 m の音波の振動数はいくらか．

例題 6.1 で与えられた振動数 20 Hz と 20 kHz は，可聴音の振動数の一般的な領域を定義する（これらの限界内の振動数をもつ音だけが人間の耳に聞える）．可聴音の領域を波長で示すと，最も高い音の約 1.7 cm から最も低い音の 17 m までである．

6.2 電磁波

> **学習目標**
> 電磁波について述べること．
> 電磁波スペクトルの各領域について説明すること．

電子のような荷電粒子が振動する（加速される）と，エネルギーが**電磁波**という形で放射される．電磁波は振動する電場と磁場でできているが，電場と磁場については第8章で説明する．電場も磁場もベクトル量で，これらの振動する場は●図6.7のように表される．

電磁波は横波である．図の電磁波は x 軸の向き（速度ベクトルの向き）に進んでいる．電場と磁場のベクトルは速度ベクトルに垂直であり，また，電場と磁場のベクトルは互いに垂直である．

荷電粒子を加速して電磁波を発生させるには，振動数領域に応じて様々な方法がある．ラジオ波（電波）のような比較的振動数の低い（波長の長い）電磁波は，アンテナの中で電子を振動させることにより発生する．この振動数は発振回路の物理的大きさやその他の性質できまる．ラジオ波の振動数は，kHz（AMバンド）とMHz（FMバンド）の領域にある．

ラジオ波より振動数の大きい電磁波は，分子の振動または回転の励起状態間の遷移によって放射される（第9章参照）．分子励起により放射される電磁波の振動数領域は $10^{10} \sim 10^{14}$ Hz であって，**マイクロ波**および**赤外領域**に相当する．あらゆる電磁波を振動数（波長）について並べたものを電磁波スペクトルという（●図6.8）．

原子，分子の電子状態の間の遷移により，さらに振動数の高い**可視部**と**紫外領域**の電磁波が放射される．人間の目に見えるのは，赤外領域と

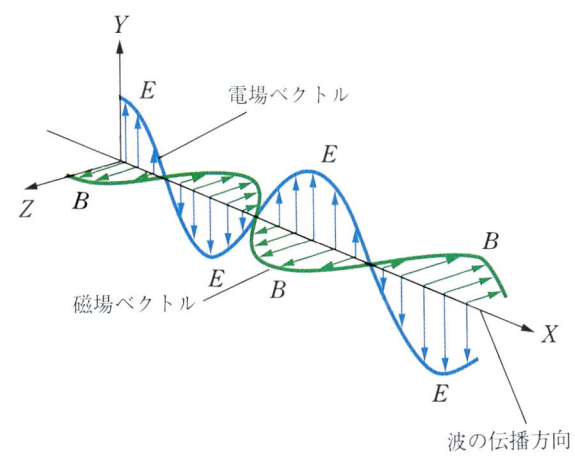

図6.7 電磁波 電磁波を構成する2つの力場，電場（E）と磁場（B）のベクトルは互いに垂直である．電磁波の進む向き（速度ベクトルの向き）はこれらの2つの力場に垂直である．

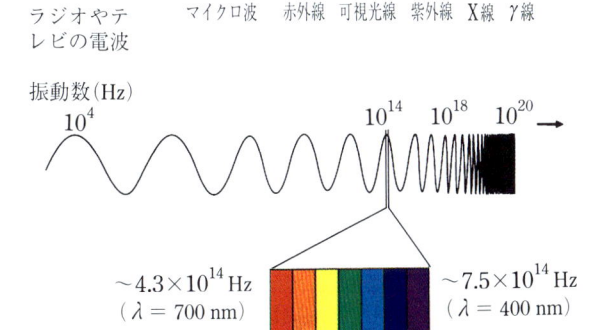

図6.8 電磁波スペクトル 電磁波は振動数（波長）領域によって異なった名前が付いている．可視領域は電磁波スペクトルの非常に小さな部分に過ぎないことを注意しよう．

紫外領域にはさまれた狭い部分のスペクトルだけである（図 6.8）．

高エネルギーの電子が標的物質の原子との相互作用により急に減速されると，**X線**と呼ばれる高振動数の電磁波を放出する（第 9 章）．X線のスペクトル領域は $10^{17} \sim 10^{19}$ Hz である．原子核や素粒子のエネルギー準位間の遷移その他の過程により**ガンマー線**と呼ばれるさらに高い振動数の電磁波が放出される（第 10 章）．

光という用語は，普通は可視領域とその近くの電磁波を指す．可視部の電磁放射を他の部分のスペクトルと区別するのは，振動数（波長）の違いだけである．人間の目は可視領域の電磁波だけを感じるが，装置を使ってスペクトルの別の部分の電磁波を検出することができる．たとえば，ラジオは電波を検出し受信することができる．

ラジオの電波は音波とは別のものである．ラジオ波は受信回路で検波され，増幅される．ラジオの振動数信号はそこで復調される ── すなわち，ラジオ局の指定された振動数の搬送波から音声信号を分離する．こうして，音声信号がスピーカーシステムに加えられると，音波を再生するのである．

あらゆる電磁波は真空中を同じ速さで伝わる．この速さを真空中の**光速**といい文字 c で表す．その値は

$$c = 3.00 \times 10^8 \text{ m/s}$$

である（この値は空気中の光速にもよい近似で使うことができる）．

真空中を進む光やその他の電磁波の波長は $c = \lambda f$ の式を使って計算できる．たとえば，振動数が 600 kHz の AM 放送の電波の波長は，500 m となりかなり長い．FM 放送の電波は振動数が高いので，波長はこれより短くなる．可視光線の振動数は概略 10^{14} Hz なので，波長はさらに短くおよそ 100 万分の 1 メートル（10^{-6} m）ほどである．このような小さな数を表すには，普通，ナノ（n = 10^{-9}）という接頭語を用いる．電磁波スペクトルの可視領域は，波長 400〜700 nm の範囲に相当する（図 6.8）．

6.3 音波

> **学習目標**
> 音の定義をすること．
> 音波とその伝搬，音のスペクトルの成分を説明すること．
> デシベルで表された音の強さのレベルを理解すること．

一般に，媒質中を伝わる可聴領域の弾性振動の波を**音**という．[訳注]

もっともよく知っているのは空気中の音波で，われわれの聴覚を刺激する．しかし，音は液体や固体の中も伝わる．たとえば，水中に潜って泳いでいるとき，だれかが 2 つの小石をかちっと打ち合わせると，その音を聞くことができる．また，薄い壁（固体）を通して音を聞くことも

訳注 流体（気体，液体）中では，体積弾性による縦波だけであるが，固体中でははずれ弾性による横波も含まれる．

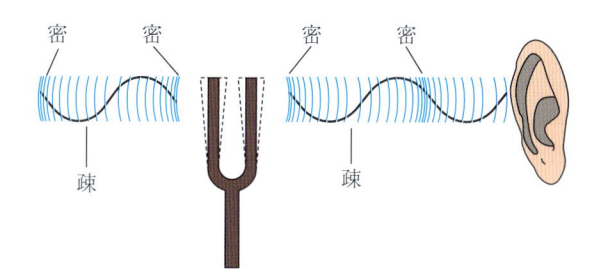

図 6.9　音波
音波は密（圧縮された高密度の領域）の部分と，疎（希薄になった低密度の領域）の部分が交互に連なってできている．図は音叉から出る空気中の音波を示す．疎密の領域の変化が波形で表されていることに注意．p. 120 の訳注を参照せよ．

できる．

　音波が伝わるのは媒質に弾性があるからである．縦方向の弾性変形は媒質内に変化する圧力（応力）を生じる．たとえば，●図 6.9 のような振動している音叉を考えよう．音叉の端が外側へ動くと，すぐ前の空気が圧縮されて圧力と密度が増加し，**密**の部分となり，これが外側に伝搬する．音叉の端が逆に内側へ動くと，外側にある空気の圧力と密度が減少し，**疎**の部分となる．音叉が連続的に振動すると，一連の密と疎の部分が外側に伝わっていき，音波の縦波（**疎密波**ともいう）をつくる．音の波形は，●図 6.10 のようにオシロスコープを使って電子的に表示することができる．

　音波にもいろいろな振動数のものがあり，電磁波と同じようにスペクトルをつくる（●図 6.11）．しかし，**音のスペクトル**は電磁波よりずっと振動数が低く単純で，3 つの振動数領域に分けられる．人間の耳に聞こえるかどうかを基準とし，約 20 Hz から 20 kHz (20 000 Hz) を**可聴領域**と定義する，これ以下（< 20 Hz）が**超低周波領域**，超えると（> 20 kHz）**超音波領域**である．^{訳注}

　超低周波は波長が長いので，たとえば地震が起こる際の，地球の一部分のように，大きな物体がゆっくり振動するときに発生する．逆に超音波の方は波長が短いので，小さく軽い物体が高い振動数で急速に振動するときに発生する．超音波の特質を利用して，多くの技術的応用が生れた．そのいくつかについてはすぐ後で論じる．音というと，人間の耳で感知されるものだけと思いがちであるが，この他に音のスペクトルの大きな部分があることに注意しよう（図 6.11）．

　われわれに音が聞こえるのは，伝搬する空気の乱れで鼓膜が振動し，鼓膜につながった中耳の耳小骨から，内耳の液体を通して刺激が聴神経に伝わるためである．人間の聴覚に関する特徴は生理学的なものであって，その物理学的に対応するものとは異なることがある．たとえば，**音の大きさ**は相対的な用語である．ある音が他の音より大きいという性質は，音波のエネルギーに関連していると思うかもしれない．しかし，耳の感度は音の振動数によるので，大きな音の方がエネルギーが大きいとは限らない．

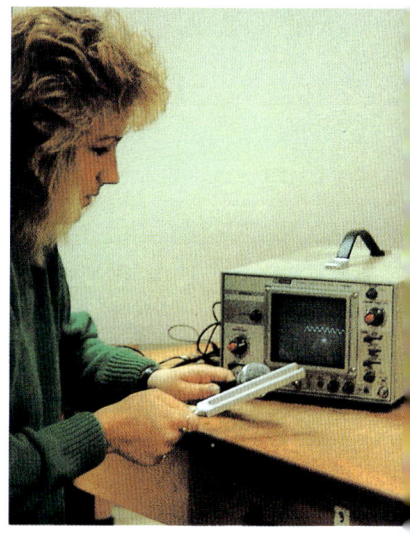

図 6.10　波形　音叉から出る音をマイクで電気信号に変え，オシロスコープのディスプレイに波形を映し出す．

訳注　現在では，液体中で 10 GHz まで，低温固体中では 1 THz (1000 GHz) までの超音波が測定されている．

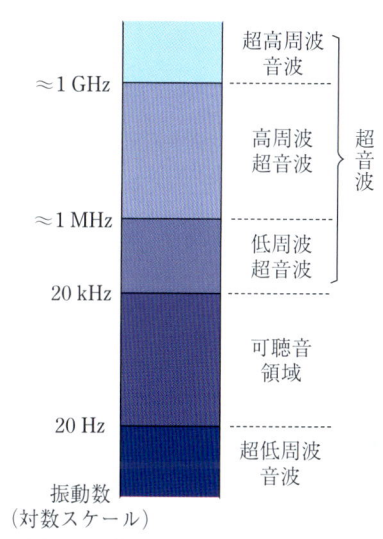

図 6.11　音のスペクトル　音のスペクトルは 3 つの領域：超低周波領域（$f < 20$ Hz），可聴音領域（20 Hz $< f < 20$ kHz），超音波領域（$f > 20$ kHz）に分けられる．

物理的に測定できる量として，**音の強さ** I がある．これは決まった面積を通過するエネルギーの割合を表す．たとえば，1平方メートル[m^2]を1秒あたり何ジュール[J/s]のエネルギーが通過するかで，音の強さを表すことができる．1秒あたり1ジュール[J/s]が1ワット[W]に等しいので，音の強さの単位はW/m^2になる．

音の大きさも強さも，音源から離れるほど小さくなる．音が音源からまわりに伝わるとき，外へいくほど大きな面積に広がるので，面積あたりのエネルギーが小さくなる．●図6.12は，点状の音源についてそのようすを示したものである．この場合，音の強さは音源からの距離の2乗に逆比例する（$I \propto 1/r^2$）．つまり，逆2乗の法則に従うのである．これは，大きな球面と小さな球面に同じ量のペンキ（エネルギー）を塗るのと同様で，球面が大きいほどペンキが薄く（エネルギーは小さく）なるわけである．

人間の耳に聞こえる最小の音の強さ（**聴覚のしきい値**という）は約 10^{-12} W/m^2 である．これの約1兆倍（10^{12}）倍の強さの1 W/m^2 の音では，耳に痛みを感じる（この章のハイライトを参照）．聞こえる音の強さは範囲が広いので，普通は10を底とする対数スケールにして扱いやすい数値にする．●図6.13に示すように，音の強さのレベルはデシベル[dB]で表される．[訳注1]

1デシベル[dB]は1ベル[B]の1/10である．単位名ベルは，電話の発明者であるベル（Alexander Graham Bell, 1847-1922）の名前からとったものである．デシベルで表した数値は強さに比例しない．音の強さが2倍になると，3 dBだけ増える．[訳注2]

また，音の強さのレベルが10 dB増すごとに，音の強さは10倍ずつ増加する．[訳注3]

問6.2
ミュージックバンドが平均して60 dBの強さのレベルで演奏していたが，エンディングでぐっと盛り上げ100 dB（かなりの音量）に達した．音の強さは平均の何倍になったか．

音の大きさは強さと関連しているが，主観的なものであり，評価が人によって異なることがある．また，前述のように，耳はあらゆる振動数に同じように反応するわけではない．たとえば，強さのレベルが同じで振動数の異なる2つの音は，耳では大きさが異なると判断することがある．騒音の大きさと強さに関する職業的問題については，この章のハイライトで述べる．

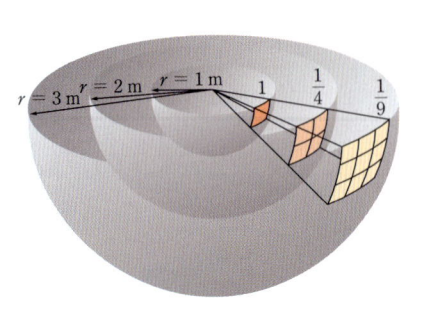

図6.12 音の強さ 点状の音源から出る音の強さは音源からの距離について逆2乗の法則に従う（$I \propto 1/r^2$）．音源からの距離がたとえば2倍になると，音は4倍の面積に広がるので，強さは1/4になる．

訳注1 音の強さを I，しきい値を $I_0 = 10^{-12}$ W/m^2 とすると，音の強さのレベル[dB] $= 10 \log_{10}(I/I_0)$ である．

訳注2 $10 \times \log_{10} 2 ≒ 3$ dB

訳注3 $10 \times \log_{10} 10 = 10$ dB

6.3 音波　127

音の強さのレベル [dB]

- 180　ロケット発射
- 140　ジェット機離陸
- 120　リベット打ち機
- 110　アンプ付きロックバンド
- 100　ボイラー工場
- 90　地下鉄車内
- 80　平均的工場内
- 70　市内交通
- 60　会話
- 50　平均的家庭内
- 40　静かな図書館
- 30　ささやき
- 20　静かな部屋
- 10　風にそよぐ木の葉
- 0　聴覚のしきい値

120 dB を越えるレベルの音は苦痛を感じる

90 dB を越える音を長時間聞くと聴覚障害を起こすおそれがある

140 dB

110 dB

70 dB

60 dB

30 dB

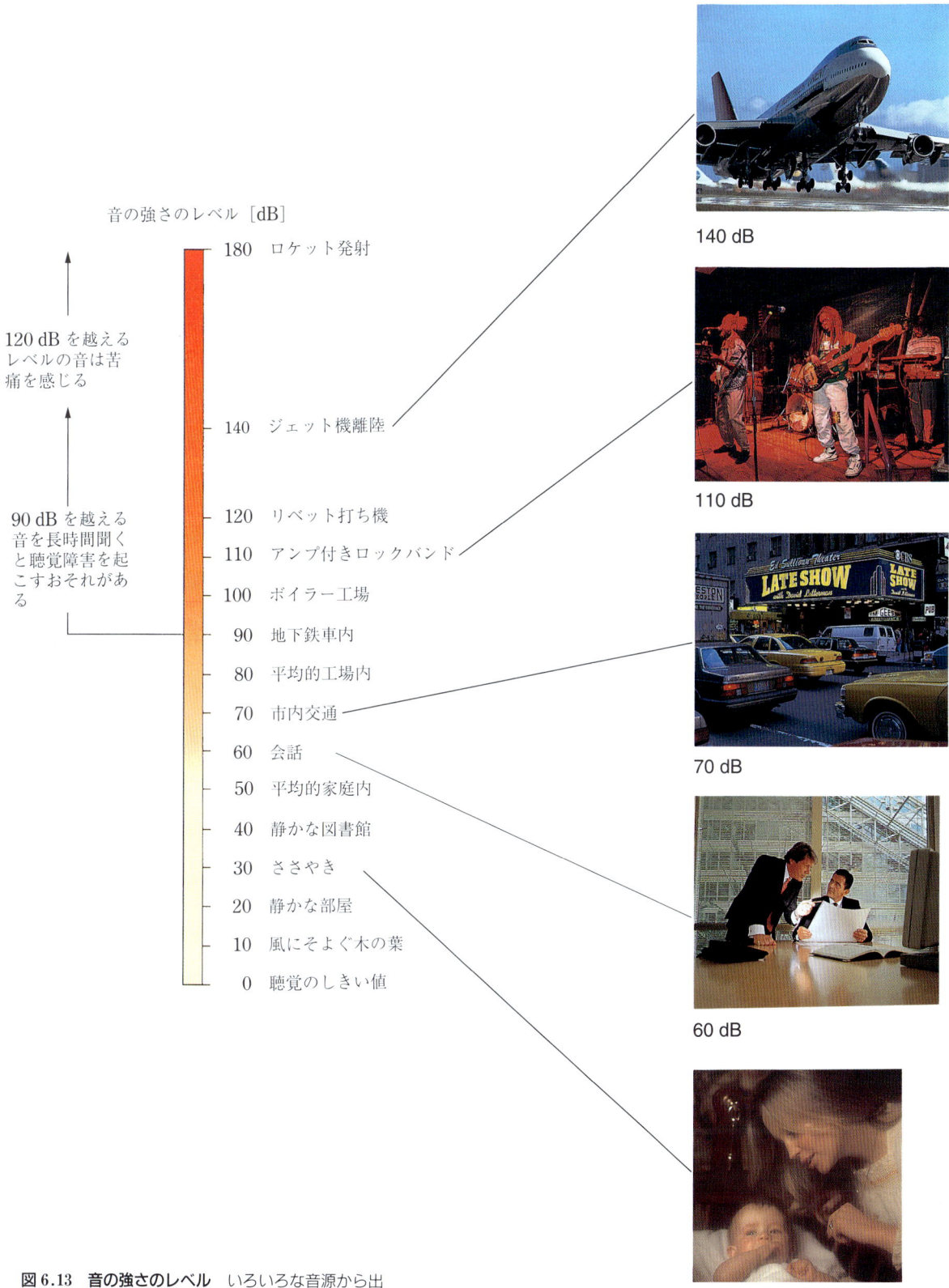

図 6.13　音の強さのレベル　いろいろな音源から出る音の強さのレベルをデシベル [dB] で表した尺度．

ハイライト

騒音の許容限界

　強さのレベルが120 dB以上の音は耳に痛みを感じることがある．さらに強さのレベルの高い音では，短時間聞いただけで鼓膜が傷つき，一生聴覚障害が残る恐れがある．しかし，これほど強くない音（騒音）でも，長時間聞くと聴覚に問題を起こすことがある（騒音の定義は望ましくない音である）．職業上，騒音にさらされる人はこのような危険があるため，職種によっては写真のようにイヤプロテクターを付けなければならない．大音量のバンド演奏を長時間聞いたり，短時間でも大きな爆発音を聞いた後で，一時的に耳が聞こえなくなった経験があるだろう．

　職業上の騒音の許容限界については，現在アメリカ連邦の基準がある（表1）．この表のように，地下鉄の車内（90 dB，図6.13）では1日あたり8時間の勤務ができるが，アンプ付きのロックバンド（110 dB）を演奏したり聞いたりするのは，連続30分が限界である．

表1　騒音の許容限界

1日あたりの許容時間[h]	騒音の強さのレベル[dB]
8	90
6	92
4	95
3	97
2	100
1.5	102
1	105
0.5	110
0.25以下	115

図1　強い騒音に対する安全策　空港で働く人は，ジェットエンジンの強いレベルの騒音による聴覚障害を防ぐためイヤプロテクターを付ける

　音波の振動数は物理的に測定される．これに対し**ピッチ**とは耳で感知する音の高低のことである．たとえば，ソプラノ歌手の歌声はバリトンに比べてピッチが高い．ピッチは振動数と関連している．しかし，単一振動数の音で，強さのレベルの異なる2つの音を聞いたとき，ほとんどの人が強い音の方がピッチが低いと感じる．

　もう1つの音の特質は**音色**である．これは音の色合いのことである．2人の人が同じ曲を同じ高さ（同じ振動数）で歌っても，音色は違っている．これは，多くの倍音（6.5節）が含まれる割合によって，波形が異なるからである．倍音が含まれる割合は鼻腔の形で決まり，人によってこの形が違うため，声の音色も違うのである．

　前述のように，20 kHzより高い振動数の音波に対し**超音波**という用語を使う．超音波は人間の耳には聞こえないが，ある範囲の振動数の超音波が聞こえる動物もいる．たとえば，犬は超音波が聞こえるので，犬を呼ぶのに超音波の笛を使うと，人間には迷惑をかけることがない．[訳注]

訳注　犬は60 kHz，猫は40 kHzまで聞えるといわれている．

　重要な応用例として，超音波を使う内臓の診断がある．X線は人体に害を与えることがあるので，代わりに超音波が使われる．検査対象からの反射超音波によって，組織と骨のように組成の異なる部分を見分け

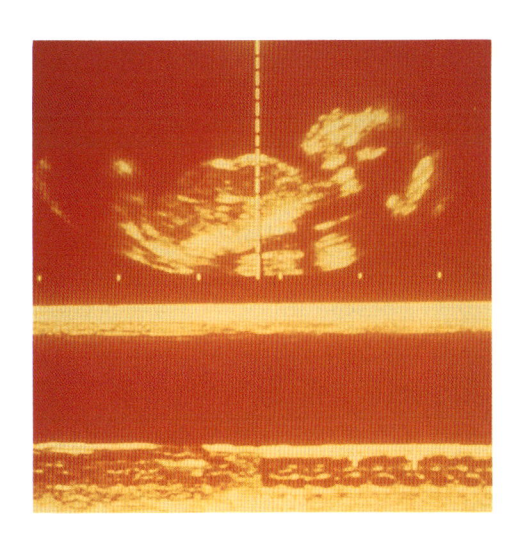

図 6.14　エコグラム　胎児のエコグラム（ソノグラム）．胎児の顔の輪郭が右上の黄色い部分に見える．超音波走査は，X 線のように胎児に有害という証拠はない．

ることができる．超音波を検出，分析してデータをコンピュータに保存する．このデータを再生すると●図 6.14 のような，母体中の胎児の像（エコグラムまたはソノグラムという）になる．X 線は胎児に害を与え，出生児に障害を起こすかもしれないが，超音波はエネルギー強度の小さい振動であり，今のところ胎児に無害だとされている．

　超音波は洗浄の技術にも応用できる．超音波を通した液槽に物体を入れると，異物の微粒子を取り除くことができる．超音波の波長は粒子の大きさと同程度で，物体の小さなすき間にも入り込み，粒子を「洗い落とす」のである．超音波は，指輪や宝石類のように細かい凹みのある物体を洗浄するのに特に有用である．入れ歯用の超音波洗浄槽も市販されている．

　音速は媒質となる物質の性質で決まる．一般に，気温 20 °C の空気中の**音速**は

$$v_{\text{sound}} = 344 \text{ m/s（約 1240 km/h）}$$

すなわち，音は約 3 秒で 1 km 進む．

　通常の温度範囲で，音速は温度変化に比例して変わる．つまり，温度が高いほど音速も大きい．^{訳注} 空気中の音速は光速よりはるかに小さいことに注意しよう．

　空気中の音速が光速よりずっと遅いことは，野球の試合中に観察できる．ホームプレートから離れた観客席にいると，バッターがボールを打つのが見えてから少し遅れて打球音が聞こえる．また，レースでスタートの合図のピストルから煙や火花が出るのが見えて，その後に爆発音が聞こえるのは，光速で伝わる視覚信号より音はずっと遅いからである．

　一般に，媒質中の音速はその媒質の弾性率と密度で決まる．水中の音速は空気中のほぼ 4 倍半，固体中の音速は空気中の 10〜20 倍くらいである．

　音速と振動数がわかると，音波の波長は簡単に計算できる．

訳注　温度 t °C の空気中の音速は，$v = 331.5 + 0.61t$ [m/s] で表される．

例 6.2 可聴音と超音波の波長の計算

空気中を伝わる音波で振動数が (a) 2200 Hz (b) 22 MHz の音波の波長はどれだけか．

解 既知 (a) $f = 2200\text{ Hz} = 2.2 \times 10^3\text{ Hz}$
(b) $f = 22\text{ MHz} = 2.2 \times 10^7\text{ Hz}$

未知 λ（波長）

波長と振動数には (6.3) 式（$v = \lambda f$）の関係があり，これより $\lambda = v_{\text{sound}}/f$ である．音速の値としては，気温 20 °C と仮定し，$v_{\text{sound}} = 344$ m/s（既知）を用いる．数値を代入すると，

(a) 可聴音である $f = 2200\text{ Hz}\,(= 2.2 \times 10^3/\text{s})$ の音の波長は

$$\lambda = \frac{v_{\text{sound}}}{f} = \frac{344\text{ m/s}}{2.2 \times 10^3/\text{s}} = 1.6 \times 10^{-1}\text{ m}$$
$$= 0.16\text{ m} = 16\text{ cm}$$

(b) 超音波である $f = 22\text{ MHz}\,(= 2.2 \times 10^7/\text{s})$ の音の波長は

$$\lambda = \frac{v_{\text{sound}}}{f} = \frac{344\text{ m/s}}{2.2 \times 10^7/\text{s}} = 1.6 \times 10^{-5}\text{ m}$$
$$= 0.000016\text{ m} = 16\ \mu\text{m}$$

このように，超音波の波長は微粒子と同程度の大きさなので，前述のように洗浄槽に使えるのである．

6.4 ドップラー効果

> **学習目標**
> ドップラー効果の説明をすること．
> ドップラー効果についていくつかの応用例をあげること．

カーレースを見に行って，レーシングカーがエンジン音を大きく響かせて近づいてくるとき，そのエンジン音は本来の振動数より高く聞こえる．車が通り過ぎると，急にエンジン音のピッチが変わり，低い振動数の音が聞こえる．大型トラックが通り過ぎるときも，同じように音の振動数の変化を聞くことがある．

移動中の音源から出た音の振動数が（したがって，波長も）変化して観測される理由は，●図 6.15 a に示してある．音源が観測者に近づいているとき，音源の前方の波は間隔が詰まる．すなわち波長が短くなったわけで，観測者には振動数が高くなって聞こえる．音源の後方の波は間隔が広がって波長が長くなり，振動数が低くなって聞こえる（$f = v/\lambda$）．このように，振動数が音源から出たものと異なって観測される現象を，最初にこの研究をしたオーストリアの物理学者ドップラー (Christian Doppler, 1803–1853) の名をとって，**ドップラー効果**という．

音源が静止している場合も，観測者が音源に近づいて通り過ぎると，同じような振動数の変化が観測される．このように，ドップラー効果は音源と観測者の相対運動によるのである．

音源の速さが音速より小さい限り，波は音源の前方でも外側に広がっていく（●図 6.16）．しかし，音源の速さが媒質中の音速に近づくほど，前方の波は間隔が詰まる．音源の速さが媒質中の音速を越えると，円錐形の頭部波が生じる．水の表面波の速さより速くモーターボートが進むと，V 字型のへさき波を生じるが，これは 2 次元の頭部波の例である．

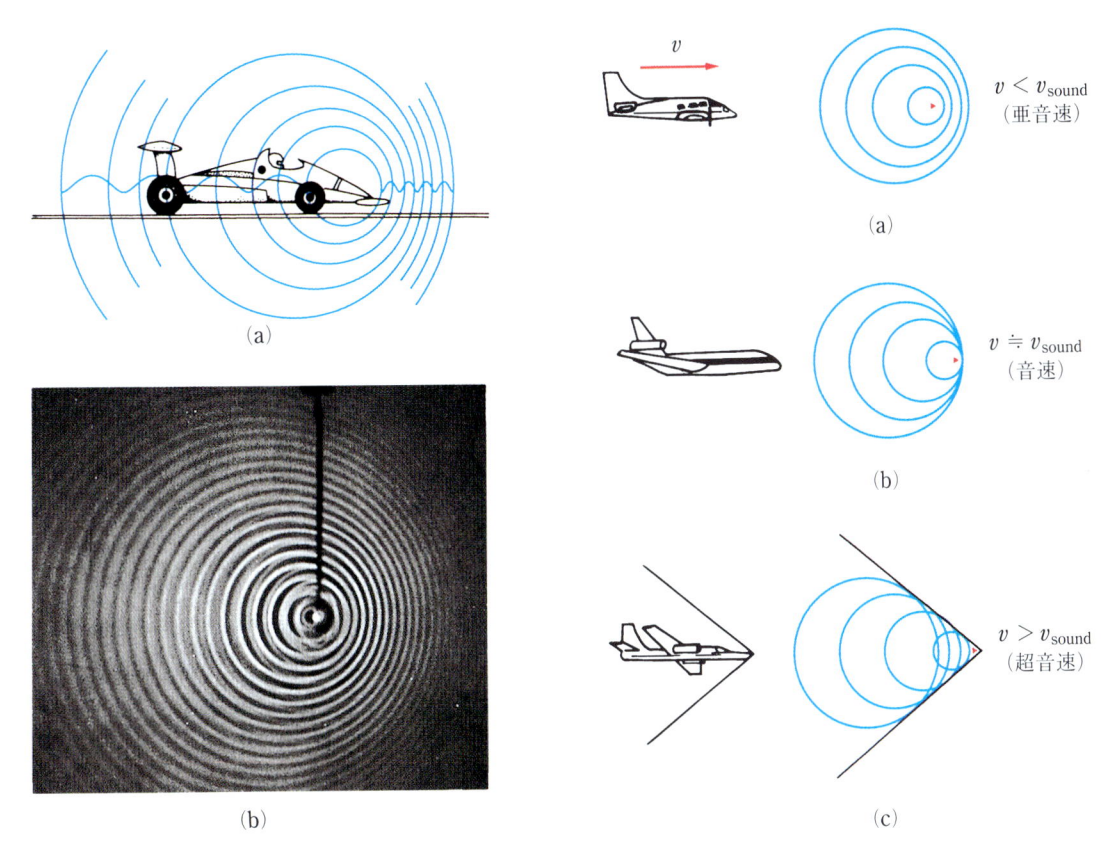

図 6.15 ドップラー効果 (a) 音源（図ではレーシングカー）が運動すると，音源の前方の波は間隔が詰まり，後方の波は間隔が広がる．その結果，前方の波は波長が短く（振動数が高く）なり，後方の波は波長が長く（振動数が低く）なる．(b) 水面を伝わるさざ波（表面張力波）におけるドップラー効果．波源は右へ動いている．

図 6.16 頭部波と衝撃音 水面を高速で進むボートのへさきから頭部波が生じるのと同じように，空気中を進む飛行機からも頭部波が生じる．亜音速の場合，飛行機が速いほど前方の波の間隔が大きく詰まる（(a)と(b)）．超音速で進む飛行機からは高圧の衝撃波が生じ(c)，観測者の上を通過するとき衝撃音として聞こえる．実際には，機体の先端からと後端からとの2つの衝撃波を生ずる．

　ジェット機が空気中を超音速（空気中の音速を超える速さ）で飛行すると，頭部波が衝撃波の形で機体から外側後方に尾を引いて広がっていく．この高圧の圧縮された波面が地上に達すると，衝撃音となって聞こえる．高圧の頭部波は超音速機の機体とともに移動しながら発生する．衝撃音は，超音速機が「音の壁を破る」つまり最初に音速を超える瞬間にだけ発生するのではない．実際には，2つの衝撃波があり，1つは機体の先端で，もう1つは後端でつくられる．

　ドップラー効果は，水面波，音波，光波（電磁波）などあらゆる種類の波について生じる一般的な効果である．可視光線のドップラー効果では，光源（恒星や銀河などの天体）が近づいてくるとき，振動数がスペクトルの青い方へずれる（青色の光は波長が短く，振動数が高い）．これを，ドップラー**青方偏移**が生じたという．光源が地球から遠ざかっているとき，振動数はスペクトルの赤い方へずれる（赤色の光は波長が長い）．これをドップラー**赤方偏移**という．

　振動数のずれの大きさは光源の速さに関係がある．銀河（銀河系外星

雲）からの光のスペクトルが赤方偏移を示すのは，星雲がわれわれの銀河系から遠ざかっていることになり，宇宙が膨張していることを表す．赤方偏移の大きさは銀河の相対的な後退速度に関係する．遠くの銀河ほどその距離に比例して遠ざかる速さが大きいことがわかっているので，赤方偏移の大きさから後退する銀河がわれわれの銀河系からどの位離れているかを計算することができる．

電磁波の振動数のドップラー偏移を利用して，天体の速さを測定できるがことがわかった．これは地球上の物体の速さを測るのにも利用できる．レーダーを使ったスピード違反取り締まりに会ったことがあるだろう．レーダー（radar）は電波の検出と距離測定（$radio\ detecting\ and\ ranging$）を意味する．ある物体に向けて電波を送り，その反射波を検出する．電波の放出から反射波の受信までの時間 Δt を測れば，物体までの距離 d は，$2d = c\Delta t$ から計算できる（水中の音波を用いる探知器ソナーの作動原理も同様である）．

しかし，もし物体（たとえば自動車）が動いていれば，ドップラー効果によって反射波は物体の速さに比例する振動数偏移を起こす．パトカーに積んであるコンピュータにその情報が入ると，ほぼ瞬時に自動車の速さがモニターに現れるのである．諸君がドップラー効果と関係のない赤や青の回転灯をつけたパトカーに追跡されないことを期待する．[訳注]

訳注 自動車の速さでは，可視光線の色が変化して見えるほどのドップラー効果の影響はない．

6.5 定常波と共鳴

学習目標
定常波の生じる理由を理解すること．
固有振動数と共鳴の関係を説明すること．

張られたロープの一端を持って一定のリズムで振り続けると，ロープに沿ってそのまま立ち止まっているように見える波のパターンが観測される．このような形の波を**定常波**という．定常波はロープを進行する波と，逆向きに戻る波との干渉によって起こる．2つの波が出会って干渉するというのは，2つの波による媒質粒子の変位を加えることで，2つの波を重ね合わせた波形ができることである．

●図 6.17 a のように，ロープを反対方向に伝わる2つの波を考えよう．これらはロープの一端を振ってできる波と，固定端で反射してくる波である．2つの波が動いても，周期的に山と山，谷と谷が重なって波が強め合ったり，山と谷が打ち消し合って波が弱くなる場所は移動しない．ロープが静止したまま振動しない点を**節**，変位が最大になる点を**腹**という（図 6.17 b）．隣り合う2つの節，または2つの腹の間の距離は定常波の波長の半分（$\lambda/2$）になっている（図 6.17 c）．

両端を固定した長さ L の弦の振動を考えよう（●図 6.18）．この場

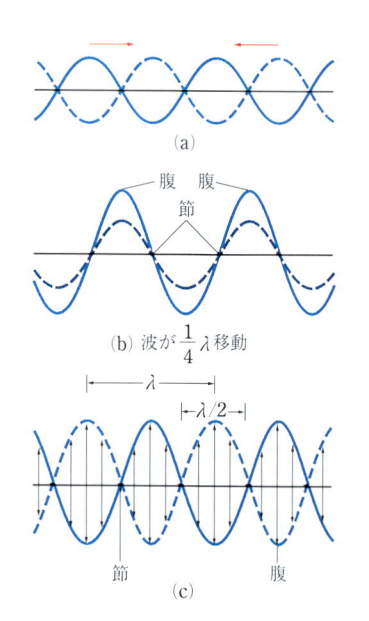

図 6.17 定常波 張られたロープを反対方向に伝わる2つの波が連続的に干渉して，図のように節と腹をもつ定常波ができる．

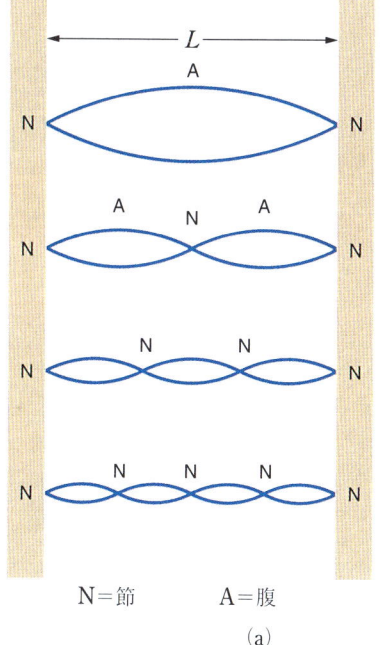

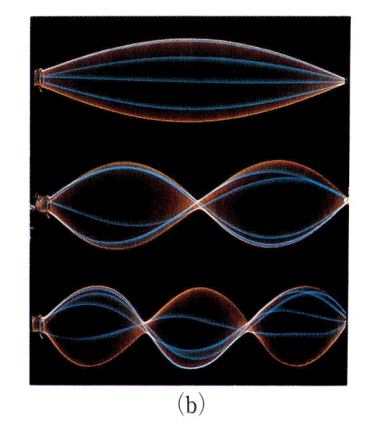

図 6.18 **固有振動数** (a) 両端を固定した弦に発生する定常波．両端が節になるという条件によって，定常波の波長の半分の倍数が弦の長さに等しくなる．(b) 振動するひもに実際にできる定常波．

合，弦の両端が節になるので，定常波としてこの弦に適合するのは，特定の数の腹をもつ波に限られる：$L = \lambda/2$, $L = 2(\lambda/2)$, $L = 3(\lambda/2)$, …などである．これから，定常波として可能な波長は一般に

$$\lambda_n = \frac{2L}{n} \qquad n = 1, 2, 3, \cdots \tag{6.4}$$

で与えられる．

定常波の振動数は (6.1) 式 ($f = v/\lambda$) を用いて計算できる．波長の一般式 (6.4) の λ_n を代入すると

$$f_n = \frac{nv}{2L} \qquad n = 1, 2, 3, \cdots \tag{6.5}$$

となる．これらの振動数を弦の**固有振動数**という．$n = 1$ に対応するもっとも低い振動数 $f_1 = v/2L$ を**基本振動数**，この波を**第 1 調和波**という．これより高い振動数 $f_2, f_3, \cdots$ は基本振動数の倍数である．$n > 1$ に対して $f_n = nf_1$，すなわち $f_2 = 2f_1$, $f_3 = 3f_1$, …で，これらの振動数の波を**第 2 調和波，第 3 調和波，**…という．また，基本振動数の n 倍 ($n = 2, 3, 4, \cdots$) の振動数の音を第 $(n-1)$ **倍音**という．

問 6.3

張られたバイオリンの弦について，第 1 調和波の振動数が 440 Hz であるとすると，第 2 および第 3 調和波の振動数はいくらか．

張られた弦や物体にその固有振動数の 1 つに等しい振動数をもつ周期的駆動力を外部から作用すると，定常波が生じて振動の振幅が大きくなる．この現象を**共鳴**といい，共鳴が起こると，その系への最大のエネルギー伝達がなされる．

系を駆動して共鳴させる1つの例はぶらんこを押すことである．ぶらんこは本質的に固有振動数が1つだけの振り子であり，固有振動数 f はロープの長さによる．ぶらんこを周期 $T = 1/f$ で周期的に押すと，エネルギーがぶらんこに伝わって振幅が大きくなっていく（大きく揺れる）．もし，ぶらんこを固有振動数から外れた振動数で押すと，ぶらんこは共鳴を起こさないので，エネルギー伝達が最大になることはない．

前述の張られた弦は，ぶらんこと違って多くの固有振動数をもつ．したがって，弦は外部からの様々な振動数に対して共鳴を起こすことができる．

共鳴の例は多い．のどや鼻腔の構造は共鳴によって，人の声に独特の音質を与える．●図 6.19 a に示すように，同じ振動数の音叉を並べて，一方から他方に共鳴を起こさせることができる．鉄橋など弾性体構造物は固有振動数で振動する可能性があり，時折悲惨な事故を引き起こす（図 6.19 b）．縦隊になって橋を渡る兵士たちは，「歩調をくずせ」と号令される．全員が歩調をそろえて行進すると，そのリズムが橋の固有振動数と一致した場合，橋は共鳴で大きな振動を起こし，構造的損傷の原因となる恐れがあるからである．

楽器は定常波と共鳴を利用してさまざまな音色を出す．ギター，バイオリン，ピアノなどの弦楽器では，両端を固定した弦に定常波が生じる．弦楽器の音を正しく合わせるとき，弦を締めたりゆるめたりして張力を調整し，弦を伝わる波の速度 v を変える．弦の長さは（定常波の波長も）固定されているので（$\lambda f = v$），この調整により振動数つまりピッチを変えるのである．

弦が振動するだけでは空気に十分な振動が伝わらないが，バイオリンのような弦楽器の胴は音響板として作用し弦の振動を空気に伝えるので，大きな音が出る．弦楽器の胴は共鳴箱の役目をし，音が上面にある穴から出てくる．

管楽器の内部の気柱にも同じような定常波が生じる．固定弦と同様に，オルガンのパイプは長さが決まっているので，特定の波長の定常波だけができる．しかし，トランペットやトロンボーンのように，気柱の長さを変えることにより，振動数つまり音の高さを変える楽器もある．

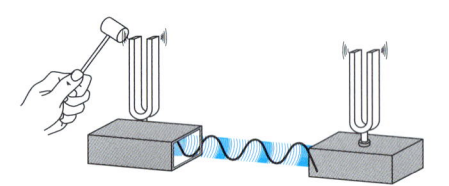

図 6.19 共鳴 (a) 一方の音叉を鳴らすと，同じ振動数の他方の音叉も共鳴を起こして鳴り始める．(b) 望ましくない共鳴．有名なタコマ・ナローズ橋は風のために大きな共鳴振動を起こして崩壊した．

重要用語

波動	ヘルツ	音	ピッチ	定常波	共鳴
波の速度	周期	音のスペクトル	音色	節	
横波	波長	音の大きさ	超音波	腹	
縦波	電磁波	音の強さ	ドップラー効果	固有振動数	
振動数	光速（光速度）	デシベル	赤方偏移	基本振動数	

重要公式

波の振動数と周期 $f = \dfrac{1}{T}$

波の速さ $v = \dfrac{\lambda}{T} = \lambda f$

光速（真空中） $c = 3.00 \times 10^8$ m/s

音速（20 °C の空気中） $v_{\text{sound}} = 344$ m/s （約 1240 km/h；3 秒で約 1 km）

固有振動数（長さ L の弦） $f_n = \dfrac{v}{\lambda_n} = \dfrac{nv}{2L}$
$n = 1, 2, 3, \cdots$

質問

6.1 波の性質

1. 張られた弦に横波が伝わっている．弦に小さなリボンを結びつけると，それはどの方向に振動するか．(a) 上下，(b) 前後，(c) (a) か (b) のどちらでもよい，(d) (a) でも (b) でもない．

2. 波のエネルギーは (a) 振幅に比例する，(b) 振幅に逆比例する，(c) 振幅の 2 乗に比例する，(d) 振幅の 2 乗に逆比例する．

3. 横波と縦波はどう違うか．それぞれの例をあげよ．それらはあらゆる媒質中を伝わるかどうか説明せよ．

4. つぎの量の SI 単位は何か：(a) 波長，(b) 振動数，(c) 周期．

5. $v = \lambda f$ という関係式から，速さの単位が正しく導かれるか確めよ．

6.2 電磁波

6. 電磁波は (a) 振動数によって真空中を伝わる速さが異なる，(b) 伝わるのに媒質が必要である，(c) 縦波である，(d) 横波である．

7. 電磁波スペクトルで，可視光線より振動数の高い領域はつぎのどれか．(a) ラジオの電波，(b) 紫外線，(c) マイクロ波，(d) 赤外線．

8. 可視領域で波長の長い端はどんな色か，また振動数の高い端はどんな色か．

9. ラジオの電波は音波かどうか説明せよ．

10. 可視光線の波長はどんな範囲にあるか．可視光線の波長と可聴音の波長はどのくらい違うか比較せよ．

6.3 音波

11. 音波を伝える媒質は (a) 固体，(b) 液体，(c) 気体，(d) これらのすべて，である．

12. 人間の可聴音の振動数の上限は約 (a) 20 kHz，(b) 200 kHz，(c) 2 kHz，(d) 2 MHz である．

13. 音波について (a) 高さ（ピッチ），(b) 音の大きさ，(c) 音色を記述する主な物理的性質は何か．

14. 超音波は聞こえるか．超音波の応用例をあげよ．
15. フットボール競技場に広がって隊列を組んだマーチングバンドからの音楽は，不協和音になることがあるのはなぜか．
16. 音の強さのレベルを表すデシベルが2倍になると，音の強さも2倍になるか．

6.4 ドップラー効果

17. 運動している観測者が静止した音源に近づくとき，観測者に聞こえる音は音源の振動数に比べ (a) 高い，(b) 低い，(c) 同じ．
18. 光源である天体が地球から遠ざかっているとき，われわれが観測するのは (a) 青方偏移，(b) 長い波長への偏移，(d) 高い振動数への偏移，(d) 衝撃波である．
19. つぎの場合，音の波長はどう変化するか．(a) 静止した観測者に音源が近づく，(b) 静止した音源から観測者が遠ざかる．
20. 音に対する (a)「青方偏移」，(b)「赤方偏移」は，どんな状況で起こるだろうか．
21. むちをぴしっと鳴らすときの鋭い音（衝撃音）と，超音速機からの衝撃波に伴う衝撃音とを比較せよ．

6.5 定常波と共鳴

22. 定常波で媒質がまったく振動しない点を何というか．(a) 基準モード，(b) ゼロ点，(c) 節，(d) 腹．
23. 張られた弦に，ある振動数の振動を与えて共鳴を起こすには，その振動数は (a) 第1倍音の振動数，(b) 第2倍音の振動数，(c) 基本振動数，(d) これらのすべて である．
24. 両端を固定した弦に生じる定常波は，その波長の半分の倍数が弦の長さに等しい理由を説明せよ．
25. (a) 張られた弦の固有振動数は何通りあるか．(b) 振り子の固有振動数は何通りあるか．
26. 系に振動を加えて共鳴を起こさせるとどうなるか．加える振動数は特定のものが必要か．
27. バイオリンの弦の振動数を決めるものは何か．バイオリニストが1本の弦から多様な音調を出すのはどうしてか．

思考のかて

1. 古くからある話である：森の中で木が倒れるとき，その音を聞いている人がだれもいなくても，音は存在するかどうか．
2. 月面上で宇宙飛行士がハンマーを落としたら，音がしたかどうか，説明せよ（さらに，宇宙飛行士はどうやって互いに連絡し，うまく任務を遂行できるのか考えてみよ）．
3. つぎの場合，音はどうなるか．(a) 音源と観測者が同じ速度で動く，(b) 静止した観測者に向かって音源が超音速で近づく．
4. 超音速で飛んでいるジェット機のパイロットには，どんな音でも聞こえるだろうか．
5. シャワーの中で歌うと，充実した響きの豊かな音色に聞こえるのはなぜか．

練習問題

6.1 波の性質

1. 周期が 3.0 s の規則的な波がある．振動数はどれだけか． **答** 0.333 Hz

2. 湖面を進む波の速さが 2.0 m/s であり，波の隣り合った山の間の距離が 5.0 m である．
   (a) この波の振動数はどれだけか．
   (b) この波の周期はどれだけか．
   答 (a) 0.40 Hz　(b) 2.5 s

3. 振動数 200 Hz の音波がある．隣り合った密の部分の間の距離はどれだけか（気温 20 ℃ と仮定する）．
   答 1.72 m

4. 水中の音速を 1530 m/s とする．振動数 2000 Hz の水中の音波の波長はどれだけか． **答** 0.765 m

6.3 音波

5. 水中の音速を 1500 m/s として，振動数 30 kHz の超音波の波長を計算せよ． **答** 0.050 m

6. 雷雨のとき，稲妻が光ってから 4 s 後に雷鳴が聞こえた．稲妻の発生した場所までの距離はほぼどのくらいか（**ヒント** 音は 3 s で約 1 km 進む）．
   答 1.3 km

7. 地下鉄の電車の音の強さのレベルは 90 dB，ロックバンドでは 110 dB である．ロックバンドの音の強さは地下鉄の電車より何倍大きいことになるか． **答** 100 倍

8. この章のハイライトの表 1 で，音の強さのレベルが 92 dB から 95 dB に上がると，最大許容時間が 6 h から 4 h に減少する．95 dB の音の強さは 92 dB の何倍か． **答** 2 倍

9. 音の強さのレベルが 123 dB のロックバンドが，音の強さを 1/100 に落とした．これは何 dB か．
   答 103 dB

10. スピーカーから 80 dB の出力で音が出ている．出力の強さを 10 000 倍にすると何 dB になるか．
    答 120 dB

6.5 定常波と共鳴

11. (a) 長さ 1.0 m の張られた弦を伝わる波の速度を 240 m/s とすると，基本振動数はどれだけか．
    (b) 第 2 調和波（第 1 倍音）の振動数はどれだけか．
    答 (a) 120 Hz　(b) 240 Hz

12. 張られた弦の基本振動数が 256 Hz のとき，第 1 倍音と第 2 倍音の振動数はどれだけか．
    答 512 Hz と 768 Hz

13. 張られた弦の第 3 調和波の振動数が 660 Hz である．この弦の第 4 調和波の振動数はどれだけか．
    答 880 Hz

質問（選択方式だけ）の答

1. c　　2. c　　6. d　　7. b　　11. d　　12. a　　17. a　　18. b　　22. c　　23. d

本文問の解

6.1 $f = \dfrac{v}{\lambda} = \dfrac{344 \text{ m/s}}{1.00 \text{ m}} = 344 \text{ Hz}$

6.2 デシベルの増加 $= 100 \text{ dB} - 60 \text{ dB} = 40 \text{ dB}$，40 dB/10 dB $= 4$，したがって音の強さは $10^4 = 10\,000$ 倍に増える．

6.3 $f_2 = 2f_1 = 2 \times 440 \text{ Hz} = 880 \text{ Hz}$
$f_3 = 3f_1 = 3 \times 440 \text{ Hz} = 1320 \text{ Hz}$

7
波動現象と光学

波動現象，とくに音と光の波は，われわれのまわりのどこにでもある．これらの現象を多く知っていても，われわれの体験の一部として当然のことと思っているので，それ以上分析し検討しようとすることはめったにない．たとえば大きな声でしゃべると，すぐ近くの別の部屋にいる人にも聞こえる．これは音波が部屋のかどを「曲がって」進むことを示している．しかし，光の波が曲がって進むことはないと思われる．つまり，隣の部屋にいる人の声は聞こえるが姿は見えないのである．

光がシャボン玉や水面の油膜に当たると，鮮やかに輝く色が現れる．また，カラフルな虹を見ることもある．これらの現象は光波（電磁波）の作用によるものとして，理解し説明することができる．

鏡やレンズはありふれた身の回りのものである．鏡をのぞくのは日常のことである．また多くの人がレンズ（めがね）をかけている．鏡とレンズの働きは，反射と屈折の概念で記述される．以下ではこれらの作用をもとに，鏡とレンズの基本的原理を説明する．また，人間の目，スライドプロジェクターやめがねなど多くの光学装置についても，この観点から理解を深めよう．

多くの波動現象があるが，このうちドップラー効果と共鳴についてはすでに論じた（第6章）．この章では日常われわれに影響のあるその他の重要な波動現象について考えていこう．

7.1 反射

学習目標
反射の法則を説明すること．
正反射と乱反射の相違を理解すること．

波は，なんらかの手段で初めの進行方向を変えない限り，均質な媒質の空間を一直線に進み続ける．波が物体の表面あるいは物質の境界面にあたると，向きを変えて跳ね返る．このようにして波の向きが変わる現象を**反射**という．こだまは音の反射の例である．

光の場合，反射とは光が物体の表面で「跳ね返る」ことと考えてもよい．反射を簡単な方法で記述するために，光線の反射を考える．**光線**とは光の経路を表す直線である．光のビームは平行光線の集まりと考えることができる．

光線の反射は●図7.1に示すような方法で起こる．反射面に垂直に立てた直線を**法線**といい，入射光線と反射光線の向きはこの法線に対する角度，つまり入射角と反射角で測る．入射光線と反射光線の関係を決めるのが**反射の法則**である：

入射角 θ_i と反射角 θ_r は等しい．（$\theta_i = \theta_r$）

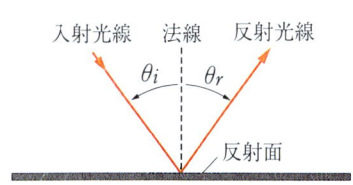

図7.1 反射の法則 反射面に垂直な法線に対する入射角（θ_i）と反射角（θ_r）は等しい．入射光線，反射光線，法線は同じ平面内にある．

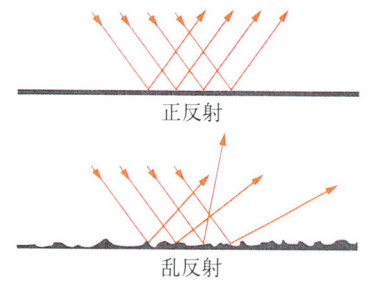

図 7.2 正反射と乱反射 鏡のように滑らかな面では正反射が起こり，粗い面では乱反射が起こる．

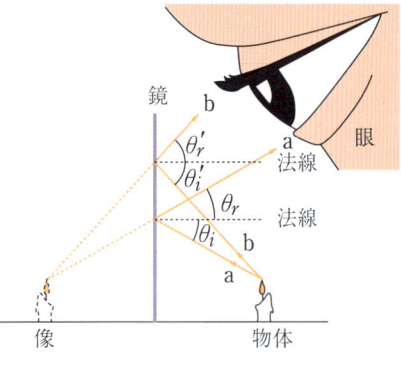

図 7.3 平面鏡による像の作図 物体の同じ点から出て平面鏡で反射した2本の光線を，鏡の後方に延長して交わる点に像ができる．

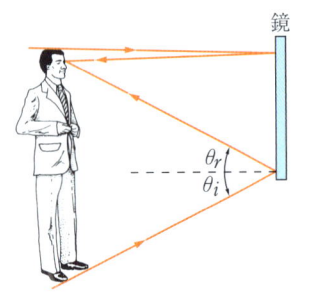

図 7.4 全身像 平面鏡に全身像を映すには，少なくとも身長の半分の高さの鏡が必要なことがすぐわかる．

また，入射光線と反射光線は，法線を含む同一平面内にある．

問 7.1

光線が平面鏡の表面に対して 50° の角度で入射するとき，反射角はいくらか．

鏡のように非常に滑らかな面による反射を**正反射**という（●図 7.2）．正反射では，平行な入射光線は平行な反射光線になる．しかし，滑らかでない面で反射した光線は平行でなくなる．このような反射を**乱反射（拡散反射）**という．この本の紙面で起こっているのは乱反射である．正反射と乱反射のどちらも反射の法則に従っているが，面が滑らかでないと反射光線の向きがまちまちになり，乱反射になるのである．鏡のように滑らかな面で生じる正反射では，乱反射と違って目に見える像ができる．

光線が鏡の面でどのように反射するかを考えると，鏡のつくる像の性質を決めることができる．●図 7.3 は，光線の作図によって平面鏡のつくる像の見かけの位置を求める方法を示す．物体から出て反射の法則通りに鏡で反射される少なくとも 2 本の光線を考えると，それらの光線（またはその延長）が交わる位置に像ができる．平面鏡の場合，像の位置は鏡の裏側で，像と鏡の距離は表側にある物体と鏡の距離に等しい．

●図 7.4 は，人が頭からつま先まで全身像を映しているときの光線の作図である．全身を映すのに，どれだけの大きさの鏡が必要だろうか．反射の法則から明らかなように，人と鏡の距離とは無関係に，身長の半分の高さの鏡があれば全身像を映すことができる．

ものが見えるのは，光がものに当たって反射するからである．周囲を見回してみよう．実際に見ているのは，壁，天井，床，その他の物体から反射してきた光である．もちろん，太陽光や電灯のような光源が 1 つ以上なければならない．真っ暗な部屋に入ると，反射光がないので何も見えない．

よく経験するように，夜間に照明された室内では，透明な窓ガラスが光を反射して鏡のようになる．ところが，昼間はその窓ガラスが透き通って見える．これはなぜだろうか．ガラス自体は光に対し夜も昼も同じように作用し，昼間も室内の光を反射している．しかし，昼間は部屋の外からガラスを透過してくる光の量が多いので，反射光をおおい隠してしまう．夜になると外からの透過光が少なくなり，反射光がよく見えるようになる．

自然の中に●図 7.5 のような美しい反射像をよく見る．この本を上下逆にしてみよう．どちらが本物か見分けがつかないほどである．

図 7.5 自然界の反射像 自然界にはこの水面に映る像のような美しい反射像がよく見られる．

7.2 屈折と分散

> **学習目標**
> 屈折の現象を説明し，屈折の際に光の分散がどのように起こるかを理解すること．
> 透明な媒質間の境界が全反射によって鏡のように働くことを理解し，この原理がファイバーオプティックスにどのように応用されているかを説明すること．
> 分散の効果をいくつか記述すること．

光がガラスや水のように透明な媒質に当たると，●図 7.6 のように，一部が反射し，一部が透過する．詳しく調べると，光が面に垂直に当たるときを除いて，透過した光は進行方向を変えることがわかる．波が別の媒質の中へ入るとき進行方向を変える現象を**屈折**という．●図 7.7 は光のビームが水で屈折する様子を示す．たとえば，水の入ったコップにフォークか鉛筆を入れてみよう．水面のところで折れ曲がり，水中の部分の位置がずれて，切断されたように見える．

入射光線と屈折光線の向きは，**入射角** θ_1 と**屈折角** θ_2 で表される．これらは，媒質の境界面に垂直な法線を基準に測った角度である（図 7.6）．光がたとえば空気から水またはガラスに斜めに（$\theta_1 > 0°$）入ると，光線は法線の方へ「折れ曲がる」ように屈折する（$\theta_2 < \theta_1$，つまり屈折角は入射角より小さい）．このような屈折が生じるのは，媒質中を進む光の速さが媒質の物理的性質によって異なるからである．たとえば，水中の光速は空気中あるいは真空中の光速の約 75％ である．

問 7.2
光がガラスから空気に入るときは，光線はどのように屈折するか．

光が媒質間の境界面でどのように屈折するかを理解する助けとして，つぎの類推を考えよう．●図 7.8 a のように，バグパイプの楽隊が広場を行進していてぬかるみの場所に斜めに差し掛かるとする．団員はぬかるみに入っても同じ歩調で進み続けるが，泥に足をとられて歩幅が減り，行進の速度が落ちる．同じ横列の団員でもまだぬかるみに入っていない人は，前と同じ速さで行進する．その結果，ぬかるみに入った縦列は行進の向きが変わる．

楽隊の横列に相当するものが，波の進行方向に垂直な波面であると考えればよい（図 7.8 b）．光の場合，波の振動数（歩調に相当）は変わらないが，波の速さと波長（歩幅に相当）が変わるのである（$c_m = \lambda_m f$）．

真空中の光速と，媒質ごとに異なる光速との比を，その媒質の**屈折率** n という：

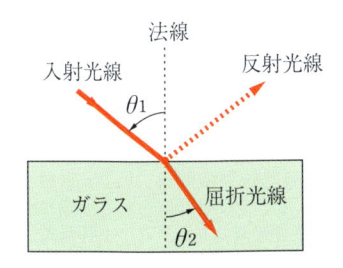

図 7.6 屈折 光が透明な媒質に垂直でない角度で入射すると，境界面で屈折し，進路が曲がる．図のように，光が空気からガラスに入るとき，光線は法線の方へ「折れ曲がって」屈折する（$\theta_2 < \theta_1$，すなわち，屈折角は入射角より小さい）．光の一部は境界面で反射する．

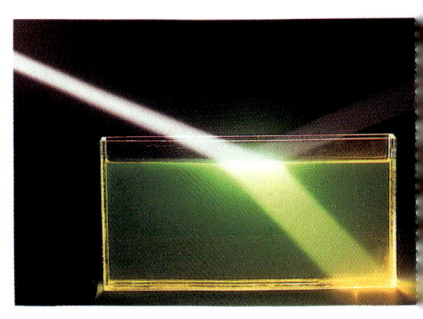

図 7.7 屈折の実例 光のビームが水槽に入ると，水と空気の境界面で屈折し光線の向きが変わる．

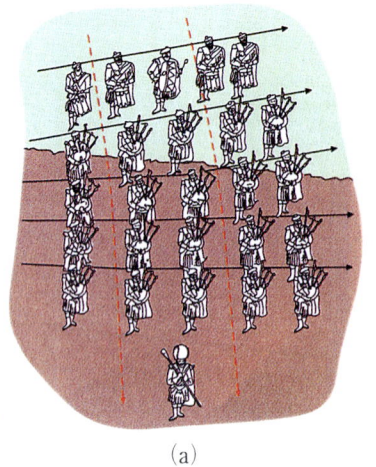

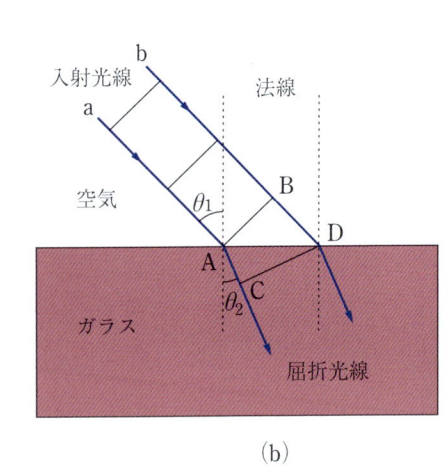

図7.8 楽隊の行進と屈折との類推
(a) 楽隊がぬかるみの場所に斜めに入ると，行進の向きが変わる．歩調（振動数）は同じでも泥に足を取られて歩幅が減る（波長が短くなる）ので，速度が落ちる．(b) 屈折で波面の進む向きが変わるのは，(a) との類推によって説明される．

訳注 図7.8(b)において，波面がABからCDに到達する時間をΔtとすると，$AC = c_m \Delta t = AD \sin \theta_2$，$BD = c \Delta t = AD \sin \theta_1$であるから，(7.1)式は
$$n = \frac{\sin \theta_1}{\sin \theta_2}$$
と書くことができる．

$$\text{屈折率} = \frac{\text{真空中の光速}}{\text{媒質中の光速}}$$

$$n = \frac{c}{c_m} \tag{7.1}$$

c，c_mともに同じ単位の量なので，屈折率nは無次元の数になる．いくつかの物質の屈折率を表7.1にあげておく．空気の屈折率は真空に対する値に近いので，媒質の屈折率を決めるとき空気を基準にしてもよい．

表7.1 いくつかの物質の屈折率

物質	$n = \dfrac{c}{c_m}$
水	1.33
クラウン・ガラス	1.52
ダイヤモンド	2.42
空気（0℃，1気圧）	1.00029
真空	1.00000

屈折率の大きい媒質ほど光速が小さくなり，入射光は法線に近づくように屈折する．

例題7.1 水中の光速

水中の光速は真空中の光速の何パーセントか．

解 水中の光速（c_m）を真空中の光速（c）で割った比c_m/cを考え，これをパーセントで表せばよい．

求める比は屈折率$n = c/c_m$の逆数であるから
$$\frac{c_m}{c} = \frac{1}{n} = \frac{1}{1.33}$$
$$= 0.75 \, (\times 100\%) = 75\%$$
となる．ただし，表7.1の水の屈折率$n = 1.33$を用いた．

問7.3
空気中の光速は真空中の光速の何パーセントか．

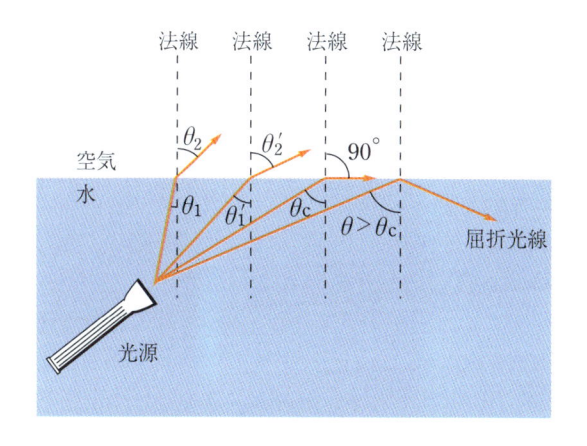

図 7.9 全反射 光が水から空気のように，屈折率の大きい媒質から小さい媒質に入るとき，光線は法線から離れるように屈折する．入射角がある臨界角 θ_c になると，屈折角が 90° になる．入射角が臨界角を超えると，境界面が鏡のようになって，光はすべて反射される．

光がたとえば水から空気のように，屈折率の大きい媒質から小さい媒質に入ると，光線が法線から遠ざかるように屈折する．この屈折のようすは，図 7.6 の光線を逆にたどって屈折率の大きいガラスから小さい空気に入ったと考えればよい．

● 図 7.9 の左側の光線はこのタイプの屈折を示す．入射角が大きくなるとおもしろいことが起こる．屈折光線が法線から大きく遠ざかり，入射角がある特別の**臨界角** θ_c に達するとき，屈折光線は 2 つの媒質の境界に沿って進む．入射角が θ_c より大きくなると，光はすべて反射され，屈折光がなくなる．この現象を**全反射**という．● 図 7.10 a では屈折と全反射の図解を示す．全反射を利用するとプリズムを鏡として使うことができる．

全反射はダイヤモンドの輝きを増すのに役立っている．いわゆるブリリアントカットとは，ダイヤモンドの内部に入った光が内面で全反射を起こすようにカットすることである（図 7.10 b）．こうして上面から出

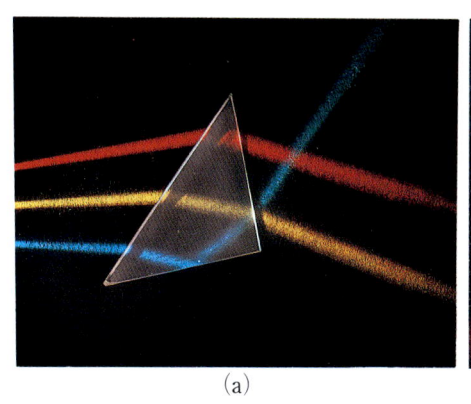

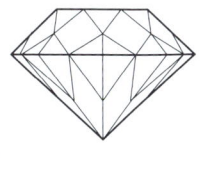

図 7.10 屈折と内面での全反射 （a）3 色の光のビームが三角形のガラス片に左から入射する．光は空気からガラスに入るとき法線に近づくように屈折する．光がガラスを通り抜けて空気に入るときは法線から離れるように屈折する．青いビームがガラスから空気への境界面に 1 回目に当たる入射角は臨界角 θ_c を超えているので，内面で全反射が起こる．（b）ダイヤモンドは屈折と内面での全反射によって輝きを生じる．いわゆるブリリアントカットでは，屈折と全反射が適切に起こるよう，決まった数の大小の面が適当な厚みになるようにカットされている．

てくる光によりダイヤモンドは美しく輝くのである．

　全反射の別の例としては，噴水の水を下から照らすイルミネーションがある．細流となった水の内面で，光が全反射して美しく輝く．同様に光は「ライトパイプ（光の管）」と呼ぶ透明なプラスティック管の中を進むことができる．入射角が臨界角より大きいと，光はパイプの内面に沿って一連の全反射を繰り返して伝わっていくのである（●図 7.11 a）．

　光は細い繊維（光ファイバー）の内部を伝わることができ，このような繊維を束にしたものがファイバーオプティクス（繊維光学）という比較的新しい分野で使われている（図 7.11 b）．ファイバーオプティクスを装飾ランプに応用したものを見た人も多いだろう．重要な応用例としては，柔軟な光ファイバーの束を使って見にくい場所に光を送るファイバースコープがある（図 7.11 c）．たとえば，光ファイバーの束を通して光を送り込んで物体を照らし，反射してきた光を別の束を通して取り出すと，物体の像が見える．医学の分野ではファイバースコープを使って人体の胃や心臓を検査したり，工学の分野では直接は見にくい機械の奥まった場所を調べることができる．ファイバーオプティクスは電話通信にも応用されている．電線を伝わる電子信号の代わりに，光ファイバーを伝わる光信号を利用するのである．

分散

　物質の屈折率は実際には光の波長によってわずかに変化する．つまり，光が屈折するとき，異なる波長の光はわずかに異なった屈折角で曲がる．この現象を**分散**という．●図 7.12 のように，白色光（あらゆる波長の可視光を含む光）がガラスのプリズムを通過する場合，光線はプリズムに入るときと出るときに屈折する．屈折角は波長によって異なるので，光は分散して色（波長）のスペクトルができる．波長の短い光ほど屈折の程度が大きい．紫色の光は赤色の光より波長が短いので，大きく屈折して進路を変える．

　ダイヤモンドはカラフルな分散のために独特の輝きをもつ．これは内面での全反射に加えて分散によって色がつくからである．

　どのような物質も十分に熱すると，固有の振動数（波長）のスペクトルをもつ光を放出する．光をスペクトルに分解して固有の振動数を調べると，その物質が何であるかを確認できる．このようなスペクトルの研究を**分光学**（スペクトロスコピー）という．天文学者，化学者，物理学者，その他の科学者たちは，宇宙を含む自然全体の研究のために，物質が放出する光や電磁波のスペクトルを利用して，今までに膨大な基礎データを蓄積してきた．●図 7.13 は，プリズムを用いた分光計とスペクトルの例を示す．

　この節の話題として虹をハイライトで取り上げる．

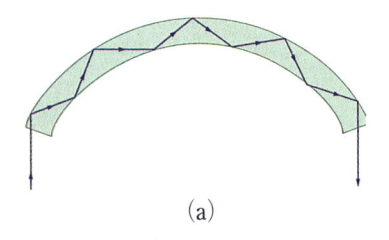

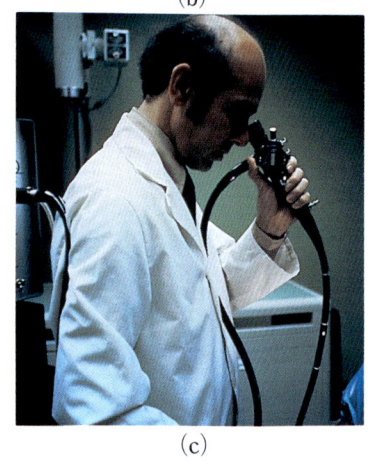

図 7.11　ファイバーオプティクス
(a) 光が光ファイバーの内面に臨界角を超えて入射すると，繰り返し全反射が起こり，光は光ファイバーの内部を伝わる．光ファイバーはライトパイプの役をする．(b) 光ファイバーの束を指先でつまんでいる．全反射を繰り返してファイバー内を通ってきた光が，光ファイバーの先端で光っているのが見える．(c) ファイバーオプティクスの応用例．医師が消化管手術用の内視鏡をのぞいている．光は光ファイバーの一部を通って先端に達し，別のファイバーを通って戻ってくる．内視鏡を使って他の方法では到達できない場所を見ることができる．

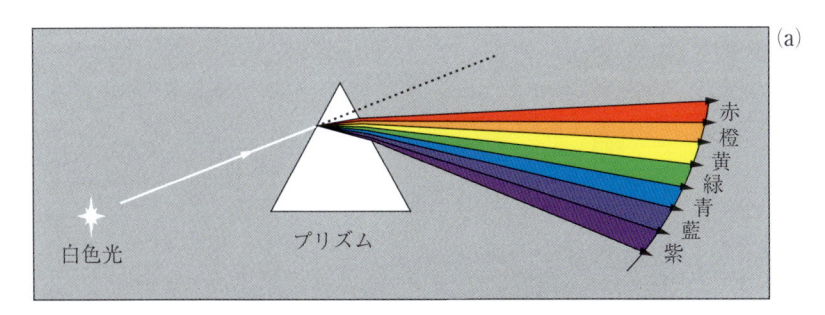

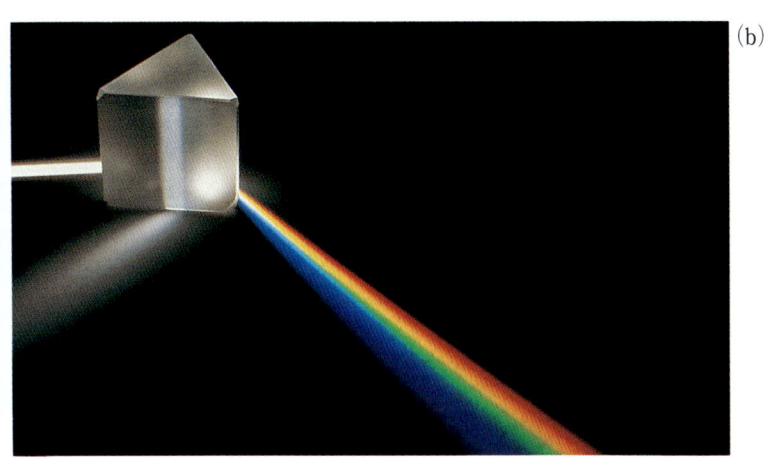

図7.12 分散 (a)白色光がプリズムによって，色のスペクトルに分散されることを説明する．スペクトルの短波長端の紫は長波長端の赤より大きく屈折する．(b)プリズムで分散されて実際に生じたスペクトル．

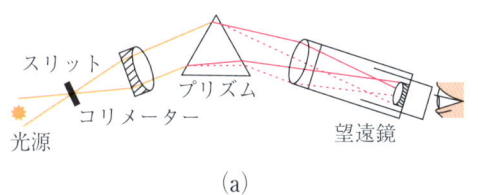

図7.13 分光器と分光計 (a)分光器は，光をそれぞれの波長つまり色の成分に分ける装置である．(b)分光器に光の進路の角度変化を測る目盛りを付け，それから波長を計算できるようにした装置が分光計である．(c)線スペクトルの例を示す．それらの波長を分光計によって測ることができる．

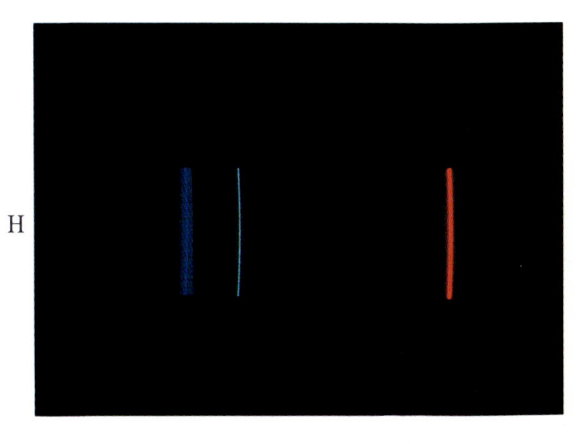

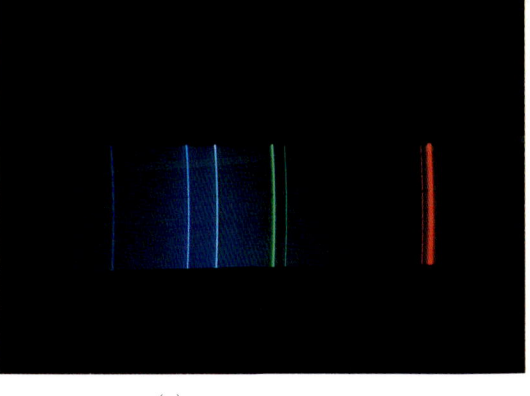

ハイライト

虹

　虹は雨上がりによく見られる美しい大気中の光学現象である．空を横切ってカラフルな弧を描いて現れる．虹はいくつかの光学的効果：屈折，全反射，分散の結果である．ただし，雨上がりにはいつも虹が見られるわけではなくて，ある決まった条件が整う必要がある．

　雨の降った後，空中には多数の細かい水滴が漂っている．この水滴に太陽の光が当たって虹ができるが，その虹が見えるかどうかは太陽と観測者の相対的位置による．よく知られているように，虹が見えるとき普通は太陽が自分の後ろにきている．

　虹がどのように形成されて観測されるかを理解するため，日光が水滴に入射するとき何が起こるかを考えよう．光は水滴に入るとき屈折し，分散により色の成分に分かれて水滴の中を進む（図1a）．

　光が水滴にある角度以上で入ると，光は水滴内で全反射し，色の成分ごとに少しずつ異なる角度で水滴外に出る．屈折と全反射の条件のために，成分の色は地上の観測者に対して40°から42°の角度をなす狭い範囲の円弧をつくっている．

　観測者にこれらの角度で分散光が到達するような太陽の位置になっているときだけ虹が見えるのである．この条件が満たされ，空気中に十分の水滴があるときに見られるのが，カラフルな弧を描く**第1の虹**であり，弧の外側の赤から内側の紫まで色が並んでいる（図1aと1c）．

　時には，太陽の光が水滴の内部で2回全反射して出てきたものが見えるように，条件が満たされることがある．これが**第2の虹**で，それほどひんぱんではないが，第1の虹の上方に淡い色で現れる．色の並ぶ順序は第1の虹と逆である（図1bと1c）．第1の虹の下に明るい領域がある．2つの虹から出た光が合わさってこの明るい部分がつくられている（写真は第1と第2の虹）．

　虹の描く弧の長さのどれだけが見えるかは，（水平から測った）太陽の高さによる．太陽の位置が高いほど，見える虹は短くなる．太陽の高度が42°以上のとき，第1の虹は地平線の下にできるので地上からは見えない．しかし，高い場所に行くほど虹の弧の多くの部分が見えるようになる．たとえば，飛行機の乗客は完全に円を描いた虹を見るのが普通である．同様に，芝生のスプリンクラーによる散水でできる霧雨の中に入ると小さな円形の虹が見える．

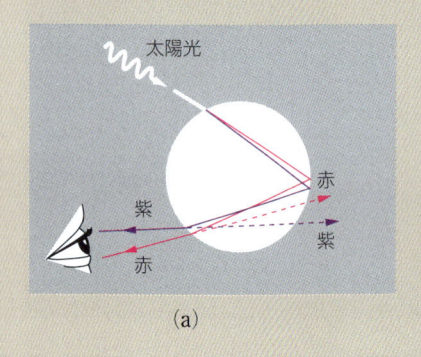

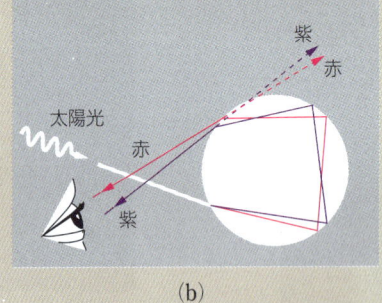

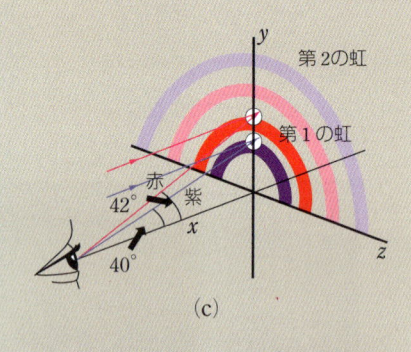

(a) (b) (c)

図1　虹の形成　太陽の光は水滴中で，1回(a)，または2回(b)全反射する．水滴中で光の分散により色が分かれる．観測者は特定の角度の範囲で，色のついた弧として虹を見ることができる(c)．太陽と観測者の両方が適切な位置にあるときに限って，下の写真のような虹を見ることができる．第1の虹の上方に淡く第2の虹が見える．

7.3 回折,干渉,偏光

> **学習目標**
> 回折,干渉,偏光の各現象を説明すること.
> これらの現象の応用例をいくつかあげること.

回折

● 図 7.14 は,直進する水面波が小さなスリットを通り抜けていく様子を示す.波がスリットの端を回り込んで裏側にまで届いている.音や光などあらゆる波は小さなスリットや縁(へり)を通るときこの種の曲がり方をする.このように波が回り込む現象を**回折**という.

回折が効果的に起こるためには,スリット(または物体)の大きさ d が波の波長 λ(波の山と山の間隔)と同程度かそれより小さくなければならない($d \leq \lambda$).非常に幅の広いスリットを波長の短い波が通り抜けるときは,回折の効果がほとんどない.日常見かける大きさの物体を音波は曲がって回り込むが,光波はそのようなことがない.たとえば,新聞紙を顔の前に広げて話をするとしよう.新聞紙の向こう側にこちらの声は聞こえるが,こちらの顔は見えない.これは新聞紙の大きさと音あるいは光の波長に対し,回折の条件を考えると説明できる.

第 6 章で学んだように,可聴音の波長はセンチメートルからメートルの程度であり,可視光線の波長はほぼ 10^{-6} m(100 万分の 1 m)である.通常の物体やすき間の大きさはセンチメートルからメートルの程度である.したがって,物体やすき間の大きさと同程度の波長をもつ可聴音については回折が容易に起こるが,波長がずっと短い可視光線については回折が普通には観測されないのである.

縁(へり)の部分では光の回折もいくらか起こってはいるが,見えにくいためほとんど気が付かない.別の部屋にいる人に話しかけるとき,いわば音のかげにいるとしても,回折によって音波が届き声を聞くことができる.しかし,別の部屋にいる人をライトで照らそうとしても,光は物体によってさえぎられ,境界のはっきりした影ができ,この領域に光は到達しない.ただし,詳しく調べてみると,影の境界はぼやけていて,明暗のしま模様ができていることがわかる.これはすぐ後で学ぶように,回折現象が起こっている証拠である.

別の例として,ラジオの電波は非常に波長の長い電磁波で,波長数百 m のものもある.この波長に比べると,地上の物体やすき間はずっと小さいので,電波はビルや木があっても回折によって簡単に回り込んでいく.ラジオの受信が効果的にできるのはこのためである.

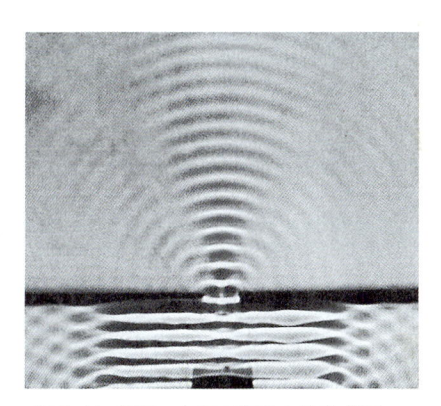

図 7.14 回折 水面を直進する波が板の隙間(スリット)を通り抜けるときに回折する.波がスリットの端で曲がって板の裏側にまで回り込んでいる.

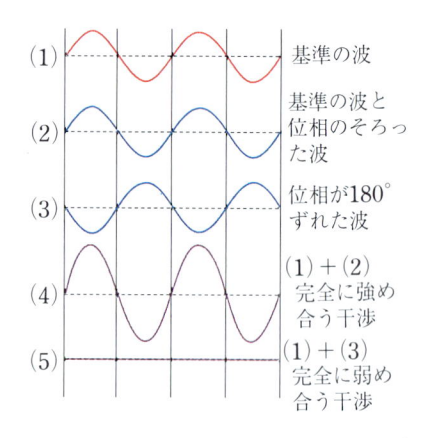

図7.15 位相のそろった波とずれた波
波 (1) と (2) は位相がそろっていて，これらが重なると完全に強め合う干渉が起こる．波 (1) と (3) は位相が 180° ずれていて，これらが重なると完全に弱め合う干渉が起こる．

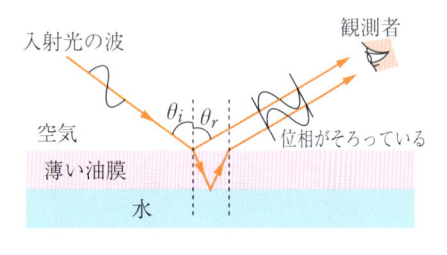

図7.16 薄膜による干渉 油膜の上面と下面で反射した光の波の位相がそろっていると，強め合う干渉が起こり，観測者にはある角度と油膜の厚さに対して，決まった色の光だけが見える．2 つの反射波の位相がずれていると弱め合う干渉が起こる．油膜の厚さは場所によって変わるので，さまざまな波長の光のカラフルな色が見える．

訳注 油膜が光の波長に比べてあまり厚くない場合に限る．

干渉

いくつかの波が出会って相互作用をするときに**干渉**が起こる．湖の表面でいくつかの水面波が同じ場所で出会って互いに干渉する．重ね合わさってできる波の波形は，干渉するそれぞれの波の振幅や位相間の関係によって決まる．波の振幅とは媒質粒子の最大の変位の大きさである (6.1 節)．いくつかのよく似た波が干渉するとき，それぞれの波による媒質粒子の変位が同じ向きならば，合成波の波形は個々の波よりも大きくなる．それぞれの波による媒質粒子の変位のうち逆向きのものがあると打ち消し合うので，合成波の波形は個々の波よりも小さくなる．

いくつかの波による媒質粒子の変位が同時に同方向にある場合，これらの波は**位相がそろっている**という．媒質粒子の変位がいつも逆方向なら，これらの波は**完全に位相がずれている**という．図 7.15 はこの概念およびその干渉について図解したものである．

同じ振幅で位相のそろった 2 つの波 (図の (1) と (2)) が重なったとする．2 つの波はぴったり重なるので，媒質粒子の変位を足し合わせて合成波の振幅が (4) のように 2 倍になる．これを完全に**強め合う干渉**という．しかし，2 つの波の位相が完全に 180° ずれている場合 ((1) と (3))，どの位置でも 2 つの波による媒質粒子の変位の大きさが同じで向きが反対のため，ちょうど山が谷を埋めるように打ち消し合い，合成波は (5) のように平らになって消えてしまう．これを完全に**弱め合う干渉**という．ただし，完全に弱め合う干渉が起こるには，2 つの波は同じ振幅と波長でなければならない．

油膜やシャボン玉に色がついて見える現象は干渉で説明できる．水面や濡れた路面にできた薄い油膜に光の波が入射すると考えよう (図 7.16)．光の一部は上の空気–油の境界面で反射され，一部はここを通り抜けて油の中に入り，下の油–水の境界面で反射される．

これら 2 つの反射波は位相がそろっているか，完全にずれているか，その中間かである．図 7.16 は 2 つの波の位相がそろっている場合を示す．このような結果が生じるのは，光を観測する角度 (= 入射角 = 反射角) が光の波長 (色) と油膜の厚さに対してある関係になっているときだけである．入射角と油膜の厚さが決まっているとき，強め合う干渉をする光の波長はただ 1 つしかない．訳注 これ以外の波長の可視光は弱め合う干渉を起こす．結局，ある方向の反射波を眺めたとき，強め合う干渉の条件を満たす特定の波長とそれに近い波長の色の光だけが見えることになる．

場所によって厚さの異なる油膜を一定の方向から眺めると，場所ごとに異なる波長の光が強め合う干渉をするので，色の配列がしまになって見える．シャボン玉ではせっけん膜の厚さが絶えず変わるので，色の配列も動いて見える．

回折によっても干渉が起こる．図 7.14 を見ると，単一のスリットを通り抜けて回り込み，広がっていく水面波が干渉して強め合う干渉と弱

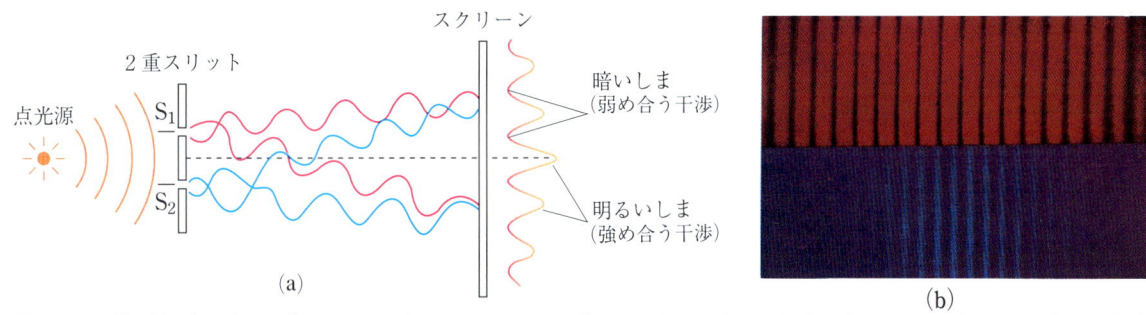

図 7.17　2 重スリットによる干渉　(a) 2 つの細いスリットを通り抜けて回折した光は，広がり重なって干渉する．強め合う干渉が起こる領域には明るいしまが，弱め合う干渉が起こる領域には暗いしまができる．(b) 異なる色の光について 2 重スリットによる干渉で実際にできたしま模様．

め合う干渉の領域ができているのがわかる．図 7.17 のように，点光源から出た単色光（単一波長の光）を 2 つの狭いスリット（2 重スリット）に当てると，両方のスリットを通って回折した光が広がり，重なって干渉する．波の山と山，谷と谷が重なる場所では強め合う干渉が起こり，山と谷の重なる場所では弱め合う干渉が起こる．スリットからある距離にスクリーンを置くと，干渉による明暗のしま模様が見られる．

この実験は 1801 年，イギリスの科学者ヤング（Thomas Young, 1773-1829）が行ったもので，光の波動性の証拠を示した．また彼は，この実験についての幾何学的諸量[訳注] から，光の波長を計算した．わずか 10^{-6} m 程度の可視光線の波長を求めることができたのは，実に見事な実験といえる．

スリットによる回折波が干渉する原理を拡張し応用したものとして回折格子がある．**回折格子**は多数の平行な細いスリットが密接して並んだもので，1 cm あたり 10 000 本以上の線（スリット）がある．ガラスに線を引いたり，ガラス板に薄いアルミニウム膜を付着させ，その一部を取り除いて等間隔の平行線をつくる．現在では回折格子をつくるのにレーザーの技術も利用する．回折格子によって生じる干渉パターンは，2 重スリットの干渉パターンに比べてはるかに鮮明である．回折格子で回折したある波長の光は，あるきまった角度の方向で強さが極大になる（図 7.18 a）．そこで，プリズムによる分散と同様に，回折格子は光を波長ごとに分解するのに使うことができる．たとえば，コンパクトディスク（CD）の溝は回折格子としての役をするので，色が分離して見える（図 7.18 b）．

回折格子は，さまざまな光源からの光を分析するために分光学で使われている．種々の元素や化合物は白熱光を発するまで熱すると，ある特有のスペクトルをもつ光を放出する．このスペクトルから，光源に含まれる物質成分を分析し確認することができる．たとえば，太陽光スペクトルを分析して，気体元素ヘリウムがはじめて確認された ―― ヘリウム（helium）という元素名はギリシア語で太陽を意味するヘリオス（helios）からとったものである．

訳注　スリットの間隔，スリットからスクリーンまでの距離，明暗のしまの間隔．

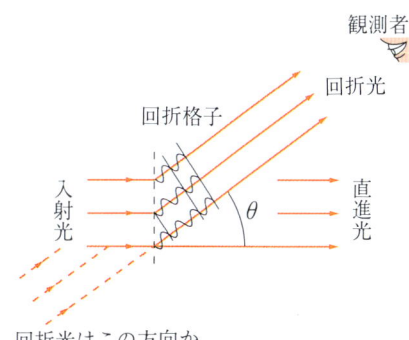

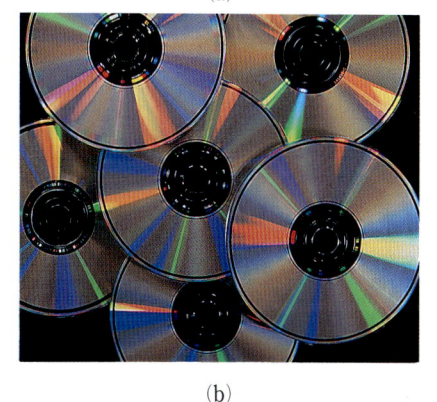

図 7.18　回折格子による干渉模様　(a) 回折格子による干渉の図解．説明は本文参照．(b) コンパクトディスク（CD）の溝は回折格子として働き，カラフルな色が現れる．

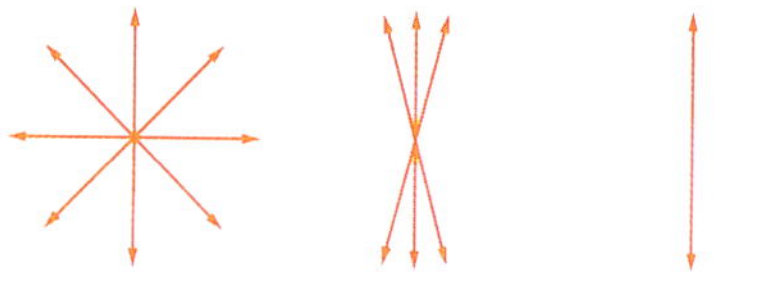

偏光

光の波は，波が伝わる方向と垂直に振動する電場と磁場のベクトルをもつ横波の電磁波である（図6.7）．光源の原子が放出する光の波では，一般にベクトルの向きは進行方向に垂直な面内でランダムであり，光のビームはあらゆる向きの横波の場ベクトルをもつ．光のビームを正面から見ると，電場ベクトルは●図7.19aのようになっている（簡単のため磁場ベクトルは省略してある）．

この図で，電場ベクトルは波の進行方向に垂直な面内でランダムな方向を向いていて，このような光は偏っていないという．^{訳注} 電場ベクトルが特定の向きだけをもつ光を**偏光**という．電場ベクトルの向きがある範囲の角度に集中している光を部分偏光という（図7.19b）．電場ベクトルが一平面内にある光を**直線（平面）**偏光という（図7.19c）．

光波を偏らせるにはいくつかの方法がある．一般的な方法としてはポラロイド偏光板を用いる．ポラロイド偏光板は，高分子膜でできていてその長い分子の鎖の向きによって偏光の向きが決まる．●図7.20aのように，偏光子はある方向の成分の光だけを通す．それ以外の成分は吸収されて偏光子を通り抜けることができない．

人間の目は一般に偏光を感知できないので，偏光を見分けるには検光子としてもう1枚の偏光子が必要である．図7.20bが示すように，2枚目の偏光子（検光子）をはじめの偏光子の後に90°回して重ねると，光はほとんどかまたはまったく通過しない．したがって，1枚目の偏光子を通ってきた光が偏光であったことがわかる．このように直交する方向に2枚のポラロイド板を重ねたものを「直交ポラロイド」という（図7.20c）．偏光が存在するという事実は，光が横波であることの実験的証拠である．音波のような縦波には偏りという現象は起こり得ない．

よくある偏光の応用として偏光サングラスがある．この偏光レンズは鉛直方向の偏光だけを通すようになっている．日光が水面や路面のような水平面で反射した光は，水平方向の部分偏光になっている．これがそのまま目に入ればぎらぎら光ってまぶしいが，鉛直成分の光だけを通す偏光サングラスのレンズは，水平方向の光が通るのを妨げるので，まぶしい光はさえぎられることになる（●図7.21）．

この他よくある例ではあるが，それほど知られていない偏光の応用として液晶ディスプレーがある．これはこの章のハイライトで述べる．

(a) 偏っていない　(b) 部分偏光　(c) 直線偏光

図7.19 偏光 (a) 光を伝搬方向から眺めるとき，電場ベクトルの向きがランダムであれば偏っていない．(b) 電場ベクトルの向きが，ある優先する範囲にあれば，部分偏光である．(c) 電場ベクトルが一平面内にあれば（進行方向からみれば一直線内で振動），直線偏光である．

訳注 普通に見られる自然光はこのような光である．

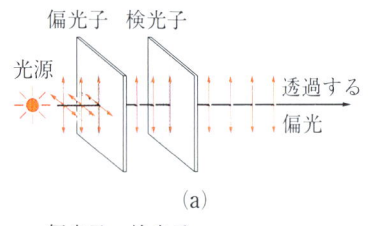

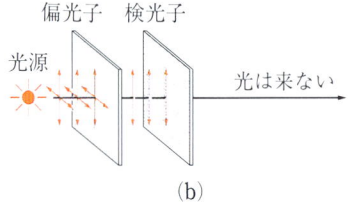

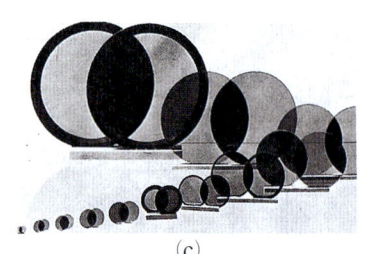

図7.20 偏光子と偏光 (a) 偏光子を通った光は偏光されていて，同じ向きにおかれた検光子を通過する．(b) 検光子と偏光子の偏光方向が垂直であると，光はほとんど（またはまったく）通過しない．(c) (a)と(b)の状況の実例．

図7.21 偏光レンズを使ったサングラス (a) 水面や路面で反射した光は，一般に水平方向に偏光している．サングラスの偏光方向が鉛直であれば，水平方向の偏光成分は遮られ，まぶしさが減少する．(b) 路面のまぶしさを減らすサングラスを宣伝する昔の広告（ポラロイド社の史料より）．自動車の型とサングラスの値段から当時がしのばれる．

液晶ディスプレー

結晶性固体が融けてできる液体では，一般に原子や分子は規則正しい配列をしていない．しかし，有機化合物の中には，液体になってもなお分子配列の規則性をいくらか残した中間状態にあるものがある．これを**液晶**という．

ある種の液晶は透明であるが，電圧を加えると不透明になるという興味深い性質がある．加えた電圧によって分子の規則正しい配列が完全に乱されて光を散乱するので，液晶は不透明になる．

液晶のもつ別の性質として，直線偏光に「ねじる」効果を与え，偏りのベクトル方向を90°回転させることがある．ところが電圧を加えると，上に述べたように分子の配列が乱れるので，この回転は生じない．これらの性質を応用したものに液晶ディスプレーがあり，腕時計や電卓，小型のテレビ，ノート型パソコンのディスプレーとして使われている．液晶ディスプレーの原理は図1に説明してある．

図1aの入射光線の経路をたどってみよう．まず，偏っていない光が第1の偏光子によって直線偏光になる．つぎに，液晶が偏光方向を90°回転させる．その先の第2の偏光子は，偏光面を第1の偏光子と直交するように置いてあるので，光はこれを通り抜けて，鏡で反射する．反射光の偏光方向は帰路でも液晶により90°回転し，再び第1の偏光子を通り抜けるので，ディスプレーは明るい白に見える．

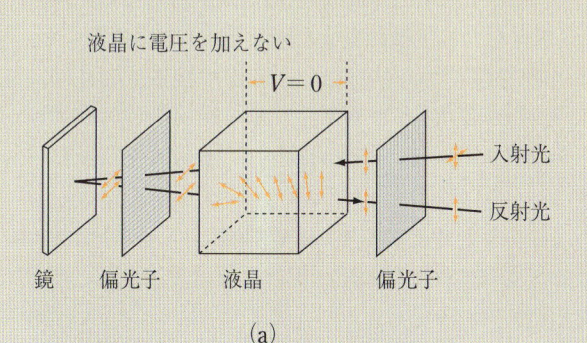

しかし，液晶に電圧を加えると（図1b），偏光方向を回転する働きが失われるので，光は第2の偏光子を通り抜けることができない．反射光がないので，ディスプレーは暗く見える．

数字や文字を表示したい部分にだけ電圧を加えると，白い背景に暗い領域が表示される（図2）．白い背景は反射してきた偏光である．これを確かめるには，図のように偏光サングラスを検光子として使えばよい．

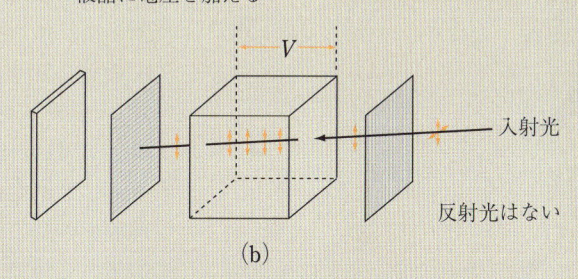

図1　液晶ディスプレー （a）液晶が光の偏光方向をどのようにして90°「ねじる」かを図解する．光は第2の偏光子を通り抜けて鏡で反射し，再び90°ねじられて戻ってくる．　（b）液晶に電圧を加えると，偏光方向のねじれが起こらず，光は第2の偏光子を通り抜けられない．この場合，光は吸収されてディスプレーは暗く見える．

図2　（a）液晶ディスプレーの明るい部分から出ている光は偏光である．このことは偏光サングラスを検光子として使うと確かめることができる．（b）サングラスを90°回すと，ディスプレーが見えなくなる．

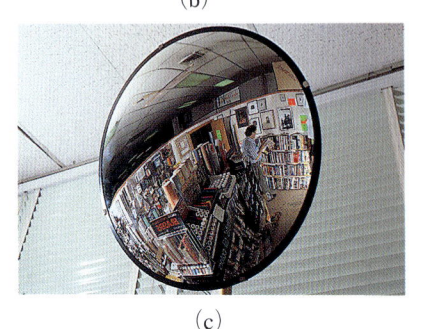

7.4 球面鏡

学習目標
凹面鏡と凸面鏡とはどのようなものか理解すること．
像の形成および実像と虚像の相違を説明すること．
作図によって像を求め，その性質を検討すること．

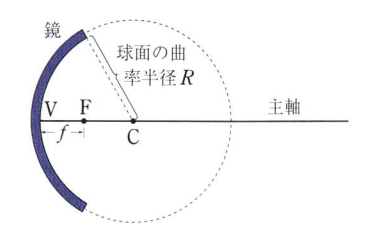

図7.22 球面鏡の幾何 球面鏡は曲率中心をCとする球面の一部である．焦点Fは，曲率中心Cと頂点Vの中点にある．したがって，球面の曲率半径Rは焦点距離 f の2倍である：$f = R/2$．

訳注1 ここでは主軸に対する傾きの小さい光線（近軸光線という）が，球面鏡の頂点付近の小部分でだけ反射するものと仮定している．

訳注2 すぐあとで，凸面鏡はいつもは正立，縮小の虚像をつくることを学ぶ．

●図7.22の幾何学的図形に示すように，曲率半径 R の球面の一部を鏡の面として利用する鏡のことを**球面鏡**という．曲率の中心Cと球面鏡の中心Vを結ぶ直線を**主軸**，鏡の中心点Vを**頂点**という．

球面鏡でもう1つ重要な幾何学的位置は**焦点**Fである．頂点から焦点までの距離を**焦点距離** f という（「焦点」の意味はすぐあとで明らかになる）．幾何学的計算から球面鏡の焦点距離は球面の曲率半径の1/2であることがわかる．[訳注1] すなわち，

$$f = \frac{R}{2} \tag{7.2}$$

ここで，$f =$ 焦点距離，$R =$ 曲率半径 である．

球面のどちらの側にも鏡面をつくることができる．球面の内側の小部分を反射面とするものを**凹面鏡**という．●図7.23aに示すように，凹面鏡は光を集束する鏡である．主軸に平行に入射した光線は，反射の後集束して焦点を通る．互いに平行であるが主軸には平行でない光線は，反射の後，焦点面（焦点を含み主軸に垂直な面）上の1点に集束する．

凹面鏡の焦点に光源を置くと，平行なビームができる．これは，図7.23の光線を逆にたどれば明らかである．フラッシュライトやスポットライトでは，凹面反射鏡の焦点に光源を置いて，かなり平行なビームを得ることができる．

球面の外側の小部分を反射面とするものを**凸面鏡**という．凸面鏡は光を発散する鏡である．主軸に平行な入射光線は反射の後，焦点から出たかのように発散する（図7.23b）．

図7.23bの光線を逆にたどればわかるように，凸面鏡は周囲の広い範囲にある物体を縮小して映すことができる．[訳注2] そこで，凸面鏡は図7.23cのような店内通路のモニター用鏡や，広い後方視野を得るためにトラックのサイドミラーにも使われている．

球面鏡がつくる像は，光線の作図によって求めることができる．普通は物体を矢印で表す．像の位置と大きさを決めるには，2本の光線を考え反射の法則に従って図を描く（訳注1を参照）．

図7.23 凹面鏡と凸面鏡 （a）凹面鏡の主軸に平行な光線は，反射した後焦点に集束する．互いに平行で主軸とほぼ平行な光線は焦点面に集まる．凹面鏡では拡大像をつくることができる（図7.24(c)，図7.25を参照）．（b）凸面鏡の主軸に平行な光線は反射後，鏡の後方の焦点から出たかのように発散して広がる．（c）凸面鏡の発散性は，広い範囲の物体を映すのに使われる．図(b)の光線の進行方向を逆にして考えよ．

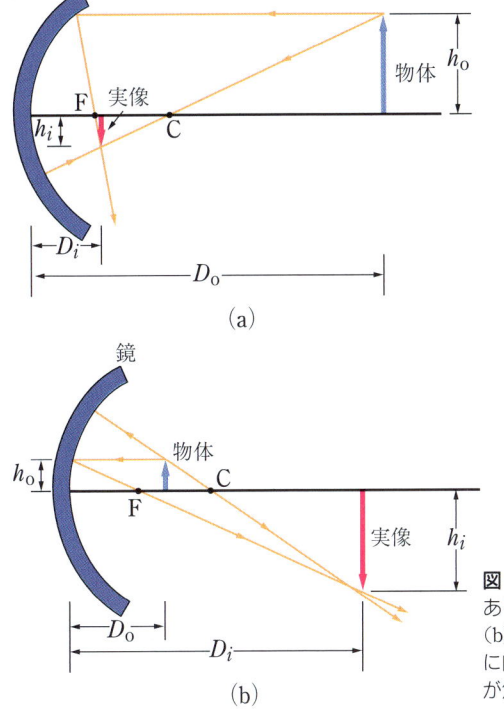

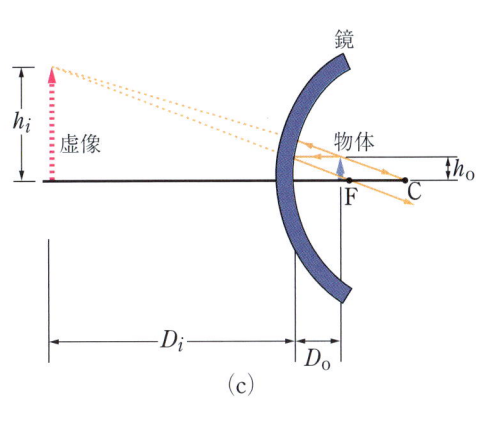

図 7.24　凹面鏡による像の作図　(a) 物体が凹面鏡の曲率中心 C より外側にあるときの像．(b) 物体が焦点 F と C の間にあるときの像．これら (a) と (b) の場合は実像で，像の位置にスクリーンを置くと映って見える．物体が鏡に向かって動くと，像は鏡より遠ざかる方に動き，大きな像になる．(c) 物体が焦点より内側にあるときの像．この場合は虚像で，鏡の後方にできる．

1. 物体（矢印）の先端から出た主軸に平行な光線は，鏡で反射されて，焦点を通る．
2. 物体（矢印）の先端から出て球面の曲率中心に向かう光線は，鏡の接平面に垂直なので，鏡で反射されてもとの道筋を逆戻りする．

　これら 2 本の光線の交わる点が像（矢印）の先端の位置である．物体を表す矢印の根元は主軸上にあるので，像の根元も主軸上にある．図 7.24 は，物体が凹面鏡の前方のさまざまな位置にあるときの像を求めたものである．像の性質は，(1) 実像か虚像か，(2) 正立像か倒立像か，(3) 拡大像か縮小像かまたは同じ大きさか，によって記述される．凹面鏡からの物体の距離 (D_o) と像の距離 (D_i) は頂点から測る．

　実像は，反射光線が集束し，像をスクリーン上に映すことができる．虚像は，反射光線が発散し，像をスクリーン上に映すことはできない．

虚像は鏡の裏側にでき，のぞき込めばはっきり見ることができる．
　凹面鏡によって実像も虚像も両方ともつくることができる．図 7.24 a と b は実像である．a は倒立の縮小像，b は倒立の拡大像である．図 7.24 c は虚像で正立の拡大像である．c の実用例としては，図 7.25 に

図 7.25　拡大像　メーキャップ用の凹面鏡は，顔形がよく見えるよう適度な大きさに拡大する．

訳注　どんな種類の球面鏡（またはどんな種類の薄い球面レンズ―7.5 節 p.154 参照）に対しても，D_o, D_i, f（球面レンズの場合は，図 7.29 a，図 7.30 a，図 7.31 a を参照）の符号に注意すれば，それらの間には，$\frac{1}{D_o}+\frac{1}{D_i}=\frac{1}{f}$ の関係が成り立つ．ただし，つねに $D_o>0$ とし，球面鏡では像が物体と同じ側にあるとき（球面レンズでは像が物体と反対側にあるとき）$D_i>0$ にとる．凹面鏡（凸レンズ）の場合は $f>0$ とし，$D_o>f$ ならば $D_i>0$ で倒立実像，$D_o<f$ ならば $D_i<0$ で正立虚像となる．凸面鏡（凹レンズ）の場合は $f<0$ とし，常に $D_i<0$ で正立虚像となる．また，像の倍率は $M=h_i/h_0=|D_i/D_o|$ で与えられる．

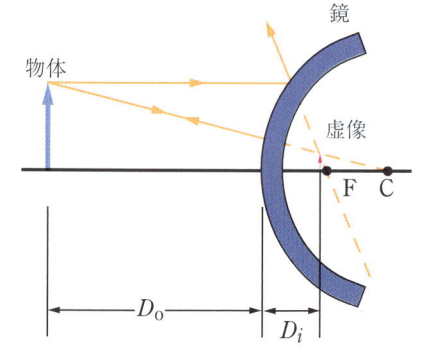

図 7.26　凸面鏡による像の作図　物体は凸面鏡の前方に置かれ，像はいつも虚像が鏡の後方にできる．

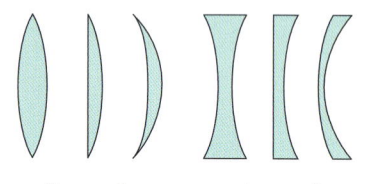

凸レンズ
中央が厚い

凹レンズ
周辺が厚い

図 7.27　レンズ　いろいろな形の凸レンズと凹レンズ．

示すメーキャップ用の凹面鏡がある．これで顔形を拡大してよく見ることができる．顔を焦点より内側に近づけると，正立の拡大された虚像が鏡の中に見られる．後方の平面鏡に映った像（左側）と比べて見よ．

光線の近似的な作図によって像の一般的性質がわかる．しかし，物体の位置（D_o）と高さ（h_0）を特定の縮尺で正確に作図すると，像の位置（D_i）と高さ（h_i）が同じ縮尺で得られ，これを測って正確な値が求められる．物体の大きさ（高さ）に対する像の大きさの比 $M=h_i/h_0$ を**倍率**という．$h_i=h_0$ なら $M=1$，つまり物体と像が同じ大きさである．$M>1$ なら拡大像，$M<1$ なら縮小像である．訳注

実像（実線の矢印で表す）は鏡の表側にできるので，その位置にスクリーンを置くことができる．虚像（破線の矢印で表す）は鏡の裏側にできるが，実際に光がその位置まで達するのではなく，反射光を逆に延長するときに交わる点から光が出ているのように見えるのが虚像である．凹面鏡の場合，虚像ができるのは物体が焦点の内側にあるときである．凸面鏡では，物体の位置がどこにあっても虚像ができる．

問 7.4
平面鏡がつくる像の性質について述べよ．

凸面鏡の作る像も光線の作図で求めることができる．光線は反射の法則に従って描かれる．光線は鏡の裏側にある焦点や曲率の中心には届かないが，延長線がこれらの点を通り，光線の延長が交わる位置に虚像ができる（●図 7.26）．図からもわかるように，凸面鏡の像は物体と鏡との距離が変わっても，いつも正立で縮小した虚像である．

7.5　球面レンズ

学習目標
凸レンズと凹レンズとはどのようなものか理解すること．
像の形成および実像と虚像の相違を説明すること．
作図によって像を求め，その性質を検討すること．

レンズはガラスやプラスティックのような透明な材料でできていて，光の屈折により物体の像をつくる働きがある．レンズはきわめて有用で，めがね，望遠鏡，拡大鏡，カメラその他多くの光学機器に使われている．レンズという言葉は，両凸レンズに似た形のひら豆（lentil）を意味するラテン語からきている．

一般に，レンズを大きく分類するとつぎの 2 つになる．周辺より中央が厚い**凸レンズ**（集束レンズ）と，中央より周辺が厚い**凹レンズ**（発散レンズ）である．●図 7.27 はいろいろな形の凸レンズと凹レンズを示す．

レンズを通る光は両側の面で 1 回ずつ計 2 回屈折する．今後はいわゆ

7.5 球面レンズ 155

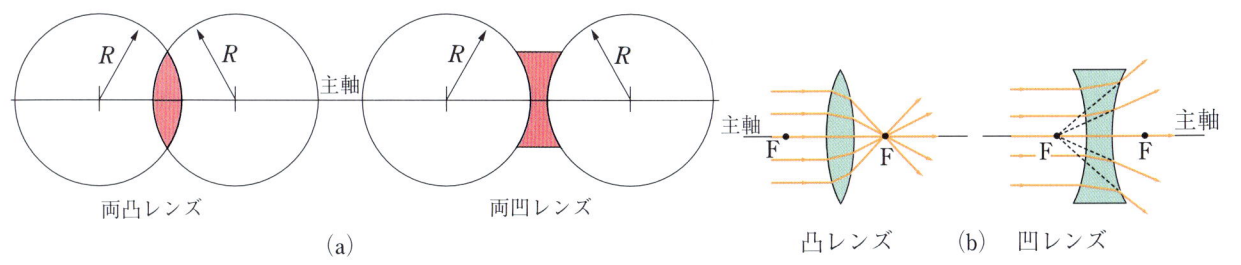

図 7.28 球面レンズ (a) 両凸レンズと両凹レンズは，いずれの両面も図のように2つの球面の一部でできている．(b) 凸レンズでは，主軸に平行な入射光線は屈折後レンズの反対側の焦点に集束する．凹レンズでは，主軸に平行な入射光線は屈折後，入射側の焦点から出たかのように発散して広がる．

る薄いレンズに限って話をする．薄いレンズでは，光線の作図をするときレンズの厚みを無視できるので，屈折が起こる両側の面が本質的に同じ場所にあると仮定することができる．

さらに，●図 7.28 のように，両側の面が同じ半径をもつ2つの球面の一部であるような**球面レンズ**— 両凸レンズと両凹レンズ — だけを考えることにする．図に示すように，レンズの主軸はレンズの中心を通る．凸レンズでは主軸に平行にきた光線は，主軸に近づくように屈折し，焦点 F に集束する．レンズの中心から焦点までの距離が焦点距離 f である．

凹レンズでは，主軸に平行な光線は主軸から離れるように屈折し，焦点から出たかのように発散する．図のような左右対称なレンズでは明らかであるが，一般に薄いレンズでは，焦点はレンズの両側にでき，焦点距離は等しい．

球面鏡のときのように光線の作図をすることにより，物体から出た光がレンズで屈折して像をつくることがわかる．前と同じように，物体（矢印）の先端から出る2本の光線を描く．^{訳注1}

> 1. 物体（矢印）の先端から出た主軸に平行な光線は，レンズで屈折して，レンズの反対側の焦点を通る．
> 2. 物体（矢印）の先端から出てレンズの中心に向う光線は，向きを変えずまっすぐ進む．

これら2本の光線の交点に物体（矢印）の先端の像ができる．球面鏡のときと同じように，主軸上にある物体（矢印）の根元の像はやはり主軸上にできる．

●図 7.29 はこの方法で凸レンズのつくる像を求める例を示す．作図に必要な点は焦点だけである．球面レンズは，曲率半径（両面対称なら R）をもつが，焦点距離 f は球面鏡のように $f = R/2$ とはならない．^{訳注2}

レンズのつくる像の性質は球面鏡の像と同じように分類される．しかし，明らかに1つだけ異なる点がある．それは，レンズの場合，スク

訳注1 ここでも主軸に対する傾きの小さい近軸光線が，球面レンズの中心付近の小部分でだけ屈折し，通過するものと仮定している．

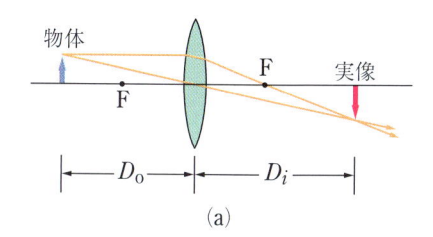

図 7.29 凸レンズによる像の作図
(a) 物体が焦点より外側にあるとき，レンズの反対側に実像ができる．(b) 物体としてろうそくを置くとき，その実像がスクリーン上に見られる．

訳注2 球面レンズの焦点距離 f は，一般に両面の曲率半径 R_1, R_2 とレンズの材質の屈折率 n によって決まる．

リーンに映る**実像**が物体と反対側にできる点である（図 7.29 b）．**虚像**は物体と同じ側にできる．凸レンズで虚像ができるのは，凹面鏡と同じく，物体が焦点より内側にあるときである（p.154 の訳注を参照）．

凸レンズ 1 枚で簡単な虫めがねができる．虫めがねは物体を拡大してよく見るために使われる．物体をレンズの焦点の内側にくるようにすると，拡大された虚像がレンズを通して見える（●図 7.30 a）．人間の目には**水晶体**と呼ばれる凸レンズがある（図 7.30 b）．水晶体その他の媒体によって入射光線が屈折し，網膜上に焦点を結ぶ．網膜上には光を感じる視覚細胞が分布している（色を感じる**錐状体**と，明暗を感じる**桿状体**がある）．水晶体にはすばらしい性質がある．普通の凸レンズと違って，物体と目の間の距離が変わると，水晶体が変形して曲率半径を変え焦点距離を変えるのである．水晶体はガラス状の繊維でできている．水晶体に付いた毛様筋による張力の変化で，ガラス状の繊維が滑り合って水晶体の形を変え，像が網膜上にできるようにする．この変化は非常に速く起こる．本を読むのを止めて，部屋の遠くにある物体に目を向けてみよう．どんなに速く水晶体のレンズが，その焦点距離を変えるかがわかる．

図 7.29 a や図 7.30 b からわかるように，水晶体の凸レンズによって網膜上にできるのは倒立した像で上下が逆である．しかし，好都合なことに，われわれの頭脳は像をうまく解釈して上下が正しく見えるようにする．

凹レンズのつくる像は，常に正立で縮小された虚像である（●図 7.31 a）．凹レンズを通して眺めると，写真（図 7.31 b）のような像が見える．この写真のレンズは普通の両凹レンズではなく，一方の面が平らで他の面に円形の溝が刻んである．このような平らなプラスチック製レンズはワゴン車の後部ウインドーに使われていて，後方の交通状況が広い範囲にわたって見える（サイドミラーに凸面鏡を使うのと同じ理由）．このレンズの溝は●図 7.32 のようになっている．このようなレンズを**フレネル・レンズ**とよぶ．レンズの屈折がすべて表面で起こり，レンズの内部は実際には必要でないことにはじめて気付いて，この種のレンズを開発したのはフランスの物理学者フレネル（Augustin Fresnel, 1788-1827）である．同様に，片面が平らで片面に溝を刻んだ凸レンズを作ることもできる．

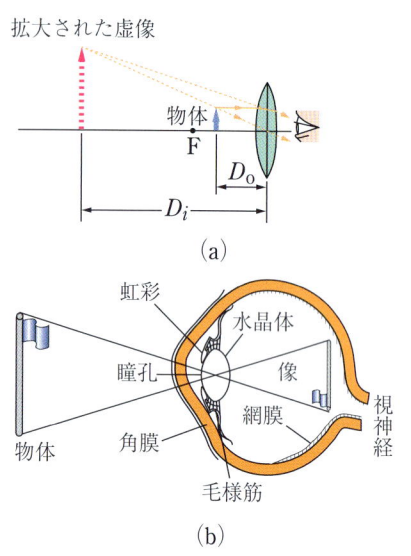

図 7.30 虫めがねと人間の目 （a）凸レンズ 1 枚だけで簡単な拡大鏡（虫めがね）ができる．物体が焦点より内側にくるよう凸レンズを物体に近づけると，拡大された虚像を目で見ることができる．（b）人間の目には水晶体という凸レンズがある．そのすばらしい機能については本文を参照せよ．

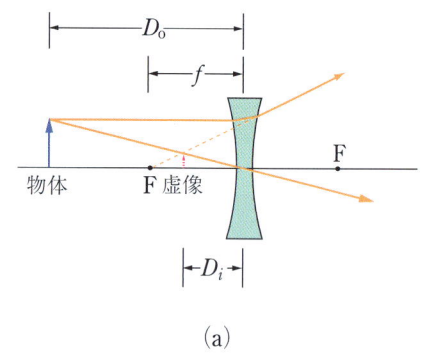

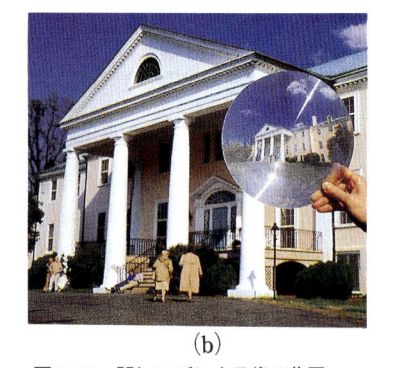

図 7.31 凹レンズによる像の作図 （a）凹レンズによる像を作図で求める．レンズに対して物体と同じ側にいつも虚像ができる．（b）凸面鏡と同じように，凹レンズは広い範囲の物体を映すことができる．詳しくは本文参照．

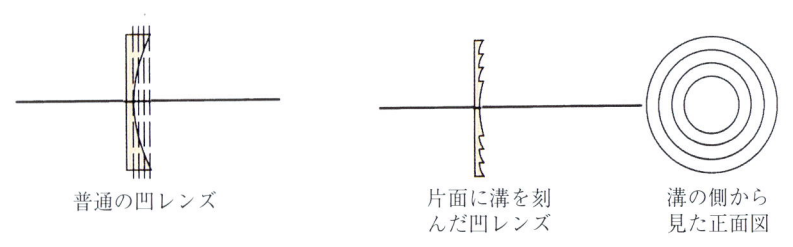

図 7.32 フレネル・レンズ 一方の面が平らで，他の面に刻んだ溝の曲率は普通の凹レンズと同じである．

重要用語

反射
光線
反射の法則
正反射
乱反射（拡散反射）
屈折

屈折率
全反射
分散
回折
干渉
強め合う干渉

弱め合う干渉
回折格子
偏光
直線（平面）偏光
球面鏡
焦点距離

凹面鏡
凸面鏡
球面レンズ
凸レンズ
凹レンズ

重要公式

屈折率　$n = \dfrac{c}{c_\mathrm{m}}$　　　　　　　　焦点距離（球面鏡）　$f = \dfrac{R}{2}$

質問

7.1 反射

1. 入射角と反射角は (a) 決して等しくならない，(b) 和が 90° である，(c) 無関係である，(d) 反射面に垂直な直線を基準にして測る．

2. 反射の法則が当てはまるのは (a) 正反射，(b) 乱反射，(c) 拡散反射，(d) 以上のすべて である．

3. 光線とは何か．

4. 反射の法則が乱反射にどのように適用されるかを説明し，このタイプの反射の例を挙げよ．

5. 平面鏡に向かって一定の速さで近づくと，像はどのように自分に近づいてくるか．

7.2 屈折と分散

6. 屈折角が入射角より大きくなるのは (a) 臨界角を越えたとき，(b) 屈折率の小さい媒質の方から入射するとき，(c) 屈折率の大きい媒質の方から入射するとき，(d) 入射側の媒質中の光速の方が大きいときである．

7. 分散は (a) 臨界角を越えたとき起こる，(b) 内部全反射の原理である，(c) 虹のできる原因の 1 つである，(d) 乱反射で生じる．

8. 屈折とは何か，またその原因は何か．

9. 光が屈折率の小さい媒質から大きい媒質の中に入るとき，屈折が起こる状況を，楽隊の行進がぬかるみに斜めに進入する状況との類推で説明せよ．

10. 光が (a) 屈折率のより大きい媒質に入るとき，(b) 屈折率のより小さい媒質に入るとき，どのように屈折するか．

11. 真空の屈折率とは何か．この場合，c_m に相当するものは何か．

12. どのように全反射が生じるかを図解せよ．

13. 分散の起こる原因は何か．分散は実用上どんな重要性があるか．

14. なぜダイヤモンドは美しい輝きをするか説明せよ．

7.3 回折，干渉，偏光

15. 回折は，(a) スリットの幅が波の波長以下のとき最もよく起こる，(b) 屈折によって起こる，(c) 干渉によって起こる，(d) 光に対しては起こらない．

16. 同じ波長の 2 つの波が完全に弱め合う干渉をするのは，(a) 2 つの波の位相がそろっているとき，(b) 完全に強め合う干渉と同時に，(c) 2 つの波の振幅が等しく位相が完全に 180° ずれているとき，(d) 全反射が起こるとき である．

17. 2 枚の偏光板を偏光方向の角度が 45° になるよう重ねると，(a) 光はまったく通過しない，(b) 光はもっともよく通過する，(c) 最大値より少ない光が通過する．

18. 水面に幅 0.5 cm のスリットがある．このスリットを通る水面波の回折がよく観察できるためには，波

の波長がどれ位以上であればよいか．
19. 振動数が同じで振幅の異なる2つの類似した波について，強め合う干渉と弱め合う干渉が起こる状況を述べよ．
20. 基準波とこれに対して位相が 90°（1/4 波長）ずれた同じ形の波が干渉して生じる波形を，図 7.15 を参考にして描け．
21. 2枚の偏光板を重ね，透かして見ながら一方の1枚だけを 360° 回すと，どのような変化が観察されるかを述べよ．
22. 偏光レンズを用いたサングラスの原理を説明せよ．

7.4 球面鏡

23. 凹面鏡は (a) $2f$ に等しい曲率半径をもつ，(b) 光を発散する鏡である，(c) 虚像だけをつくる，(d) 拡大像だけをつくる．
24. 実像は (a) 必ず拡大像である，(b) 集束する光線によって生じる，(c) 鏡の裏側にできる，(d) $D_i = D_o$ のときだけ生じる．
25. 球面鏡について曲率の中心，焦点，頂点の位置関係を述べよ．
26. 球面鏡のつくる実像と虚像の区別について説明せよ．
27. (a) 凹面鏡と (b) 凸面鏡 によって実像と虚像ができるのはどんな場合かを説明せよ．

7.5 球面レンズ

28. 凸レンズは (a) 光を集束する，(b) 中央より周辺が厚い，(c) $D_o > f$ のとき虚像をつくる，(d) フレネル・レンズである．
29. レンズによる虚像は (a) いつも凸レンズによってできる，(b) スクリーン上に映る，(c) レンズに関して物体と同じ側にできる，(d) 凹レンズではできない．
30. 球面レンズの作る実像と虚像の区別について説明せよ．
31. (a) 凸レンズと (b) 凹レンズ によって実像と虚像ができるのはどんな場合かを説明せよ．
32. 拡大鏡（虫めがね）によって，どのように拡大像が得られるか説明せよ．
33. スライドをスライドプロジェクターに入れるとき，逆さまにするのはなぜか．

思考のかて

1. 2つの媒質の屈折率が同じとき，境界面で光はどのように屈折するか．
2. 行進する楽隊の類推は，光が屈折率の大きい媒質から小さい媒質へ入るときにも成り立つかどうか説明せよ．
3. 波のエネルギーはその振幅の2乗に比例する．完全に弱め合う干渉が起こると，振幅がゼロになる．これは，弱め合う干渉では波のエネルギーがゼロになり，エネルギーが「消滅」したことを意味するかどうか説明せよ．
4. テレビの衛星放送用パラボラアンテナの反射鏡は球面状か．集束した電波を受ける受信用アンテナ素子はどこに置いてあるか（**訳注** 回転放物面の頂点に近い部分は，近似的に球面の一部と考えられる）．
5. 凹面鏡と凸レンズでは，焦点に物体を置くと，像が無限遠にできる．具体的にはどうなるのか，説明せよ（**ヒント** 光線の図を描け）．
6. アメリカの自動車の助手席側ドアミラーには「鏡に映った物体は見かけより近くにある」という警告がプリントされている．なぜこのような警告が必要なのか（**ヒント** ドアミラーは凸面鏡である）．

練習問題

7.1 反射

1. 光が平面鏡の面に対して 30°の角度で入射している．反射角は何度になるか． **答** 60°
2. 全身像を映すのに必要な平面鏡は，身長 183 cm の男性の場合，身長 157 cm の女性に比べてどれだけ長くなければならないか． **答** 13 cm
3. ある人が全身像を平面鏡に映すには，平面鏡の長さ（高さ）がその人の身長の半分以上でなければなら

ないことを示せ（図7.4を参照）．その人の鏡からの距離は必要な鏡の長さに影響があるどうか説明せよ．

7.2 屈折と分散

4. クラウン・ガラス中の光速は真空中の何パーセントか．　　　　　　　　　　　　　　　答　66%
5. ダイヤモンド中の光速は真空中の何パーセントか．　　　　　　　　　　　　　　　答　41%
6. ある透明な物質中の光速は真空中の55%である．この物質の屈折率はどれだけか．　　答　1.82
7. 屈折率は常に1より大きい（$n > 1$）．その理由を述べよ．

7.4 球面鏡

8. 凹面鏡で物体が次の各位置にあるときの光線の作図をせよ：(a) $D_0 > R$, (b) $R > D_0 > f$, (c) $D_0 < f$．物体が鏡の方に移動すると，像はどのように変化するかを記述せよ．
9. 女性がメーキャップ用の凹面鏡（曲率半径120 cm）を顔から20 cmの距離に持っている．どのような像ができるか作図で求めよ．
　　答　正立虚像，拡大像（$D_i = -30$ cm, $M = 1.5$）
10. 焦点距離20 cmの凹面鏡から30 cmの距離に，高さ6 cmの物体がある．光線の作図を正確な尺度で描き，像の距離，像の倍率（拡大率），像の高さを求めよ．　　答　$D_i = 60$ cm, $M = 2$, $h_i = 12$ cm
11. 焦点距離4 cmの凸面鏡から10 cmの距離に，物体が置いてある．光線の作図を描き，像の一般的性質を求めよ．
　　答　正立虚像，縮小像（$D_i = -2.9$ cm, $M = 0.29$）
12. 凹面鏡の曲率中心に物体が置いてある（$D_0 = R$）．正確な尺度の作図によって像の倍率（拡大率）を求めよ．　　　　　　　　　　　答　1（$D_i = R$）

7.5 球面レンズ

13. 凸レンズで物体がつぎの各位置にあるときの光線の作図をせよ：(a) $D_0 > 2f$, (b) $2f > D_0 > f$, (c) $D_0 < f$．物体がレンズの方に移動すると，像はどのように変化するか記述せよ．
14. 焦点距離20 cmの凸レンズの前方45 cmに物体が置いてある．どのような像ができるか，作図によって求めよ．
　　答　倒立実像，縮小像（$D_i = 36$ cm, $M = 0.8$）
15. 焦点距離8 cmの凸レンズでできた虫めがね（拡大鏡）の後方4 cmに，高さ6 cmの物体がある．光線の作図を正確な尺度で描き，像の倍率（拡大率）を求めよ．　　答　2（$D_i = -8$ cm, $M = 2$）
16. 尺度の正確な作図によって，凸レンズから$2f$の距離にある物体の像の倍率（拡大率）を求めよ．
　　答　1（$D_i = 2f$）

質問（選択方式だけ）の答

1. d　　2. d　　6. c　　7. c　　15. a　　16. c　　17. c　　23. a　　24. b　　28. a　　29. c

本文問の解

7.1　$\theta_i = 90° - 50° = 40° = \theta_r$
7.2　法線から遠ざかるように屈折する．図7.6の屈折光線を逆にたどればよい．
7.3　$\dfrac{c_m}{c} = \dfrac{1}{n} = \dfrac{1}{1.00029}$ (×100 %) = 99.97 %
　　　（表7.1から空気の屈折率 n の値を使う）
7.4　虚像，正立で像の大きさは物体と同じ（倍率は1），像の位置は $D_i = D_0$．

8
電気と磁気

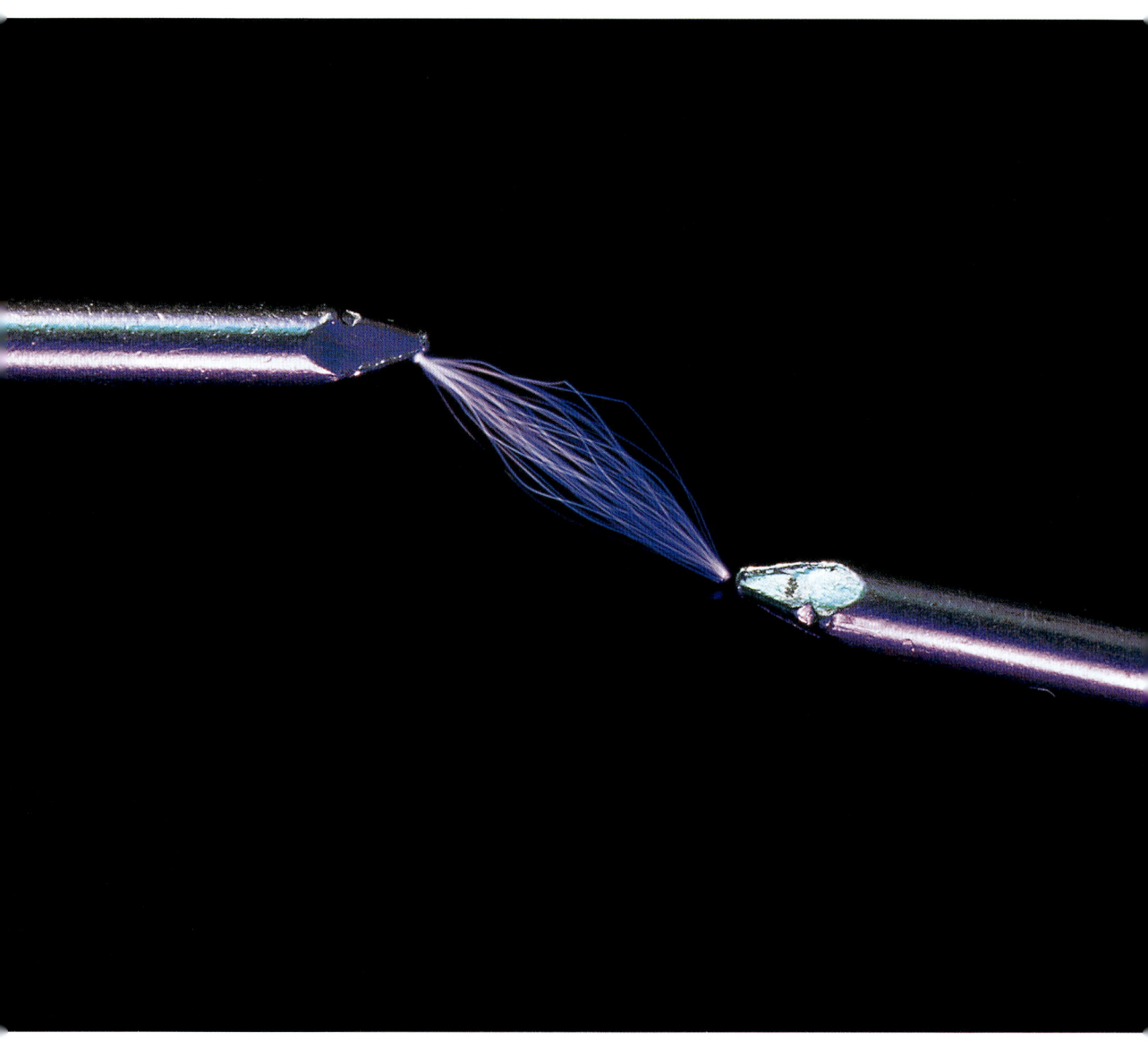

2つの釘の間の火花放電

われわれは実際に電気を使う社会に住んでいる．電気のない生活など考えられるだろうか（たまたま停電したときのことを想像してみればよい）．しかし，電気とは何かとの質問にすぐに答えられる人は少ないだろう．**電流**とか**電荷**という用語は思い浮かぶが，これらは一体どんなものだろうか．

電荷が基本的物理量の1つであることを第1章で学んだが，実際に電荷とは何かというその実体は知られていない．われわれがここで問題にするのは，電荷は何をするのかという電気的現象を記述することである．

この章で学ぶように，電荷はいくつかの粒子に関連していて，そこには相互作用をする力が存在することがわかっている．この力から始めて，電荷の運動（電流）を論じ，つぎに電気的エネルギーと電力へ進むことにしよう．これらの原理を応用すると，われわれは好きなように「電気」の恩恵にあずかることができる．電気はモーターを回し，家の暖房をし，照明をし，いろいろな電気器具に動力を与えるなど多くの役に立っている．

しかし，電気力というのは，電気それ自身よりもさらに基本的なものと考えられ，原子や分子を組み立てて，まさにわれわれの身体を構成する力にもなっている．すなわち電気力は小さなスケールで物質を構成するための力となっている．一方で重力（第3章）は太陽系や銀河系など大きなスケールの体系を構成する力である．

磁気は電気と密接に関連していて，実はこれらの現象は基本的に分離できないので，**電磁気学**と呼ばれる．たとえば，磁気がなければ電力を生みだすことができない．子供たちだけでなくたぶん大人も，たいていの人たちは小さな磁石の性質に興味をそそられたことがあると思う．何が原因で磁石が引き合ったり反発したりするのかと不思議に思ったことが今までにあるであろう．

この章では，まずはじめに電気と磁気の基本的性質を紹介する．われわれのまわりのどこにでも，わくわくするほど興味のある現象があることに気付くはずである．

8.1 電荷と電流

学習目標
電荷と電流を定義すること．
電気的導体と絶縁体を区別すること．
電荷に関するクーロンの法則を理解し，静電気帯電の効果と応用例を説明すること．

電荷は電気に関するもっとも基本的な量である．電荷は原子を構成する素粒子に関連していて，実験的事実によると電荷には正（+）と負

（−）の2種類に区別されるものがある．

現代の理論によれば，すべての物質は原子と呼ばれる小さな粒子からできていて，その原子はさらに**電子**と呼ばれる負電荷の粒子と，**陽子**と呼ばれる正電荷の粒子および**中性子**と呼ばれる電荷をもたない中性の粒子から構成されている．単純化した原子模型では，陽子と中性子が原子の中心の核の中にあって，いくつかの電子がその核のまわりを軌道を描いて回っている．これはちょうど太陽のまわりを惑星が軌道を描いて回っている太陽系に似ている．表8.1に原子を構成するこれらの粒子の基本的性質を示す．電荷の単位はクーロン［C］である．これについてはすぐあとで説明する．

表8.1 原子を構成する粒子の性質[訳注1]

粒子	記号	質量[kg]	電荷[C]
電子	e^-	9.11×10^{-31}	-1.60×10^{-19}
陽子	p	1.67×10^{-27}	$+1.60\times10^{-19}$
中性子	n	1.67×10^{-27}	0

訳注1 ここでは有効数字3桁までとってある．さらに詳しいデータは表10.1を参照．

表からわかるように，3つの粒子はみな質量をもっている．電子と陽子だけが電荷をもっていて，それらの電荷の大きさは等しいが正負の符号は逆である．したがって，同数の電子と陽子が存在するとき，電荷の合計は0となり，全体系は電気的に中性の状態になる．

科学者たちは，電子の電荷は自然界に実在する自由電荷の基本的な最小の単位であると考えてきた．ところが，素粒子を構成するさらに基本的な粒子として数種類の**クォーク**と呼ばれる粒子が半端な分数の電荷をもっているという証拠がある．たとえば，クォークは電子の電荷の大きさ 1.6×10^{-19} C の $+2/3$ 倍と $-1/3$ 倍[訳注2] の電荷をもつと考えられている．この理論によると，陽子や中性子はクォークが組み合わされてできている．しかし，クォークは原子核内における素粒子などの中にだけ存在し，単独の自由な状態としては存在しないと考えられている．したがって，これから電気について学ぶのに，分数電荷のクォークは考慮しないことにする．

訳注2 クォークの反粒子である反クォークは $-2/3$ 倍と $+1/3$ 倍．

電気の作用を研究したフランスの科学者クーロン (Charles A. de Coulomb, 1736-1806) の名前をとって，電荷（電気量）の単位は**クーロン［C］と呼ばれる**．正味の電荷は文字 q で表されることが多い．q が正の物体には電子より多い数の陽子が存在することを示し，q が負の物体は電子が陽子の数より多くて負電荷が過剰であることを示す．簡単のため，ある電荷が対象とする物体に結び付いていると考えて取り扱うことが多い．

電荷の運動は，電流によって特徴づけられる．つまり，**電流を電荷の流れの時間的割合として定義する**．電気について初期の研究を行ったもうひとりのフランスの科学者アンペール (André Ampère, 1775-1836) の名前をとって，電流の単位は**アンペア［A］**と呼ばれる．1Aの電流は1s間あたり1Cの電荷の流れに等しい．（かつては熱と同様に，電

気も流動物質がひとつの物体から他の物体に移動して正味の電荷を生じると考えられた．多分，それで今でも熱の「流れ」というように，電荷の「流れ」という言い方をするものと考えられる．)

記号を使い，$I =$ 電流 [A]，$q =$ 与えられた点を通り過ぎる電荷 [C]，$t =$ 電荷がその点を通り過ぎる時間 [s] とすると，つぎの式で関係づけられる：

$$I = \frac{q}{t} \qquad \left(\text{電流} = \frac{\text{電荷}}{\text{時間}}\right) \tag{8.1}$$

つまり $1\,\text{A} = 1\,\text{C/s}$ である．

電気的**導体**とは，電流がその中を流れやすい物質のことをいう．金属はよい導体であり，普通には電流を通すのに金属線を使う．この電気を伝える現象つまり電気伝導は，主として金属原子内の外側に近いゆるく結合した電子によるものである（第5章で，電子が熱伝導にも重要な寄与をしていることを学んだのを思い出してみよう）．

電子がその中でもっとかたく結合している物質は，電気をあまりよくは伝えないので，**絶縁体**と呼ぶ．たとえば木材，ガラス，プラスティックなどがある．電気コードは安全に取り扱うためにゴムやプラスティックでおおわれている．よい導体でもよい絶縁体でもない物質に**半導体**がある．訳注

電流を定義する (8.1) 式では，ある点を通り過ぎる電荷の量を考えたが，電荷の流れ方は流体（流体，気体）の流れと同様ではない．たとえば金属線の中で，電子は不規則で無秩序な運動をしている．ある点を通って1つの方向に進むいくつかの電子があると，反対方向にも他のいくつかの電子が進む．しかし，電流として考えるとき，1つの方向には他の方向より多くの電子が進むので，式の中の q はある方向に移動する**正味**の電荷のことである（第3章で述べた正味の力との類似に注意しよう）．

訳注 典型的な半導体材料としては，Si（シリコン），Ge（ゲルマニウム）などの元素や，GaAs，InP，ZnTe などの化合物があるが，その他にも数多くの半導体となる物質が知られている．原著に例としてあげているグラファイト（黒鉛）は半金属の一種で，半導体に似た性質をもつが，その電気伝導度は金属と半導体の中間にある．

例題 8.1　電荷の流れから電流を求める

銅の導体の中で，ある与えられた点における断面を $3.0\,\text{s}$ 間に通過する電荷の正味の流れが $0.50\,\text{C}$ であるとき，電流の大きさを求めよ．

解　既知　$q = 0.50\,\text{C}$，$t = 3.0\,\text{s}$

未知　I [A]

(8.1) 式に　$q = 0.50\,\text{C}$，$t = 3.0\,\text{s}$ を代入すると

$$I = q/t = 0.50\,\text{C}/3.0\,\text{s}$$
$$= 0.17\,\text{A}$$

問 8.1

導線に $1.5\,\text{A}$ の電流が流れている．導線のある断面を $2.0\,\text{s}$ 間に通過する電荷の量を求めよ．

電荷についてよく知られた観測結果は**電荷の法則**として記述される：

> 同種の電荷は反発し，異種の電荷は引き合う．

図8.1 電荷に関するクーロンの法則
同種の電荷は反発し，異種の電荷は引き合う．斥力または引力の大きさはクーロンの法則 $F = kq_1q_2/r^2$ で与えられる．ここで，r は電荷 q_1, q_2 の中心間の距離である．

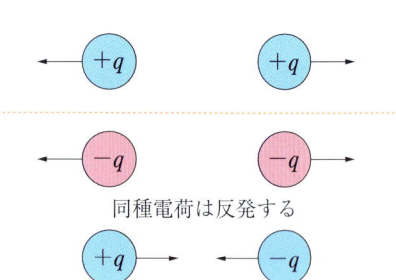

つまり，正電荷同士，負電荷同士の間では斥力が働き，正電荷と負電荷の間では引力が働く．●図8.1を見よ．

この電気力を表す式はクーロンによって，電荷に関する**クーロンの法則**としてまとめられた：

> **2つの電荷の間に働く引力または斥力は，2つの電荷の大きさの積に比例し電荷間の距離の2乗に逆比例する．**

$F =$ 引力または斥力の大きさ [N]，q_1, $q_2 =$ 第1，第2の電荷の大きさ [C]，$r =$ 電荷間の距離 [m] とすると，

$$F = \frac{kq_1q_2}{r^2} \tag{8.2}$$

k は比例定数で $k = 9.0 \times 10^9$ [N·m^2/C^2]．

特定の電荷に働く力の方向は電荷の法則によって与えられる．2つの電荷に対して大きさが同じで逆向きの力が作用していることに注意せよ（ここで，ニュートンの運動の第3法則を思いだそう）．

つぎに，クーロンの法則がニュートンの万有引力（重力）の法則（第3章，$F = Gm_1m_2/r^2$）と形が類似していることに注目しよう．それはどちらの力も2物体の中心間の距離の逆2乗によって決まることである．しかし重要な相違がある．その1つは，クーロンの法則は2つの電荷が異種かまたは同種かによって引力または斥力を表す．（このことから2種類のタイプの電荷があることがわかる．）これに対し重力の方は常に引力である——少なくとも引力以外は観測されていない．

もう1つの重要な相違点は，電気力は重力と比べてより強いことである．電子と陽子は互いに電気力と重力と両方で引き合う．しかし，原子を取り扱うときには，電気力の方がずっと強いので，重力は一般に無視することができ，電気的引力と斥力だけを考えればよい．

電子が過剰な物体は**負に帯電**しているといわれ，電子が不足な物体は**正に帯電**しているといわれる．エボナイト棒を毛皮で強くこすると，エボナイト棒は負に帯電する．この現象を力学的摩擦と直接の関係はないが**摩擦電気**という．●図8.2では毛皮でこすられた1本のエボナイト棒が，自由に回転できるように細い糸で吊るされているのを示す．別の同じようなエボナイト棒を毛皮でこすり，吊るされたエボナイト棒に近づけると，吊るされた棒は近づけた棒から離れるように回転する．すなわち，帯電した棒は反発する．

同じようなことは絹布で強くこすったガラス棒を2本使っても起こる（●図8.3）．今度は，電子がガラス棒から絹に移動して，棒は正に帯電している．どちらの実験も斥力を示すけれども，ガラス棒に生じた電荷はエボナイト棒に生じた電荷とは別種であり，●図8.4で示すように，帯電したエボナイト棒と帯電したガラス棒とは引き合うことがわかる．

静電気学は，ここに述べたような定常的な電荷の効果を取り扱う．^{訳注} 異種の電荷が引き合うという重要な原理はフォトコピーの基礎になって

訳注 電磁場が時間的に変化しないとき，電磁気学を静電気学と静磁気学とに分けることができる．

図 8.2 電気的斥力 2つの負に帯電した物体は互いに反発する．

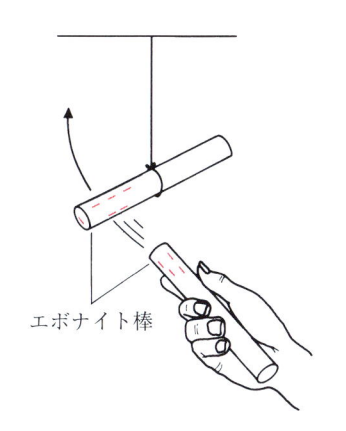

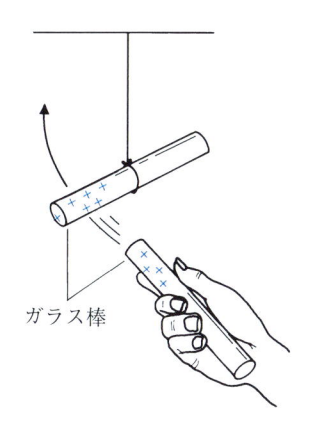

図 8.3 電気的斥力 2つの正に帯電した物体は互いに反発する．

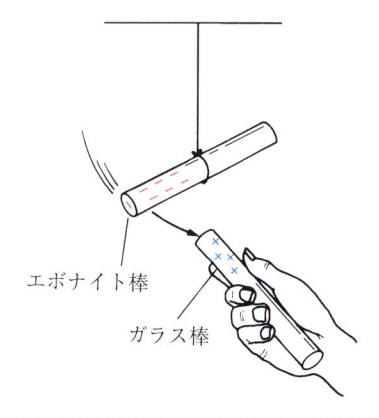

図 8.4 電気的引力 負に帯電した物体と正に帯電した物体は互いに引き合う．

いる．フォトコピー機（静電コピー機）では，資料の複写したい面を下にしてガラス板の上においてコピーを作る．コピーはどのようにしてできるのだろうか．コピーしようとするページを明るい光で照らすと，光はそのページの空白部分で反射して，Se（セレン）元素のような物質でできている正に帯電した円筒または平板に到達する．セレンは光伝導体であって，光を照射したとき電気を伝えるようになる．そこで電荷は光が照射された部分から逃げだして，コピーページの暗い部分つまりプリントの静電的な「像」を残す（●図 8.5）．

つぎに負に帯電した粉末インク（トナー）を円筒に振りかけると，正に帯電した部分に引き寄せられて付着する．そのとき正に帯電した紙が円筒の上を通過すると，トナーは紙に引き寄せられ，さらに加熱することによりトナーが溶けて紙にしっかり付着する．

フォトコピー機の内部の働きはかなり複雑であるが，主な原理は簡単で異種電荷間の引力を利用している．多分コピー機を使った人は，機械から出てきたコピー紙が静電気を帯びているのに気付いたことがあると思う．

静電気はまたやっかいな問題となることがある．カーペットの上を横切って歩いた後，金属製のドアノブに指を触れようとすると火花がでてビッといやな感じをしたことがあるであろう．カーペットの上を歩いている間の摩擦によって自分の身体がかなり帯電していて，ドアに到達したとき十分に強い電気力が作用するため，空気のイオン化により火花放電を起こし，電荷はドアノブを伝って逃げるのである．この現象は乾燥した日によく起こる．湿度の高いときは，物体には薄い湿気（水分）の膜ができているので，電荷は十分集まらないうちに水分を伝って逃げてしまう．それにしても引火性の物質の近く，たとえば爆発性ガスのある手術室とかガソリンの近くで作業するとき，このような火花の発生は危険である．

また，静電気のために衣服がぴったりくっつくという「静電密着」の問題を生じる．衣類乾燥機の中で電荷が集まるのを防止する製品が，多

A 光伝導金属でおおわれた板（訳注：多くはアルミ製ドラムにセレンをコーティングしてある）の表面が高電圧ワイヤの下を通って帯電する．

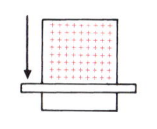

B 原稿を照射した光がレンズを通して板面に投影される．露光されない部分は正電荷（＋印）を保持し潜像を表す．露光された部分は導体となりアースしてあるドラムを通じて正電荷は逃げ去る．

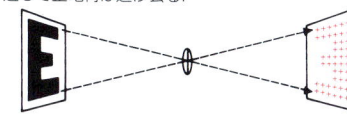

C 負に帯電したトナーとよぶ粉末が板面に接触すると，トナーは正電荷をもつ潜像の部分に付着して目に見える像ができる．

D 正に帯電したコピー紙が板面からトナーを引き寄せて像を転写する．

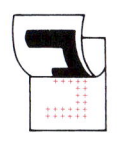

E コピー紙の表面に転写されたトナー像に熱を加えると像が定着する．（訳注：トナー中に含まれる樹脂が溶ける．）

図 8.5 静電フォトコピー機 静電フォトコピーが，どのようにしてできるか途中のステップを示す．詳細は本文参照．

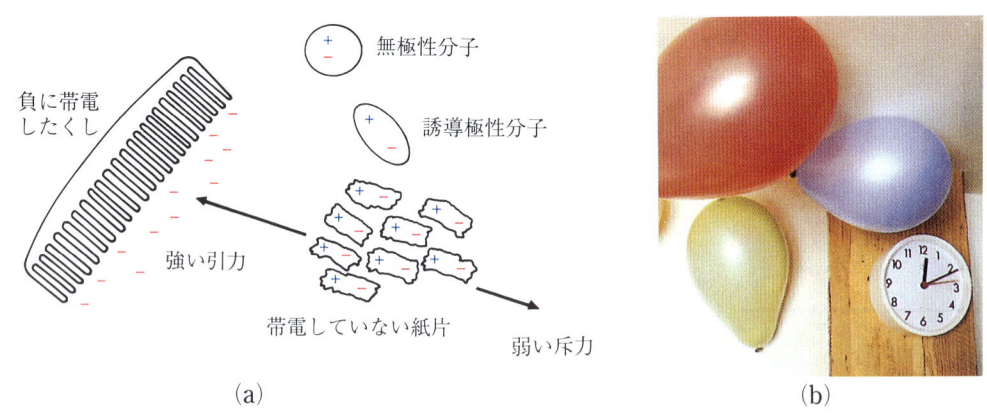

図8.6 電荷の分極 (a) 負に帯電したエボナイト製のくしを，帯電していない小さな紙片に近づけると，紙片の中の分子はある決まった領域内で電荷の分極を起こし，紙片の正電荷の方が負電荷よりくしに近いため，くしは全体として正味の引力を紙片に及ぼす．(b) 帯電した風船が，分子の分極による引力のために，天井や壁にへばりつく．

くの経費をかけて開発された．

クーロンの法則からわかるように，2つの電荷がたがいに近づいてくると引力または斥力は増大する．●図8.6aで説明するように，この効果によって物質の中に帯電した部分ができる．負に帯電したエボナイト製のくしを小さな紙片に近づけると，紙の分子の中の電荷は電気力の作用を受け，正電荷はくしの方に引かれ，負電荷は遠ざけられる．つまり電荷の事実上の分離が起こり，分子はある決まった領域にある電荷について**分極**したという．

正電荷の部分はくしに近いのでこの部分が受ける引力は，遠くにある負電荷の部分による斥力よりも強い．こうしてくしと紙片との間には差し引き正味の引力が働く．ごく小さな軽い紙片がくしに付いて持ち上げられるのは，紙片に働く電気力の方が重力より強いことを示している．この場合，紙片は全体として帯電していないことに注意しよう．このような過程を**誘導による帯電**という．^{訳注}

訳注 ここで述べた絶縁体の誘導分極と非常によく似た過程として，導体の誘導による帯電がある．その違いに注意せよ．

そこで毛髪や布でこすった風船が天井とか壁にへばりつくのはなぜかわかるだろう．風船は摩擦によって電荷が移動してきて帯電している．風船が壁に近づくと，風船上の電荷は壁物質の分子に対し電荷の領域を誘導するので，風船は壁に引きよせられる（図8.6b）．

電気力を説明する別の例を●図8.7に示す．帯電したエボナイト製のくしを細い水流に近づけると，水は棒の方向に引きよせられ水流が「曲げられる」．水の分子は誘導によるのではなく，はじめから永久的な電荷の分離をしている．このように永久分極している分子を**極性分子**という．

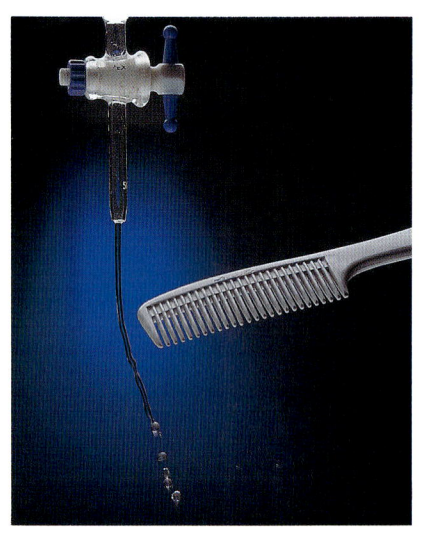

図8.7 曲がる水流 帯電したエボナイト製のくしを細い水流に近づけると，水の分子が分極しているために，水流は曲げられる．

8.2 電圧と電力

> **学習目標**
> 電気的位置（ポテンシャル）エネルギーと電圧の区別を理解すること．
> オームの法則を理解し，電圧，電流，抵抗による電力の表式を説明すること．

電圧と抵抗

一般に電気と呼ばれるものは，電荷の移動によって生ずる効果がもとになっている．電荷を動かすには，他の正または負の電荷に基づく力が作用しなければならない．ある点に存在する単位の電荷に作用する電気力のことをその点の電場という．電場は電気的エネルギーを蓄えるポテンシャル，つまり仕事をなし得る潜在的能力をもっている．訳注

● 図 8.8 に示す状況を考えてみよう．いくつかの分離していない電荷から出発してそれらを分離していく．1 番目の負電荷を左に引き寄せ，1 番目の正電荷を右に引き寄せるには，比較的わずかの仕事しかいらない．つぎに 2 番目の負電荷を左に動かそうとすると，すでにそこにある負電荷が反発するのではじめより多くの仕事が必要になる．同様に 2 番目の正電荷を右に動かすにもはじめより多くの仕事を要する．つぎつぎと多くの電荷を分離していくにつれて，ますます多くの仕事が必要となってくる．

電荷を分離するのに仕事がなされるので，それだけ**電気的位置（ポテンシャル）エネルギー**が蓄えられることになる．もし 1 つの電荷を自由に動くようにしておくと，それは反対の電荷の方に向かって動くはずである；たとえば，図 8.8 のように分離された電荷の中におかれた 1 つの負電荷は正電荷の方に向かって動くだろう．このときエネルギー保存則にしたがって，電気的位置エネルギーは運動エネルギーに転換される．

電気的位置エネルギーという代わりに，普通は電位差または電圧という用語を使う．**電圧**とは，1 つの電荷を 2 点間で動かすのに必要な仕事の量をその電荷の大きさで割ったものとして定義する：

> つまり，電圧は単位電荷あたりの仕事または電気的位置（ポテンシャル）エネルギーである．

$$V = \frac{W}{q} \quad \left(\text{電圧 [V]} = \frac{\text{仕事 [J]}}{\text{電荷 [C]}}\right) \tag{8.3}$$

電圧の単位は**ボルト** [V] であり，1 V = 1 J/C である．電圧は電荷が分離されることによって生じ，いったん電荷が分離されると，電流が流れる準備ができる．電圧について実際には電圧の差あるいは電位差が

訳注　電気力の場つまり電場も，万有引力による重力場と同じように保存力の場である．

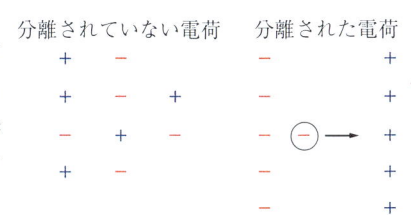

図 8.8　電気的位置エネルギー　正，負の電荷を引き離すには仕事が必要である．分離された電荷は電気的位置エネルギーをもっている．それらの電荷の中間に，自由に動くことのできる負電荷（たとえば電子）をおくと，右図のように動く．

問題である．重力による位置（ポテンシャル）エネルギー（$E_p = mgh$）において，h は実際には高さの差 Δh であるのと同様に，電圧 V も実際には電圧の差 ΔV が問題なのである．

電流が流れるとき，電子は導体物質内で起こる衝突のために妨げを受ける．電荷の流れに逆らうこの妨げを**抵抗**という．抵抗は**オーム** [Ω] という単位で測られる．これは電圧，電流，抵抗の間の簡単な関係式を見出だしたドイツの物理学者オーム（Georg Ohm, 1787-1845）の名前からとったものである．$V =$ 電圧 [V]，$I =$ 電流 [A]，$R =$ 抵抗 [Ω] とすると，**オームの法則**はつぎのように表される：

$$V = IR \quad (電圧 [V] = 電流 [A] \times 抵抗 [Ω]) \tag{8.4}$$

この関係式に従う抵抗を**オーム抵抗**と呼ぶ．オームの法則で記述できる抵抗をもつ物質は，数多くあるがすべてではない．

● 図 8.9 に簡単な電気回路の例を，水の回路との類推によって示す．電池は化学的エネルギーによって回路に電圧を供給する．電池は水の回路におけるポンプに似ている．スイッチを閉じたとき（水の回路ではバルブを開いたとき），回路の中を電流（水流）が流れる．電子は電池の負の端子から出て，正の端子に向かって移動する．回路内の電球は電流に対して抵抗を与え，点灯することで仕事がなされる．この際，電気的エネルギーは熱と光の放射エネルギーに転換される．水の回路における水車は水流に対して抵抗を与え，位置（ポテンシャル）エネルギーを使って仕事をする．電球を通り抜けるとき電圧または電位の差（降下）があるのは，水車を通り抜けるとき重力ポテンシャルの差があるのと似ている．電気回路の構成要素は図に示すように回路図の中に記号で表される．

回路内にあるスイッチは，電子の通り道を開いたり閉じたりする．スイッチが開いていると，電荷が移動できる回路はできていないので電流は流れない（開回路という）．スイッチが閉じると，回路はでき上がり電流が流れる（閉回路という）．

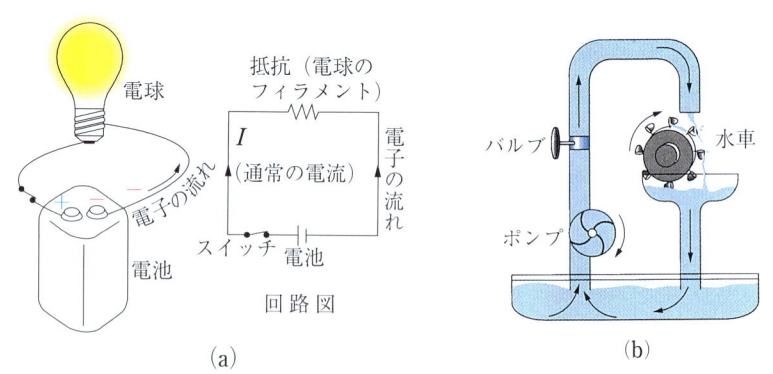

図 8.9 電気回路と水の回路の類似性 (a) 電圧を供給する電池と，抵抗として働く電球とを結んだ簡単な電気回路の例を示す．スイッチを閉じると，電子は電池の負の端子から正の端子に向って流れる．電気的エネルギーは電球のフィラメントを熱することに消費される．回路図は (a) の右側に示してある．(b) 水の「回路」では，ポンプが電池に，バルブがスイッチに，水車が抵抗に対する類似性をもつ．水車を回転させることにエネルギーが消費され，これで外部に仕事がなされる．

電力

電流が回路内を流れているときは，いつでも回路の抵抗に打ち勝つための仕事がなされエネルギーが消費される．このことをある時間の間に電力（電流による仕事率）が消費されるという．仕事率の定義は単位時間あたりの仕事であること：$P = W/t$ を思い出そう．これに (8.3) 式を書き直した $W = qV$ を代入すると，$P = qV/t$ となる．さらにこれに (8.1) 式を書き直した $q = It$ を代入すると，**電力**は

$$P = IV \quad (\text{電力 [W]} = \text{電流 [A]} \times \text{電圧 [V]}) \tag{8.5}$$

で与えられる．この式の V にオームの法則 (8.4) を代入すると，電力を表す別の便利な公式

$$P = I^2 R \tag{8.6}$$

が得られる．電力の単位はワット [W] であり，電気器具の消費電力は W で格付け表示がなされている（●図 8.10）．

電気回路で消費される電力は多くの場合に熱として散逸する（普通の白熱電球では，電気的エネルギーの 95 % 以上が可視光にならずに熱として散逸する）．この熱のことを**ジュール熱**または I^2R **損失**という．このような熱効果は電気ストーブ，電熱器，ヘアドライヤーなどに用いられる．ヘアドライヤーは I^2R 損失を大きくするため，大きな電流が流れるように低抵抗の発熱コイルを使っている．

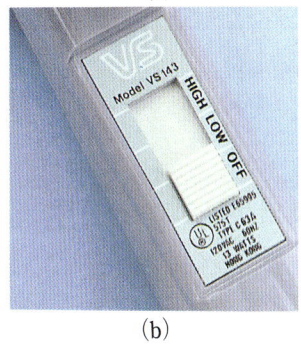

図 8.10 消費電力（ワット数）の定格
(a) 60 W の電球は，毎秒 60 J の電気的エネルギーを消費する．(b) 120 V で 13 W のカール用ヘアアイロンを流れる電流は，$I = P/V$ から求められる（練習問題 10）．

例題 8.2 点灯した電球について電流と抵抗を求める

60 W，120 V の電球について，点灯している状態での電流と抵抗を求めよ．

解 既知 $P = 60$ W，$V = 120$ V
未知 I [A]，R [Ω]

(8.5) 式を電流 I について書き直し，$P = 60$ W，$V = 120$ V を代入すると，

$$I = \frac{P}{V} = \frac{60 \text{ W}}{120 \text{ V}} = 0.50 \text{ A}$$

抵抗 R を求めるには，この電流を使う．オームの法則 (8.4) 式を R について解いて

$$R = \frac{V}{I} = \frac{120 \text{ V}}{0.50 \text{ A}} = 240 \text{ Ω}$$

または (8.6) 式を R について解いてもよい：

$$R = \frac{P}{I^2} = \frac{60 \text{ W}}{(0.50 \text{ A})^2} = 240 \text{ Ω}$$

問 8.2
120 V で作動中のコーヒーメーカーに 10 A の電流が流れている．毎秒このコーヒーメーカーによって消費される電気的エネルギーはいくらか．

金属では，電気抵抗は温度とともに変化し，一般に温度が減少すると抵抗も減少する．もし温度を十分に低くすると，抵抗を完全に取り除くことができるだろうか．ある場合には答えはイエスである．この章のハイライトを参照せよ．

ハイライト

超伝導

　金属線のような伝導物質では，物質内を移動する電子は抵抗を受ける．原子レベルで考えると，この抵抗は物質中の不純物，格子をつくる原子やイオンとの衝突（相互作用）によって起こる．^{訳注} 一般にたいていの金属導体の電気抵抗は温度上昇とともに増大する．これは格子をつくる原子やイオンの熱振動が大きくなると電子の衝突回数が増え，電子が導線を伝わって運動するのが妨げられるからである．

　逆に，一般に金属導体の抵抗は温度降下とともに減少する．そこで，かつて科学者たちは，電気抵抗はどれくらいまで減少できるかという疑問をもった．その答えは，ある金属についてはある温度以下で抵抗が「ゼロまで！」減少できるということであった．この現象を普通は超伝導と呼んでいる．

　1908年にオランダの科学者カマリング・オネス（Heike Kamerlingh-Onnes, 1853-1926）は4.2 Kの沸点をもつヘリウムの液化にはじめて成功し，この技法を使って彼は導体を極低温にまで冷却することができた．いくつかの金属について，電気抵抗の温度に対する変化を実験によって調べた．電源の電圧 V により導体内に電流 I が生じると，測定値から抵抗 R はオームの法則 $R = V/I$ によって求めることができるはずであった．

　しかし，オネスは水銀の低温における伝導性を研究していて大変驚いたことに，液体ヘリウムの温度に近い約 4 K（約 $-269\,°C$）で，抵抗が急にゼロに落ちることを発見した（図1a）．彼はこの現象を超伝導と名付けた．

　オネスの結果に刺激されて多くの元素や化合物の研究がなされ，より高い臨界温度 T_c（これ以下の温度で超伝導が起こる）をもつ物質がいくつも見出された．1973年にはもっとも高い臨界温度をもつある物質の T_c は 23 Kであった．1987年までによく似た物質で液体窒素の沸点 77 K（$-196\,°C$）より高い 93 K の T_c をもつものが見つかった．現在，T_c の高さの記録は約 125 K である．液体窒素は比較的低価格なので，セラミックの高温超伝導材料を使った磁気浮上実験は今では普通に知られている（図1b）．

　なぜある物質で電子が抵抗を受けなくなるのかを十分に理解することは簡単ではない．現在の理論はかなり複雑であって，量子力学の知識が必要である（第9章）．話題を変え，高温超伝導を利用する可能性を調べることの方がずっと理解しやすい．磁石はモーターに使われていて，電流が大きくなるほど（抵抗が小さくなるほど）電磁石はより強くなり（8.4節），モーターは強力になる．また磁気浮上の原理は，磁気による反発力で軌道上に浮上して高速で走行する磁気浮上列車（リニアモーターカー）に利用される．電気的エネルギーは超伝導状態にある電線から送られるので損失がない．今まで科学者も技術者も考えたことさえなかった超伝導の利用法が，明らかにこの他にも多くあると思われる．

　しかし，非常に多くの技術的問題を克服しなければならない．たとえば，セラミック材料はもろくて，使いやすい電線を作るのが難しい．おそらく近いうちにもっとも実現の可能性のある応用は，高速コンピューターの回路網に利用することであろう．電気抵抗がないので電子信号は速く伝わり，コンピューターの演算速度は速くなる．ともかく近い将来に，好奇心をそそるような超伝導体のさまざまな応用が現れると思う．また科学者たちは室温の超伝導体を開発したいと考えている．電気の応用にどんな大変革がもたらされることになるだろうか．

訳注　量子論によると，完全な周期的結晶格子では電子は散乱を受けない．不純物や格子の熱振動のために周期性が乱されると抵抗が生じる．

図1　超伝導　(a) 電気抵抗の温度に対する変化．抵抗は温度の減少とともに減少し，臨界温度 T_c において抵抗はゼロに落ちる．臨界温度以下で，この物質は超伝導状態になっている．(b) 磁気浮上．超伝導物質を液体窒素で十分に冷却し超伝導状態にすると，磁石は大きな反発力を受けて浮き上がる．

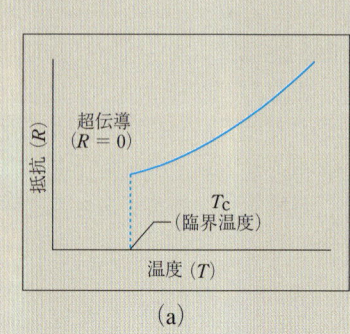

8.3 簡単な電気回路と電気の安全性

> **学習目標**
> 直列回路と並列回路の相違を説明すること．
> 電気の安全性に対する見方と手順を述べること．

電流の流れ方には2つの主な形態がある．図8.9に示すような電池の回路では，電子の流れはいつも1方向で負の端子から正の端子に移動する．このタイプの電流は**直流**（**DC**）と呼ばれる．フラッシュライト，携帯ラジオ，自動車など電池を電源とする装置では直流が使われる．

普通にもっともよく使われるもう1つのタイプの電流は**交流**（**AC**）で，これは電圧が正，負，正，…と絶えず変化している．電力会社で生産され，家庭内で使われているのは交流である．1秒間あたりの正負の電圧変化の回数を周波数といい，通常は1秒あたり60サイクルの割合で，60ヘルツ［Hz］と表す．[訳注1] 平均の電圧は110Vから120Vである．[訳注2] オームの法則を表す（8.4）式および電力を表す（8.5），（8.6）式は，抵抗だけを含む交流回路にも適用できる．[訳注3]

電気がいったん家庭なり事業所なりに入れば，回路の中にあるさまざまな器具や装置にエネルギーを与え電力が消費される．電気器具，ランプ，その他の装置のプラグを壁の差し込み口に入れると，それらは電気回路を構成する．回路の要素を接続するには，基本的に2つの方法，直列と並列がある．

● 図8.11に示すのは，**直列回路**の例である．回路図ではランプは便宜上抵抗として表してある．直列回路では同じ電流がすべての抵抗を通過する．これはいくつかの構成部分をただ1本のパイプで結んだ液体の回路に類似している．全体の抵抗は単に個々の抵抗の和である．さまざまな高さのポテンシャルがある場合の和のように，全体の電圧は個々の電圧降下の和であるから，

$$V = V_1 + V_2 + V_3 + \cdots$$
$$= IR_1 + IR_2 + IR_3 + \cdots = I(R_1 + R_2 + R_3 + \cdots)$$

これらの式は3つ以上の抵抗がある場合を表す．直列に接続された抵抗全体に等価な抵抗を R_s とすると，$V = IR_s$ と書けるので，

$$R_s = R_1 + R_2 + R_3 + \cdots \tag{8.7}$$

これは直列の抵抗が，全体でただ1つの抵抗 R_s に置き換えることができ，同じ電流 I が流れ，電力 $P = I^2 R_s$ が消費されるこどを意味する（接続する線の抵抗は無視できるほど小さいと考える）．

図8.11に示した直列のランプまたは抵抗の例としては，直列に接続された一連のクリスマスツリー用電灯が考えられる．クリスマスツリーの電灯は以前はこのように接続されていた．1つの電球が切れると，もはや電流に対する完結した通路がなくなり回路は開いた状態となるので，一連の電球全部が点灯しない．つまり1つの電球が切れることは，

訳注1 わが国では地域により，東日本では50Hz，西日本では60Hzと分かれている．
訳注2 ここでいう平均とは，単純平均（これはゼロ）ではなく，2乗の時間的平均値の平方根のことで，電圧の実効値という．わが国では普通100Vである．
訳注3 抵抗の他にコイルやコンデンサーを含む交流回路にはそのままでは適用できない．

$$V = V_1 + V_2 + V_3 \quad (I = I_1 = I_2 = I_3)$$

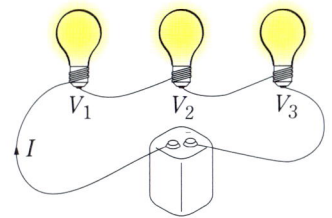

図8.11 直列回路 電球が直列に接続されていると，どの電球にも同じ電流が流れる．回路図には電流 I の向きが，電池の正の端子から出ていくように，つまり正電荷が流れる向きにとってある．歴史的理由からこのような慣行にしたがっているが，実際には，電子が反対方向に移動しているのである．

回路のスイッチを切るのと同じことになる．

しかし，現在市販されているクリスマスツリーのほとんどが，一連の電球のうちのどれか1つが切れても，残りはそのまま点灯しているようになっている．なぜだろうか．それは電灯が並列回路の接続になっているからである．つぎにこれを説明しよう．

基本的なタイプのもう1つの簡単な回路は，図 8.12 に示すような**並列回路**である．並列回路ではおのおのの抵抗にかかる電圧は同じであるが，おのおのの抵抗を通る電流は異なる．電源の電池からの電流は，いくつかの抵抗がいっしょに結ばれている分岐点にくると分かれることになる．この配列は，1本の大きなパイプを流れる液体が，分岐点にきて何本かの小さなパイプに分かれるのと類似している．電荷が分岐点で蓄積されることはないので，分岐点から出ていく電荷は，分岐点に入ってくる電荷に等しくなければならない．これは電荷の保存を表し，このことを電流によって書けば，

$$I = I_1 + I_2 + I_3 + \cdots$$

オームの法則を使うと

$$I = \frac{V}{R_1} + \frac{V}{R_2} + \frac{V}{R_3} + \cdots$$
$$= V\left(\frac{1}{R_1} + \frac{1}{R_2} + \frac{1}{R_3} + \cdots\right)$$

並列回路全体の等価抵抗 R_p によってオームの法則を $I = V/R_p$ と書くと

$$\frac{1}{R_p} = \frac{1}{R_1} + \frac{1}{R_2} + \frac{1}{R_3} + \cdots \tag{8.8}$$

となる．2つだけの抵抗の並列回路では，

$$R_p = \frac{R_1 R_2}{R_1 + R_2} \tag{8.9}$$

となる．直列の場合のように，並列回路の抵抗全体をただ1つの抵抗 R_p で置き換えることができる．

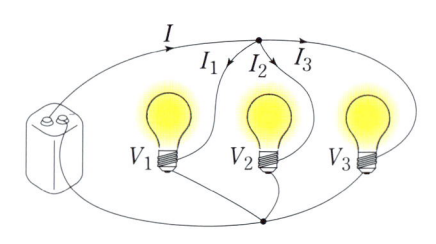

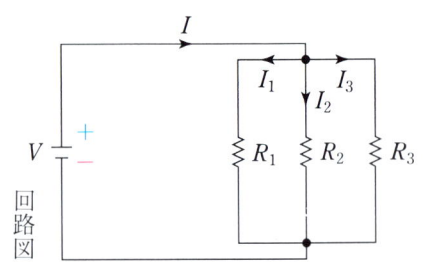

図 8.12 並列回路 電球が並列に接続されていると，電池からの電流は分岐点（何本かの導線が結ばれている点）で分かれる．それぞれの分岐路を流れる電流の強さは，その分岐路の電球の抵抗に逆比例して決まる．つまり抵抗の少ない分岐路ほど大きな電流が流れる．

例題 8.3　並列回路の電流を求める

3つの抵抗 $R_1 = 6\,\Omega$, $R_2 = 6\,\Omega$, $R_3 = 3\,\Omega$ を並列に結び，12 V の電池に接続すると，どれだけの電流が流れるか（図 8.12 参照）．

解　既知　$R_1 = R_2 = 6\,\Omega$, $R_3 = 3\,\Omega$
　　　未知　$I\,[\mathrm{A}]$

(8.8)式から全体の抵抗を求めることができる．

$$\frac{1}{R_p} = \frac{1}{R_1} + \frac{1}{R_2} + \frac{1}{R_3}$$
$$= \frac{1}{6} + \frac{1}{6} + \frac{1}{3} = \frac{2}{3}\,[1/\Omega]$$

したがって，

$$R_p = \frac{3}{2} = 1.5\,\Omega.$$

計算の途中で単位記号が自明であり，いちいち書くのが煩わしいときは省略する．また上記の計算で，まず(8.9)式を使って R_1 と R_2 とを並列にした等価抵抗を求め，つぎに(8.9)式を再び使ってこの抵抗と R_3 とを並列にした等価抵抗を求めてもよい．これが全体の抵抗になり同じ結果が得られる．

電流を求めるにはオームの法則を使い，

$$I = \frac{V}{R_p} = \frac{12\,\mathrm{V}}{1.5\,\Omega} = 8.0\,\mathrm{A}$$

この電流は分岐点で分かれるので，個々の抵抗を通る電流は異なることに注意しよう．2つの6Ωの抵抗には同じ強さの電流が流れ，3Ωの抵抗には6Ωの抵抗の一方の電流の2倍の量の電流が流れる．つまり，最小の抵抗をもった経路を通ってより大きな電流が流れることになる．^{訳注}

抵抗が並列に結ばれた回路では，全体の抵抗は常に最小の抵抗よりも小さくなる．

訳注 分岐電流は，$I_1 = V/R_1 = 12/6 = 2$ A，$I_2 = V/R_2 = 12/6 = 2$ A，$I_3 = V/R_3 = 12/3 = 4$ A．

問 8.3

例題 8.3 で述べた抵抗が直列に結ばれて 12 V の電池に接続されているとすると，この回路を流れる電流はいくらになるか．

家庭用電気器具が並列に接続されている（●図 8.13）．並列回路には2つの大きな利点がある．

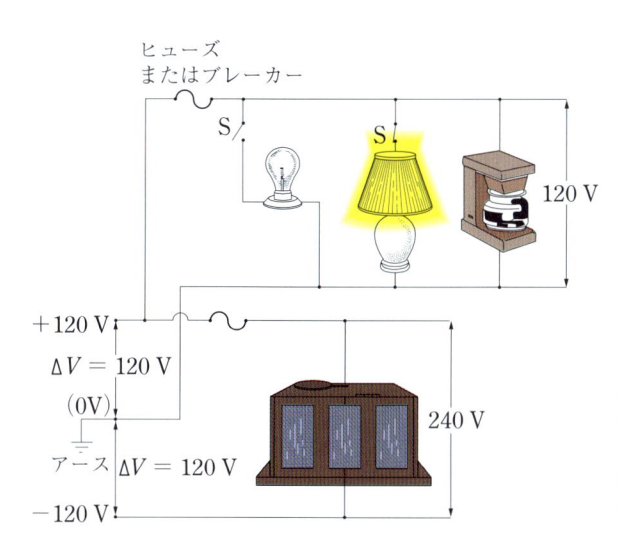

図 8.13 家庭用電気回路の例 家庭内の電気回路は，もっとも普通には 120 V（**訳注** 日本では 100 V）で並列に接続するように配線がなされているので，異なる分岐路の器具とは無関係に任意の器具を作動させることができる．セントラルエアコン（集中式空調装置）のような大きな電気器具に対しては 240 V（**訳注** 日本では 200 V）の電位差が得られるように接続されることが多い．

1. 同一の電圧（110-120 V）が家屋内のどこでも利用でき，電気器具の設置を計画するのがずっと容易になる．110-120 V の電圧は引き込み線の高電圧側と電位 0 の接地側との間で得られる．たとえ高電圧側の一方が −120 V であっても，120 V の電圧の差を得る．^{訳注} 集中空調装置や集中暖房装置のような大きな電気器具に対しては，図 8.13 に示すように，220-240 V の電圧が2本の引き込み線の間の電位差を利用して得られる（この電位差は，重力のポテンシャルエネルギーについて，基準点から一方の高さを正，他方の高さを負として，2点間の高さの差を考えるのに類似している）．

訳注 実際には交流であることに注意せよ．

2. もし，ある1つの電気器具が故障したとしても，他の器具の回路は完全なままなので何も影響を受けることはない．直列回路のときは1つの器具が故障すると，回路は不完全になって他の器具も動作しなくなる．

質問
クリスマスツリーの電灯を考える．1つの電球が切れても残りの電球はそのまま点灯している．それらはどのように接続されているのだろうか．

答 電球は並列に接続されていると考えられる．図8.13の家庭内の回路が示すように，1つの電球が切れても，並列回路にある他の機器は作動し続ける．しかし並列接続には余分の電線が必要となるので経費が多くかかる．

最近のクリスマスツリーの電球は，費用効果性を考えて，●図8.14に説明するように，直列に接続されたいくつかの電球があって，各電球にはシャント（分流抵抗器）が並列に入れてある．ある電球のフィラメントが切れると，この抵抗器は壊れた電球の代わりに電流を流す通路となるので，他の電球は点灯したままである．実際に電球が切れるまでは，シャントは絶縁されていて回路の一部にはなっていない．しかし電球が切れると抵抗器に直接電圧がかかり，その結果生ずる火花によってシャントの絶縁物質が破壊され抵抗器は接触して回路をつくることになる．

直列と並列を組み合わせると，中間的な等価全抵抗を得ることができるが，ここではこれ以上立ち入らないことにする．

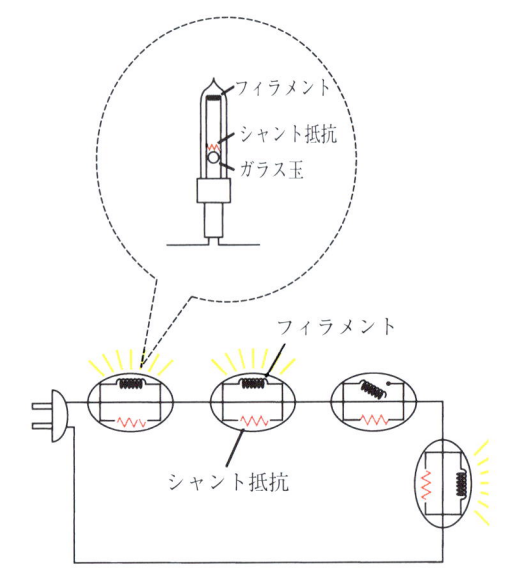

図8.14 シャント抵抗器 最近のクリスマスツリー用電球では，各電球のフィラメントに並列接続して絶縁された抵抗（シャント抵抗器）が入っている．電球のフィラメントが切れると，シャントにかかる電圧がその絶縁を破壊して，抵抗器が回路の一部となって電流を流すので，直列に接続されている他の電球は影響を受けない．

図8.15 ヒューズ (a) エディソン型口金ヒューズ．ヒューズの規格を越える電流が流れると，ジュール熱のために帯状またはリボン状のヒューズが溶けて回路を開く．(b) S型ヒューズ．エディソン型口金ヒューズは規格が異なっても同じねじ山をもっているので，たとえば15A回路に30Aヒューズを入れる危険がある．S型ヒューズでは，異なる規格のものは異なるねじ山をもっているので取り違えることはない．

電気の安全性

電気を利用するには，人と物の両方に対する電気の安全性を考慮することが重要である．たとえば家庭内の電気回路で，つぎつぎと多くの電気器具を接続すると，それだけ多くの電流が流れるようになり電線はどんどん熱くなってくる．図8.13の回路図に示してあるヒューズは，電線が熱くなりすぎて火事になったりするのを防ぐ安全装置である．電流があらかじめ設定した値に達するとヒューズは熱によって溶けて回路を開くようにする．家庭内の回路でよく使われるヒューズにはいくつかのタイプがある．●図8.15aに示すのはエディソン型口金といわれるもので，電球のねじ山に似た口金の基底部をもっている．これらは任意のアンペアの規格のヒューズと取替え可能であり，たとえば，15Aヒューズを入れるべきソケットに30Aヒューズをねじこむこともできる．このような混用は危険なので，S型ヒューズがよく使われる．この場合，特定のヒューズに特有のねじ山のついたアダプターがソケット内に入れてある．つまり，異なった規格のヒューズは異なるねじ山をもっているので，たとえば，30Aヒューズを15Aソケットにねじこむことはできない．

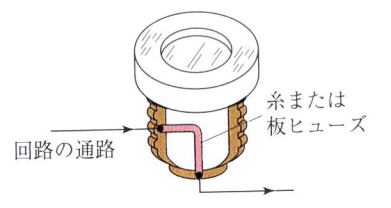

ブレーカー（回路遮断器）がヒューズに代わって一般に広く使われるようになっている．目的は同じで，回路を流れる電流があらかじめ設定したアンペア数に達すると，ブレーカーはスイッチを動かして回路を遮断し電流を止める．回路を開くのは，磁気力または熱膨張によってなされる．トラブルが修復されたときは，ブレーカーを復元し回路が閉じるようにする．

安全のために，スイッチ，ヒューズ，ブレーカーは必ず引き込み線の高電圧側に入れる．もし，これらをアース（接地）側に入れると，回路を開いたとき電流は流れなくても，器具はやはり 120 V の電位にあるので触れると危険である．

しかし，たとえ回路の配線が適切になされていても，ヒューズやブレーカーが必ずしも感電を防止するとは限らない．電気器具や動力工具の内部にある高電圧側の線が外れて，家屋や機器の外装と接触して高電圧になっているかも知れない．大電流が流れないとヒューズは切れない．そこで伝導性のある外装に人が触れると，●図 8.16 a に示すように人体を通ってアースへの電流の通路ができるので，その人はショックを受けることになる．

この事態は図 8.16 b に示すように，外装をアースすることで防止できる．もし高電圧側の線が外装に触れた場合，アースしてあれば電流が流れてヒューズが切れる．多くの電動工具や電気器具に 3 プロング式（アース付き）プラグが使われるのはこのためである（●図 8.17 a）．

図 8.17 b に極性プラグを示す．このプラグでは一方のブレードが他方より大きくなっていて，壁の差し込み口にはめるには 1 通りの方法しかない．極性プラグは安全性の特徴としては古いタイプのものである．プラグは方向が決まるので，一方の側がいつもアース側に結ばれている．器具の外装をこの方法でアースにつなぐことができ，3 線式と同様の効果がある．しかし，専用のアース線で接続する方が間違いがなくてよい．それは極性プラグの場合，回路と器具が適切に結ばれていることが前提で，誤っていることもあるからである．また，引き込み線のアース側に正しく接続されていたとしても，これは電流を流す導線であって，アース専用線ではないことに注意しよう．

感電は非常に危険であり，露出した電線に触れることは常に避けなければならない．多くの人々が感電によって毎年死亡している．危険は身体を通過する電流の量とともに急増する．この影響についてはハイライトで議論しよう．

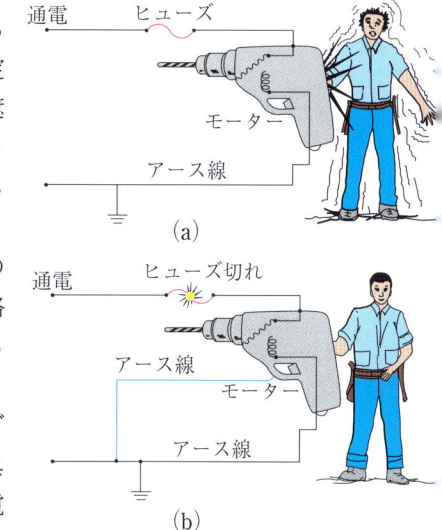

図 8.16　電気の安全性　(a) 専用のアース線がないと，器具の外装に高電圧がかかったときでも，ヒューズが切れたりブレーカーが作動したりすることはない．もし人が外装に触れると危険なショックを受ける．(b) プラグの第 3 プロング（突起部）を通して専用のアース線につながっていれば，外装はアースされているのでヒューズがとんで外装の電位はゼロになる．

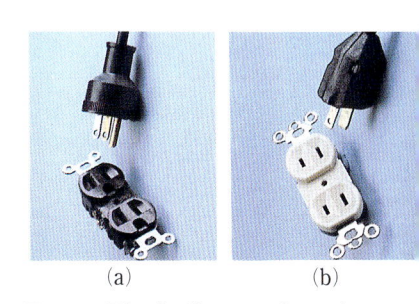

図 8.17　電気プラグ　(a) 3 プロング式プラグとソケット．第 3 の丸いプロングは，安全の目的のために専用のアース線に使われる．(b) 極性プラグとソケット．一方のブレードが他方より大きくなっている．配線のアースまたは中性（ゼロ電位）側をソケットの大きなブレード用の側に接続する．ブレードの大きさで区別することで，アースの通路への安全な接続ができる．

ハイライト

感電

　感電のショックは人体を流れる電流の量によって決まる．この電流は身体の抵抗 R_{body} に依存し，オームの法則 $I = V/R_{body}$ によって与えられる．身体の抵抗はおもに皮膚の乾燥状態によって大きく変わる．人体は大部分が水分であるから，身体の抵抗のほとんどは皮膚の抵抗である．

　乾いた身体は 500 kΩ 程度の高い抵抗をもっているので，100 V の電圧の電源によって流れる電流は約 0.0002 A である．危険が生じるのは，皮膚が湿ったり濡れているときである．身体の抵抗が 100 Ω 程度にまで低下すると，1 A の電流が流れることになる．感電による死傷は皮膚が濡れているときに起こるので，ラジオやヘヤドライヤーのような電気器具を浴室で使うときは十分な注意が必要である．

　電流が人体に与える一般的な影響を表1に示してある．感電のショックの重大さは，また，電流の通る道筋にある身体の部分によっても決まる．同じ手の指から指へ流れる電流は，一方の手から胸部を通って他方の手に流れる電流ほどには重大でない．表1からわかるように，わずか 10 mA の電流が筋肉のまひを起こす．正常な筋肉の反応は神経を通しての電気的パルスによって起こるので，感電のショックがあると大きな影響を受ける．もし導体を手でしっかり握っている人に 10 mA の電流が流れると，手を導体から離そうとしても離れなくなるであろう．

　表1はまた電流が大きくなるほど，より重大な結果が生じることを示す．100 mA つまり 0.1 A になると，正常の心筋の動作に障害を起こし，結果として生じる不均整な運動（心室細動）は正規の血液の循環を妨げ，致命的になる．1 A 以上になるとほとんどが即死である．

表1 感電のショックが人体に及ぼす一般的な影響

電流の大きさ	結果
1.0 mA (0.001 A)	軽いショック
10 mA (0.01 A)	筋肉のまひ
20 mA (0.02 A)	胸部筋肉のまひ，呼吸停止，短時間で致命的
100 mA (0.1 A)	心室細動，不整脈，数秒で致命的
1000 mA (1.0 A)	重症の火傷，ほとんどが即死

8.4 磁気

> **学習目標**
> 磁極の法則および磁場の説明をすること．
> 磁気の原因を理解し，物質が磁化する理由を説明すること．
> 地球磁場の様相を検討すること．

　棒磁石を調べてみてすぐわかることは，両端に磁気の強さが集中した領域があることで，それらを**極**と呼ぶ．一方を北極（N），他方を南極（S）と決める．磁石をコンパスとして使うと，N 極は北を指し，S 極は南を指す．

　2 つの磁石について，極の間に働く力は**磁極の法則**で表される：

> **同種の極は反発し，異種の極は引き合う．**

　つまり，●図 8.18a のように，N–S 極は引き合い，N–N および S–S 極はたがいに反発し合う．この引力または斥力の強さは，電荷に

対するクーロンの法則と同じように，2 つの磁極の強さの積に比例し，2 つの磁極間の距離の 2 乗に反比例する．図 8.18 b はおもちゃの磁石が斥力のために重力に逆らって宙に浮いているのを示す．

すべての磁石は 2 つの磁極をもつ双極子として現れる．電荷が正または負単独でも現れるのと違って，磁石は常に双極子である．もし，磁気単極子があれば単独の N または S 極の一方だけでできていて他の極はないだろう．しかし磁気単極子の存在は，今までに実験的に確かめられてはいない．もし磁気単極子が発見されると，物理学の基本的問題に重要な影響を与えることになるだろう．

どの磁石も皆，他のすべての磁石に力を及ぼす．こういう力の作用を論ずるために，磁場の概念を導入する．**磁場**（B）は磁力線とよばれる想像上の線の集まりで特徴づけられる力の場であって，これらの線は磁石の近くに小さな磁針を置くときに指すと考えられる方向を示す．したがって，磁力線はいわば磁力の場を表示するものといえる．●図 8.19 a は簡単な棒磁石のまわりにできる磁場の磁力線を表す．磁力線の矢印は磁針の北極が指す向きである．磁力線が密集しているところほど磁力は強い．

微細な鉄粉を使うと磁場のパターンを「見る」ことができる．鉄粉は磁化されて小さな磁針の役目をする．2 つの棒磁石について，このような方法でつくった磁場のアウトラインを図 8.19 b に示す．8.2 節では，電荷のまわりの力の場に対して電場の概念を導入したが，電場を目に見えるようにするのはそう容易ではない．電場も磁場もベクトル量であり，第 6 章で学んだ電磁波は時間とともに変化をする電場と磁場から成り立っている．

電気と磁気はたがいに関連しているので，この章では合せて議論する．実際，磁気の根源は電子が運動したり「自転」したりすることによるものと解釈されている．1820 年にデンマークの物理学者エルステッド（Hans C. Oersted, 1777-1851）は，電流の流れている導線によって磁針が振れることを発見した．電池につないだ導線の近くに磁針を置き，回路を閉じると導線に電流が流れ，磁針は北を指していた方向から

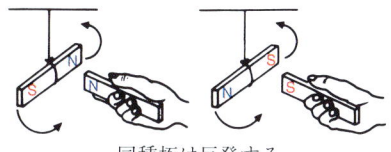

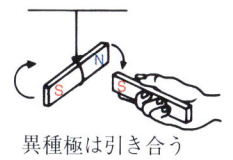

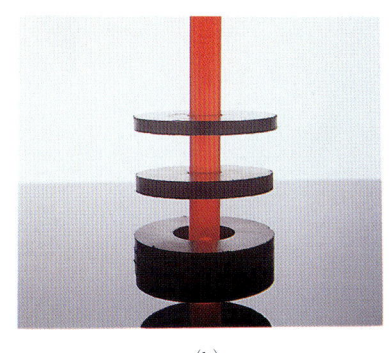

図 8.18 磁極の法則 (a) 同種の磁極は反発し，異種の磁極は引き合う．(b) おもちゃの磁石が斥力のために宙に浮いている．

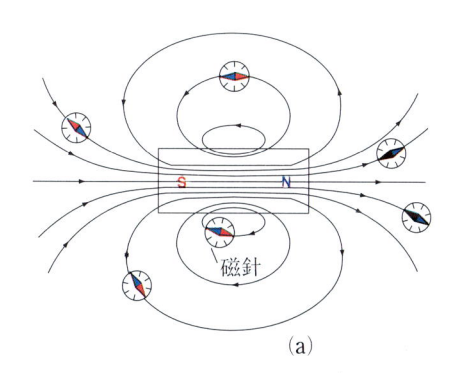

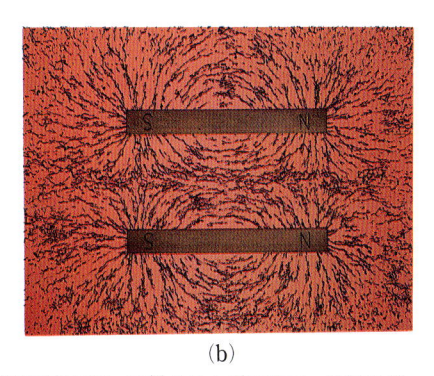

図 8.19 磁場のパターン (a) 磁場の磁力線は小さな磁針を使って描くことができる．磁針の N 極はその点における磁場の方向を指す．(b) 写真が示すように，鉄粉が磁化されて小磁針となるので，磁場のパターンのアウトラインを見ることができる．

図 8.20 電流がつくる磁場のパターン 電流が流れている導線の近くに鉄粉がつくる磁場のパターン.

(a) 長い直線状導線　(b) 単一の環状導線　(c) コイル状導線（ソレノイド）

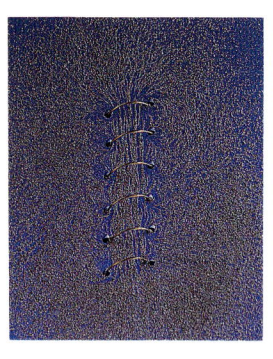

それて偏向する．回路を開くと磁針は再びもとの北を指す方向に戻る．また磁場の強さは電流に比例することがわかっている．そこで，電流によって磁場を思いのままに生み出したり，消したりすることができる．鉄粉を使ってそのような場を調べてみよう．さまざまな形の導線に電流を通じると，いろいろな形の磁場が得られる．それらの例を●図 8.20 に示す．直線電流は導線のまわりに円形の磁場をつくる．単一の環状電流のつくる磁場は小さな棒磁石の磁場にいくぶん似ているが，何回か巻いたコイルのつくる磁場は棒磁石の磁場に非常に類似している．

では棒磁石のような永久磁石はどうしてできるのだろうか．もっとも簡単な原子模型では，電子が原子核のまわりを回っていると描写されている．このことは，電荷が運動していわば環状電流をつくり，磁場の根源となるだろうと期待される．しかし，原子内電子の軌道運動によってできる磁場は非常に小さい．また，物質の原子はそのつくる磁場がさまざまな方向になるように分布しているので，普通これらの磁場は互いに打ち消し合って正味の効果が相殺されている．

現代物理学の理論によると，磁場は電子「スピン」[訳注] にも関連する．この効果はちょうど地球の自転のように，電子がそれ自身の軸のまわりに自転しているとして描写される．つまり，電荷が運動していることになる．物質は多くの原子と電子を含むので，磁気的スピン効果も通常は相殺されている．こうして，大部分の物質は磁性をもたない（磁化されない）か，またはごくわずかだけ磁性をもつ．しかし，ある場合には磁気的効果が非常に強くなることがある．

大きな磁性をもつ物質を**強磁性体**と呼ぶ．強磁性体の物質としては，鉄，ニッケル，コバルトなどの元素およびこれらの元素といくつかの他の元素を含むある種の合金が知られている．強磁性体では，多くの原子は自らのつくる磁場が同一方向になるように結合する．こうして原子がつくる局所的に整列した領域のことを磁区という．単一の磁区は微小な棒磁石のようにふるまう．

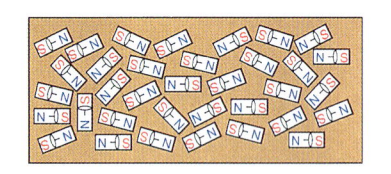

鉄では多くの磁区が整列していたり，整列していなかったりする．不規則に並んだ磁区をもつ鉄片は磁性をもたない．この効果を●図 8.21 に示す．この鉄をたとえば電流の流れている導線によってつくられる磁

訳注 電子がもつ固有の角運動量のことである．

(a) 磁化されていない物質

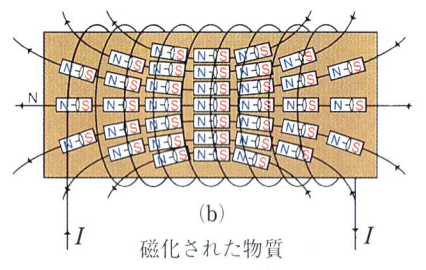

(b) 磁化された物質

図 8.21 磁化 (a) 軟鉄片では磁気双極子またはそれが集まってきた磁区が不規則に整列しているので，磁性をもたない．(b) この鉄片を電流の流れているコイルの中に置くと，規則的に整列した磁区の領域が広がり，鉄片は磁場に平行に磁化される（簡単のため，小さな棒磁石を使って模式的に表した）．

場の中におくと，多くの磁区が整列して他の磁区にも影響するので，磁場に平行な磁区が増大する．こうして鉄は磁化される．

磁場が取り去られると，熱効果が引き起こす無秩序性のために，磁区はほとんど不規則な配列に戻ろうとする．磁場を取り去った後に，規則正しい配列をした磁区がどれだけ残っているかは，かけた磁場の強さ次第である．

この効果を応用したものに電磁石がある．これは鉄片のまわりを絶縁導線で巻いたコイルからできている（●図8.22）．電流を流すとコイルの磁場により鉄が磁化するので，電流のスイッチを入れたり切ったりして，鉄を磁石にしたり磁石でなくしたりコントロールすることができる．かけた磁場に整列した磁区の影響が加わって，磁場は約2000倍も強くなる．

電磁石の応用例はたくさんある．大きいものでは鉄くずのスクラップを吊り上げて移動するのに日常使用されている（図8.22）．小さいものでは磁気的スイッチとして働くリレーやソレノイドが使われる．ソレノイドは自動車のエンジンをかけるとき，始動モーターを働かせるのに使われる．

ブレーカー（回路遮断器）には電磁スイッチを使うタイプのものがある．電磁石の強さはそのコイルを流れる電流に比例する．ブレーカーの回路を流れる電流がある決まった値になると，電磁石が十分に強くなり鉄片を引き付けて金属導体を動かし，回路を開く仕組になっている．

電磁石に使われる鉄は「軟らかい」鉄（軟鉄）と呼ばれる．これは力学的な硬さを意味するのではなく，このタイプの鉄は磁化したり急速に消磁する能力があることを意味している．ある種の鉄は，ニッケル，コバルト，その他いくつかの元素とともに，「硬い」磁性体として知られている．これらは一度磁化すると長期間にわたりその磁性を保持する．「硬い」鉄は永久磁石に使われる．永久磁石は熱したり衝撃を与えると，整列していた磁区が乱されて磁石は弱くなる．実際に，**キュリー温度**と呼ばれるある温度以上では，物質は強磁性の性質を失う．鉄のキュリー温度は 770 °C である．[注]

永久磁石は物質内の磁区を「永久的」に整列させることによりつくられる．1つの方法としては，硬い強磁性物質をそのキュリー温度以上に熱してから強い磁場をかけると，磁区は磁場によって整列する．そこでつぎにこの物質を冷やすと，整列した磁区が凍結する，つまり永久磁石ができる．

地球磁場

17世紀のはじめに，イギリスの科学者ギルバート（William Gilbert, 1544-1603）は地球が巨大な磁石の役割をしているのではないかという示唆をした．今日ではわれわれの惑星である地球について，このような磁気的効果が存在することが知られている．磁針が北を指すのも地球磁

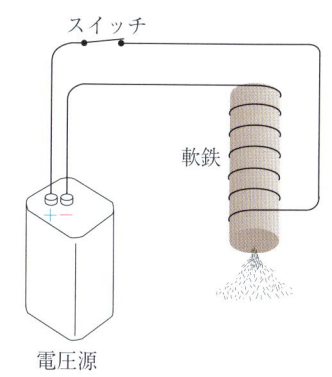

図 8.22 電磁石 電磁石は軟鉄片のまわりに巻かれた導線のコイルでできている．スイッチを入れて導線に電流が流れると，磁場を生じ軟鉄は磁化されて磁石になる．スイッチを切ると電流が止まり，鉄は磁石でなくなる．

注 キュリー温度はこの効果を発見したフランスの科学者ピエール・キュリー（Pierre Curie, 1859-1906）にちなんで名付けられている．ピエール・キュリーはマリー・キュリー夫人（Marie Curie, 1867-1934）の夫であった．彼ら夫妻は放射能に関する先駆的な仕事をした（第10章）．

場が原因である．実験によれば，磁場は地球の内部にも地球をとりまく数百km離れた空間にも存在する．北極光や南極光など極に近い高緯度地方に見られるオーロラは地球磁場に関係している．

地球磁場の起源はわかっていないが，多分もっとも受け入れられる理論としては，地球の内側深くにある荷電物質の運動にともなう内部電流によって磁場を生ずるという考えである．地球内部に何か磁化した鉄の化合物の巨大な塊が存在するためということではない．地球の内部は非常に高温でキュリー温度以上なので，物質が強磁性になることはないと考えられる．また両磁極がゆっくり位置を変えている事実は，電流が変化していることを示唆する．

地球磁場は●図8.23のように，1つの環状電流または巨大な想像上の棒磁石で近似的に表される．磁石として南極の性質をもつ磁極が地理学的北極の近くにあることに注意しよう．この理由は磁針の北極が北方に引き寄せられるからである（磁極の法則）．しかし，通常は磁針が指す北方で地理学的北極の近くにある磁極を**磁北極**とよんでいる．

磁気的極と地理学的極は一致しない．現在，磁北極は地球自転軸の地理学的北極から南へ約13°すなわち約1500kmの所にある．磁南極は地理学的南極からもっと多くずれている．

したがって，コンパス（羅針盤）は地理学的な真の北極を指さないで，磁北極を指す．両者の間の食い違いの角度を**磁気偏角**で表す（●図8.24）．この偏角は地理学的子午線（地理学的北極と南極を結ぶ想像上の線）の東または西にずれている．

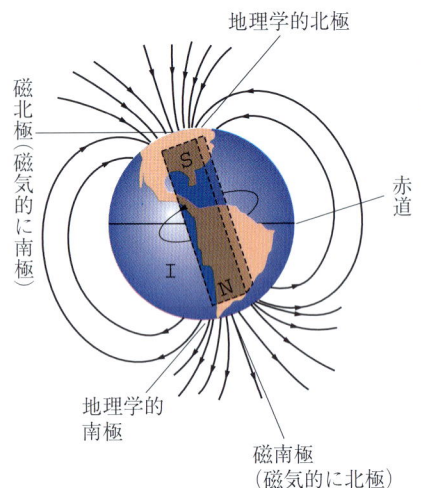

図8.23 地球磁場 地球の磁場は，地球内部にあるコアのうち流体でできた外核の中での電磁流体運動によって維持されていると考えられている．その磁場は地球内部に巨大な棒磁石があるかのように見えるが，そのような棒磁石は存在しない．ここで地理学的北極の近くにある磁極（通常は磁北極と呼ぶ）は，磁石としては南極の性質をもつことに注意しよう．磁針の北極が北を指すのは磁石としての南極に引かれるからである．

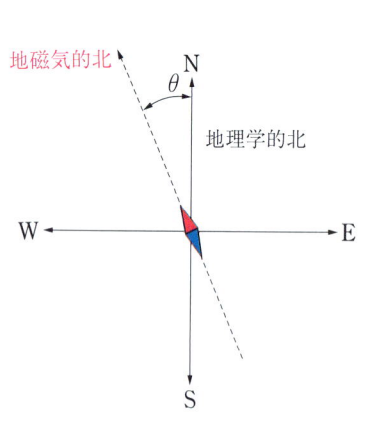

図8.24 磁気偏角 磁気偏角 θ とは，地理学的な真の北と磁針が指す地磁気的北（磁北極の方向）との間の角度のことである．偏角は地理学的北の東または西へ何度というように測る．

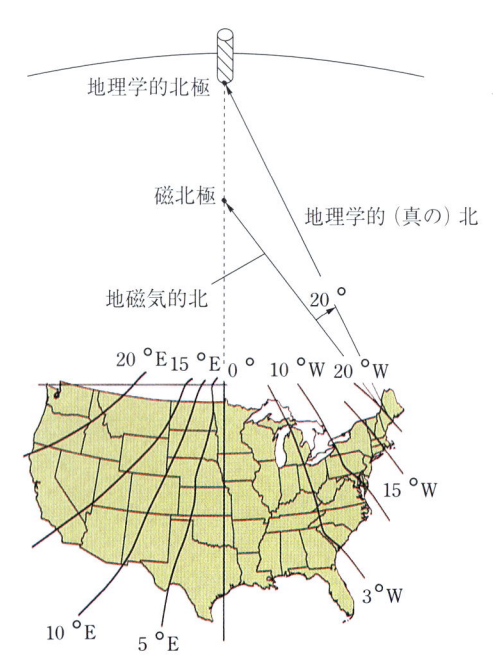

図8.25 磁気偏角を示す地図 アメリカ合衆国における等偏角線（同じ磁気偏角の地点を結ぶ線）の地図を示す．0°の線は地磁気的北が地理学的北と同じ方向にあることを意味する．

航行に際して重要なのは，特定の場所での磁気偏角を知って，磁気コンパスの方向を真の北に補正することである．●図 8.25 に示す航行用地図では，東または西に何度という磁気偏角の等しい地点を線で結んでいる．

地球磁場は実験室で使われている磁石と比べるとかなり弱い．しかし，地球磁場はある種の動物（人間も含め）が方向の確認のために使うには十分の強さがあると考えられる．たとえば，渡り鳥や伝書鳩は帰途の飛行の助けに，地球磁場を使っていると信じられている．事実それらの鳥の脳には鉄の化合物が見つかっている．

8.5 電磁気学

> **学習目標**
> 電磁相互作用を理解しその応用について述べること．
> 電動機（モーター）と発電機の原理を説明すること．
> 変圧器（トランス）の原理とそれが電力輸送に利用される理由を説明すること．

電気と磁気の効果の相互作用は，**電磁気学**として知られる物理学のもっとも重要な概念の1つであって，現在の科学技術の大部分がこのきわめて重要な相互作用に関連している．電磁的相互作用の2つの基本原理はつぎの通りである．

1. 運動している電荷（電流）は磁場を生みだす．
2. 磁場は運動している電荷の進路を曲げる．

第1の原理は，上に述べた電磁石の基礎になっている．電磁石には多くの応用があって，ドアベル，電話機，磁性物質を移動する装置（図 8.22）などに使われている．電話の受話器の機構も実例の1つである．●図 8.26 に，電話回線の単純化した図解を示す．

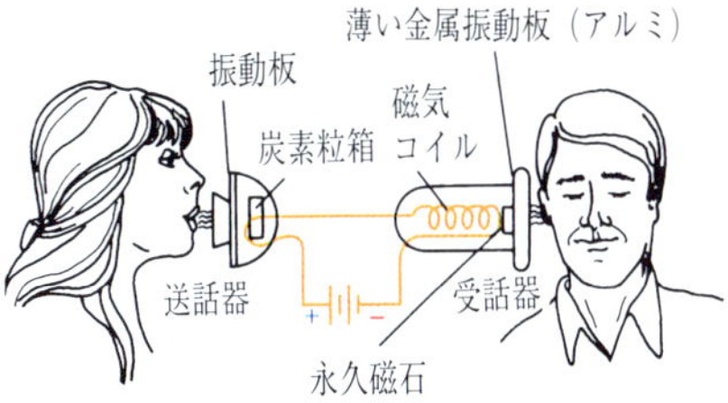

電話番号をダイヤルすると，相手の電話のベルとの回路が閉じる．ベルがなっている方の受話器を外すと，2つの電話の送話器と受話器との間の回路が閉じる．電話による会話はまず音波を電流の変化に変え，この電流が相手の受話器まで導線を伝わって到達し，そこで再び音波に変える．

簡単な一例でこの動作を説明しよう．まず送話器の前で話しをするとその音波に応じて振動板が振動する．この振動は炭素粒の入った箱に伝わり，炭素粒に加わる圧力が変化する．つまり，炭素粒を押し付けると抵抗は減り，圧力を緩めると炭素粒は広がって抵抗は増す．オームの法則により，この抵抗の変化は電話回線を流れる電流の変化を起こす．

受話器の側には，電磁石または磁気コイルと振動板が付いた永久磁石がある．電流の変化は電磁石の強さを変え，永久磁石を引く力が変わる

図 8.26 電話と電磁気学 簡単化した（一方向の）電話回線の図解．音波は送話器で電気的パルスに変換され，そのパルスは電話線を伝わって受話器に達する．そこで電磁石の作用で振動板を振動させ，もとの音波に近い音が再現される．

ので振動板が振動する．この振動はもとの音に近い音波を空気中に出し，その音声が受話器側から聞こえるのである．

運動する電荷が磁場から受ける力

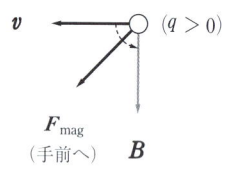

上に述べた第2の原理，つまり運動する電荷の進路が磁場によってどのように曲げられるかを調べよう．磁場の中で静止した電荷は何も力を受けない．しかし，●図8.27のように，運動する電子が磁場に入ったときは力を受ける．磁場から受ける力のベクトル F_{mag} は，速度ベクトル v と磁場ベクトル B によってつくられる平面に垂直である．図について説明すると，受ける力は紙面の手前に向かって働くので，磁場の拡がりの中を通過するうちに電子（負の荷電粒子）は図のように紙面の手前に向かう円弧を描く．もし，正の荷電粒子の運動ならば，受ける力は逆向きになり粒子は紙面の裏側に向かう円弧を描く．また，荷電粒子が正でも負でも，磁場に平行に運動する場合は力を受けない．[訳注]

この効果を説明する実験を●図8.28に示す．電子線が電子管の中を左から右へ進む．管内に蛍光紙を置いて見やすくしておく．上の写真では，磁場がないとき電子線が曲げられないことを示す．下の写真では，棒磁石の磁場により電子線が下方に曲げられることを示す．

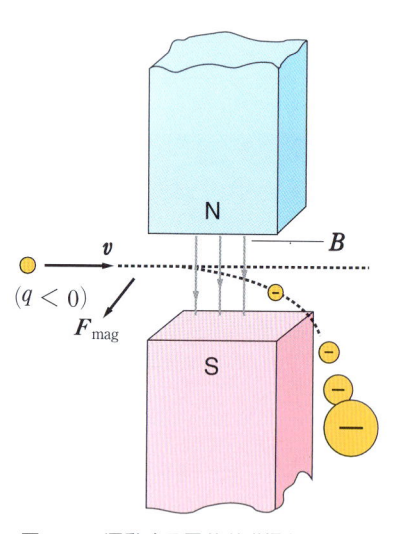

訳注 受ける力 F_{mag} のベクトルの向きは，正の荷電粒子の速度 v の向きから磁場 B の向きへの回転を考え，これが右ねじの回転と一致するようにしたとき右ねじが進む向きと一致する．正確にいうと，ベクトル F_{mag} はベクトル v とベクトル B のベクトル積で表され，粒子の電荷を q とすると

$$F_{mag} = qv \times B$$

で与えられる．付録 B1, B6 参照．

図8.27 運動する電荷が磁場から受ける力 鉛直方向の磁場内を水平方向に運動する電子は，磁場から紙面の前方に向かう力 F_{mag} を受けて進路が曲る．詳しい記述は本文を見よ．

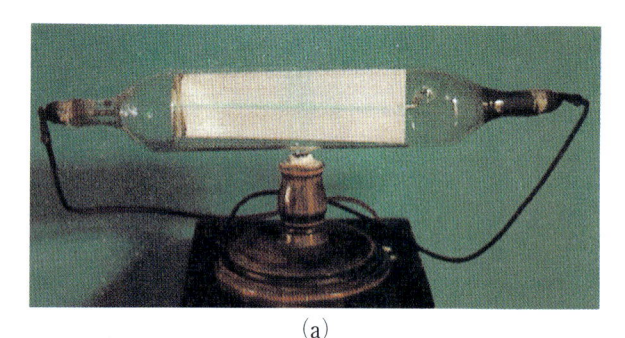

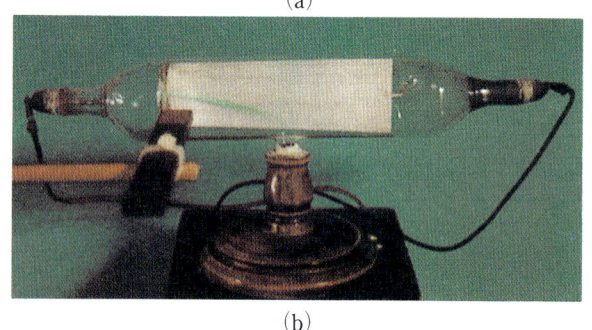

図8.28 磁場による電子線の偏向 （a）磁場がないとき，電子管の中を電子ビームは直進する．管内に蛍光紙をおいてビームが見やすくしてある．（b）磁石を近づけると，電子は磁場による力を受けてビームは偏向する．

電動機（モーター）と発電機

　導線内にある電子も磁場によって同じような力の影響を受ける．●図8.29 a では，電流の流れていない導線が磁場内に置かれている．導線の中で電子の正味の運動はないので，導線は力を受けない．しかし，図8.29 b に示すように，導線内で電流が左向きに流れる（つまり電子が右向きに動く）と，導線は紙面から読者の方に向かう力をうける．状況は図8.27の説明と同様である．

　磁場内に置いた電流の流れている導線が受ける力を利用して，仕事をさせるものに電動機がある．基本的に**電動機（モーター）とは電気的エネルギーを力学的エネルギーに変換する装置である**．モーターの電源を入れ，その軸の力学的な回転を利用して仕事をさせることができる．多くのタイプのモーターがあるが，電磁的・力学的相互作用を理解するために，簡単な直流（DC）モーターの概略を●図8.30 a に示す．実際のモーターはループを多く巻いたコイルからできているが，ここでは簡単のために1巻きだけ示す．電池からループに電流が送られると，ループは両磁極面の間の磁場内で自由に回転できるようにしてあるので，電流の流れるループは力を受けてトルク（力のモーメント）を生じ回転することになる．

　連続的に回転するには，スプリット（分割）リング整流子が必要である．ブラシとの接触では，分割されたリングの一方が正に，他方が負になっている．回転軸の端から見てつぎつぎに変化するループ面の切り口を図8.30 b に示す．ループ面が垂直な位置（1）から（2），（3），（4），（5）と半回転したのち静止するように力が働く．しかし，分割リングのために，このときループを流れる電流が逆向きになる．今まで電池からのプラス側ブラシに接触していた分割リングの部分が，つぎの半回転ではマイナス側ブラシに接触するようになる．こうしてループを流れる電流は半回転ごとに逆向きになる．半回転ごとに力が内側を向く不安定な

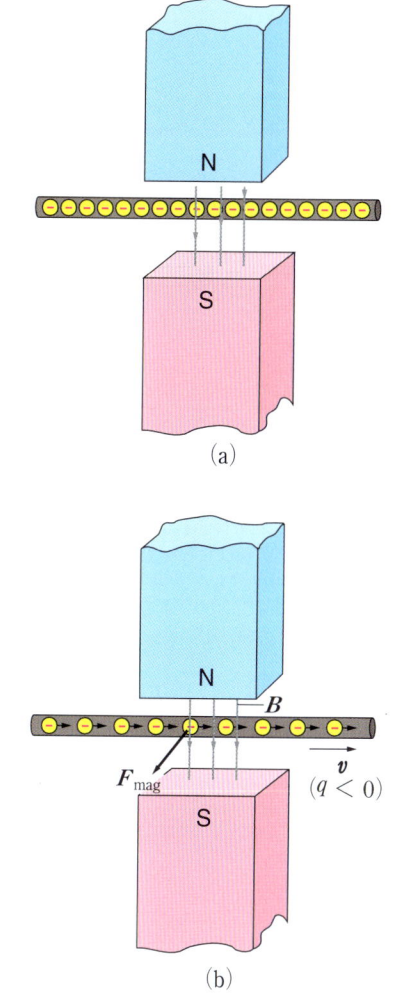

図8.29 磁場内で電流の流れる導線が受ける力　(a) 磁場に置かれた静止した導線に電流が流れていないと，導線は力を受けない．(b) 導線に電流が左向きに流れると，導線内を電子が右向きに移動し，鉛直下向き方向の磁場によって導線は紙面の表に向かう力 F_{mag} を受ける．この力が電動機（モーター）の原理となっている．

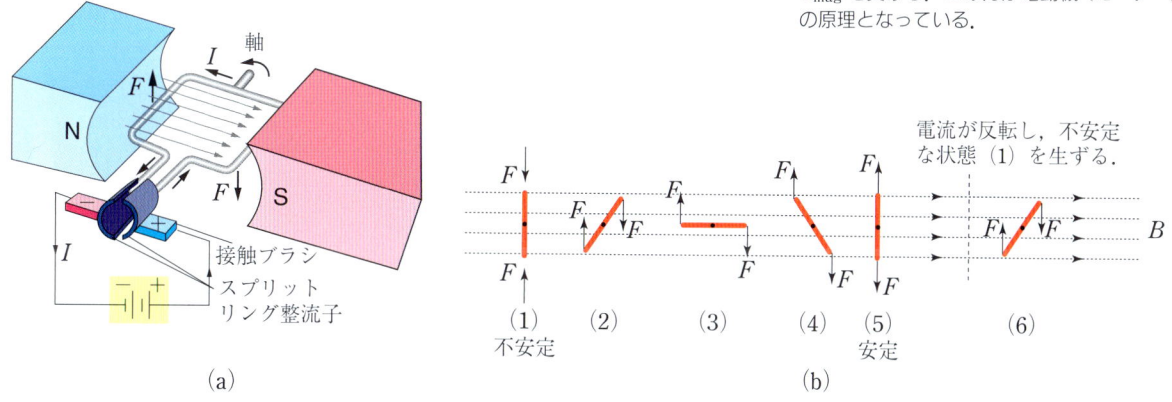

図8.30 直流（DC）モーター　(a) 直流モーターにおけるコイルの図解．電流の流れているループが磁場内に置かれると，コイルは磁場から受ける力のモーメント（トルク）により軸のまわりに回転する．スプリットリング（分割環）整流子は半回転ごとにループを流れる電流を逆向きにするので，コイルは連続的に回転する．(b) コイルに働く力を図示し，なぜ電流の反転が必要かを説明する．

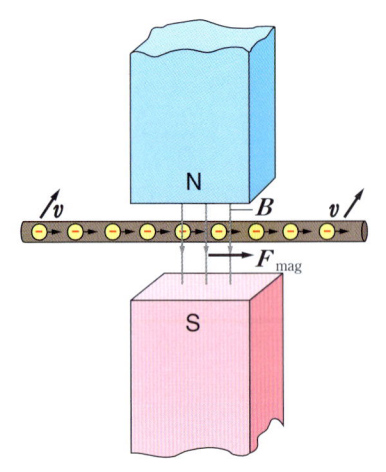

図 8.31 磁場内で運動する導線に発生する電流 鉛直下向きの磁場内で導線を紙面の裏側に向けて動かすと、導線内の電子は右向きの力を受けて右方に移動し、導線には左向きの電流が生じる。これが発電機の原理である。

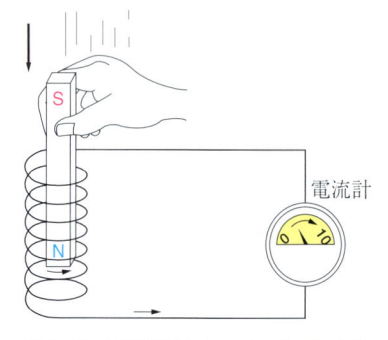

図 8.32 電磁誘導 ファラデーの電磁誘導の実験を説明する。図のようにコイルの中に下向きに磁石のN極を入れていくと、回路に電流が生じることが電流計の読みからわかる。

訳注1 この場合も運動する電荷が磁場から受ける力について p.182 の訳注で述べた v, B, F_{mag} の間に成り立つ右ねじの法則(ベクトル積の関係)がそのまま成り立つ。

訳注2 コイルの紙面表側でN極のすぐ下にある導線の部分に着目する。紙面表向きの磁力線を横切って導線部分の電子が上向きに運動することと同等なので、上述の右ねじの法則から電子は左向きに力を受けて電流が右向きに流れることがわかる。

図 8.33 交流(AC)発電機 (a) 交流発電機におけるコイルの図解。コイルを力学的に回転させると、電流計が示すようにループの導線内には電流が誘導される。(b) 電流の流れる向きが半回転ごとに交互に変化するので、交流と呼ばれる。

位置(1)に戻るが、ループがもつ慣性によってこの位置を通り過ぎるために、ループは連続的に回転することになる。

実際のモーターでは効果を強めるために、回転する電機子に導線が多数回巻いてある。電気的エネルギーから力学的エネルギーへの変換の効果は、ループの巻数が多いほど、磁場が強いほど増大する。

それでは逆に力学的エネルギーから電気的エネルギーへの変換は可能だろうか。事実これは可能であって、発電の基本的原理となっている。今までにどうして電気が生み出されるのか不思議に思ったことがあるであろう。

● 図 8.31 に図解するように、磁場内にある導線を紙面の裏側に向かって運動させることを考える。導線中の電子は負電荷をもって磁場 B 内を紙面の裏側に向って速度 v で動くので、電子は磁場から右向きの力 F_{mag} を受ける。訳注1 そこで電子は導体内を右方に押されて移動し、左向きの電流が生じる。導線についてはオームの法則が適用されるので、電圧も発生することになる。この場合、電池もプラグも他のどんな外部電源もないのに、電流が生み出されることに注目しよう。これが発電機の基本的原理である。

このように**発電機は力学的仕事すなわち力学的エネルギーを電気的エネルギーに変換する装置である**。その作動原理は一般に**電磁誘導**と呼ばれ、1831年にイギリスの科学者ファラデー (Michael Faraday, 1791-1867) によって発見された。この実験の説明が ● 図 8.32 に示される。磁石を動かしてコイルの中に入れていくと、導線内に電流が生み出されたことが電流計の読みでわかる。訳注2 研究の結果、ループの導線を横切る磁場の時間的変化によって誘導電流が生ずることがわかっている。

同じ効果は静止磁場内でループを回転させても得られる。ループを横切る磁場は時間的に変化するので電流が誘導される。簡単な交流(AC)発電機を ● 図 8.33 に例示する。ループを力学的に回転させると、ループの導線内には電圧と電流が誘導される。電圧と電流の大きさが変化するだけでなく、それらの方向が交互に行ったり来たりして半回転ごとに変化する。つまり交流(AC)が得られる。また直流(DC)発電機もあ

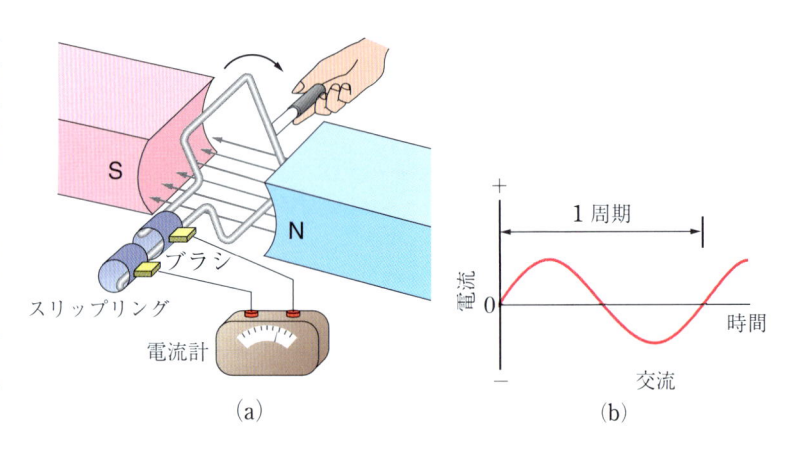

るが，これは本質的には直流（DC）モーターを逆に作動させることと同じである．しかし，ほとんどの電気は交流として発電して，必要に応じ直流に変換（整流）される．

発電所では発電機を使って，他の形のエネルギーを電気的エネルギーに変換する．大部分の発電所では，化石燃料か核エネルギーにより，水を熱して水蒸気をつくり，それでタービンを回して力学的エネルギーを発電機に供給する．つくられた電気を家庭や事業所に送り，そこで仕事をするために力学的エネルギーに戻したり，熱エネルギーに変換したりする．

この章を終わるにあたり，電力輸送について論じよう．陸地を越えて高電圧送電線が走っているのを見かけるだろう．送電のために，**変圧器（トランス）**を使って電圧を上昇させる．変圧器は電磁誘導を基礎とする簡単な装置である（●図 8.34）．基本的に，この装置は 1 つの鉄心に巻きつけた 2 つの絶縁されたコイルからできている．1 次コイルに入力電流が流れると，鉄心の内部には集中した磁場ができる．入力電流が交流であると，電流が行ったり来たりする結果，時間的変化をする磁場ができて，その磁場が通過する 2 次コイルの中に誘導による電圧と電流を生ずる．

2 次コイルの巻き数が 1 次コイルの巻き数より多いと，誘導で生ずる 2 次電圧は入力の 1 次電圧より大きい（モーターや発電機で，コイルの巻き数が多くなると効果が増大するのと同様である）．このタイプのものを**昇圧変圧器**という．$P = IV$ であるからエネルギーの保存により，2 次電圧が増大すると 2 次電流は減少する．電圧を何倍にするかは両コイルの巻き数の比で決まるので，容易に制御できる．

それではなぜ電圧を上昇させるのだろうか．実際に関心があるのは電流の減少である．送電線は抵抗をもつのでジュール熱 I^2R の損失がある．そこで電流を減少させればこの損失が減少し，ジュール熱として失われるはずのエネルギーを節約できるからである．もし，電圧を 2 倍にすると電流は 1/2 となるので，ジュール熱損失 I^2R は 1/4 となる．電力輸送に際し非常に高い電圧にするのは，[訳注1] 同じ電力を送るのに少ない電流ですむため，ジュール熱損失を少なくすることができるからである．

もちろん，われわれの家庭でそんな高電圧を使うことはできないので，普通には 220～240 V [訳注2] の供給がなされている．そこで高電圧を低電圧に下げる（電流は増す）にはどうするかというと，**降圧変圧器**を使う．これは単に入力と出力のコイルを逆にすればよい．もし，1 次コイルが 2 次コイルより巻き数が多いと，電圧は下がる．電力輸送に際しての，昇圧と降圧の説明をする例が●図 8.35 に示してある．

電力輸送においてジュール熱損失を減らすために，電圧を上げたり下げたりできる利点のあることが，交流の電気を家庭や事業所で使う大きな理由である．電圧を上げたり下げたりすることは直流ではできない．つまり変圧器は直流に対しては作動しない（なぜか考えよ）．エディソ

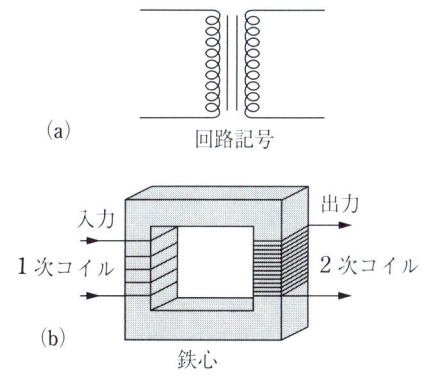

図 8.34 変圧器（トランス） (a) 変圧器の回路記号．(b) 変圧器の基本的特徴．鉄心のまわりに巻かれた 2 つの絶縁されたコイル（1 次コイルと 2 次コイル）からできている．1 次コイルに交流の電流が流れると，鉄心内にできる集中した磁場も変化するので，この磁場が通過する 2 次コイルの中に電磁誘導によって交流が発生する．

訳注1 わが国では普通約 15 万 V から 50 万 V．

訳注2 わが国では 100 V または 200 V．

訳注 最近はまた直流送電が見直されてきた．架空線による長距離送電やケーブルによる中距離送電に対して，経済的に有利といわれている．発電した交流を変圧器で昇圧したのち，交流-直流変換設備で直流に変えて送電し，受電側において直流-交流変換設備で再び交流に変え，変圧器により降圧したのち需要家に送電する．

ン（Thomas Edison, 1847-1931）がニューヨーク市に，アメリカで最初の商業用電力会社を始めたときは直流が使われた．しかし今日では長距離の電力輸送がなされるので，実用的には交流が主に使われる．^{訳注}

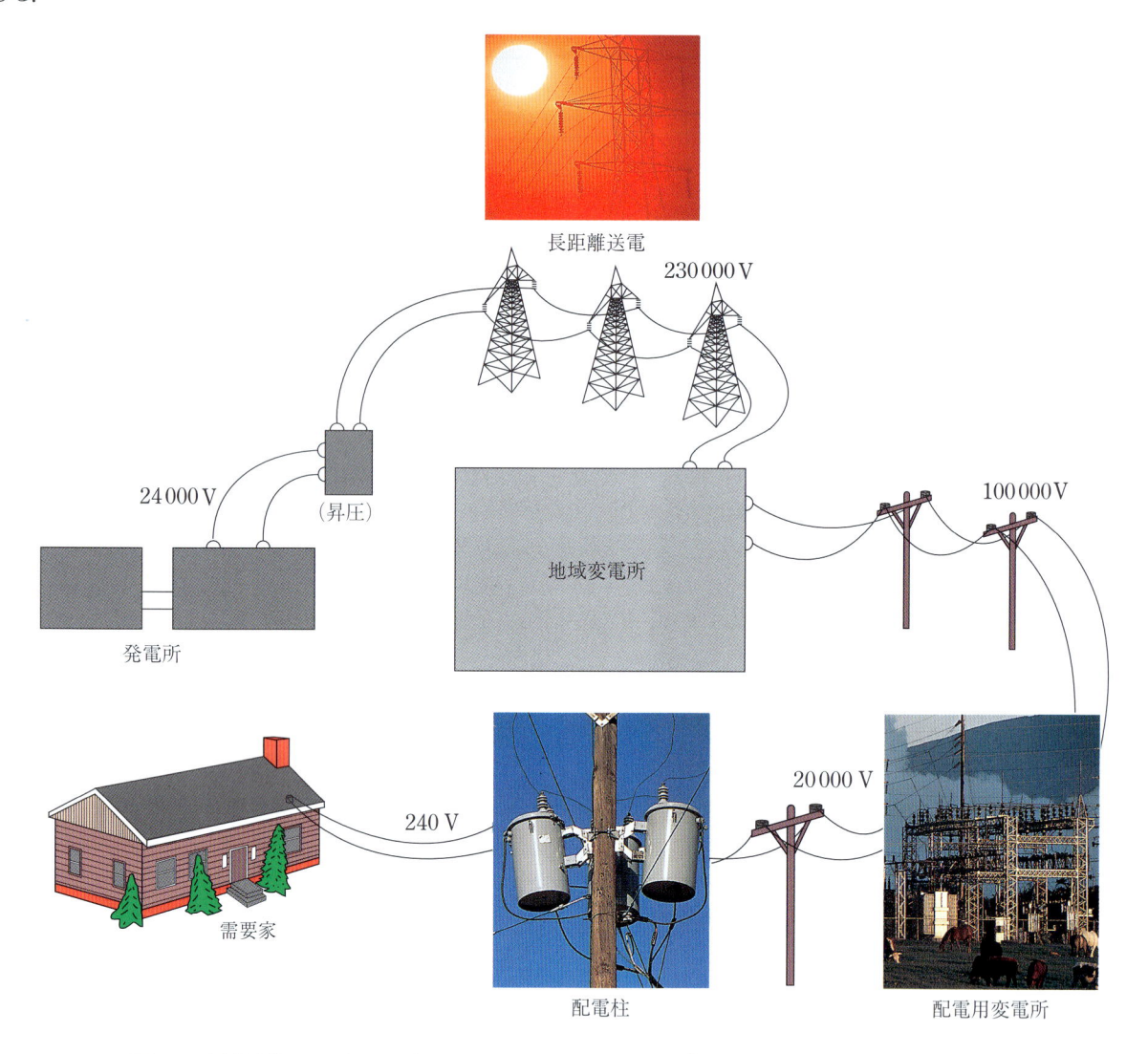

図 8.35　電力輸送システム　長距離送電の際には，送電線内での I^2R 損失を減らすために，発電所で電圧を上昇（対応する電流は減少）させてから送電する．送電されてきた高電圧は，配電用変電所において降圧し，最終的には配電柱（または地上）の変圧器によって 240 V（日本では 200 V）に下げて家庭用の需要に使われる．

重要用語

電荷	電荷の法則	電力	強磁性体
電子	電荷に関するクーロンの法則	ジュール熱（I^2R 損失）	磁区
陽子	電気的位置エネルギー	直流（DC）	キュリー温度
クーロン［C］	電圧	交流（AC）	磁気偏角
電流	ボルト［V］	直列回路	電磁気学
アンペア［A］	抵抗	並列回路	電動機（モーター）
導体	オーム［Ω］	磁極の法則	発電機
絶縁体	オームの法則	磁場	変圧器（トランス）

重要公式

電流　$I = \dfrac{q}{t}$ 　$\left(電流 = \dfrac{電荷}{時間}\right)$

クーロンの法則　$F = \dfrac{kq_1 q_2}{r^2}$ 　$(k = 9.0 \times 10^9 \text{ N·m}^2/\text{C}^2)$

電圧　$V = \dfrac{W}{q}$

オームの法則　$V = IR$

電力　$P = IV = I^2 R$ 　（ジュール熱）

直列抵抗　$R_s = R_1 + R_2 + R_3 + \cdots$

並列抵抗　$\dfrac{1}{R_p} = \dfrac{1}{R_1} + \dfrac{1}{R_2} + \dfrac{1}{R_3} + \cdots$

質問

8.1 電荷と電流

1. 電荷の単位は (a) ニュートン［N］, (b) クーロン［C］, (c) アンペア［A］, (d) ボルト［V］ である.
2. 電流の単位は (a) ニュートン［N］, (b) クーロン［C］, (c) アンペア［A］, (d) ボルト［V］ である.
3. 1つの正電荷の両側へ等距離にある2点に，それぞれ等しい負電荷を置くと，その正電荷が受ける正味の力は (a) 右向き, (b) 左向き, (c) ゼロ である.
4. 3種類の基本的な素粒子を記せ.
5. クォークとは何か，またそれはどこに存在するか.
6. 電流とは何か，また電流の単位は何か.
7. どのようにして帯電したエボナイト製のくしが小さな紙片を引き寄せるか，またどのようにして帯電した風船が壁や天井にへばりつくか.
8. なぜある物質は電気のよい導体であり，別のある物質はそうでないのか.

8.2 電圧と電力

9. 電圧の単位ボルト［V］は，つぎの単位に等しい：(a) ジュール［J］, (b) ジュール/クーロン［J/C］, (c) アンペア・クーロン［A·C］, (d) アンペア/クーロン［A/C］.
10. 電力の単位ワット［W］は，つぎの単位に等しい：(a) ジュール/クーロン［J/C］, (b) アンペア/オーム［A/Ω］, (c) アンペア・オーム［A·Ω］, (d) アンペア・ボルト［A·V］.
11. 電気的位置エネルギーと電圧との違いについて述べよ.
12. オームの法則を説明し，この法則に含まれる物理量の単位を示せ.
13. 電力はつぎの量にどのように依存するか：(a) 電流と電圧, (b) 電流と抵抗.
14. I^2R 損失およびジュール熱とは何か説明せよ.

8.3 簡単な電気回路と電気の安全性

15. 3つの抵抗が与えられている．電池とつないで回路をつくるとき，最大の電流が流れるのは，これらの抵抗を (a) 直列, (b) 並列, (c) 直列-並列 に接続

16. 自動車の左右のヘッドライトは (a) 直列 (b) 並列に接続されている．
17. 交流と直流との違いを説明せよ．
18. 家庭用電気器具はなぜ直列ではなくて並列に接続されているか．
19. つぎの装置の安全性の特徴について記せ．(a) ヒューズ，(b) ブレーカー，(c) 3プロング式（アース付き）プラグ，(d) 極性プラグ．
20. 感電を起こす原因は何か，またどんな結果をもたらすか．感電を防ぐにはどんな事前の対策をとるべきか．

8.4 磁気

21. 磁場は (a) 磁極の法則によって決まる．(b) 磁針の北極が指す方向を向く，(c) キュリー温度以上で生じる，(d) 磁気の根源である．
22. 地球の地磁気的北（磁北極の方向）と地理学的北（真の北極の方向）との偏差は (a) 磁場，(b) 磁極の法則，(c) 磁区，(d) 磁気偏角 で与えられる．
23. (a) 電荷の法則と磁極の法則とを比較せよ，また (b) 電場と磁場とを比較せよ．
24. 強磁性体とは何か，いくつかの例をあげよ．
25. 永久磁石はなぜ鉄片を引き付けるか．もし鉄片がキュリー温度以上になると，どんなことが起こるか．
26. (a) 地球磁場は何に似ているか．その極はどこにあるか．(b) 磁気偏角とは何か．

8.5 電磁気学

27. 電動機（モーター）はつぎの変換をする装置である：(a) 化学的エネルギーを力学的エネルギーに，(b) 力学的エネルギーを電気的エネルギーに，(c) 電気的エネルギーを力学的エネルギーに，(d) 力学的エネルギーを化学的エネルギーに．
28. 発電機はつぎの変換をする装置である：(a) 化学的エネルギーを力学的エネルギーに，(b) 力学的エネルギーを電気的エネルギーに，(c) 電気的エネルギーを力学的エネルギーに，(d) 力学的エネルギーを化学的エネルギーに．
29. 電話の送話器と受話器はどのように動作するか．
30. 電動機の基本的原理を記せ．
31. 発電機の基本的原理を記せ．
32. 変圧器の原理は何か，また変圧器はどのように利用されるか．
33. 家庭や事業所で交流の電気が使われる大きな理由は何か．
34. もし電力が発電所から家庭まで120Vの電圧で送電されたとすると，どんなことが起こるだろうか．

思考のかて

1. 電気とは何か．
2. もし原子の中で重力が電気力に比べて無視できなかったとすると，われわれのまわりの環境がどのようになるか推測してみよ．
3. 電気の作業をするとき，片手をポケットに入れておくと安全であるという言い習わしがあるが，これはどういうことか．
4. もし棒磁石を半分に切るとどうなるか．つぎつぎと続けて半分に切っていくと，最後に2つの磁気単極子が得られるだろうか．
5. なぜ変圧器は直流では作動しないか．

練習問題

8.1 電荷と電流

1. 2.0 C の電荷が 4.0 s の間に，導体内のある断面を通過するとき，流れる電流はいくらか．
   答 0.50 A
2. 導体内のある断面を 1.5 A の電流が 6.0 s の間ずっと持続して流れるとする．この時間の間にどれだけの電荷が通過するか．
   答 9.0 C
3. 導体内のある断面を 0.5 A の電流が流れている．この断面を 4.0 C の電荷が通過するには，どれだけの時間がかかるか．
   答 8.0 s
4. 1つの電子と1つの陽子の間に働く力は，もし2粒子間の距離が (a) 2倍になるときには，(b) 3倍に

なるときには どうなるか．
答 (a) はじめの 1/4 に減少する．
(b) はじめの 1/9 に減少する．

8.2 電圧と電力

5. 0.25 C の電荷を，電位差のある 2 点間で動かすのに 30 J の仕事が必要であった．この 2 点間の電圧はいくらか．またこの電圧はエネルギーとどのように関係しているか． 答 120 V ($V = W/q$)

6. 電気回路の構成部分が 40 Ω の抵抗をもって 120 V の電源に接続されている．この回路にはどれだけの電流が流れるか． 答 3.0 A

7. 3.0 Ω の抵抗をもつ回路に 0.50 A の電流を供給するには，どれだけの電圧の電池が必要か．
答 1.5 V

8. (a) 3.0 V の電池を使って，0.50 W の出力のフラッシュライトを点灯するとき，電球を流れる電流はいくらか．
(b) フラッシュライトの電球の抵抗（点灯時の抵抗）はいくらか． 答 (a) 0.17 A (b) 18 Ω

9. 電力が公式 $P = V^2/R$ で与えられることを示せ．

10. 図 8.10 に示す，(a) 電球，(b) ヘアアイロンを流れる電流はそれぞれいくらか．電圧はアメリカのまま 120 V として計算せよ．
答 (a) 0.50 A (b) 0.11 A

11. 100 W の電球が家庭内で点灯している．電圧は 100 V として計算せよ．
(a) 電球を流れる電流はいくらか．
(b) 電球の（点灯中の）抵抗はいくらか．
(c) 毎秒消費される電気的エネルギーはいくらか．
答 (a) 1.0 A (b) 100 Ω (c) 100 J

8.3 簡単な電気回路と電気の安全性

12. 2 つの抵抗 R_1, R_2 を並列に接続するとき，等価な全抵抗は $R_p = R_1 R_2/(R_1+R_2)$ で与えられることを示せ．

13. ある抵抗と，それに接続されたシャント（分路）の抵抗がそれぞれ 0.35 Ω，0.50 Ω である．全体の等価抵抗はいくらか． 答 0.21 Ω

14. それぞれ 20 Ω，30 Ω，40 Ω の値をもつ 3 つの抵抗器がある．これらを (a) 直列，(b) 並列に接続するときの全体の等価抵抗を求めよ．
答 (a) 90 Ω (b) 9.2 Ω

15. 前問（練習問題 14）において回路を 90 V の電池につなぐとき，各抵抗器および全体の回路を流れる電流を (a)，(b) の場合に計算せよ．
答 (a) すべて 1.0 A
(b) 各抵抗器 4.5 A，3.0 A，2.3 A，全体 9.8 A

16. (a) ある人は皮膚が乾いているとき，両手の間の抵抗が 50 kΩ である．いま 12 V の電池の両端子を両手で触れて橋渡しをすると，身体にはどれだけの電流が流れるか．
(b) もしこの人が汗をかいて身体が濡れ，抵抗が 2 kΩ に低下すると，どれだけの電流が流れるか．
答 (a) 0.24 mA (b) 6 mA

8.4 磁気

17. つぎの磁極の近くにおける磁場（磁力線）の略図を描け：(a) N 極と S 極の間．(b) 2 つの N 極の間．

18. 図 8.25 を使って，自分が住んでいる地点における磁気偏角を概算せよ．
（訳注 読者が実際にいまアメリカのどこか，たとえばサンフランシスコとかニューヨークに住んでいると想像して計算してみよ．)

質問（選択方式だけ）の答

1. b 2. c 3. c 9. b 10. d 15. b 16. b 21. b 22. d
27. c 28. b

本文問の解

8.1 $q = It = 1.5 \text{ A} \times 2.0 \text{ s} = 3.0 \text{ C}$

8.2 $P = IV = 10 \text{ A} \times 120 \text{ V} = 1200 \text{ W} = 1.2 \text{ kW}$

8.3 $R_s = R_1 + R_2 + R_3 = 6 \text{ Ω} + 6 \text{ Ω} + 3 \text{ Ω} = 15 \text{ Ω}$

$I = \dfrac{V}{R_s} = \dfrac{12 \text{ V}}{15 \text{ Ω}} = 0.80 \text{ A}$

9

原子物理

地上の望遠鏡を用い高い分解能で星の像を得るため，高い高度の大気層にレーザーをあてて反射させ，大気のゆらぎをリアルタイムで補正する技術が開発された．

19世紀の終わり頃の科学者たちは，物理学はかなり整然とした秩序正しい体系になっていると考えていた．力学の原理，波動，音響，光学など合理的によく理解されていた．電気と磁気は電磁気学として統一され，光も波（電磁波）であることがわかっていた．いくらか荒削りのところがあっても，わずかの精密化が必要なだけで，ほぼ完成していると思っていた．

しかし，科学者たちが原子のミクロな極微の世界を綿密に探っているうち，それまでに立証されていた古典的原理では説明できない不思議な現象がいくつも観測された．これらの発見は科学者たちを混乱させたが，さらに研究を続けるうち，自然についてすべてのことが知られているわけではないと気付いた．実際に当時としては革命的と思われるような，自然の記述に対する新しい取り組みが必要になった．1900年頃から発展してきた物理学を普通は**現代物理学**という．それ以前の古典的ニュートン物理学は一般にマクロ的世界 ── 宇宙，惑星の運動，マクロに観測できる現象の記述などに関係する．一方，現代物理学では一般にミクロ的世界 ── 原子やその構造を考察する．この章と第10章では現代物理学の問題を論ずる．第9章では主に原子物理学にについて考察し，全体としての原子およびその電子的構造を取り扱う．第10章では物質の奥深くに入り，原子の中心部にある核を考察する核物理学について述べる．

9.1 光の2重性

> **学習目標**
> プランクの仮説を述べ，その基本的な革新性を説明すること．
> 光の2重性が何を意味するかを説明すること．
> 光電効果の解析とそれを説明する量子論について述べること．

20世紀になる以前にも，電球のフィラメントのように白熱光を発する固体の原子からは，あらゆる振動数[訳注]の光が放射されることを科学者たちは知っていた．温度が上昇するとより多くの放射が起こり，最大強度をもつ成分は高い振動数の方に移動する．この結果，固体を非常な高温にしていくと，くすんだ赤色から青みがかった白色になっていくのがわかる（●図9.1a）．

固体が高温になるにしたがって，それだけ高い振動数の光を放射することは，古典的な波動の理論によって期待される結果であり，放出される放射光の強度またはエネルギーは振動数の2乗に比例するはずである（$I \propto f^2$）．このことは強度が振動数とともに非常に急速に増加することを意味するが，実際に観測される強度はそのようになっていない（図9.1b）．この食い違いを**紫外カタストロフィ**と呼ぶ．ここで「紫外」というのは可視光線のスペクトルの紫の端を超える高い振動数のところで

訳注 可視光線を含んだある範囲で．

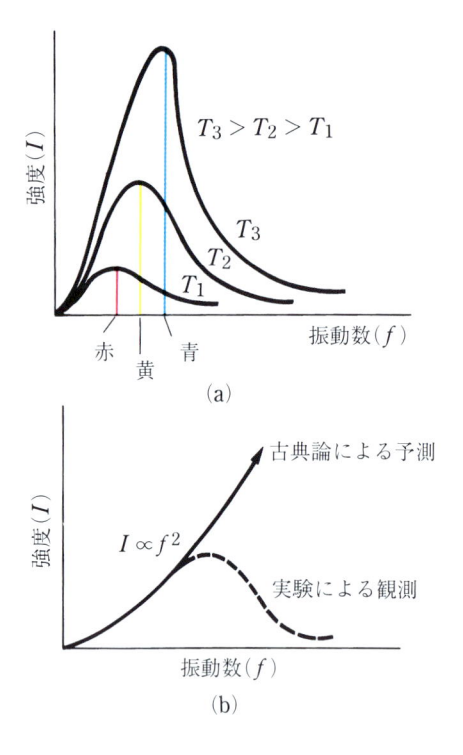

図 9.1 熱放射 (a) 白熱光を発する固体の温度が上昇すると，最大強度をもつ放射の成分は高い振動数の方に移動する．(b) 古典的理論による予測では，放射の強度が振動数の2乗 (f^2) に比例するはずであるが，実際に観測される強度はこれよりずっと小さい．(c) 高温の固体から出る放射の最大強度の成分はその色を決める．ここには溶鉱炉から出てくる高温の鋼鉄を示す．

図 9.2 プランク（Max Planck, 1858-1947） ドイツの物理学者プランクはベルリン大学教授であった1900年に，熱振動子のエネルギーは不連続な量の量子としてだけ存在するということを提唱し，量子物理学の概念を導入した．量子物理学において現れる重要な定数 h はプランクの定数と呼ばれる．プランクは量子論への発端を開いた熱放射の研究に対する貢献により1918年にノーベル物理学賞を受けた．

この困難を生ずるからである．また「カタストロフィ」（破局）というのは理論的に予想されるエネルギー強度が，実際に観測される値を超えてずっと大きくなってしまうからである．

このジレンマは1900年にドイツの物理学者プランク（Max Planck, 1858-1947，●図9.2）によって解決された．彼は革命的な新しい着想を導入して，観測される熱放射の強度分布を説明した．プランクはこうして**量子物理学**と呼ばれる物理学の新しい理論への第一歩を踏み出した．古典的には1つの振動子（振動する系）はどんな振動数で振動することもでき，したがって，ある最大値までのどんなエネルギーをもつこともできる．しかし，プランクの仮説によると，エネルギーは量子化されていて，振動子は不連続なある決まった大きさのエネルギーだけしかもつことができない．さらに振動子のエネルギー E は振動数 f とつぎの関係にある：

$$E = hf \tag{9.1}$$

ここで h は**プランクの定数**といわれ，$h = 6.63 \times 10^{-34}$ J·s である．プランクの理論はこの概念を使って，図9.1に示すような観測される放射スペクトル曲線を予測することができた．

それまでの古典的な概念つまりばねで結ばれた質量が振動するように連続的に異なる振動数をもつことができるのと対比すると，プランクが

導入した**量子**すなわち不連続なエネルギーのかたまりという概念はまさに革命的であった．

1905年にアインシュタイン（Albert Einstein, 1879–1955）は，プランクの量子仮説を使って，光を波ではなく粒子すなわち量子によって記述して，19世紀の終わりに観測されていた**光電効果**と呼ばれる現象を説明するのに成功した．これはある種の金属物質が光に照射されると，電子を放出するという現象である（放出された電子を光電子という）．光の放射エネルギーを電気的エネルギーへ直接に変換するというこの現象は，今やカメラの露出計や，太陽エネルギーの利用のために使われる光電池の基礎となっている（●図9.3）．

光電効果の特徴は，古典論によって説明することができなかった．すなわち，光を連続的なエネルギーの流れをもつ波動とする古典論で計算すると，電磁波が光電物質から電子を放出するのに必要なエネルギーを供給するにはある程度の時間を必要とすることになる．しかし，光電池からの電流は光が照射されるとほとんど即時に流れる．またある振動数以上の光だけが光電子の放出を起こすことが観測された．古典的には，どんな振動数の光も必要なエネルギーを与えることができるはずである．

プランクの仮説を適用して，アインシュタインは光や他の電磁放射は量子化されていると仮定した．彼は光の量子を**光子**と名付けた．これはエネルギーの「小さな束」つまり「粒子」である．振動数 f の光に，プランクの関係 (9.1) を使うと，1つの光子はエネルギーの不連続量 $E = hf$ でできていることになる．光子のエネルギーは光の波長 λ で表すこともできる．真空中の光速を c とすると，$c = \lambda f$ であるから，$E = hf = hc/\lambda$ である．つまり波長が短いほど，光子のエネルギーは大きくなる．たとえば，青い光の光子は長い波長の赤色光の光子よりも大きなエネルギーをもっている．^{訳注}

光が光子から成り立っていると考えることにより，アインシュタインは光電効果を説明するのに見事に成功した（アインシュタインはこの光電効果の業績でノーベル賞を受けたのであり，もっと有名な相対性理論によるのではない）．古典論では電子が自由になるのに十分なエネルギーを得るにはある時間を要するが，エネルギー量子の理論によれば，適当な大きさのエネルギーをもつ光子は瞬間的に必要なエネルギーを与えることができる．波動エネルギーおよび量子エネルギーそれぞれの特徴を表す類推的説明を●図9.4に示す．また光電子放出には，なぜある振動数以上の光が必要であるかがわかる．$E = hf$ であるから，ある振動数以下の光は電子を自由にするだけの十分のエネルギーをもたないからである．

光が光子という不連続なエネルギーの小さな束からできているという考え方に，多くの人々は戸惑うだろう．光は回折，干渉，偏りのような波動的現象を示すのに，どのようにして「粒子」から構成できるのだろうか．一方で光電効果に対するアインシュタインの量子論は，実験に

図9.3 光電効果の実用化 太陽の放射エネルギーを電気的エネルギーに直接変換する世界最大のソーラーパネルの配置が，カリフォルニア州のマウントラグーナ空軍基地にある．

訳注 アインシュタインは，振動数 f，波長 λ の光が，光子として粒子性を示すために，1つの光子はエネルギー $E = hf$，運動量 $p = h/\lambda$ をもつと仮定した．1923年コンプトン（Arthur Holly Compton, 1892–1962）によってこの仮定の実験的検証がなされ，波長の短いX線の電子による散乱波の中に入射波より長い波長のX線が含まれることがわかった．この現象をコンプトン散乱という．電子と光子が粒子として衝突するとして，アインシュタインの仮定を使ってエネルギーと運動量の保存法則を適用することでこの現象は見事に説明できた．

波動性　　量子性

図9.4 波動および量子との類似性 波はエネルギーの連続的な流れを与え，これは水の流れに似ている．ホースで供給する水の流れはバケツを満たすのにある程度時間がかかる．量子ではエネルギーが塊か束になって供給され，バケツに入った水に似ている．あるバケツの水を他のバケツにどさっと落として移すのは非常に速くできる．これは光電効果においてエネルギーを供給する量子に類似している．

よって立証され科学的に正しいことが認められる．実にこれは混乱した状況にあるようにみえる．一体，光は波動なのか粒子なのか．

この質問に対する答えは，**光の2重性**という言葉で表される．つまり，光はあるときは波動のように振る舞い，あるときは粒子のように振る舞う —— さまざまな現象を説明するためには，われわれは少なくとも光をこのように記述しなければならない．

9.2 水素原子に対するボーアの理論

学習目標
原子の電子構造に対するボーアの理論を説明すること．
水素原子の構造を，量子数，状態，エネルギー準位などによって記述すること．

初期の量子論は簡単な原子模型の発展に重要な役割を果した．19世紀後半には，気体放電管たとえば水銀蒸気やネオンの放電管に関する多くの実験的研究がなされた．その光を分光計で分析したところ，不連続な線スペクトルが観測された．これはフィラメント電球のような白熱光源で観測される連続スペクトルとは異なる．すなわち，ある決まった振動数または波長のスペクトル線だけが見いだされた（●図9.5）．科学者

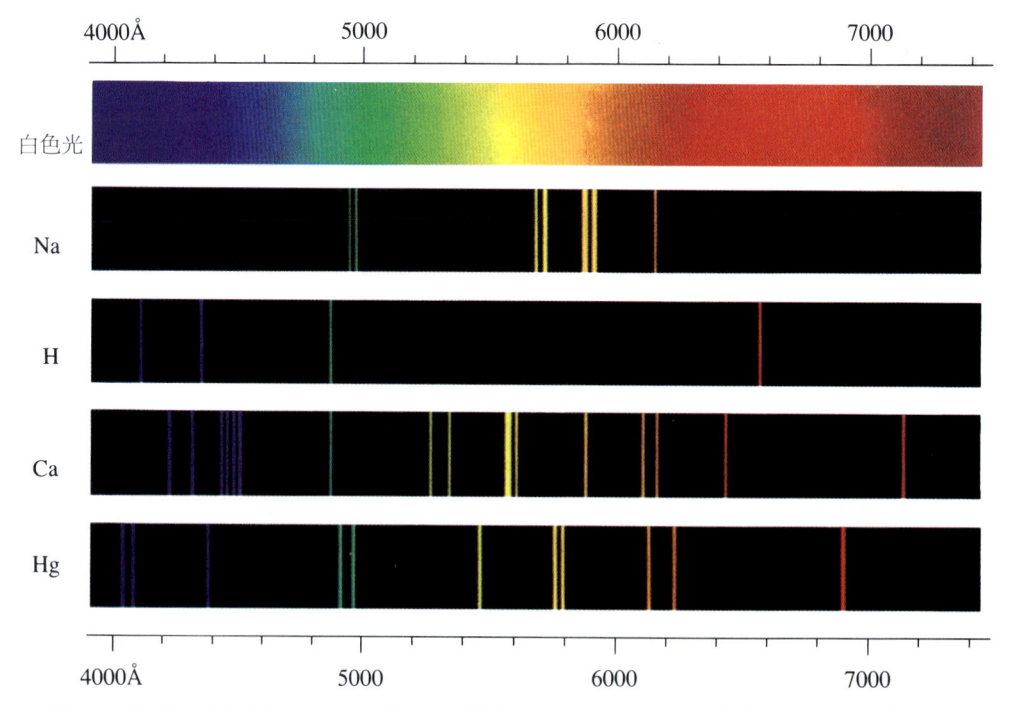

図9.5　連続および離散スペクトル　白色光の連続スペクトルを一番上に示す．ナトリウム（Na），水素（H），カルシウム（Ca），水銀（Hg）の放電管内で励起された原子から放出される光の線スペクトルをその下に示す．おのおのの線スペクトルは元素ごとに異なった特有のものであることに注意しよう．

9.2 水素原子に対するボーアの理論

図 9.6　ボーア (Niels Bohr, 1885-1962)　デンマークの物理学者ボーアは 20 世紀のもっとも優れた科学者の 1 人であった．水素原子に量子論を最初に適用した彼の研究は，原子構造とスペクトルについて今日の発展した知識へ導く端緒となった．彼はその研究によって 1922 年にノーベル賞を受けた．ボーアが続いて行った原子核理論の研究は，核分裂反応の理解に重要な役割を果たした．彼は反ナチス抵抗運動に関与したため，第 2 次世界大戦中は母国デンマークを逃れなければならなくなった．彼はアメリカに来て，他の多くの外国からの科学者とともに原爆計画に参加することになった．

たちは，さまざまな励起された気体原子が，なぜある決まった波長の光だけを放出するのか理解できなかった．観測された水素のスペクトル線の理論的説明が，1913 年にデンマークの物理学者ボーア (Niels Bohr, 1885-1962，●図 9.6) によって発表された．1911 年にイギリスの物理学者ラザフォード (Ernest Rutherford, 1871-1937) は原子の中心部分の核には陽子が存在することを明らかにした．もっとも簡単な原子である水素原子では，その核にただ 1 個の陽子があって，まわりに 1 個の電子が結び付いている．

ボーアの理論では，水素原子内の電子が，核の陽子のまわりに円軌道を描いて回転していると仮定した．これはちょうど太陽のまわりの惑星や，地球のまわりの人工衛星が近似的な円軌道を描いて運動するのと同様である．しかし，原子の場合，円運動に必要な向心力を与えるのは，重力ではなくて電気力である．[訳注1] **ボーアの理論の革命的な部分は，電子の角運動量が量子化されていると仮定したことである．**[訳注2] 彼は不連続な線スペクトルが，明らかに量子的効果によって得られる結果であると推論した．

この仮定からは，水素原子の電子が特定の半径をもつ，とびとびの軌道上にだけ存在できるという予想が導かれる (地球の人工衛星に対しては，これに類似の事実はない．適当な操作によって衛星を任意の軌道半径にすることができる)．

可能な電子の軌道は，**主量子数**と呼ばれる自然数 $n = 1, 2, 3, \cdots$ によって特徴づけられる (●図 9.7)．最低値 $n = 1$ は最小の軌道半径を与え，半径は主量子数 n とともに増加する．ただし，図 9.7 では軌道半径を正しい間隔 (n^2 に比例する) で描いていない．

ボーアの理論については，さらに古典的な問題点がある．古典論によれば，加速運動をしている電子は電磁エネルギーを放射する．円軌道を運動する電子は向心力の方向に加速されている (第 3 章) ので，エネルギーを放射するはずである．このようなエネルギー損失があれば，ちょうど人工衛星が大気摩擦によってエネルギーを失い軌道が縮小してつい

訳注1　電子が陽子から距離 r の点で受けるクーロン力の大きさは，(8.2) 式によって与えられ，これが速さ v で半径 r の円運動をする電子の向心力 (3.3) 式に等しい．付録 B8 (B8.1) 式を見よ．

訳注2　ボーアが仮定した電子の角運動量の量子化とは，電子の角運動量 mvr が $\hbar = h/2\pi$ (h はプランクの定数) の正整数倍という不連続な値だけしか許されないとすることである．付録 B8 (B8.2) 式を見よ．

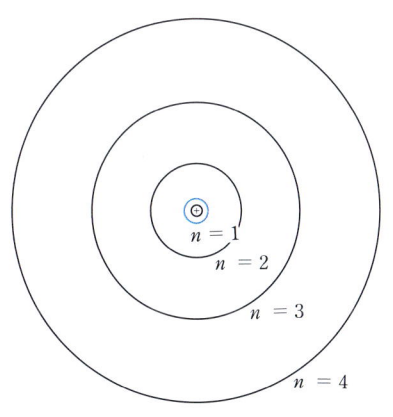

図 9.7　ボーア半径　ボーア理論は水素原子内の電子に対して，特定の半径をもつ不連続な軌道上にだけ存在できることを予測した (図は比例する尺度で描かれていない)．

には墜落するのと同様に，電子もしだいにエネルギーを失ってその軌道はうず巻き状に縮小し，ついに核に突入することになる．

しかし，原子ではこのようなことは起こらない．ボーアの理論にはもう１つの古典論にない仮定がなされている．彼の仮説によると，水素原子の電子は不連続な軌道に束縛されているときはエネルギーを放射しない．電子が１つの不連続な軌道から他の軌道に飛び移る「量子的ジャンプ」をするときに限ってエネルギーを放射すると仮定した．

水素原子の許される軌道は，通常その軌道に対応するエネルギー状態またはエネルギー準位によって表される（●図9.8）．ある決まった半径の円軌道上にある粒子は（または人工衛星も同様に）決まったエネルギーをもつことに留意しよう．エネルギー準位をポテンシャルの井戸における状態（4.3節）のように特徴づけることにする．[訳注1] 穴または井戸の中にある物体と同じように，それをより高い準位に持ち上げるにはエネルギーが必要である．もし井戸の上端をエネルギーの基準点にとれば，井戸の中のエネルギー準位は負の値をもつ．

水素原子の電子は，通常は井戸の底において**基底状態**にあり（$n=1$），この電子を井戸の中で高いエネルギー準位つまり軌道に持ち上げるには，励起するためのエネルギーを与えなければならない．基底状態の上にある状態（$n=2,3,4,\cdots$）を**励起状態**という．

エネルギー準位は，はしごの横木にいくらか似ている．ちょうどはしごを昇ったり降りたりする人が，はしごの横木を不連続なステップとしなければならないように，水素の電子も不連続な量によって励起（または脱励起）しなければならない．しかし，前に指摘したように，水素原子のエネルギー準位は，はしごの横木のように等しい間隔にはなっていないで，n の値が大きくなると互いに接近して集まってくる．電子を井戸の上端に励起するだけの十分なエネルギーが与えられると，電子はもはや核に束縛されることなく自由になり，原子はイオン化される．

ボーアの理論の数学的説明はこの教科書の範囲を超えるが，この理論から導かれる軌道半径とエネルギーについての重要な結果を記しておこう．特定の軌道半径はつぎの式で与えられる．[訳注2]

$$r_n = 0.529\, n^2\ [\text{Å}] \tag{9.2}$$

ここで n はその軌道の主量子数，$n=1,2,3,\cdots$，r_n はオングストローム単位 $[\text{Å}]$，（$1\text{Å}=10^{-10}\,\text{m}$）で測った軌道半径である．$n=1$ に対して $r_1 = 0.529\,\text{Å}$；$n=2$ に対して $r_2=(0.529)(2)^2=2.12\,\text{Å}$；などとなる．表9.1は小さい値の n に対して許される r_n の値を示す．

許される軌道の１つにある電子の全エネルギーはつぎの式で与えられる．[訳注3]

$$E_n = \frac{-13.6}{n^2}\ [\text{eV}] \tag{9.3}$$

ここで n はその軌道の主量子数，E_n は**電子ボルト**[eV]で測ったエネルギーである．1 eV とは１つの電子が１Ｖの電位差によって加速されたときに得るエネルギーである．電子ボルト[eV]は原子物理学や

訳注1 実際の水素原子では，電子は陽子のクーロン・ポテンシャル場の中にあるので，簡単な井戸型ポテンシャルではないが，ここでは古典力学との類推のため概念的にこのように理解しておく．

表9.1 水素原子における電子の軌道半径とエネルギー

主量子数 n	軌道半径 $r_n\,[\text{Å}]$	エネルギー準位 $E_n\,[\text{eV}]$
1	0.529	−13.60
2	2.12	−3.40
3	4.76	−1.51
4	8.47	−0.85
5	13.23	−0.54
⋮	⋮	⋮
∞	∞	0

訳注2 付録B8に述べる電子軌道半径の計算を参照せよ．(B8.5)式の数値計算をして(B8.6)式，すなわち(9.2)式が得られる．

訳注3 付録B8に述べるエネルギー準位の計算を参照せよ．(B8.10)式の数値計算をして(B8.11)式，すなわち(9.3)式が得られる．

核物理学で通常使われるエネルギーの単位で，$1\,\text{eV} = (1.60 \times 10^{-19}\,\text{C}) \times 1\,\text{V} = 1.60 \times 10^{-19}\,\text{J}$ である（第8章の表8.1および(8.3)式参照）．

特定の軌道のエネルギー準位は，主量子数を使えば得られる．たとえば，$n=1$ に対して $E_1 = -13.6/(1)^2 = -13.6\,\text{eV}$ で，この値が基底状態にある電子のエネルギーである．励起状態については，たとえば，$n=3$ に対して $E_3 = -13.6/(3)^2 = -1.51\,\text{eV}$ である．この他の核に近い軌道に対する電子のエネルギー値を表9.1に示す．これらの値は図9.8で表されるエネルギー準位に対応する．マイナス符号は負のエネルギー値を示し，電子がポテンシャルの井戸の中にあることを意味する．$n=\infty$ のときは，電子が井戸の上端にあって $E_\infty = 0$ である．

ではこの理論によって，実験事実がどのようにうまく説明されただろうか．ボーアは不連続な線スペクトルを説明しようと試みた．ボーアの理論によれば，電子は許される軌道つまりエネルギー準位の間でだけ遷移をすることができる．これらの遷移において，全エネルギーは保存しなければならない．はじめに電子があるエネルギー E_{n_i} の励起状態にあるとすると，より低いエネルギー E_{n_f} の励起状態に移ることによりエネルギーを失い，その分のエネルギーは放出される光子によって持ち去られる（E_{photon}）．

初めの全エネルギーは，終わりの全エネルギーに等しいので，$E_{n_i} = E_{n_f} + E_{\text{photon}}$ が成り立つから，放出される光子のエネルギーは

$$E_{\text{photon}} = hf = \frac{hc}{\lambda} = E_{n_i} - E_{n_f}$$

で与えられる．光子放出による脱励起過程と，その逆の光子吸収による励起過程は，●図9.9 a, b に示す図式によって説明される．

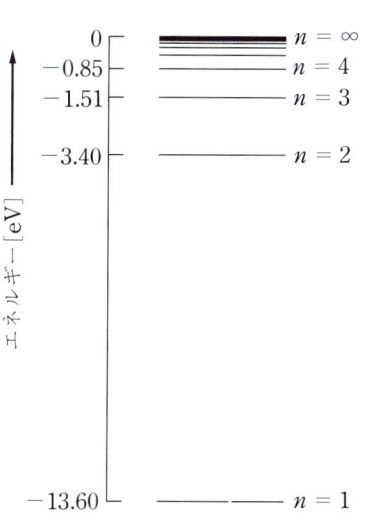

図9.8　エネルギー準位　水素原子に対するエネルギー準位図．各軌道は特定のエネルギー値の準位をもち，このような不連続な状態だけが可能である．最低の準位 $n=1$ は基底状態といわれ，より高い準位 $n \geq 2$ は励起状態といわれる．

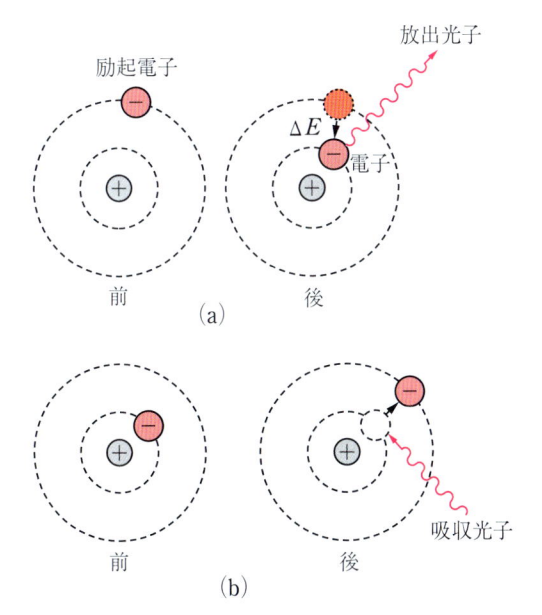

図9.9　光子の放出と吸収　(a) 水素原子の励起状態にある電子が，より低いエネルギー準位に遷移すると，原子は光子を放出してエネルギーを失う．(b) 水素原子が光子を吸収し，電子はエネルギーを得てより高いエネルギー準位の励起状態に移る．

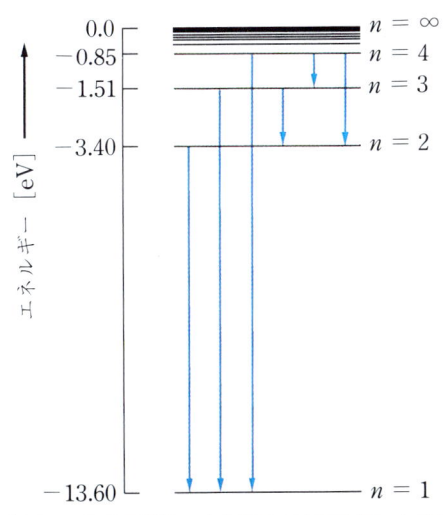

図9.10　水素原子における遷移　水素原子の励起状態にある電子が，基底状態またはより低い励起状態に移ってエネルギーを失う．このような，可能な遷移をいくつか示す．放出される光子のエネルギーはエネルギー準位の差に等しいので，遷移を示す矢の長さは放出光子のエネルギーに比例する．

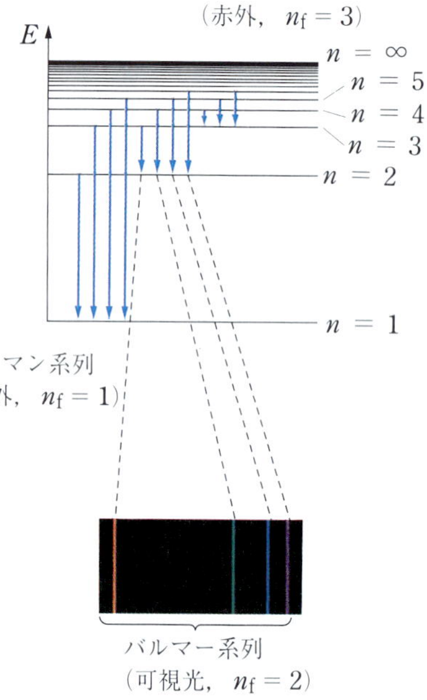

光子放出の遷移は 図9.10 のエネルギー準位図に示されている．電子は脱励起の際，1つ下かまたはいくつかのエネルギー準位を越えて飛び降りることができる．すなわち，電子はエネルギーのはしごを降りるのに，すぐ下の横木を使うか，いくつかの横木を飛び越えて降りることができる．

放出される光子の波長は，エネルギー準位の値の差によって

$$\lambda = \frac{hc}{E_{n_i} - E_{n_f}}$$

と表される．ボーアの理論により，水素原子は不連続な遷移に対応して不連続な波長をもった光を放出することがわかる．これらの波長を水素原子スペクトルの波長と比較して，理論の結果が実験データと一致することが確かめられた（ 図9.11）．

特定の終わりの状態への遷移は1つの系列をつくる．これらの系列には，初期の頃，スペクトルの波長についての実験的研究を行って，それぞれの系列を発見した分光学者の名前が付けられている．たとえば，可視光領域にある線スペクトルで終わりの状態 $n = 2$ への遷移に対応するものをバルマー系列と呼ぶ．

量子論と光の量子的性質によって，この他にも成果が得られた．水素以外の原子は2個以上の電子をもつので，エネルギー準位の配列が非常に複雑になっていると想像できる．しかし，そうであっても，さまざまな原子の線スペクトルはそれらのエネルギー準位の間隔を示す．こうして線スペクトルは，原子や分子を分光学的に識別する特徴として，いわば「指紋」を与えることになる．

図9.11 スペクトル線 水素原子内の電子が離散エネルギー準位間で遷移することにより，不連続なスペクトル線が生ずる．ある特定の状態への遷移は1つの系列をつくる．たとえば，$n = 2$ への遷移はバルマー系列と呼ばれ，対応するスペクトル線は可視光領域にある．

9.3 量子物理学の応用

> **学習目標**
> 量子論を使ったさまざまな応用，たとえば電子レンジやレーザーなどの原理を説明すること．
> X線発生の機構を記述すること．

現代物理学および化学の多くは，さまざまな原子，分子系のエネルギー準位の研究に基礎をおいている．光が放出されるとき，科学者たちは体系のエネルギー準位について知るために放出スペクトルを研究する（水素原子については図9.11に示す）．ある化学者たちは，分子分光学の分野で分子のエネルギー準位と関連するスペクトルの研究をしている．分子の振動，回転，励起原子のために，分子は量子化されたエネルギー準位をもつ．もちろん異なる分子は，まったく異なったスペクトルをもつ．

吸収スペクトルは光が気体や液体中を通過するときに生ずる．多くの波長の波が通過するが，そのうち気体や液体の分子を高いエネルギー準

位に励起するのにちょうど適当なエネルギーをもった光子が吸収される．特定の波長の吸収は，吸収物質の存在やその他の因子によって，全体的または部分的に起こる．吸収スペクトルは，明るい背景の上に暗い線（吸収された光の波長）として現れる．

大気中のさまざまな気体は，特定の波長の光を吸収する．吸収する主な気体は，二酸化炭素（CO_2），水（H_2O），オゾン（O_3）である．これらの気体による吸収の性質を調べることは，大気についての重要な研究課題である．

水の分子は，非常に密集した回転のエネルギー準位をもつ．小さなエネルギー差のため，ちょうどマイクロ波が吸収される（6.2 節）．マイクロ波光子は比較的低いエネルギーをもち，水の分子によって吸収される．どんな食品も水分を含んでいるので，この原理は電子レンジ（マイクロ波オーブン）の基礎となっている．水の分子は（他にも同様なものがあるが）マイクロ波放射を吸収し，それによって食物を加熱調理する．オーブンの内部の金属面は放射を反射するので加熱されないままである．

電子レンジによる加熱の際，重大な点は水を含むことであるから，紙製の皿とかセラミックやガラス製の食器などはすぐには熱くならない．熱くなってくるのは，それらが熱い食物と接触しているためである．マイクロ波は食物の中に浸入して，全体をくまなく加熱すると考えるのは正しくない．マイクロ波は平均としてわずか数 cm も侵入すると完全に吸収されてしまう．大きなかたまりの食物の内部が加熱されるのは，普通のオーブンのように伝導によるのである．この理由から，電子レンジを使うときは，マイクロ波照射後しばらく食物をそのままにしておくのがよい．そうしないと，食物の外側だけが非常に熱くて中心部はまだ冷たいままということもある．

安全のための予防措置として，電子レンジは扉を開いた状態では作動できない構造になっている．人体の組織は水を含んでいるので，マイクロ波により食物とまったく同じように容易に加熱調理される恐れがあるからである．

エネルギー準位に基礎をおく他の装置にレーザーがある．レーザーの開発が大成功を収めたのは，科学研究に対する最新のアプローチの方法のためであった．今まで科学的発見は偶然の機会になされることが多かった．たとえこれらの発見の一部が実際に利用されることがあっても，どのように，またなぜ，それらが有効なのかをだれも十分に理解していないということがあった．X 線の発見はよい例である．同様に，初期の研究には試行錯誤の方法がよく適用され，何か役立つものを発見するまで継続して行われたのである．エディソンが白熱灯を発明したのも，このような試行錯誤の方法による発見のよい例である．しかし，レーザーははじめて「理論上」の開発がなされ，予想どおりに作動するだろうという期待をもってつくられたのである．

レーザー（laser）とは放射の誘導放出による光の増幅（*l*ight

(a) 吸収

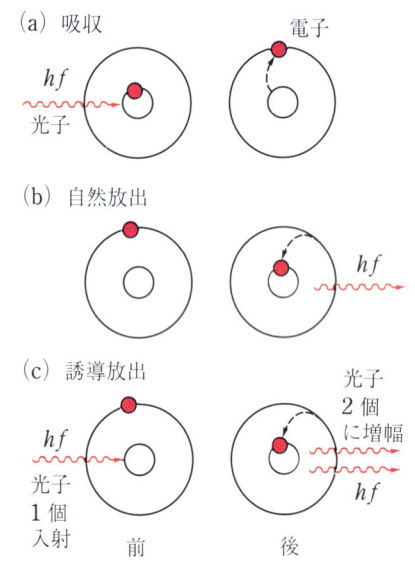

(b) 自然放出

(c) 誘導放出

図 9.12 自然放出と誘導放出 (a) ある原子が光子 1 個を吸収して励起状態になったとき，(b) 1 個の光子を放出して自然に基底状態に戻る（自然放出）．(c) 励起状態にある原子に，励起の際に吸収された光子と同じエネルギーをもつ光子 1 個を当てると，原子が刺激されて光子 1 個を放出し，2 個の光子がでてくる（誘導放出）．

訳注 角運動量量子数の変化などについての制限（選択規則）によって禁止されていない遷移のこと．

*a*mplification by *s*timulated *e*mission of *r*adiation) の頭字語である．(この増幅は当初マイクロ波の振動数に対して開発されたので，最初の装置はメーザー（maser）と呼ばれた．「マイクロ波」(microwave) の m を laser の l のところに入れた単語である．) 光の増幅は非常に強いビームをつくりだす．ある原子が励起されると，普通は非常に短い時間に光子を放出して，より低い励起状態に移ったり，または基底状態に戻る．この過程は**自然放出**といわれ，1 個の光子が入って 1 個の光子が出てくる（●図 9.12 a, b）．

ところで**誘導放出**とは，励起状態にある原子が，刺激を受けて光子を放出する，レーザーの基本となる過程のことである．すなわち，励起された原子に，その励起準位にある電子の許容遷移[訳注]と同じエネルギーをもつ入射光子を当てて刺激すると，同じ位相の光を瞬時に放出する．図 9.12 c からわかるように，1 個の光子が入り 2 個の光子が出てくるので光が増幅されたことになる．もちろん，無から有が生じたわけではなく，最初原子を励起するのにエネルギーが必要である．通常はエネルギーを吸収する状態にある原子の方が，エネルギーを放出する状態にある原子の数より多いが，より多くの原子が光を誘導放出する状態にあるように条件が満されている場合には，放出光子数が増加して強い光のビームが得られ，光の増幅が起こる．

さまざまなタイプのレーザーがあるが，普通のヘリウム・ネオン気体レーザーについて説明する（●図 9.13）．約 85 ％ のヘリウムと約 15 ％ のネオンの混合気体がガラス管に入っている．ヘリウム原子はレーザー管にかけられた高電圧電源によって励起状態におかれている．励起された原子はほとんど瞬時に光子を放出するのが普通である．しかし，**準安定状態**と呼ばれる励起状態がある．これは励起された電子が低いエネル

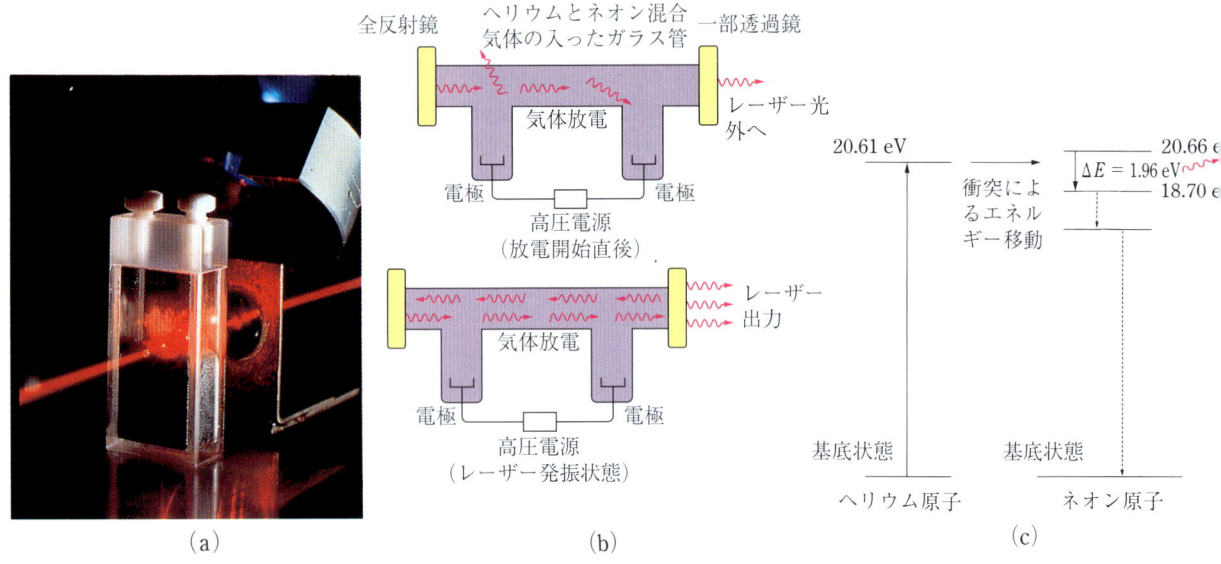

図 9.13 レーザー発光の機構 (a) He-Ne レーザービームの赤色光が透明な電解槽を通り抜けている．(b) He-Ne レーザー管の概略図を示す．誘導放出と端にある鏡での反射により，レーザー光の非常に強いビームがガラス管の軸に沿って発生する．(c) He-Ne レーザーの発生機構を説明するエネルギー準位図を示す．本文を参照せよ．

ギー準位に落ちる前に，ある短い時間だけとどまっているような高いエネルギー状態のことをいう．

図9.13のエネルギー準位によって説明する．ヘリウム原子内の電子は，20.61 eV のエネルギー準位に励起されている．この準位は準安定状態なので，通常の自然放出を起こす前に，ネオン原子にエネルギーを移すだけの時間がある．ヘリウム原子の 20.61 eV 準位はネオン原子の 20.66 eV の準安定準位に十分近いので，ヘリウム原子からネオン原子へ衝突によるエネルギーの移動が起こり，ネオン原子が刺激される．この刺激によって 20.66 eV 準位に電子が上がったネオン原子の数は，すぐ下の 18.70 eV 準位にあるものよりずっと多くなる．こうしてネオン原子の 20.66 eV 準位にある電子が 18.70 eV 準位に落ちるとき，エネルギー差 1.96 eV の光を放出する．この光の波長 (633 nm) は可視光スペクトルの赤色領域にある．訳注1

ネオン原子が放出する光が大きく増幅されるのは，レーザー管の両端におかれた鏡による反射のためである．光が両端で反射して管の中を行ったり来たりするうち，多くの光子が別々の励起されたネオン原子に出会って刺激するので，原子は誘導放出を起こし，強い光のビームが管の軸に平行に増大する．ビームの一部は，両端の鏡のうち半透明になっている一方の鏡から出てくる．レーザー光のビームは増幅されて非常に強くなっているので，人の眼に直接向けたり，眼の方に反射させたりしてはならない．レーザービームを直接見ると，眼は重い損傷を受けることになる．

放出される光のビームは，いくつかの独特の性質をもっている．白熱電球のような普通の光源から出る光はインコヒーレントな（干渉性のない）波であるといわれ，波どうしは互いに特定の関係になくて無秩序である（●図9.14 a）．訳注2

他方レーザー光は同じ振動数をもつ単色光で，互いに位相のそろった関係を長く保って同じ方向に伝わる波からできている．このような光をコヒーレントな（干渉性のある）波であるという（図9.14 b）．訳注3

レーザービームは指向性をもち，空間を伝わるときほとんど広がらないので，遠くの距離まで強さが変わらずに到達する．この特徴のために，パルスレーザーを月に送り，宇宙飛行士によって月面に設置された鏡で反射させて地球に送り返すことができる．このような実験により，地球と月の間の距離を精密に測定して，月の軌道の小さなゆらぎを研究することができる．

レーザー発振器からのレーザー光の応用は広範囲にわたっている．たとえば，レーザービームは遠距離通信用として空間内を伝わり，電話の通話用光ファイバー内を伝わる．レーザーはまた医学の分野で，診断用および外科手術用の道具として使われる．小さな部分にレーザー光を当てて発生する激しい熱は，金属に非常に小さい孔を開けたり，機械の部品を溶接することができる．レーザーバサミは衣服産業で，布地を裁断するのに使われる．この他の応用として，測量，兵器システム，化学処

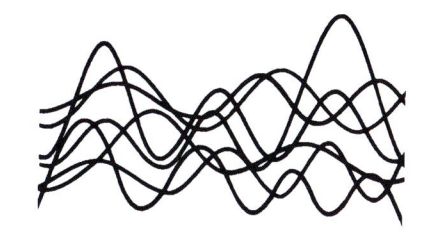

(a) インコヒーレント

(b) コヒーレント

図9.14 インコヒーレントな光とコヒーレントな光 (a) インコヒーレントな（干渉性のない）光では，波どうしが互いに特定の関係になく無秩序になっている．(b) 他方コヒーレントな（干渉性のある）光では，同じ波長をもち互いに位相がそろった関係を保って同じ方向に伝わる波からできている．

訳注1 エネルギー $E = 1.96 \text{ eV}$ の光の波長 λ を計算する：
$\lambda = c/f = hc/hf = hc/E = (6.626 \times 10^{-34} \text{ J·S} \times 2.998 \times 10^8 \text{ m/s}) / (1.96 \text{ eV} \times 1.602 \times 10^{-19} \text{ J/eV}) = 6.327 \times 10^{-7} \text{ m} = 633 \text{ nm}$.

訳注2 自然放出による光では，スペクトル幅やビーム発散角が広く，また原子からの放出時間や波の位相がとぎれとぎれであるため干渉が起こらない．図9.14 a は少し極端に描いてある．

訳注3 レーザー光のように誘導放出による光は，位相がそろって連続する波で，スペクトル幅やビーム発散角が狭いので，単色性がよく容易に干渉が起こる．

理，写真，ホログラフィなどがある．またレーザープリンターはコンピューターからプリント出力するのに利用されている．

コンパクトディスク（CD）プレイヤーをもっている人も多いだろう．レーザー「針」によって，ディスクに小さなドット模様で保存されている音声情報を読み取る．ドット模様を光電池で読み取り，電気的信号に変換することで再生が行われる．この場合のレーザーは小さな固体半導体レーザーである．

よく知られたレーザーの応用例がスーパーマーケットやデパートの売り場にある（●図 9.15）．多分スーパーマーケットで精算のとき，品目別の商品コードを読みとる光学的スキャナーの一部としてレーザー光の赤く輝く部分を見たことがあるだろう．

量子現象のもう 1 つの例に X 線がある．これは医療用と工業用の分野で広く利用されている．**X 線**は 1895 年にドイツの物理学者レントゲン（Wilhelm C. Röntgen, 1845-1923）によって，気体放電管の実験中偶然に発見された．彼は放電管から放出される未知の放射線を，一枚の蛍光紙に照射すると明らかに輝くことに注目して，これを X 放射線と名付けた．

現在の X 線管では，熱陰極から出た電子線を集束し高電圧で加速して金属標的の陽極に当てる（●図 9.16 a）．標的に衝突した電子は，陽極物質の原子核周辺のクーロン電場によって急激に減速され，この結果高い振動数の X 線が発生する．これを**制動放射**という．

X 線スペクトルを図 9.16 b で説明しよう．まず与えられた管電圧に対してカットオフ波長 λ_0 があって，それ以下の波長の X 線は放出されないことである．また非常に高い電圧に対して，**固有 X 線**と呼ばれる標的物質に固有な強いスペクトル線が存在する．X 線スペクトルのこれら 2 つの特徴は量子論的に説明される．

カットオフ波長は最高の振動数，つまりエネルギー（$E = hf = hc/\lambda$）の量子に当たり，入射電子が完全に停止してそのエネルギーを全部失う場合に相当する．したがって，これより高い振動数またはより短い波長の量子は得られない．もちろん管電圧を高くして電子にもっと多くのエネルギーを与えれば，カットオフ波長をさらに短くすることができる．

標的物質の原子内には，多くの電子が存在する．原子核に近く低いエネルギー準位にある内殻電子は，外側の軌道にある外殻電子によって遮蔽されているので，入射電子との相互作用は一般に小さい．しかし，管電圧が高くなると，入射電子は内殻電子を追い出すのに必要な十分のエネルギーをもつことができるようになる．追い出された内殻電子のあとの空席へ，近くの外殻電子が落ち込んできて補充する．このような遷移に際して放出される電磁波が固有スペクトルをもつ固有（または特性）X 線である．水素原子の遷移で生ずる線スペクトルに似ている．

この他いくつかの量子的効果についてはハイライトで論ずる．

図 9.15 光学的走査 スーパーマーケットなどのレジで使われているレーザースキャナーである．バーコードの部分で反射した光は，商品を識別する反射パターンを与え，スキャナーによって検出される．この情報はコンピュータに送られて該当する商品の価格を知らせる．

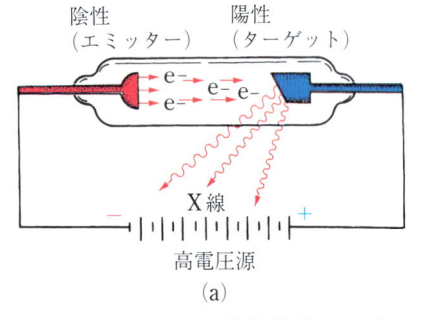

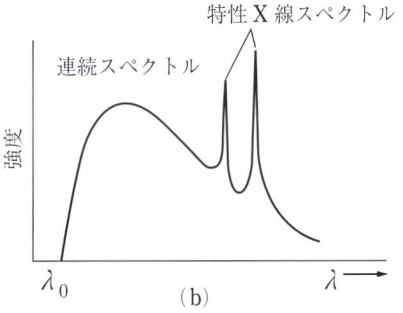

図 9.16 X 線 （a）X 線管では，陰極から出た電子が高電圧によって加速され陽極の金属標的に向かう．加速電子は標的物質の原子核周辺のクーロン場によって急激に減速され，エネルギーを X 線の形で放出する．これを制動放射といい，X 線は連続スペクトルとなる．（b）連続 X 線スペクトルと固有（特性）X 線スペクトル．本文参照．

ハイライト

蛍光と燐光

たいていの人々が，蛍光と燐光の現象について何か光り輝くものに関係があるとは知っているだろう．しかし，それらが何に関係しているのか，またそれらはどのように違うかを知っているだろうか．この章では今までに，エネルギー準位，遷移，光の量子性などを学んできたので，蛍光と燐光とは何かを理解できるようになったはずである．

普通に見かける蛍光灯は，蛍光を放出している．蛍光灯は白熱電球よりもずっと効率がよい．白熱電球では主として不可視部の赤外領域の放射であるが，蛍光灯では主に不可視部の紫外領域の放射である．これらの紫外放射はどこからくるのだろうか．

蛍光の過程で，エネルギーをもった光子を吸収して励起された電子は，2つまたはそれ以上のステップつまり遷移を経てはじめの状態に戻る．これはボールが階段をはずみながら降りてくる状況に似ている．おのおのの下向きの遷移エネルギーは，最初の上向きの遷移におけるエネルギーよりも小さいので，放出される光子のもつ振動数は，はじめ励起した光子よりも低い．

紫外領域は可視光スペクトルよりも高い振動数であるが，蛍光物質の下向き遷移は可視領域にあるので，可視光の放射が得られるのである．蛍光灯では，放電管内の水銀原子が電気的に励起されて紫外放射をし，これが管壁の内側に塗られた白い蛍光物質に吸収される．この蛍光物質は紫外放射を吸収して，より低い振動数領域にある可視光線を再放出する．

このほか蛍光を利用するものにディスコでのブラックライトとかライトディスプレイがある．これらの装置は，紫に近い可視領域と紫外部の不可視領域からの放射を使い，ペイントや染料に含まれる蛍光物質によって壁や衣装を輝かせ浮き上がって見えるようにする（図1）．

紫外放射のすべてが可視光線へ完全に変換されるわけではない．残留する紫外放射も無駄にしないように使われている．普通はグロサリ・ストア（食料雑貨店）では，経済的な蛍光灯で照明しているが，たとえば洗濯用洗剤の箱はとくに明るく輝いた色に見える．その理由は，製品のメーカーが消費者の購買意欲を高めることを期待して，箱に蛍光インクを使ってカラープリントしているため，包装箱が蛍光灯のもとでは一層輝いて浮き上がって見えるからである．

蛍光は自然界にも多く現れる．いくつかの生物たとえば蝶は蛍光色素をつくって可視光の放射をしている．また蛍光は鉱物の識別にも役立つ．鉱物には蛍光の性質をもつものと，そうでないものがある．

燐光とは何であろうか．燐光物質は「暗闇で光る」玩具や標識などの夜光塗料に使われる．燐光物質を光に露出すると，その物質中の電子が刺激により高いエネルギー準位に励起され，準安定状態になるものがある．これらの準安定励起状態には減衰時間が数秒，数分から数時間のものまであらゆる種類の状態がある．結果として外部刺激を取り除いたのち比較的長い寿命をもって光子を放出する遷移が起こる．^{訳注}

訳注 蛍光も燐光も外部的な刺激を加えて起る発光現象で一般にルミネッセンスと呼ばれる．外部刺激を切ったあと比較的早く減衰するのが蛍光で，残光時間の長いのが燐光と従来区別されてきたが，最近では発光機構によって定義することも多い．

図1 蛍光 紫外線を照射するとき，クレヨンが目に見える色で輝いているのは，蛍光物質が混ぜてあるからである．

9.4 物質波と量子力学

学習目標
物質波に関するド・ブロイの仮説を説明すること．
シュレーディンガー方程式における波動関数 ψ の意味を理解すること．
ハイゼンベルクの不確定性原理および測定精度との関係を説明すること．

物質波

光の2重性とは，波動であると考えられたものが時には「粒子」として振る舞うことを意味する．逆は真だろうか．すなわち粒子は波動の性質をもつことができるだろうか．この問題については，フランスの物理学者ド・ブロイ (Louis de Broglie, 1892-1987, ●図 9.17) が 1925 年に，物質も光と同様に波動と粒子の性質をもつという仮説を提唱した．

ド・ブロイの仮説によると，運動しているどんな粒子にも，

$$\lambda = \frac{h}{p} \tag{9.4}$$

で与えられる波長をもった波動が付随している．ここで p は運動する粒子の運動量，h はプランクの定数である．運動する粒子に付随するこの波を**物質波**または**ド・ブロイ波**と呼ぶ．

物質波の波長 λ は粒子または物体の運動量 ($p = mv$) に逆比例していることに注目しよう．つまり運動量が大きくなるほど波長は小さくなる．しかし，プランク定数は非常に小さな数 (J·s の単位で 10^{-34} の程度) なので，物質波の波長はきわめて短い．波長が長くなるのは，非常に小さい質量の粒子に対してである．たとえば，速く動いている^{訳注}電子のド・ブロイ波長は 10^{-11} m (0.1 Å または 0.01 nm) の程度である．これに対し 1000 kg の自動車が 90 km/h で走っているときの波長は 10^{-38} m の程度である．波は一般に波長と同程度の大きさの物体との相互作用によって検出されるので，普通の大きさの運動物体については，物質波がなぜはっきり現れないかという理由がわかるだろう．

ド・ブロイの仮説は最初は懐疑的批判を受けたが，1927 年にアメリカのデヴィッソン (C. J. Davisson, 1881-1958) とガーマー (L. H. Germer, 1896-1971) は，電子線が回折像をつくることを示して，この仮説は実験的確証を得た．回折は波動特有の現象なので，電子は波動性をもつことが明らかになった．

回折の現象を観測するには，波が波長の大きさとほぼ同じ程度の幅をもつスリットを通過しなければならない．可視光は 400 nm から 700 nm の程度の波長をもつので，この大きさの幅をもったスリットをつくることは容易である．しかし，前述のように，速く動く電子は 0.01 nm

図 9.17 ド・ブロイ (Louis de Broglie, **1892-1987**) ド・ブロイはフランスの貴族に生まれ，ソルボンヌで中世史を専攻した．のちに物理学に興味をもつようになった．1924 年に物質波の概念についての博士論文を提出した．最初は多くの懐疑的な批判を受けたが，ついに電子が回折像をつくることが実験的に発見されて，ド・ブロイの理論の重要性が認識された．彼は 1929 年にノーベル物理学賞を受賞した．1932 年からパリ大学教授であった．

訳注 10^8 m/s の程度．

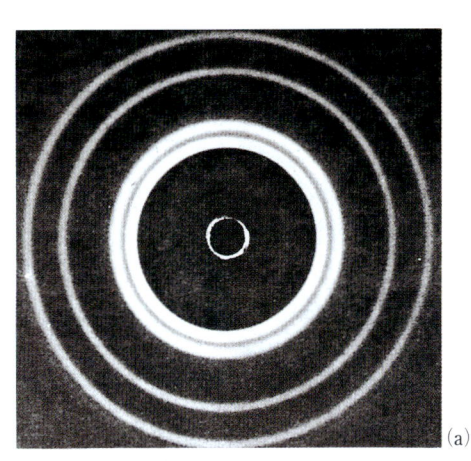

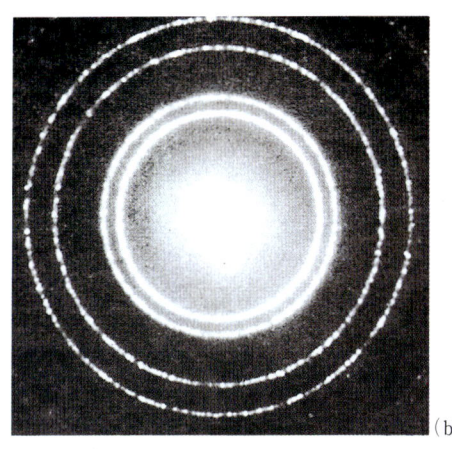

図 9.18 X 線と電子線による回折像　(a) X 線による回折像は X 線の波動的記述によって説明できる．(b) 電子線による回折像はド・ブロイの物質波を使って説明できる．

の程度の波長をもつから，このような小さな幅のスリットをつくることはできない．

　幸いなことに，自然界は結晶格子の形で適切な小さいスリットを与えてくれる．これらの結晶では原子は列をなして（または別の形に整然と並んで）配置しているので，原子の列は天然の「スリット」をつくっている．デヴィッソンとガーマーはニッケルの結晶に電子を衝突させて，写真乾板の上に回折像を得た．図 9.18 a, b は薄いアルミニウム箔に，X 線（非常に短波長の電磁放射）と電子線をそれぞれ入射させて得られる回折像を示す．電磁波からと電子からとの回折像の類似性は明らかである．こうして電子線回折によって「物質の 2 重性」が証明された．

　電子顕微鏡は物質波の概念を応用した装置である．電子線を使うと，光のビームよりも物体をよく「見る」ことができる．1 つの手法として，電子線を物体の表面で跳ね返えさせる．テレビ管における場合と同様に，電子線を偏向コイルによって試料を横切るように走査する．表面にでこぼこがあると，反射する電子線の強度が方向によって変化することになり，コントラストのある像が得られる．

　像のぼやけ方の程度は，使われる波長に比例する．電子顕微鏡で用いる典型的な電子線の波長は 0.01 nm 程度であり，可視光線の波長の約 500 nm に比べて非常に短い．そこで電子顕微鏡では，大きな倍率だけでなく，精巧に細部が見られる大きな分解能が達成できるのである．図 9.19 には電子顕微鏡写真の例を示す．

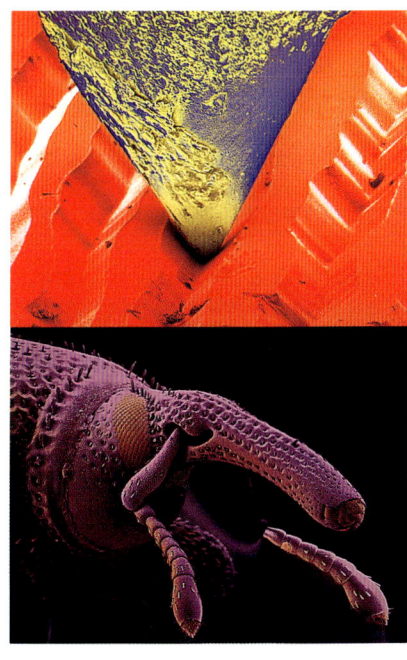

図 9.19 電子顕微鏡写真　走査電子顕微鏡写真を示す．上はレコードの溝に入っているダイヤモンドの針の写真であり，下は薄黄色のこくぞう虫の複眼の 1 つを示す写真である．

量子力学

ド・ブロイの仮説によると、運動する粒子には波動が付随していて、粒子の振る舞いを決定し記述する。しかし、式(9.4)は物質波の波長を与えるだけで、その形は与えない。波形は数学的なある方程式で表され、それにより波の振る舞いを研究できることがわかった。

1926年オーストリアの物理学者シュレーディンガー(Erwin Schrödinger, 1887-1961、●図9.20)は、ド・ブロイの物質波に新しい意味を与える広い適用性をもつ数学的な方程式を提唱して、原子や核の性質を理解するための大きな一歩を踏み出した。これは**シュレーディンガー方程式**として知られていて、簡単な形に書くと、

$$(E_k + E_p)\psi = E\psi$$

で表され、E_k、E_p、E はそれぞれ運動エネルギー、位置エネルギー、全エネルギーに相当する。ψ は**波動関数**と呼ばれ、粒子に付随する波を表す。シュレーディンガー方程式はエネルギー保存則 $E_k + E_p = E$ に関係している。[訳注1] シュレーディンガー方程式の詳細な形は非常に複雑で解くのは一般に難しい。この方程式が最初に解かれた比較的簡単な場合の1つは水素原子であった。こうして求めた水素原子のエネルギー準位の結果は、ボーアが1913年に得たものとまったく同じであることがわかった。しかし、シュレーディンガー方程式の解である波動関数 ψ からは、さらに多くの新しい知識が得られることになった。

はじめは ψ をどう解釈すべきか明らかでなかったが、結局 $|\psi|^2$ は電子が核からある距離に存在する確率を表すと解釈できることがわかった。[訳注2] ボーア理論によると、水素原子内の電子は $r_n = 0.529\,n^2$ Å で

図9.20 シュレーディンガー(Erwin Schrödinger, 1887-1961) オーストリアに生まれウィーン大学に学ぶ。1926年に運動する粒子を波動として数学的に取り扱う論文を発表して、彼は量子力学の創始者の1人となった。この功績で1933年ディラックとともにノーベル物理学賞を受けた。1927年ベルリン大学教授となったが、ナチスを逃れてドイツを去り、その後ダブリン高等研究所所長となった。

訳注1 E_k、E_p などは演算子として波動関数 ψ に作用しているので両辺を ψ で割り算して簡単にすることはできない。

訳注2 原著では ψ^2 となっているが、ψ は一般に複素数で表されるので絶対値を付けた。ψ の複素共役を ψ^* とすると、$|\psi|^2 = \psi^*\psi$ である。

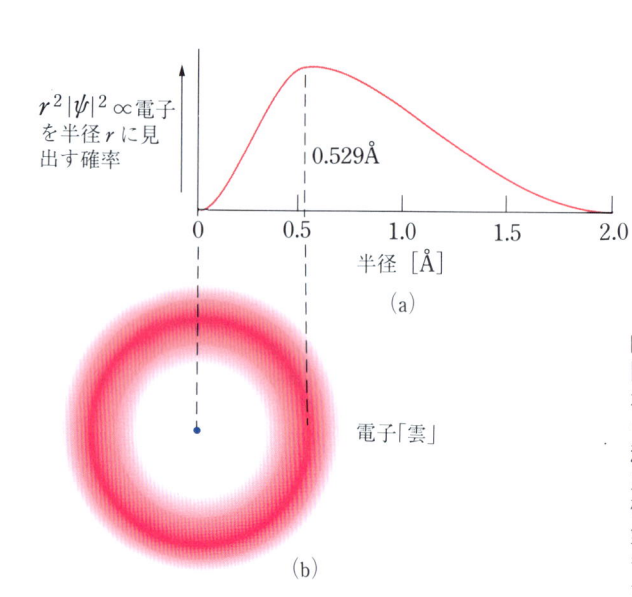

図9.21 $|\psi|^2$ は確率に比例する (a) 波動関数の絶対値の2乗 $|\psi|^2$ はある場所に粒子を見出だす確率に比例する。この図は、水素原子の基底状態(1s状態)の電子について、$r^2|\psi|^2$ を半径(電子の核からの距離)r に対してプロットしたものである(**訳注** 波動関数が球対称のとき、半径 r と $r+dr$ の間に電子を見出だす確率は $|\psi|^2 4\pi r^2\,dr$ で与えられる)。電子が存在する確率が最大になるのは、$r = 0.529$ Å のところであり、これは第1ボーア半径に相当することがわかる。(b) 他の半径の所にも電子を見出だす確率があることから、「電子雲」またはさまざまな動径距離における電子の確率分布という概念を生ずる。

与えられる不連続な半径の円軌道にだけ存在することができた．一方，水素原子の基底状態（$n=1$）にある電子について，$r^2|\psi|^2$ を r に対してプロットしたものを，●図 9.21 a に示す．電子が存在する確率が最大になるのは，ボーア半径 $r=0.529$ Å のところであることがわかる．電子はこの半径以外の所にも存在することが可能であるが確率は小さい．

波動と粒子の 2 重性の結果として，波動と量子の概念を総合することに基礎をおいた新しい物理学が 1920 年代に誕生した．これは**量子力学**と呼ばれ，すべての物体は厳密な自然法則にしたがって運動するという今までの古典力学的な見方を，確率の概念で置き換えた．たとえば，上述のように水素原子に対しシュレーディンガー方程式を使って求めた量子力学的解から，電子が最大の確率で存在するのはボーア理論によって予想される不連続な軌道上であることがわかる．このことから核のまわりの「電子雲」という概念が生じ，雲の密度は電子がその領域に存在する確率を反映する（図 9.21 b）．

この他，量子力学には重要な特徴がある．古典力学にしたがえば，測定精度には原理的に限界がない．測定器械の性能や測定技術の向上によって，測定の不確かさが生じない範囲で，精度は連続的に改善することができると考えられてきた．この考え方の結果として，自然についての決定論的な観点が得られた．たとえば，もし 1 つの粒子の位置と速度をある時刻に正確に知れば，その粒子は未来においてどこに存在するか，または過去においてどこに存在したかを決定することができる（ただし，未来にも過去にも未知の力は働かないと仮定する）．

しかし，量子論はまったく異なった予測を与え，測定精度には原理的限界があることを主張する．この考えは，ドイツの物理学者ハイゼンベルク（Werner Heisenberg, 1901-1976，●図 9.22）によって提唱され，**ハイゼンベルクの不確定性原理**と呼ばれる：

> **1 つの粒子の正確な位置と速度を同時に知ることは不可能である．**

簡単な例で説明しよう．●図 9.23 に示すように，1 つの電子の位置 x と運動量 $p=mv$（したがって速度 v）を測定することを考えてみる．電子を見てその位置を決定するには，少なくとも 1 個の光子が電子に当たって跳ね返り，観測者の目に入る必要がある．この衝突の過程で，光子がもっているエネルギーと運動量の一部が電子に移される（この状況は玉突きの球の古典的衝突と類似している．衝突はエネルギーと運動量の移行を伴う）．

衝突後，電子は跳ね返る．したがって，電子の位置を正確に決める，つまり位置の不確定 Δx を非常に小さくしようと試みる過程では，衝突後の電子は光子から得る運動量のためはじめの進路とある角度をなす方向に反跳し，電子の速度 v したがって運動量 $p=mv$ に大きな不確定

図 9.22 ハイゼンベルク（Werner Heisenberg, 1901-1976） ハイゼンベルクはドイツに生れ，23 歳のときマトリックス力学に関する論文を書いた．彼の理論はシュレーディンガーの波動力学とはまったく異なっていたが同じ結果を与え，量子力学の基礎を確立した．また 1927 年不確定性原理を発見したことで有名である．同年ライプチッヒ大学教授となった．1932 年ノーベル物理学賞を受賞した．1941 年からベルリン大学教授となり，1970 年までミュンヘンのマックス・プランク物理学研究所長であった．第 2 次世界大戦中はドイツの「原爆計画」の指導者となったが，戦後 1957 年にはドイツ国防軍の核武装に反対するゲッチンゲン宣言をまとめた．

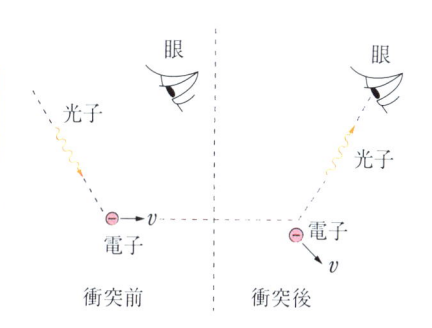

図 9.23 不確定性原理 ある電子の位置を正確に決めるために，1 個の光子をその電子に衝突させることを考える．電子は衝突して跳ね返るので，電子の速度または運動量には大きな不確定がもたらされる．

訳注1 光子の運動量 $p = h/\lambda$ はアインシュタインによってエネルギー $E = hf$ とともに仮定され，後に実験的に検証された（p.193 訳注参照）．光子の運動量を相対論的関係式から導くには，付録 B7 の (B7.18) 式を使う．光子の静止質量は $m_0 = 0$ なので，(B7.18) 式から $E = pc$（> 0 をとる）となり，これを (9.1) 式 $E = hf$ と組み合わせて $p = hf/c = h/\lambda$ が得られる．

訳注2 ここの説明は大体の大きさの程度を示す非常に粗い議論であるが，本質的なところはほぼ正しい方向を示していると考えられる．一般には波長の短い γ 線顕微鏡についての思考実験を用いて，もう少し詳しい議論がなされる．

$\Delta p = m \Delta v$ を生ずることになる．

光についていえば，電子の位置を測定できる精度はせいぜい光の波長 λ の程度までである．すなわち $\Delta x \approx \lambda$ である．また，光子のもつ運動量は h/λ である．^{訳注1} そこで，衝突の際に光子から電子に移行する運動量は光子の運動量 $p = h/\lambda$ と同じ程度と考えられる．したがって電子の運動量の不確定は少くとも $\Delta p \approx h/\lambda$ となる．

両方の不確定の積をつくると，

$$(\Delta p)(\Delta x) \approx (h/\lambda)\lambda \approx h$$

または

$$m(\Delta v)(\Delta x) \approx h$$

と書くことができる．^{訳注2} こうしてハイゼンベルクの不確定性原理は，最小の不確定の積がプランク定数の値（$\approx 10^{-34}$ J·s）の程度であることを述べている．最小の不確定とはわれわれが期待できる最善の同時測定値の限界を与えるものである．位置をもっと正確に測る（Δx をさらに小さくする）と，速度または運動量の不確定（$\Delta p \approx h/\Delta x$）はより大きくなる．この逆も成り立つ．もし，ある粒子の位置を正確に測定すると（$\Delta x \to 0$），その粒子の速度または運動量については何もわからなくなる（$\Delta p \to \infty$）．

9.5 多電子原子と周期表

> **学習目標**
> 多電子原子のエネルギー準位を記述すること．
> パウリの排他原理を理解し，周期表における原子の電子配置との関係を説明すること．

ボーアはもっとも簡単な原子として水素原子を選んで解析した．電子が 2 個以上の多電子原子になると，それらを解析し電子のエネルギー準位を決めることがだんだん難しくなってくる．困難を生ずるのは，多電子原子では水素原子におけるよりも多くの電気力が存在するからである．つまり，いくつかの電子の間に力が働いていること，また大きな原子になると外側軌道の電子は，内側軌道の電子のために核の引力から「遮蔽」されることにより，複雑な状況になっているのである．

水素原子に対してシュレーディンガー方程式を解くと，その結果いくつかの量子数が現れる．1 つは**主量子数** n で，これはボーアの理論でもでてきたものである．このほかに 3 つの量子数：**方位（軌道）量子数** l，**磁気量子数** m，**スピン量子数** m_s が存在し，それらのとり得る値についてはそれぞれある制限がある．これらの量子数は水素以外の原子にもあてはまり，原子物理学に基本的な洞察を与えるものである．水素原子では主量子数だけでエネルギー準位が決まる．2 つ以上の電子をもつ他の原子では，方位量子数も各電子のエネルギーに関連する．あとの 2 つの

量子数は軌道電子のエネルギーには関係しない．

多電子原子は，ボーア模型に従って核のまわりを軌道運動するいくつかの電子からできていると考えることができる．水素原子におけるように，主量子数 n が小さいほど軌道は核に近くなる．しかし，多電子原子では，ある n をもつ 1 つの軌道の中に，方位（軌道）量子数 l の異なる値に対応していくつかの分かれた軌道がある．エネルギー準位で表すと，主量子数 n の準位は方位（軌道）量子数 $l = 0, 1, 2, \cdots, (n-1)$ をもつ副エネルギー準位を含んでいる．同じ値の n をもった軌道またはエネルギー準位[訳注1]をひとまとめにして**電子殻（シェル）**という．ある与えられた電子殻内で 1 つの方位（軌道）量子数のエネルギー準位を**電子副殻（サブシェル）**と呼ぶ．

方位（軌道）量子数 l の値は通常記号上の便宜から文字で表される．$l = 0, 1, 2, 3, 4, \cdots$ に対して，歴史的に分光学の記号を使って s, p, d, f, g, $\cdots$ の文字が用いられる（最初の 4 文字は分光学的系列 *s*harp, *p*rincipal, *d*iffuse, *f*undamental の頭文字からとった）．f, g のあと，より大きい l の値に対しては，アルファベットの順序で文字が続く．

問 9.1
$n = 2$ に対して可能な l の値を求めよ．

水素原子については n だけであるが，2 つ以上の電子をもつ他の原子では n と l を使って電子のエネルギー準位が指定される．エネルギー準位を表すのによく使われる記号は，n の値の数字と l の値を表す文字とを続けて書くことである．たとえば，1s 準位は $n = 1$, $l = 0$；3d 準位は $n = 3$, $l = 2$；4p 準位は $n = 4$, $l = 1$ を表す．●図 9.24 は多電子原子に対するエネルギー準位図である．ここで各殻（シェル）に対する副殻（サブシェル）が示されている．それら準位が等間隔ではないことに注意しよう．また，4s 準位が 3d 準位の下にあることにも注目しよう．エネルギー準位がこのような順序になる理由はかなり複雑であるが，前述したように電子の「遮蔽」の効果と考えられる．[訳注2]

つぎに適当な数の電子を殻（シェル）と副殻（サブシェル）に入れていって原子を構築することを考えよう．水素原子には 1 個の電子，ヘリウム原子には 2 個の電子，リチウム原子には 3 個の電子，$\cdots$，というようにたとえば，カルシウム原子では 20 個の電子がある．問題はどのようにしてこれらの電子でエネルギー準位を満たしていけばよいかということである．多分，最低の準位から出発すべきだろうが，各準位に何個の電子を入れたらよいだろうか．

電子がどのエネルギー準位にあるかを，量子数 n, l によってラベルを付けて表し，1s 電子とか 2p 電子のように呼ぶ．ただしあと 2 つの量子数 m, m_s があることを忘れないようにしよう．すなわち，量子数 n, l, m, m_s の組みがいくつもあって，ある特定の副殻エネルギー準位に対しては，ある決まった数の量子数の組みだけが対応する．この組み

訳注1 それらの準位が接近している場合．

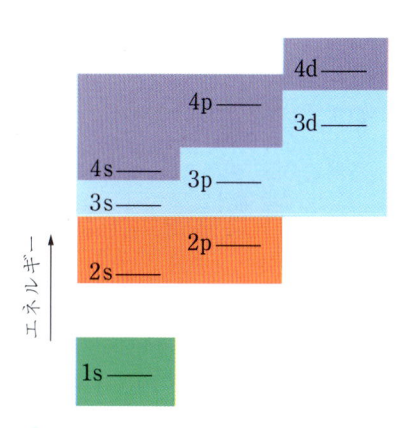

図 9.24 多電子原子のエネルギー準位
多電子原子に対する典型的なエネルギー準位図（尺度は比例していない）を示す．多電子原子ではエネルギー準位が量子数 n と l の双方に依存している．

訳注2 多電子原子のエネルギー準位を計算するには，電子はそれに働く核および他のすべての電子による力の場を平均した 1 つの中心力場内を運動するものと仮定するのが普通で，これを 1 体近似という．この中心力とは遮蔽されたクーロン力であって，一般に同じ n をもつ準位の中で l の小さい準位ほど低くなり s 準位がもっとも深く落ち込むことになる．

の数は s, p, d, f, … と準位が上がるにつれ増加する．

1928 年にスイスの物理学者パウリ（Wolfgang Pauli, 1900-1958）は，これらの量子数の組みを使って，多電子原子のエネルギー準位に電子がどのように分布するかを明らかにする原理を提唱した．**パウリの排他原理**はつぎのように述べている．

> **2 個以上の電子が同じ組み合わせの量子数をもつことはできない．**

ちょうど，3 つの直交座標 (x, y, z) の異なる組みのおのおのが，空間の異なる点に対応するように，4 つの量子数 (n, l, m, m_s) の異なる組みのおのおのは，ただ 1 個の電子によって占められた異なるエネルギー状態に対応する．こうして量子数の決まった組みに対して低いエネルギー準位から 1 個ずつの電子で満たしていくと，さまざまな元素の原子に対しそれぞれの電子配置を構成することができる．この状況は，決まった番号の組みでそれぞれ指定された郵便箱の集まりがあって，おのおのの郵便箱にはただ 1 通の手紙しか入れることができないという場合と似ている．

どれだけ多くの量子数または状態の組みが，各エネルギー準位には存在するかを知る必要がある．量子数についての制限からこの数は $2(2l+1)$ であることがわかる．^{訳注} そこで s 準位 $(l = 0)$ には 2 状態，p 準位 $(l = 1)$ には 6 状態というように，s, p, d, f, … 準位に対する状態の数は，それぞれ 2, 6, 10, 14, … となる．

訳注 磁気量子数 m は整数 $l, l-1, \cdots, 0, \cdots, -(l-1), -l$ の $2l+1$ 通りの値が可能である．またスピン量子数 m_s は $+1/2$ かまたは $-1/2$ の 2 通りの値が可能である．したがって，m と m_s の可能な組み合わせの数は $2(2l+1)$ 通りである．

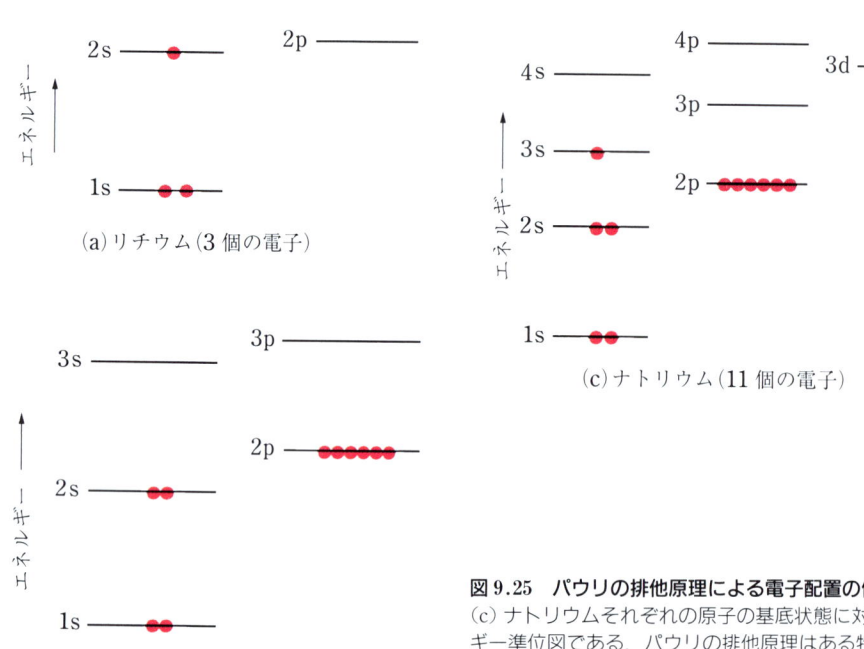

図 9.25 パウリの排他原理による電子配置の例 (a) リチウム，(b) ネオン，(c) ナトリウムそれぞれの原子の基底状態に対して，電子の占有を示すエネルギー準位図である．パウリの排他原理はある特定のエネルギー準位に何個の電子が入り得るかを決定する（エネルギー準位の間隔の尺度は比例していない）．

これらの最大数にしたがって，最低のエネルギー準位から順次に電子で満たしていく．ある準位が電子の最大数で一杯になると，つぎの電子はより高い準位を満たす．●図9.25は，リチウムLi原子（3個の電子），ネオンNe原子（10個の電子），ナトリウムNa原子（11個の電子）に対するエネルギー準位図を示す．

図9.25 a, b, cからわかるように，エネルギー準位の間隔は等しくない．たとえば，1sと2s準位間には大きなギャップがある．一般にs準位同士の間には大きなギャップがあるが，4s-3d間とか3d-4p間のような他の準位間では小さなギャップしかない．大きなギャップの間にあるエネルギー準位（たとえば4s, 3d, 4p）は近似的に同じ程度のエネルギーをもっている．

ほとんど同じ程度のエネルギーをもった1組のエネルギー準位の集まりを**電子周期**と呼ぶ．電子配置において，周期の間のエネルギー・ギャップを表すのに，エネルギー準位の間につぎのような縦線を引く：
$$1s^2|2s^2\,2p^6|3s^2\,3p^6|4s^2\,3d^{10}\,4p^6|\ \text{etc.}$$
ここで上付き添字は各副殻準位にある電子の最大数を示す．原子の電子配置をこの記法で完全に書くには，最低のエネルギー準位から始めて電子を加えていく．最後の副殻の上付き添字はもっとも外側の副殻に入っている電子の数である．上付き添字の数を合計すると，特定の原子の電子配置における電子の総数が得られる．

このような電子周期は化学元素の周期表の基礎になっている．1860年代の終わり頃，当時は原子構造がわかっていなかったが，経験をもとにして周期表が作成された．元素はまず原子質量の増加する順序に水平の横列に並べていく．つぎに並べる元素の化学的性質が，すでに並べた元素と類似しているときは，その元素は類似した元素の下に置くことにする．結果として垂直の縦列にあるすべての元素は類似の性質をもつ．このように類似の化学的性質が周期的に反復して現れるのは電子周期と関係がある．

もし各元素の原子に対する周期表の上に電子配置を書き込んでみると，非常に興味深いことがわかる（●図9.26を参照）．一般に垂直の縦列にある原子の外側の副殻配置は同じか，または類似していることに注目しよう．左端の縦列にあるLiとNaを眺めてみる．全体の電子配置については前述したが（図9.25 a, c），両方の原子とももっとも外側のs副殻に，ただ1個だけ電子があることがわかる．実際この縦列の原子すべてについて同じ状況である．

したがって，これらの元素の化学的性質の類似性は，外側の電子配置が類似していることによるものと結論できよう．化学を学ぶのにこの概念を心に留めておくとよい．

周期	s		d										p					
1	1 H $1s^1$																	2 He $1s^2$
2	3 Li $2s^1$	4 Be $2s^2$											5 B $2s^22p^1$	6 C $2s^22p^2$	7 N $2s^22p^3$	8 O $2s^22p^4$	9 F $2s^22p^5$	10 Ne $2s^22p^6$
3	11 Na $3s^1$	12 Mg $3s^2$											13 Al $3s^23p^1$	14 Si $3s^23p^2$	15 P $3s^23p^3$	16 S $3s^23p^4$	17 Cl $3s^23p^5$	18 Ar $3s^23p^6$
4	19 K $4s^1$	20 Ca $4s^2$	21 Sc $4s^23d^1$	22 Ti $4s^23d^2$	23 V $4s^23d^3$	24 Cr $4s^13d^5$	25 Mn $4s^23d^5$	26 Fe $4s^23d^6$	27 Co $4s^23d^7$	28 Ni $4s^23d^8$	29 Cu $4s^13d^{10}$	30 Zn $4s^23d^{10}$	31 Ga $4s^24p^1$	32 Ge $4s^24p^2$	33 As $4s^24p^3$	34 Se $4s^24p^4$	35 Br $4s^24p^5$	36 Kr $4s^24p^6$
5	37 Rb $5s^1$	38 Sr $5s^2$	39 Y $5s^24d^1$	40 Zr $5s^24d^2$	41 Nb $5s^14d^4$	42 Mo $5s^14d^5$	43 Tc $5s^14d^6$	44 Ru $5s^14d^7$	45 Rh $5s^14d^8$	46 Pd $4d^{10}$	47 Ag $5s^14d^{10}$	48 Cd $5s^24d^{10}$	49 In $5s^25p^1$	50 Sn $5s^25p^2$	51 Sb $5s^25p^3$	52 Te $5s^25p^4$	53 I $5s^25p^5$	54 Xe $5s^25p^6$
6	55 Cs $6s^1$	56 Ba $6s^2$	57 La* $6s^25d^1$	72 Hf $6s^25d^2$	73 Ta $6s^25d^3$	74 W $6s^25d^4$	75 Re $6s^25d^5$	76 Os $6s^25d^6$	77 Ir $6s^25d^7$	78 Pt $6s^15d^9$	79 Au $6s^15d^{10}$	80 Hg $6s^25d^{10}$	81 Tl $6s^26p^1$	82 Pb $6s^26p^2$	83 Bi $6s^26p^3$	84 Po $6s^26p^4$	85 At $6s^26p^5$	86 Rn $6s^26p^6$
7	87 Fr $7s^1$	88 Ra $7s^2$	89 Ac** $7s^26d^1$	104 Rf $7s^26d^2$	105 Db $7s^26d^3$	106 Sg $7s^26d^4$	107 Bh $7s^26d^5$	108 Hs $7s^26d^6$	109 Mt $7s^26d^7$	110 (　) $7s^16d^9$	111 (　) $7s^16d^{10}$	112 (　) $7s^26d^{10}$						

	f													
*ランタニド	58 Ce $6s^24f^15d^1$	59 Pr $6s^24f^35d^0$	60 Nd $6s^24f^45d^0$	61 Pm $6s^24f^55d^0$	62 Sm $6s^24f^65d^0$	63 Eu $6s^24f^75d^0$	64 Gd $6s^24f^75d^1$	65 Tb $6s^24f^95d^0$	66 Dy $6s^24f^{10}5d^0$	67 Ho $6s^24f^{11}5d^0$	68 Er $6s^24f^{12}5d^0$	69 Tm $6s^24f^{13}5d^0$	70 Yb $6s^24f^{14}5d^0$	71 Lu $6s^24f^{14}5d^1$
**アクチニド	90 Th $7s^25f^06d^2$	91 Pa $7s^25f^26d^1$	92 U $7s^25f^36d^1$	93 Np $7s^25f^46d^1$	94 Pu $7s^25f^66d^0$	95 Am $7s^25f^76d^0$	96 Cm $7s^25f^76d^1$	97 Bk $7s^25f^96d^0$	98 Cf $7s^25f^{10}6d^0$	99 Es $7s^25f^{11}6d^0$	100 Fm $7s^25f^{12}6d^0$	101 Md $7s^25f^{13}6d^0$	102 No $7s^25f^{14}6d^0$	103 Lr $7s^25f^{14}6d^1$

訳注 1　このような1体近似による電子配置はあくまで近似的なものであり，ただ1つの電子配置で十分正確にエネルギー固有状態を表すことはできないので，この表の電子配置には十分確かでないものもある．とくに原子番号 $Z = 89$～103 の元素を総称するアクチノイド（$Z = 89$ のアクチニウム Ac を除いたものをアクチニドということがある）の電子配置については，$Z = 57$～71 のランタノイド（$Z = 57$ のランタン La を除いたものをランタニドということがある）との類似から推定されたもので不確かなものが多い．

訳注 2　原子番号 104～109 の元素名と元素記号は 1997 年の IUPAC（国際純正・応用化学連合）総会で最終的に推薦されたものである．ドイツのダルムシュタットにある重イオン研究所は原子番号 110 と 111 の元素を 1994 年に，原子番号 112 の元素を 1996 年につくった．元素名，元素記号とも未定であるがこの表に追加しておく．

図 9.26　元素の周期表と電子周期　各行は異なる周期を表す．原子番号の増加とともに電子が入る順序を示し，各原子の電子配置はちょうどその中に電子が入った副殻だけ（電子配置の終わりの部分だけ）が記してある．

重要用語

紫外カタストロフィ　　主量子数 (n)　　蛍光　　　　　　　　　　ハイゼンベルクの不確定性原理
量子物理学　　　　　　基底状態　　　　　燐光　　　　　　　　　　電子殻
量子　　　　　　　　　励起状態　　　　　物質波 (ド・ブロイ波)　　電子副殻
光電効果　　　　　　　レーザー　　　　　シュレーディンガー方程式　パウリの排他原理
光子　　　　　　　　　誘導放出　　　　　波動関数 (ψ)　　　　　電子周期
光の2重性　　　　　　X線　　　　　　　 量子力学

重要公式

光子のエネルギー　　$E = hf$　　 ($h = 6.63 \times 10^{-34}$ J·s)

水素原子内電子の軌道半径　　$r_n = 0.529\, n^2$ [Å]　　$n = 1, 2, 3, \cdots$

水素原子内電子のエネルギー準位　　$E_n = \dfrac{-13.6}{n^2}$ [eV]　　$n = 1, 2, 3, \cdots$

ド・ブロイ波長　　$\lambda = \dfrac{h}{p} = \dfrac{h}{mv}$

ハイゼンベルクの不確定性原理　　$m(\Delta v)(\Delta x) \approx h$

与えられた l 副殻における可能な状態の数　　$2(2l+1)$

質問

9.1　光の2重性

1. プランクの仮説はつぎの事項に関連して提唱された．(a) 紫外カタストロフィ，(b) 光電効果，(c) 水素原子，(d) 不確定性原理．
2. つぎの色の光のうち，光子のエネルギーが最も大きいのはどれか．(a) 赤，(b) 橙 (オレンジ)，(c) 黄，(d) 青．
3. プランクの仮説は当時なぜ革命的であったか．
4. 光は波動か粒子か．
5. 光が波動であるという証拠を何か示すことができるか．また粒子であるという証拠はどうか．

9.2　水素原子に対するボーアの理論

6. ボーアの理論はつぎの事項を説明するために展開された．(a) 軌道半径，(b) 光電効果，(c) 線スペクトル，(d) 量子数．
7. 水素原子内電子が最も低いエネルギーをもつのは，つぎの状態のうちどれか．(a) $n = 1$，(b) $n = 2$，(c) $n = 3$，(d) $n = 5$．
8. 水素原子には原子核が陽子と中性子 (電子的に中性な粒子) とからできているもの (重水素という) がある．中性子の存在はボーアの理論にどんな影響を与えるか．
9. ボーアの理論によると，基底状態にある水素原子の直径はおおよそいくらか．
10. 古典論によると軌道を回る電子は放射を放出すべきであるが，ボーアはこの問題をどのように処理したか．
11. ボーア理論は水素の不連続な線スペクトルをどのように説明したか．

9.3　量子物理学の応用

12. レーザーによる光の増幅はつぎの現象に依存する．(a) 光電効果，(b) マイクロ波吸収，(c) 自然放出，(d) 誘導放出．
13. X線は (a) 光子，(b) 電子と核のクーロン場との相互作用，(c) 誘導放出，(d) 光の2重性 によって発生する．

14. なぜ電子レンジはじゃがいもを加熱調理するのに，陶磁器の皿はそれほど熱くならないか．
15. なぜ電子レンジは扉を開いた状態では作動しない構造になっているか．
16. レーザー（laser）という語は何を意味するか．
17. レーザー光源からの光はどんな特徴をもっているか．またレーザービームを直接見てはいけないのはなぜか．
18. X線（連続スペクトル）を制動放射というのはなぜか．またX線管の電圧を増加すると，X線スペクトルのカットオフ波長が短波長の方にずれるのはなぜか．
19. 蛍光と燐光の違いは何か．

9.4 物質波と量子力学

20. シュレーディンガー方程式の解である波動関数の（絶対値の）2乗は，(a) 誘導放射，(b) 準安定状態，(c) 波長，(d) 確率 に関連している．
21. 測定精度に限界を与えるのは，(a) シュレーディンガー方程式，(b) ド・ブロイの仮説，(c) ハイゼンベルクの不確定性原理，(d) パウリの排他原理 である．
22. 物質波とは何か．
23. 電子線はどのようにして波動性をもつことが示されたか．
24. 量子力学とは何か．
25. ハイゼンベルクの不確定性原理は，古典的な決定論的世界観にどんな変化をもたらしたか．

9.5 多電子原子と周期表

26. 文字dが意味する軌道（方位）量子数は，(a) 0，(b) 1，(c) 2，(d) 3 である．
27. 1つのd副殻（サブシェル）には，量子数の可能な組み合わせの数が何通りあるか：(a) 2，(b) 6，(c) 8，(d) 10．
28. 方位量子数を表す文字 s, p, d, f ははじめは何を意味したか．
29. (a) 水素原子における電子のエネルギー，(b) 多電子原子における電子のエネルギー，を決める量子数は何か．
30. パウリの排他原理を説明せよ．
31. 量子数の可能な組み合わせの数がなぜそんなに重要なのか．
32. 電子配置，電子殻，電子副殻，電子周期を説明せよ．
33. 3fエネルギー準位は可能か．
34. 元素の周期表は何を基礎としてつくられているか．周期表で縦方向に並んだ元素が共通にもつ性質は何か．

思考のかて

1. 図9.21のグラフは水素原子の1s状態について，$r^2|\psi|^2$ を r に対して描いたものであるが他の状態のグラフはどうなっているだろうか（**訳注** 1s状態以外についても電子雲のようすを正しく知るには，シュレーディンガー方程式を正確に解かなければならないのでこの本の範囲を越えるが，電子雲の密度を表す写真的描像が掲載されている参考書を調べてみよ）．
2. カラーテレビ受像管はX線から人々を保護するために遮蔽されている．どのようにしてテレビ受像管はX線を発生するのか．

練習問題

9.2 水素原子に対するボーアの理論

1. 水素原子の電子の軌道半径を，つぎの主量子数のそれぞれについて求めよ：(a) $n=2$, (b) $n=6$, (c) $n=10$.

   答 (a) 2.12 Å (b) 19.0 Å (c) 52.9 Å

2. 水素原子の電子のエネルギーを，つぎの主量子数で決まる軌道のそれぞれについて求めよ：(a) $n=2$, (b) $n=6$, (c) $n=10$.

   答 (a) -3.40 eV (b) -0.38 eV (c) -0.14 eV

3. 水素原子において，電子がつぎの主量子数の軌道にあるとき，イオン化エネルギーはいくらか，eV で答えよ：(a) $n=1$, (b) $n=4$, (c) $n=10$.（イオン化エネルギーとは，原子から1個の電子を無限遠に引き離して，陽イオンと自由電子にするのに要するエネルギーのことである．$E_{ion}=|E_n|$）

   答 (a) 13.6 eV (b) 0.85 eV (c) 0.14 eV

4. 水素原子において，1個の電子がつぎの遷移をするとき放出する光子のエネルギーはいくらか．eV で答えよ：(a) $n=4$ から $n=2$ へ (b) $n=6$ から $n=2$ へ (c) $n=3$ から $n=1$ へ (d) $n=4$ から $n=3$ へ．

   答 (a) 2.55 eV (b) 3.02 eV (c) 12.1 eV (d) 0.66 eV

9.5 多電子原子と周期表

5. 主量子数 (a) $n=3$, (b) $n=5$ に対する軌道量子数 l の値の許される数は何通りか．

   答 (a) 3 (b) 5

6. つぎの電子副殻のおのおのに対して，可能な電子状態の数はいくらか：(a) $l=3$ (b) $l=5$.

   答 (a) 14 (b) 22

7. 4d 副殻を占有することができる電子は何個か．

   答 10

8. つぎの電子配置を考える．
   $1s^2\ 2s^2\ 2p^6\ 3s^2\ 3p^6\ 4s^2\ 3d^9\ 4p^1$
   (a) この電子配置に対応する原子はどんな元素か．
   (b) この原子は基底状態にあるか．

   答 (a) 亜鉛 Zn. (b) 励起状態にある．

9. 練習問題8に述べた原子が，もし基底状態にあるとすると，最も外側の殻には何個の電子が存在するか（**訳注ヒント** 基底状態の電子配置は $\cdots 4s^2\ 3d^{10}$ である）．

10. つぎの原子のおのおのに対し，基底状態のエネルギー準位図（図 9.25 のような）を描け．(a) Al, (b) Cl, (c) K.

11. つぎの原子のおのおのに対し，核外電子の副殻にあるものの概略図を描け．(a) Al, (b) Cl, (c) K.

質問（選択方式だけ）の答

1. a 2. d 6. c 7. a 12. d 13. b 20. d 21. c 26. c 27. d

本文問の解

9.1 l の最大値は $n-1=1$ であるから，可能な l の値は $l=0,1$, つまり 2s および 2p 状態である．

10
核 物 理

泡箱に生じた荷電粒子の飛跡を撮影したもの

日常の新聞の記事を読んでも，原子核およびその性質がわれわれの社会に重要な影響を与えていることがわかる．核は，考古学的対象や岩石生成の年代測定，がんその他の病気の診断と治療，化学分析，放射線損傷，核爆弾，原子力発電，家庭用煙感知器の操作にまで関係がある．この章ではこれらのトピックスについて論ずる．また歴史的重要性を考えて，放射能の発見と原爆の製造についてハイライトで述べる．

10.1 原子核

学習目標
原子の構造と構成要素について記述すること．
元素の原子質量を計算すること．

日常の身のまわりにあるあらゆる物質は多くの原子からできている．**原子は中心に芯となる正電荷をもった1個の原子核と，それを取り囲む負電荷をもったいくつかの電子とからできている．原子核（簡単に核という）はさらに何個かの正電荷の陽子と何個かの電荷をもたない中性子からできている．陽子と中性子を総称して核子という．**両方ともほとんど同じ質量で，電子の質量の約2000倍である．表10.1は，電子，陽子，中性子の基本的性質の概要を示す．これらはすべてイギリスで発見された——電子は1897年にトムソン（J. J. Thomson, 1856-1940）により，陽子は1919年にラザフォード（Ernest Rutherford, 1871-1937）により，中性子は1932年にチャドウィック（James Chadwick, 1891-1974）による．

表10.1 原子の主な構成要素

粒子（記号）	電荷[C]	質量[kg]	質量[u]	存在場所
電子(e)	$-1.602177 \times 10^{-19}$	9.10939×10^{-31}	5.485799×10^{-4}	核外
陽子(p)注	$+1.602177 \times 10^{-19}$	1.67262×10^{-27}	1.0072765	核内
中性子(n)注	0	1.67493×10^{-27}	1.0086649	核内

注 最近の理論では，陽子と中性子は電気素量（電子の電荷の絶対値）の+2/3倍，−1/3倍の電荷をもつクォークとよばれる基本粒子の組み合わせでできていると考えられている（8.1節および●図10.1参照）．

訳注 この表で与えられる数値の有効数字は，最新のデータにおいて誤差のある桁を4捨5入したものを示す．原著の数字よりも電荷で4桁，質量で2桁多い．

原子が1個の核とそれを取り囲んだ軌道を回る何個かの電子からできていることを，1911年に発見したのもラザフォードである．彼はエネルギーをもつα粒子（ヘリウム原子核）を薄い金箔に衝突させるとどうなるかに興味をもった．実験は真空中におかれた●図10.2aのような装置を使って行われた．^{訳注} 金箔で散乱されたα粒子の行動は，蛍光物質 ZnS（硫化亜鉛）の薄膜で被覆され移動可能なスクリーンを配置して検出できるようにしてある．つまり，α粒子がスクリーンに当たると閃光が放出されて顕微鏡で観測することができた（テレビのスクリーンに

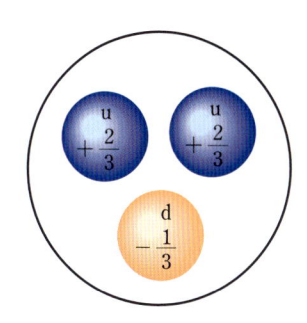

(a) 陽子
（正味 +1電荷）

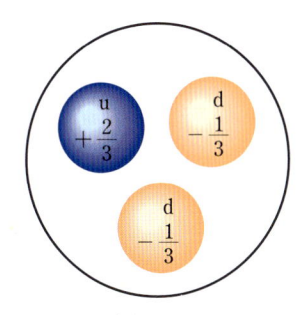

(b) 中性子
（正味 0電荷）

図10.1 クォーク (a) 陽子は2個のアップクォークuと1個のダウンクォークdからできている．この3個のクォークの電荷を加えると+1である．(b) 中性子は1個のアップクォークuと2個のダウンクォークdからできている．この3個のクォークの電荷を加えると0である．

訳注 実験はラザフォードの協力でガイガー（H. Geiger）とマースデン（E. Marsden）によってなされた．

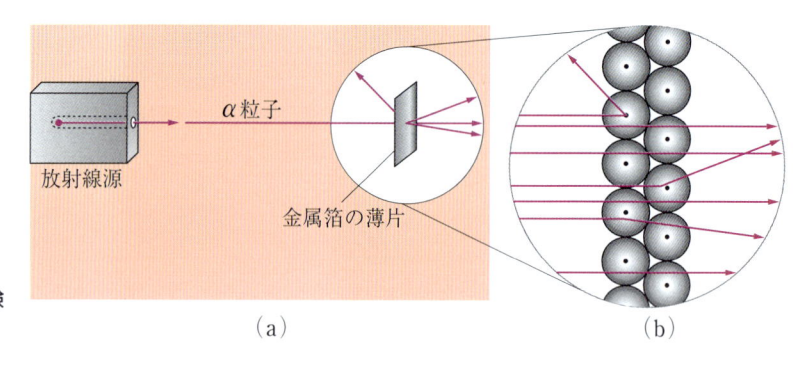

図 10.2　ラザフォードの α 粒子散乱実験
説明は本文参照

電子が当たって輝くのと類似の現象である）．この実験により，ほとんど大部分の α 粒子はまるでそこに何もないかのように金箔を通り抜けることがわかった．しかし，比較的少ない α 粒子は進路からそれて異なる方向に散乱され，実際にその約 1/20 000 は後方に跳ね返った．ラザフォードはこの振る舞いを説明するには，金の原子は中心にある小さい芯の中に正電荷を集中していると仮定するしかないことを明らかにした．この芯が原子核と名付けられたのである（図 10.2 b）．

原子核は約 10^{-14} m の直径をもっている．これに対し原子の外側の電子は約 10^{-10} m の直径の軌道をもっている（9.2 節を見よ）．こうして原子の直径は，核の直径の近似的に 10 000 倍である．つまり，原子の体積の大部分は何もない空間である．しかし，1 つの原子内の電子間や近接原子の電子との間に働く電気的斥力によって，物質は押しつぶされないで保持されている．電子の軌道は原子の大きさ（体積）を決めるが，表 10.1 からわかるように核子は全質量に対し 99.9 % 以上の寄与をしている．もし，核がピンポンボールの大きさの球の中に詰め込まれたとすると，ボールは約 25 億トンの質量をもつことになる．そのような大きな密度は中性子星の中では実現しているが，地球上の物質ではこの密度に近いものはどこにも存在しない．

原子内の粒子は決まった数によって指定される．**原子番号**は記号 Z で表され，その元素の原子核内にある陽子の数に等しい．実際に**元素**とは，すべての原子が同数の陽子（同じ原子番号）をもつ物質として定義される．原子は電気的中性（全電荷は 0）であるため，電子と陽子の数は同じでなければならない．したがって，**原子番号はまた原子内の電子の数を表す**．原子は電子を得たり失ったりすることができ，その結果イオンと呼ばれる荷電粒子となるが，陽子数は変わらないので，この粒子は同じ元素のイオンである．たとえば，ナトリウム原子（Na）が 1 個の電子を失うとナトリウムイオン（Na$^+$）となり，他の元素の原子やイオンになることはない．

中性子数 N とは，もちろん原子核内にある中性子の数である．**質量数** A は核内にある陽子と中性子の数，すなわち核子の総数である．同じ元素の原子で核内の中性子数が異なっているものがある．陽子数 Z が同じで，中性子数 N が異なる原子または原子核を，互いに**同位体**であるという．同位体は**同位元素（アイソトープ）**とも呼ばれる．現在

109 種の元素が知られているが、それらの同位体の数は合わせて約 2000 である。注

同位体を示す表記法は以下のように、元素の化学記号（一般に X とする）の左上に質量数 A を，左下に原子番号 Z を書く．

$$質量数 \longrightarrow {}^{A}_{Z}X_{N} \begin{matrix} \longleftarrow 化学記号 \\ \longleftarrow 中性子数 \end{matrix}$$

右下の中性子数 N は省略するのが通例である．なぜなら N は

$$N = A - Z \tag{10.1}$$

からすぐに決まるからである．

たとえば、ウランの同位体を $^{238}_{92}\text{U}$ のように表す．元素の原子番号は周期表から簡単にわかるので、ある元素の特定の同位体は化学記号と質量数だけで（^{238}U，またはウラン 238 のように）表すことができる．すべての元素の化学記号は、第 9 章の周期表に与えてある．また元素名のリストは裏見返しを参照せよ．

注 元素の同位体に関する情報は，CRC Press で毎年発行される Handbook of Chemistry and Physics に出ている．

例題 10.1　原子の構成を決めること

ふっ素原子 $^{19}_{9}\text{F}$ について，陽子，電子，中性子の数を求めよ．

解　原子番号 $Z = 9$ であるから，陽子数も電子数も 9 である．質量数 $A = 19$ なので，中性子数は $N = A - Z = 10$．

問 10.1

ウラン原子 $^{238}_{92}\text{U}$ について，陽子，電子，中性子の数を求めよ．

元素の同位体は、電子配置が同じであるため同じ化学的性質をもつが、質量が異なるため、物理的性質はいくぶん異なる．●図 10.3 は水素の 3 つの同位体について原子構成を示す．それらは独自の名前をもっている：$^{1}_{1}\text{H}$ は水素（プロチウム），$^{2}_{1}\text{H}$（または D）は重水素（デユウテリウム），$^{3}_{1}\text{H}$（または T）は三重水素（トリチウム）．おのおのの原子核はそれぞれ陽子（プロトン），重陽子（デユウテロン），三重陽子（トリトン）と呼ばれる．自然界で得られる水素には、約 1/6000 の重水素とごく微量の三重水素が存在する．水素と重水素は安定な元素であるが、三重水素は不安定な放射性元素である．**重水**（D_2O）は 2 個の重水素原子と 1 個の酸素原子でつくられた分子からできている．

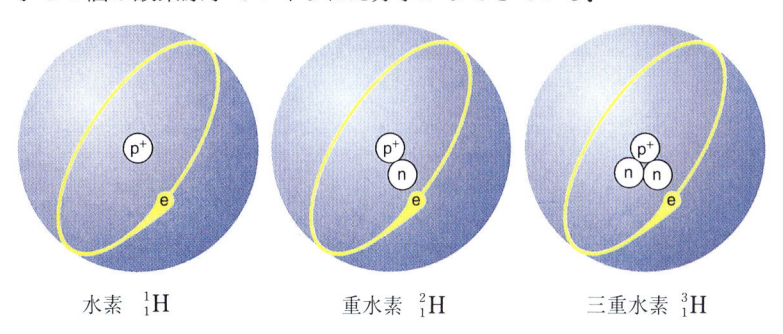

水素　$^{1}_{1}\text{H}$　　　　重水素　$^{2}_{1}\text{H}$　　　　三重水素　$^{3}_{1}\text{H}$

図 10.3　水素の 3 種の同位体　おのおのの原子には 1 個の陽子と 1 個の電子があるが、3 種の同位体は原子核内の中性子の数が異なる（**注意**　比例したスケールでは描かれていない；原子核は原子全体の大きさに比較して、ずっと大きく描かれている）．

原子質量

一般に自然界では各元素はその同位体の混合物として現れる．各同位体の質量は質量分析計と呼ばれる装置（●図 10.4）を使って測定される．自然界に現れる元素の原子について，重みつき平均をした質量を（統一原子質量単位 u で測り）その元素の原子質量という．裏見返しの元素表に各元素の原子質量が示してある．

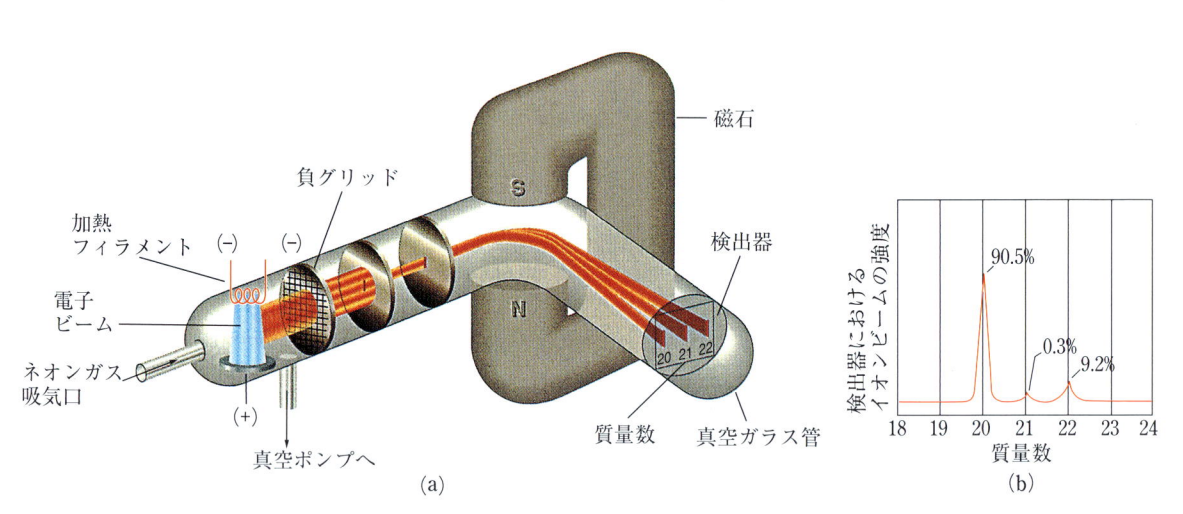

すべての原子質量は，炭素の同位体 ^{12}C の原子 1 個の質量を正確に 12 u とし，これに基づいて相対的に決めたものである．自然界に現れる炭素は，^{12}C だけでなく，少量の ^{13}C とごく微量の ^{14}C を含むので，その原子質量は 12.0000 u よりわずか大きくなる．同位体の質量数は，その同位体質量（u の単位で測った実際の質量）におおよそ近いことがわかる．

図 10.4 質量分析計の概略図 (a) 質量分析計は，原子に電子ビームを当てイオン化して磁場を通過させることにより，元素の同位体の質量を分離し測定する．イオンは同じ電荷をもつが，同位体の質量が異なるため，磁場から受ける力による加速度に差を生じて分離したビームができる．(b) 質量スペクトル写真から，ネオン Ne の 3 種の同位体の存在比がわかる．

例題 10.2 元素の原子質量を計算すること

自然界に現れる塩素は，75.77 % の ^{35}Cl（同位体質量 = 34.97 u）と，24.23 % の ^{37}Cl（同位体質量 = 36.97 u）の混合物である．塩素の原子質量を計算せよ．

解 各同位体質量にその存在比をかけたものを加えれば，塩素の原子質量を得る．

$0.7577 \times 34.97\,\mathrm{u} = 26.50\,\mathrm{u}$ （^{35}Cl）
$0.2423 \times 36.97\,\mathrm{u} = 8.96\,\mathrm{u}$ （^{37}Cl）
合計　35.46 u

問 10.2

仮想的な元素 X が，60.00 % の ^{20}X（同位体質量 = 20.00 u）と，40.00 % の ^{22}X（同位体質量 = 22.00 u）の混合からできているとして，この元素の原子質量を求めよ．

強い核力

今までの章で，自然界に存在する基本的な力のうちの2つ，電磁気力と重力（万有引力）について学んできた．原子内で1個の陽子と電子の間に働く電磁気力は，対応する重力に比べて10^{39}倍も大きい（陽子と電子の間の距離を約10^{-10} m とする）．電磁気力は原子内の電子に働く唯一の重要な力であり，原子，分子，したがって一般に物質の構造に対して重要な役割を果たしている．

核内では陽子と中性子が密に詰まっている．クーロンの法則（8.1節を見よ）によれば，同種の電荷である陽子の間には斥力が働くので，核内での電気的反発力は非常に大きくなり核はバラバラに飛び散ることになるはずである．

実際に，核が飛び散ることなく一緒にまとまっているのは，第3の基本的な力が存在することを意味する．この**強い核力**は核子間，すなわち2つの陽子間，2つの中性子間，陽子と中性子間に働いて，核を一緒にまとめている．核子間の相互作用を記述する方程式は非常に複雑で簡単な形では表せない．大体10^{-14} m以下の非常に短い核子間の距離に対しては，核力は非常に強い引力になる．これは実際に知られているもっとも強い基本的な力である．しかし，10^{-14} m 程度よりも大きな核子間距離では，核力は0となる．^{訳注}

● 図10.5に典型的な大きい核が図解してある．核の表面にある1個の陽子について考えると，強い核力は近距離力なので，6個か7個のもっとも近接した核子だけから引力を受ける．

他方，電気的斥力は遠距離力なので，核内にある任意の2個の陽子はどんなに離れていても斥力を受ける．核内の陽子数が次第に増えると電気的斥力は増加するが，最近接核子だけで決まる核力による引力はあまり変わらない．そこで約83個以上の陽子をもつ核では，電気的斥力のために不安定になる．

訳注 湯川秀樹博士（1907-1981，1949年ノーベル物理学賞）は1934年に核力の中間子論を提唱し，核子間にπ中間子（電子の約270倍の質量をもつ）を交換することにより強い核力が生ずることをはじめて明らかにした．

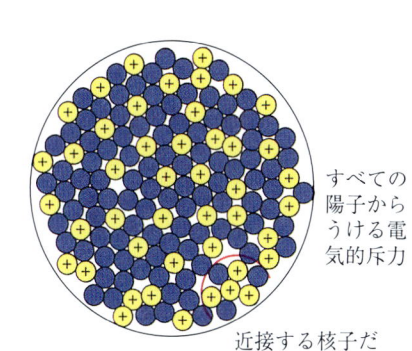

図10.5 多核子原子核 原子核の表面に近い陽子（赤い半円に囲まれた）を考えると，6個か7個のもっとも近接した核子だけから強い核力によって引かれているが，それらの陽子は他のすべての陽子から電気的な反発力を受ける．陽子数（原子番号）が大きくなり83を越える程度になると，核子間引力に対して陽子間の斥力がかなり影響して核は不安定になる．

10.2 放射能

学習目標
放射性崩壊を表す方程式を書くこと．
放射性核種を判別すること．

^{238}Uとか^{14}Cのように，核の種類を示すのに**核種**という言葉を使う．核が自発崩壊する核種を**放射性核種**という．核が粒子または放射線を自発的に放出して変化する過程を**放射性崩壊**といい，この性質を**放射能**という．

1896年にフランスのベクレル（A. H. Becquerel）は，ウラン化合物から非常によく透過する放射線が放出されるのを見出だし，放射能発見

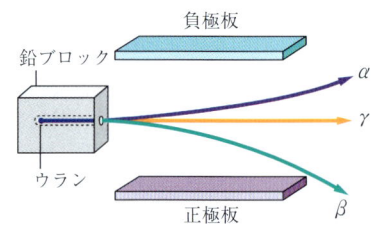

図10.6 重い放射性核種からの3種類の放射線 ウランのような重い放射性核種の試料から出る放射線に，電場をかけるとα粒子（正電荷のヘリウム原子核），β粒子（負電荷の電子），γ線（電気的中性の光子すなわち高エネルギーの電磁放射）に分離する．

訳注1 α崩壊は原子番号がより小さい元素でも観測されている．

訳注2 一般の核反応でもこの原理は成り立つ（10.4節, p.230参照）．電子e^-（または陽電子e^+）が1個放出されるとき，原子番号が1だけ増加（または減少）し，質量数は変わらない．

訳注3 β崩壊は弱い力（p.50参照）で起こり，電子e^-とともに反ニュートリノ（反中性微子）$\bar{\nu}$，または陽電子e^+とともにニュートリノ（中性微子）νと呼ばれる粒子が放出される．ニュートリノ，反ニュートリノは電荷が0であり，質量もほとんど0と考えられてきた．最近の研究ではニュートリノの質量が0でないことが確実になった．

の先駆をなした．1898年にキュリー夫妻（Pierre and Marie Curie）は2つの新しい放射性元素ラジウムとポロニウムを発見した（ハイライト参照）．

放射性核は一般に3通りの方法で崩壊する：アルファ（α）崩壊，ベータ（β）崩壊，ガンマ（γ）崩壊（●図10.6）（もう1つの重要な崩壊過程である核分裂については，10.5節で論ずる）．すべての崩壊過程では，通例エネルギーをもった粒子および熱の形でエネルギーが放出される．放射性崩壊は

$$A \rightarrow B + b$$

の形の方程式で表す．放射性崩壊でははじめの核Aを**親核**，崩壊して生成された核Bを**娘核**ということがある．この方程式においてbは放出される粒子または放射線を表す．

α崩壊とは，ある核がα粒子（$^4_2$He核）と他の元素の核に崩壊することである．α崩壊は原子番号が83より大きい天然放射性核種の中に多く見られる．訳注1 例を示すと，

$$^{232}_{90}\text{Th} \rightarrow ^{228}_{88}\text{Ra} + ^4_2\text{He}$$

方程式の矢印の両辺で質量数の和が等しいこと，$232 = 228+4$，また両辺で原子番号の和も等しいこと，$90 = 88+2$に注目しよう．この原理はすべての核崩壊に当てはまり，それぞれ核子の保存および電荷の保存を意味する．

> **核崩壊を表す方程式の矢印の両辺で，質量数の和は等しく，原子番号の和も等しい．**訳注2

例題10.3 α崩壊の生成物を求める

$^{238}_{92}$Uはα崩壊をする．この過程を表す方程式を書け．

解 題意から

$$^{238}_{92}\text{U} \rightarrow \underline{\quad} + ^4_2\text{He}$$

と書くことができ，矢印の右側の空白を埋めるために娘核の質量数，原子番号，化学記号を決める．右辺の質量数の和は左辺のUと同じ238であり，α粒子の質量数は4であるから，娘核の質量数は$238-4 = 234$である．同様に，娘核の原子番号は$92-2 = 90$である．周期表から，原子番号90の元素はTh（トリウム）であることがわかる．そこで崩壊の方程式はつぎのようになる：

$$^{238}_{92}\text{U} \rightarrow ^{234}_{90}\text{Th} + ^4_2\text{He}$$

問10.3

$^{226}_{88}$Raのα崩壊に対する方程式を書け．

β崩壊とは，ある核がβ粒子（電子e^-またはその反粒子である陽電子e^+）と他の元素の核に崩壊することである．例を示すと，

$$^{14}_6\text{C} \rightarrow ^{14}_7\text{N} + e^- + \bar{\nu}$$

β崩壊が起こるとき，核内の1個の中性子が陽子（または陽子が中性子）に変わって電子e^-と反ニュートリノ$\bar{\nu}$（または陽電子e^+とニュートリノν）が放出される．訳注3,4

γ崩壊とは，ある核がγ線を放出して同じ核のエネルギーの低い状

訳注4 1983年，小柴昌俊氏（当時東京大学教授）は，神岡鉱山の地下1000mに巨大な素粒子観測装置「カミオカンデ」を建設し，87年に太陽系以外の宇宙からくるニュートリノの検出に世界で初めて成功した．「ニュートリノ天文学」開拓への貢献で，小柴氏は2002年度のノーベル物理学賞を受賞した．

態に移ることである．γ線は，高いエネルギーの電磁放射の光子であって，質量も電荷ももたないので，γ崩壊では親核の質量数も原子番号も変化しない．例を示すと，

$$^{204}_{82}\text{Pb}^* \rightarrow {}^{204}_{82}\text{Pb} + \gamma$$

ここで星印（*）は，その核が励起状態にあることを意味する．これは高いエネルギー準位の電子をもつ励起状態にある原子と類似している（9.2 節を見よ）．一般にγ崩壊は，たとえばαまたはβ崩壊の生成物として，励起状態の核がつくられるときにはいつでも起こる．核が脱励起するときは，1 個またはもっと多くのγ線を放出してより低い励起状態に移り，最終的には基底状態に落ちる．娘核の記号には星印（*）がないことに注意せよ．

原子番号が 83 より大きい核は常に放射性であり，普通は安定な核が生成されるまで一連の α, β, γ 崩壊が続けて起こる．たとえば，$^{238}_{92}\text{U}$ で始まり $^{206}_{82}\text{Pb}$ で終わる崩壊の系列が，●図 10.7 に説明してある（他の同様な崩壊系列には $^{207}_{82}\text{Pb}$，$^{208}_{82}\text{Pb}$，または $^{209}_{83}\text{Bi}$ で終わるものがある）．図 10.7 には，αおよびβ遷移がどのように起こっているかを示す．系列の中で，αおよびβ崩壊に伴うγ崩壊が図示されていないのは，γ崩壊では中性子数も陽子数も変化しないからである．

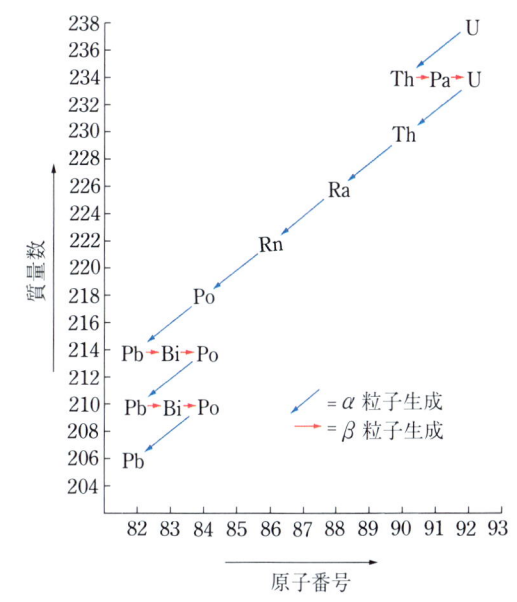

図 10.7　放射性同位体系列の例（ウラン ^{238}U から鉛 ^{206}Pb までの崩壊）　系列中の放射性核のおのおのはα崩壊（青の矢印）またはβ崩壊（赤の矢印）をする．最後に安定な鉛 ^{206}Pb が最終生成物としてつくられる（γ崩壊は核のエネルギー状態を変えるだけなので示されていない）．

放射性核種の判別

どの核種は放射性であり，どの核種は安定であろうか．おのおのの安定核に対して，陽子数（Z）対中性子数（N）のプロットをすると，**安定性のベルト**と呼ばれる狭い帯状に並んだ点の集まりができる（●図 10.8）．比較のために，図の中に同数の陽子と中性子を表す直線を示す．図 10.8 のほとんど全体が空白部分であることから明らかなように，陽子と中性子を単に理論的に組み合わせただけでは大部分は不安定になる．また安定性のベルトが $N = Z$ 直線から次第に大きく外れていく事実は，核内の陽子数が増すとき，中性子数の陽子数に対する比が増加しなければ安定性が得られないことを示している．

安定核種における陽子数と中性子数の一覧表（表 10.2）は，興味のある傾向を見せる．大半の安定核種は，核内に偶数個の陽子（p）と偶数個の中性子（n）がある．これらを**偶-偶核種**と呼ぶ．実際にこの他のほとんどの安定核種は**偶-奇**かまたは**奇-偶**かのいずれかである．奇-奇の

表 10.2　核の安定性における対（ペアリング）効果

陽子（Z）	中性子数（N）	安定核種の数
偶数	偶数	160
偶数	奇数	52
奇数	偶数	52
奇数	奇数	4

訳注　安定核種の数はおおよその値を示す．

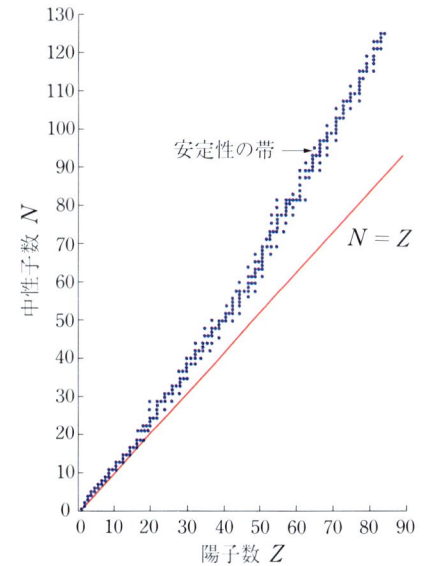

図 10.8　安定核について 中性子数（N）対陽子数（Z）のプロット　おのおののドットは安定核を表し，それらは安定性の帯（ベルト）を描く．この帯は $N = Z$ の直線で始まり，Z が大きくなると次第に直線から外れてくる．

安定核種はごくわずかしかなく，自然界は奇-奇を好まないように見える．核の安定性にとっては，2個の陽子または2個の中性子の対（ペアリング）相互作用の効果が有利であると考えられている．

もし，ある核種がつぎの判定基準のどれかに該当するならば，その核種は放射性である．

1. 原子番号が83より大きい．
2. 核内のpよりnが少ない（例外：$^1_1$H, $^3_2$He）．
3. 奇-奇核種である（例外：$^2_1$H, $^6_3$Li, $^{10}_5$B, $^{14}_7$N）．
4. その元素の原子質量から1.5u以内にない質量数をもつ奇-偶核種．

ハイライト

放射能の発見

フランスの物理学者ベクレル（Antoine Henri Becquerel, 1852-1908, 1903年ノーベル物理学賞，図1）は，1896年パリの自然史博物館と理工科大学の教授をしていた頃，ドイツのレントゲンがX線を発見した話を聞き，彼が研究していた蛍光物質もX線を放出しているのではないかと思った．そこで黒い紙で覆った写真乾板を，蛍光を発する鉱石の結晶とともに太陽光にさらした．太陽光の紫外線は黒い紙を透過しないが，X線は透過することを彼は知っていた．実際に乾板にはかぶりを生じたので，彼は太陽光が当たった蛍光体の結晶がX線を放出したに違いないと思った．曇天の日が続いたため実験を中断したとき，引き出しの中に新しい包装されたままの乾板を入れて，その上に露光していない結晶を載せておいた．せっかちになっていた彼はうっかりそのまま乾板を現像してみて，驚いたことに，乾板がひどくかぶっていることがわかった．このことから結晶がどんな放射線を放出したとしても，蛍光とは関係ないことがはっきりした．

ベクレルは，放射線が鉱石中のウランから出ていることを突き止め，さらに放射線の一部が電子であることを発見した．イギリスの物理学者ラザフォード（Ernest Rutherford, 1871-1937, 図2）は放射線のこの部分をベータ（β）線と名付けた．後にラザフォードは放射線には他に2つの部分があって，それぞれヘリウム原子核であるアルファ（α）線と，非常に高いエネルギーの電磁放射であるガンマ（γ）線であることを示した（本文図10.5参照）．アルファおよびベータ「線」は高速の粒子からできていることがわかったので，アルファ粒子およびベータ粒子という用語が使われるようになった．ラザフォードはまた半減期の概念を導入し，原子核や陽子を発見した．彼は1908年ノーベル化学賞を受賞した．

1898年にポーランド・ワルシャワ出身でフランスの物理学者マリー・キュリー（Marie Curie, 1867-1934, 結婚前の姓はSklodowska）は，ベクレルの見つけたウラン放射性現象のことを放射能と名付けた（図3）．マリーについての話は興味があり示唆に富む．彼女の父は物理の教師で，母は女学校の校長であった．ポーランドは当時ロシア帝国の一部であり，その重圧のもとで，マリーは高校の教育しか受けることができなかった．彼女は家庭教師として働いて1891年までに十分の学資を蓄え，パリに移住して有名なソルボンヌ大学に入学した．彼女はこの時期を質素に暮らした（あるとき教室で空腹のため気を失ったことがあった）が，クラスのトップで卒業した．1895年ソルボンヌの物理学者で結晶や磁気の研究でよく知られていたピエール・キュリー（Pierre Curie, 1859-1906）と結婚した．

1897年マリーは博士論文のために自然放射性元素の研究を始めた．彼女はウランUとトリウムThを見つけ，またあるウラン鉱石が内部に含むウランやトリウムによっては説明できないほどずっと多くの放射能をもつことに注目した．明らかにその鉱石は強烈な放射能をもつ未知の元素を微量に含んでいた．この時点でピエールは自分自身の研究を放棄して，彼の妻の助手役となった．1898年7月キュリー夫妻は，ウラン鉱石からウランの数百倍以上の放射能をもつ微少量の新しい元素を分離することに成功した．彼らはその元素を，マリーの母国にちなんでポロニウムPoと名付けた．しかし，その鉱石の強い放射能のすべてをポロニウムで説明することはできなかった．ついに1898年12月さらに強い放射性元素を発見し，ラジウムRaと名付けた．

例題 10.4　放射性核種の判別

以下の対のうちのいずれが放射性核種であるかを判別し，その理由を述べよ．(a) $^{208}_{82}$Pb と $^{222}_{86}$Rn　(b) $^{19}_{10}$Ne と $^{20}_{10}$Ne　(c) $^{63}_{29}$Cu と $^{64}_{29}$Cu　(d) $^{109}_{47}$Ag と $^{111}_{47}$Ag．

解　(a) $^{222}_{86}$Rn（Z が 83 以上）
(b) $^{19}_{10}$Ne（p より n が少ない）
(c) $^{64}_{29}$Cu（奇-奇）
(d) $^{111}_{47}$Ag（奇-偶核種であるが，質量数が周期表にある Ag の原子質量 107.9 から 1.5 u 以内にない．

問 10.4

つぎの核種のうち放射性のものを 2 つ予想せよ： $^{232}_{90}$Th, $^{24}_{12}$Mg, $^{40}_{19}$K, $^{31}_{15}$P

徹底的な研究に必要なラジウムを十分に確保するために，不時に備えた夫妻の貯金を消費して数トンのウラン鉱石を購入した．彼らは雨漏りする屋根の古い木造の小屋を使って研究を続ける許可を得ることができた．床もなければ暖房もなかった．4 年間に彼らは数トンの鉱石を処理して，ごく少量の非常に強い放射性物質を得た．この期間中ずっと彼らは赤ん坊イレーヌの世話もしなければならなかった．結局 8 トンの鉱石から約 10 mg のラジウムと少量のポロニウムが得られた．明らかに財産家になるチャンスがあったにもかかわらず，キュリー夫妻は発見した処理方法について特許権をとることを辞退した．夫妻は 1903 年ベクレルとともにノーベル物理学賞を受けたが，病気のためストックホルムへ旅行することができなかった．

1906 年ピエールはパリの街路で貨物馬車の下敷きになるという事故のため死去した．今日キュリー夫人として知られるマリーは，夫の後を継いでソルボンヌにおける最初の女性の教授となった．1911 年に彼女は前例のない 2 度目のノーベル賞を受賞した．今度はラジウムの性質に関する研究に対しての化学賞であった．彼女はその名声にもかかわらず，第 1 次世界大戦の間，長女イレーヌとともに医療班を組織して，負傷兵たちのために砲弾の破片や骨折の場所を診断する X 線装置を使って活躍した．

1921 年アメリカの婦人たちは，1 g のラジウムを得るために必要な採鉱と精製の費用として 10 万ドル（その当時では大金である）を寄付した．マリーはアメリカへ行き，その寄付金で購入したラジウムをウォーレン・ハーディング大統領から贈られた．

キュリー夫人は晩年，パリ・ラジウム研究所の管理に当たった．彼女は 1934 年，恐らく長期間にわたっての放射線による過度の被曝が原因と考えられる白血病（血液のがん）のため死去した．キュリー夫人の死去は，長女イレーヌ（Irène Joliot-Curie, 1897-1956）が夫ジョリオ（Jean Frédéric Joliot, 1900-1958）とともに夫妻でノーベル化学賞を受ける 1 年前であった．ジョリオ夫妻は最初の人工放射性核種として燐 ^{30}P を生成したことでノーベル賞を受けたのである．イレーヌも自分の母と同様に白血病で死去した．その時代には放射性物質に被曝することの危険はまだはっきり理解されていなかった．キュリー夫人の初期のノートに，取り扱うには激し過ぎると書き残されている．

図1　アンリ・ベクレル

図2　アーネスト・ラザフォード

図3　マリー・キュリー

表 10.3 いくつかの放射性核種の半減期

放射性核種	半減期
ベリリウム ^{8}Be	6.7×10^{-15} s
酸素 ^{19}O	26.9 s
テクネチウム ^{104}Tc	18.3 min
ラドン ^{222}Rn	3.824 d
ストロンチウム ^{90}Sr	28.8 y
炭素 ^{14}C	5.730×10^3 y
ウラン ^{238}U	4.468×10^9 y
インジウム ^{115}In	4.4×10^{14} y

注 放射能はまた，ベクレル [Bq] やキュリー [Ci] でも表される（1 Bq = 1秒あたり1個の崩壊，1 Ci = 1秒あたり 3.7×10^{10} 個の崩壊）．

10.3 半減期と放射性年代測定

学習目標
半減期の概念を応用すること．
放射性年代測定法を説明すること．

ある試料の放射性核種は崩壊するのに長時間を要し，他のものは非常に速く崩壊する（表 10.3）．ある与えられた放射性核種の崩壊の割合は**半減期**つまり，試料の核の半分が崩壊するのに要する時間によって記述される．すなわち，1 半減期の後には放射性核種ははじめの量の 1/2 が崩壊しないで残っている；2 半減期の後にははじめの量の $(1/2)^2 = 1/4$ が崩壊しないで残る；以下同様である（●図 10.9）．

ある放射性核種の半減期を決定するには，**放射能**つまり崩壊粒子の放出の割合を，**ガイガー計数管**（●図 10.10）のような装置を使って測定し，これはよく1分あたりのカウント数（cpm）で表す．もし試料のはじめの核の半分が1半減期で壊れると，放射能もその時間の間にはじめの量の半分に減少する．

半減期を含む簡単な計算をしてみよう．試料としてはじめにあった放射性核種の量を N_0，ある時間後に**残っている量**を N とする．N_0 も N もさまざまな単位（グラムとか原子の数など）で与えることができる．経過時間とは N_0 と N の測定の間の時間である．

簡単のため，半減期の整数倍になる経過時間だけを考えて，その時どれだけの量の放射性核種が残っているかを示す割合 N/N_0 を計算する．

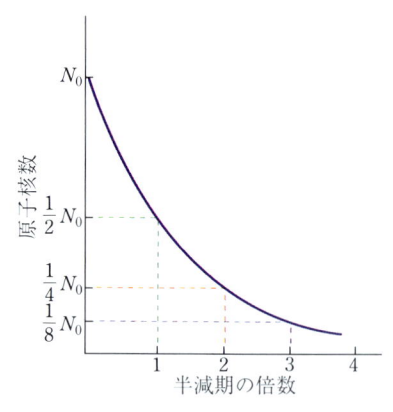

図 10.9 任意の放射性核種に対する崩壊曲線 ある放射性核種が原子核数 N_0 から出発すると，1 半減期を経過後は $N_0/2$ の核が崩壊しないで残っている．2 半減期を過ぎると $N_0/4$ の核が残る，…というようになる．

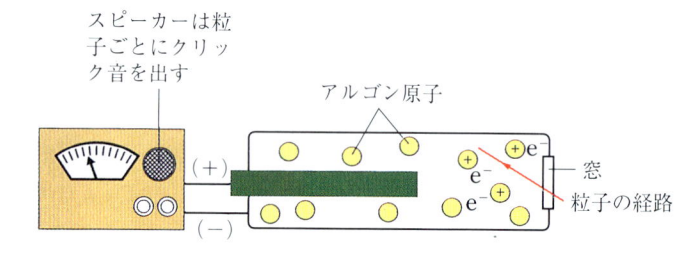

図 10.10 ガイガー・カウンターの概略図 放射線源からの高エネルギー粒子が窓に入ると，その経路に沿ったアルゴン原子を電離する．つくられたイオンと電子は電流のパルスを与えるので，増幅してカウントされる．

例題 10.5 放射性核種の残りの量を求める

半減期8日の放射性核種の試料がある．24日後にはどれだけの割合が残っているか．

解 まず24日が半減期8日の何倍かを見る．

$$\frac{24\ \text{日}}{8\ \text{日/半減期}} = 3\ \text{半減期}$$

したがって，残っている試料の割合は

$$\frac{N}{N_0} = \left(\frac{1}{2}\right)^3 = \frac{1}{8}$$

問 10.5

半減期11分の放射性核種について，22分後にははじめの量のどれだけの割合が残っているか．

放射性年代測定

与えられた放射性核種の崩壊の割合は常に一定であり，熱，圧力，電場や磁場，またその一部を構成している分子の型などによってはまったく影響を受けない．したがって，この割合は古代の岩石や古くに死滅した動植物の化石の年代を測定するための時計として役立てることができる．このような方法を一般に**放射性年代測定**という．

岩石の年代測定には，娘核と親核の量の割合を測定する．100万年から10億年の年齢の岩石を測定するには，非常に長い半減期をもつ放射性核種を使わなければならない．そうでないと親核が十分残っていなくて正確な測定ができないだろう．

たとえば，ウラン ^{238}U（半減期 $= 4.47 \times 10^9$ 年）は，一連の崩壊系列を通して最後に鉛 ^{206}Pb となる．このように放射性崩壊で生成された鉛を**放射性起源の鉛**という．ある岩石がウランを含んでいるならば，ウラン ^{238}U と鉛 ^{206}Pb の濃度およびウラン ^{238}U の半減期を使ってその岩石の年齢を計算することができる．もし岩石に1対1の割合で放射性起源の鉛 ^{206}Pb がウラン ^{238}U に対して含まれているとすると，このウラン ^{238}U は岩石のなかでちょうど1半減期つまり 4.47×10^9 年の間にわたり崩壊し続けてきたことを意味する．放射性起源の鉛 ^{206}Pb のウラン ^{238}U に対する割合がもっと多いときは，それだけ岩石の年代はもっと古いということになる（●図 10.11）．岩石の中にあるどれだけの ^{206}Pb が放射性起源であるかを知るには，どれだけの ^{204}Pb が存在するかを決めればよい．その理由はすべての ^{204}Pb が最初から存在していて，最初から存在する ^{206}Pb と ^{204}Pb の割合は知られているからである．

もし岩石がウラン ^{238}U を含むときは，ウラン ^{235}U も存在するはずでこの放射性核種は半減期 7.04×10^8 年で崩壊して鉛 ^{207}Pb になる．これから得られる ^{207}Pb/^{235}U 比は，^{206}Pb/^{238}U 比から求められた年齢をチェックするのに用いることができ，この方法の妥当性が確かめられる．ある種の岩石の年代測定には，他の放射性核種としてたとえば，カリウム ^{40}K（半減期 1.25×10^9 年でアルゴン ^{40}Ar に崩壊する）を使って行われる．

地球上にあるもっとも古い岩石の年齢は38億年と算定されている．この値は可能な地球の年齢の最小値，つまり堅い地殻が最初に形成されてからの時間を与えると考えられる．隕石に対しては，地球を含む太陽系の中で他の堅い物体と同時に固まったと仮定して，年齢は44億年から46億年であると推定されている．アポロ宇宙船によって地球に持ち帰った月の岩石のうち，もっとも古いものは45億年前のものであることがわかった．これらの測定値は他の根拠とも合わせて，地球の年齢は約46億年であることを指摘している．

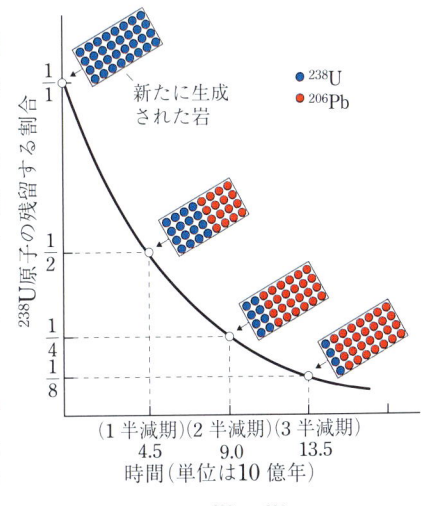

図 10.11 崩壊系列 ^{238}U-^{206}Pb による岩石の年代測定 あらたにつくられた岩石の中にある最初の ^{238}U 原子（青丸）は，時間の経過とともにゆっくりと崩壊する．1半減期（45億年）で半分が ^{206}Pb（赤丸）に変換する．さらに時間がたつと，放射性起源の ^{206}Pb の ^{238}U に対する比は，予測のできる割合で増加する．そこで岩石中のこの比を実際に見出せば，その岩石の年齢を知ることができる．

例題 10.6　^{235}U を使った岩石の年代測定

ウラン ^{235}U は半減期 7.04×10^8 年で，鉛 ^{207}Pb に崩壊する．岩石の分析の結果，放射性起源の ^{207}Pb が十分な量存在していて，最初の ^{235}U の 1/8 だけが崩壊しないで残っていることがわかったとすると，この岩石の年齢はいくらか．

解　$1/8 = (1/2)^3$ であるから，^{235}U が 1/8 残っていることは，この岩石が 3 半減期の間存在したことを意味する．したがって，この岩石の年齢は
3 半減期 $\times(7.04\times 10^8$ 年/半減期$) = 2.11\times 10^9$ 年

つまり答は 21 億年である．

問 10.6

カリウム ^{40}K は，半減期 1.25×10^9 年でアルゴン ^{40}Ar に崩壊する．岩石の分析の結果，最初の ^{40}K の 1/4 だけが崩壊しないで残っていることがわかったとすると，この岩石の年齢はいくらか．

過去に生きていた動植物が残した遺物，たとえば木炭，羊皮紙，骨などの年代を知るには，アメリカの物理化学者リビィ（W. F. Libby, 1960 年ノーベル化学賞受賞）によって 1950 年に開発された**炭素年代測定法**が用いられる．この方法は，古代の試料に含まれる ^{14}C の放射能を測定して，現代の有機物質に含まれる放射能と比較することである．半減期 5730 年をもって β 放出をする ^{14}C は，長い歴史を通じて大気中の窒素に中性子が作用することで生成されてきた．

$$n+{}^{14}_{7}N \rightarrow {}^{14}_{6}C + {}^{1}_{1}H$$

これらの中性子は 1 次宇宙線によってつくられる．1 次宇宙線というの

図 10.12　炭素年代測定　どのようにして炭素 ^{14}C が大気圏で生成され，生物圏にとり入れられるかを説明する．

は，太陽および外部の宇宙空間から地球の大気圏に降り注いでいる陽子その他の荷電粒子の流れであり，この1次宇宙線が大気中の分子と衝突してつくられる2次宇宙線の一部が中性子である．

新たにつくられた ^{14}C は空気中の酸素と反応して，放射性のある2酸化炭素 $^{14}CO_2$ ができるが，これは普通の $^{12}CO_2$ といっしょに，光合成の際に植物に取り入れられる．植物の中にある炭素原子の約1兆（10^{12}）個のうちの1個が ^{14}C である．それらの植物を食べる動物たちは細胞の中に ^{14}C を取り入れている．植物を食べた動物たちを食べる別の動物たちも同様に細胞に ^{14}C を取り入れる（● 10.12）．

こうしてすべての生物は，^{14}C によるほぼ同じレベルの放射能をもつ．この放射能の大きさは，全体の炭素について1gあたり毎分約15.3カウントである．いったん生物が死ぬと，^{14}C を取り入れることを止めるので，遺物に残されている ^{14}C は崩壊し続けるだけである．生物が死んでから長い期間が経つほど，残っている炭素1gあたりの放射能はそれだけ少なくなる．

例題 10.7 炭素年代測定法

古代のキャンプファイヤ跡から見つけた木炭の ^{14}C 放射能は，新しい木の1/4であった．この木炭はどのくらい古いか．ただし，^{14}C の半減期は5730年である．

解 $1/4 = (1/2)^2$ であるから，^{14}C が崩壊した期間は2半減期である．したがって，木炭の年齢は

$$2\text{半減期} \times (5730\text{年}/\text{半減期}) = 11\,460\text{年}$$

答は約11 000年である．

問 10.7
エジプトのミイラを覆った布を燃やして得られた炭素1g中の ^{14}C の放射能が，現代の炭素1g中の値の1/2であることがわかった．この覆い布はどのくらい古いものだろうか．ただし，^{14}C の半減期は5730年である．

この方法で年代測定ができるのは，約50000年（およそ9半減期）前までである．この年代を越えると，最初の ^{14}C のうち崩壊しないでまだ残っているのは0.2％以下となり，放射能があまりに少なくて正確に測定できない．

炭素年代測定法は，大気圏（したがって生物圏）における ^{14}C 濃度が，過去50 000年にわたって同じであったとする仮定に基づいている．しかし，太陽の活動や地球磁場の変化のために，明らかに±5％ほどの変動をしている．^{訳注} カリフォルニア産のブリストルコーン・パインという松の一種には樹齢5000年のものがあるので，時の経過とともに ^{14}C の濃度に起こるわずかの変化を補正するのに利用できる．枯れた樹木と生きている樹木の両方について，年輪から採った試料の ^{14}C 放射能を研究することにより，紀元前約5000年までさかのぼって ^{14}C 年代測定のための較正曲線をつくることができた．その結果，炭素年代測定法は今から7000年ほど以前までの試料については最も信頼できるものとなっ

訳注 近代では工業の発展による石炭石油の燃焼による ^{14}C の希釈および原水爆実験による自然状態の変化が生じている．

た．

炭素年代測定の信頼性について科学者の確信を一層強めたのは，古代エジプトの墓で発見した試料の年齢が，炭素年代測定法から計算した値とエジプト学者が確立した年代表の年齢と一致したことである．ごく最近に，^{14}C と ^{238}U 両方を使って 30 000 年にもさかのぼる較正法により，古代のさんごの年代を測定した．この場合 ^{14}C の年代をより信頼性の高い ^{238}U の年代に合うように調整した．

炭素年代測定のより新しい方法は，特別に設計された質量分析計を用いて，試料中の ^{14}C 原子と ^{12}C 原子を分離してカウントすることである．試料中の同位体の比と，生きている生物中の同位体の比とを比較することにより，その試料が死んでからの経過時間が計算できる．この方法はごくわずかの試料を使ってずっと精密な年代が得られ，70 000 年も古い試料の年代測定ができる．

有名なトリノの聖骸布といわれる，人の顔形の跡が染みついた亜麻布（●図 10.13）が，ナザレのイエスの埋葬用の布であるかどうかという論争が，何世紀もの間にわたって続けられてきた．1357 年ごろフランスのリレでこの聖骸布がはじめて明るみにでてわずか数年後から，この布の信憑性については疑問視されていたのである．1988 年にヨーロッパ大陸，イギリス，アメリカの 3 つの研究所が，聖骸布からとった 50 mg より少ない試料について，それぞれ独立に質量分析計を使って炭素 ^{14}C 年代測定を行った結果，聖骸布が織られていた亜麻の繊維はキリストの時代よりずっと後の 1260 年から 1390 年の間であることがわかった．この少し前の 1978 年に，別の研究者が聖骸布に残っている小さな斑点を分析して，14 世紀に広く用いられていた様式の非常に薄い水彩絵の具の彩色であると結論した．これは上記の炭素年代測定の結果と一致する．^{訳注}

トリノの聖骸布は偽物のようであるが，炭素年代測定法の助けによって，宗教的に重要な別の発見について信憑性を確立することができた．1947 年に，ある羊飼いの少年が，中東の死海の近くにある洞窟の中で，ヘブライ語で書かれた旧約聖書の本を多数発見した．炭素年代測定によると，これら死海の巻物と呼ばれる多くの本は紀元前 200 年から紀元 100 年の間の異なる時期に書かれたものであることが確かめられた．

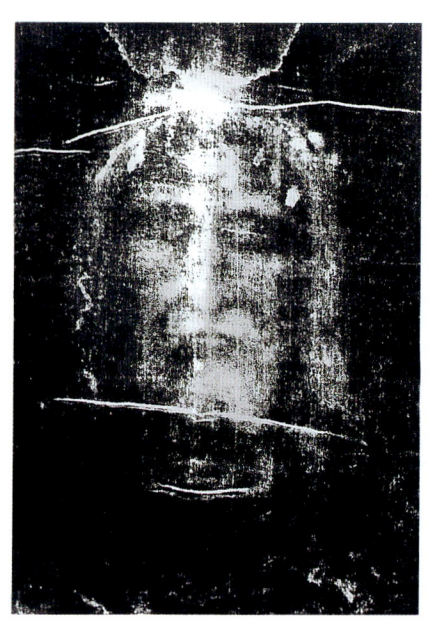

図 10.13 トリノの聖骸布 この聖骸布のネガ写真は，色褪せた像をはっきり見せている．

訳注 トリノの聖骸布は 16 世紀末からイタリアのトリノ大聖堂に保存されている．ロシアの物理化学者による最近の調査では，16 世紀に起こった火災で付着した煤や手垢による汚れなど，あとから付いたと思われる炭素の影響を考慮して計算し直した結果，1900 年前のものである可能性が指摘されている．

10.4 核反応

> **学習目標**
> 核反応を表す方程式を書くこと．
> 放射性核種の利用について述べること．

放射性核は，α および β 粒子を自然放出して，他の元素の核に**変換**することがわかった．それなら逆の過程は可能であろうか．つまり，あ

る核に別の粒子を加えて他の元素の核に変えることはできないかということである．これも可能であることがわかった．

ラザフォードは1919年に，放射線源からのα粒子で気体窒素（^{14}N）に衝撃を与え，最初の**核反応**を起こすことに成功した．気体からでてくる粒子は陽子であることがわかった．ラザフォードはα粒子が窒素核に衝突して，たまたま陽子をたたきだしたものと推論した．この反応は，窒素の同位体から酸素の同位体への**人工的核変換**である．反応の方程式はつぎのようになる．

$$^{4}_{2}\text{He} + {}^{14}_{7}\text{N} \rightarrow {}^{17}_{8}\text{O} + {}^{1}_{1}\text{H}$$

この方程式は，核崩壊におけると同様に，核反応に際して質量数の保存と原子番号の保存が成り立つことを示す．

核反応の一般的な形式は

$$a + A \rightarrow B + b$$

ここで粒子 a は核 A に衝撃を与えて核 B と粒子 b をつくる．表10.4 は核反応に際してよく現れる粒子の概略を示す．

表10.4 核反応によく現れる粒子

粒子名	記号
陽子	$^{1}_{1}$H (p)
重陽子	$^{2}_{1}$H (d)
トリトン（三重陽子）	$^{3}_{1}$H (t)
アルファ粒子	$^{4}_{2}$He (α)
ベータ粒子（電子）	β^{-} (e^{-})
ベータ粒子（陽電子）	β^{+} (e^{+})
中性子	n
ガンマ線	γ

例題 10.8 核反応の方程式を完結すること

リチウム ^{7}Li に陽子の衝撃を与えたときの方程式を完結せよ．

$$^{1}_{1}\text{H} + {}^{7}_{3}\text{Li} \rightarrow \underline{\quad} + {}^{1}_{0}\text{n}$$

解 左辺の質量数の和は8で，右辺の中性子の質量数は1であるから，欠けている粒子の質量数は $8-1=7$ である．

左辺の原子番号の和は4で，右辺の中性子は原子番号0にあたるので，欠けている粒子の原子番号は $4-0=4$ である．質量数7，原子番号4の原子はBe（ベリリウム）の同位体であるから，方程式はつぎのようになる．^{訳注}

$$^{1}_{1}\text{H} + {}^{7}_{3}\text{Li} \rightarrow {}^{7}_{4}\text{Be} + \text{n}$$

訳注 原著では，中性子を$^{1}_{0}$nと書いてあるが，本書では以下で単にnと記すことにする．

問 10.8

アルミニウム ^{27}Al に重陽子の衝撃を与えたときの方程式を完結せよ．

$$^{2}_{1}\text{H} + {}^{27}_{13}\text{Al} \rightarrow \underline{\quad} + {}^{4}_{2}\text{He}$$

ラザフォードの実験における反応は，それほど頻繁には起こらないので，偶然に近い発見であった．窒素の気体に入射するα粒子の約100万個に対して1個の割合で陽子が生まれる．しかし，この発見の意味することをよく考えてみよう．1つの元素が他の元素に変換されたのである！　昔からの錬金術師たちの夢は，水銀とか鉛のような普通の金属を金に変えることであった．元素の変換は，化学的方法で達成できないことは明らかであるが，現在では核反応によって可能になったのである．

このような人工的核変換は今や普通になっている．**粒子加速器**と呼ばれる大きな装置では（●図10.14），電場を使って荷電粒子を非常に高いエネルギーに加速する．高いエネルギーをもった粒子は，核に衝突させて核反応を引き起こすのに用いられる．核反応の種類によって，それぞれ異なる粒子と異なる衝突のエネルギーが必要である．陽子を水銀 ^{200}Hg に衝突させたときに起こる1つの核反応は，

図10.14 イリノイ州バタビアにあるフェルミ国立加速器研究所 大きな円は周囲6.4 kmの主加速器である．磁石によって曲げられ収束する陽子ビームは，1秒間にこの円周を50 000回も回る．高周波の加速電圧により1周ごとにエネルギーが加えられて，核反応の研究に使うための高エネルギー粒子が得られる．

$$^{1}_{1}H + ^{200}_{80}Hg \rightarrow ^{197}_{79}Au + ^{4}_{2}He$$

こうして実際に金Auは他の元素からつくられる．残念ながら，この方法によって金をつくるには，その価値以上に多くの経費がかかる．

核反応でつくられる中性子は，他の核反応を引き起こすのに使うことができる．α粒子や陽子が入射する場合と異なり，中性子は電荷をもっていないので，核内の陽子から電気的斥力を受けることはない．その結果，中性子はとくに核内に効果的に入り込んで核反応を引き起こす．たとえば，

$$n + ^{45}_{21}Sc \rightarrow ^{42}_{19}K + ^{4}_{2}He$$

原子番号が92より大きい**超ウラン元素**は，すべて核反応によって人工的につくられる．原子番号93のネプツニウムNpから原子番号101のメンデレビウムMdまでの元素は，それより軽い核にα粒子または中性子を衝突させてつくることができる．たとえば，

$$n + ^{238}_{92}U \rightarrow ^{239}_{93}Np + e^{-}$$

メンデレビウムを超える元素では，もっと重い衝突粒子が必要である．たとえば，原子番号103の元素ローレンシウムLrは，カリフォルニウム^{252}Cfにほう素^{10}Bの核を衝突させてつくる．

$$^{10}_{5}B + ^{252}_{98}Cf \rightarrow ^{257}_{103}Lr + 5n$$

アメリシウム^{241}Amは，人工的超ウラン放射性核種（半減期432年）であって，家庭用の煙検出器のもっとも普通のタイプのものに使われている．^{241}Amが崩壊するとき，放出されたα粒子は検出器内部の空気をイオン化する．イオンは電荷を運ぶので，電池によって微小な電流の流れる閉回路ができる．もし煙が検出器に入ってくると，イオンは煙の粒子にくっついて移動する速さが遅くなるので，電流が減少して警報を鳴らす（● 図10.15）．

放射性核種は医学，化学，工学，農学，生物学などの分野で多くの用途をもつ．例として，よう素の放射性同位体^{123}Iは甲状腺に関連した診断

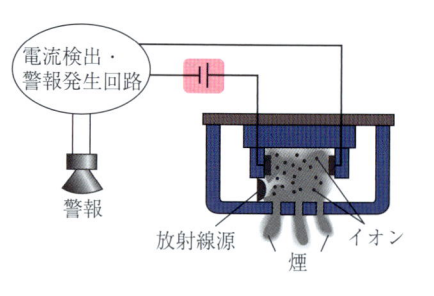

図10.15 煙検出器 多くの煙検出器では，弱い放射線源が空気をイオン化して，小さな電流が流れる構造になっている．もし煙が検出器に入ると，イオンは煙粒子が付着して移動する速さが遅くなり，電流が減少するので，その結果警報が鳴る．

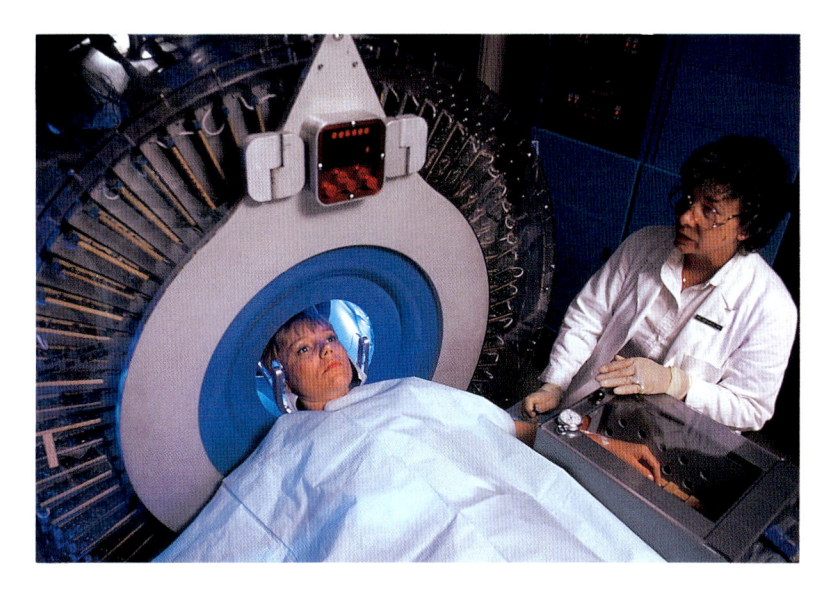

図10.16 PET（positron emission tomography，陽電子放出断層写真装置）が脳CTスキャンに使われている例を示す．陽電子を放出する放射性核種を体内に投与し，放出される陽電子が体内の電子とぶつかって消滅するときに出すγ線の強さと位置をよい精度で測定する．コンピューター処理により，体内の組織に吸収された同位元素の分布を断層面として画像化する（陽電子 e^+ は電子 e^- の反粒子である）．

の測定に使われる．患者に処方された量の ^{123}I が与えられると，食品に含まれる普通のよう素と同じように，甲状腺で吸収される．そこで医師は甲状腺におけるよう素の摂取をモニターすることができる．それは放射性よう素が蛋白質と結びついた形で血流中に入っているからである．

核放射線はまた病的な細胞を治療するのに使うことができる．一般に病的な細胞は，健全な細胞よりも放射線による損傷や破壊をずっと受けやすいからである．がんのような腫瘍に，コバルト ^{60}Co からの強いビームの放射線を集中的に当てることによって，その細胞を破壊し成長を弱めるか止めることができる．放射線はその他にも多くのタイプの医療診断に利用されている．たとえば，PET（陽電子放出断層写真法）スキャンについて●図10.16を参照せよ．

化学や生物学では，放射性トレーサー（追跡子）として ^{14}C とか ^{3}H（三重水素）が，分子のある決まった部分の原子に放射性の目印を付けるのに使われ，一連の化学反応を徹底的に追究することができる．こうしてホルモンや薬剤その他の物質が，どのような反応の道筋をたどるかを決定することができる．

中性子放射化分析は化学でもっとも鋭敏な分析法の1つである．中性子線を試料に照射すると，未知物質に含まれる安定な元素が放射性核種に変換され，それが放出するγ線の特性エネルギーによって，試料が含む元素を確認することができる．この分析技術の1つの有利な点は試料を破壊しないことである．興味ある利用法に人の毛の分析がある．たとえば，犯罪現場で見つかった毛の繊維について，いくつかの元素の量と位置を決定すれば，容疑者から取った毛と照合することができる．また，わずか 10^{-9} g の微量なひ素も毛から検出できるので，今やひ素による毒殺を試みる人は，発覚する大きなリスクを冒すことになる．

農業においては，カリフォルニアとフロリダで収穫物に損害を与える地中海ミバエの雄を不妊にするために致死量以下の放射能が使われ

た。^{訳注} 不妊にされた雄は雌とつがいになっても卵をふ化しないので，こうしてミバエの数は激減した．

工業においては，金属板，プラスティック・フィルム，紙巻きタバコなどの厚さを基準に合わせ調整するのに，放射線の透過能力が利用される．プルトニウム ^{238}Pu を動力とするごく小さい電池は，心臓のペースメーカーに使われる．以下の2つの節では，核エネルギーの制御される解放と制御されない解放について議論する．この他に放射能の利用で，多くの優れたものもあるがここでは述べない．

訳注 放射線量に対する許容量とか致死量の定義は，化学毒物の場合ほど明確に決められない．10.7節参照．

10.5 核分裂

学習目標
核分裂はどのように起こるか説明すること．
核分裂炉がどのように運転されるかを論ずること．

核分裂とは，大きな核が2つの中くらいの大きさの核に分かれ，いくつかの中性子の放出と，質量の変換による大きなエネルギーの放出を伴う過程である．例をあげて説明する．まずウラン ^{235}U に低エネルギーの中性子をぶつけると，ただちに ^{236}U がつくられる．

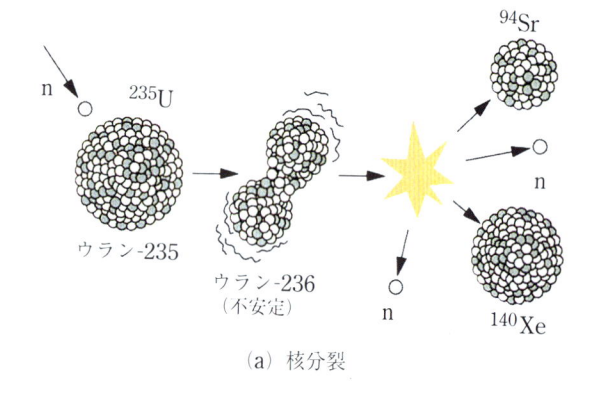

図10.17 核分裂と連鎖反応 (a) 核分裂反応では，たとえばウラン ^{235}U は1個の中性子を吸収して，2個のより軽い核に分裂し，エネルギーと2個以上の中性子を放出する．(b) もし放出された中性子が別の ^{235}U に当たってつぎつぎに分裂を起こすと，ますます多くの分裂反応が起こり拡大した連鎖反応となる．

(a) 核分裂

(b) 連鎖反応

$$n + {}^{235}_{92}U \rightarrow {}^{236}_{92}U$$

${}^{236}_{92}U$ はすぐにより小さい2個の核に分裂し，何個かの中性子を放出して大きなエネルギーを解放する．

● 図10.17aはつぎに示す ${}^{236}U$ の代表的な核分裂を図解したものである．

$${}^{236}_{92}U \rightarrow {}^{140}_{54}Xe + {}^{94}_{38}Sr + 2n$$

これは ${}^{236}U$ の多くの可能な核分裂反応の1つであって，他につぎのような核分裂もある．

$${}^{236}_{92}U \rightarrow {}^{132}_{50}Sn + {}^{101}_{42}Mo + 3n$$

例題 10.9　核分裂反応の式を完結すること

核分裂に対するつぎの方程式を完結せよ．

$${}^{236}_{92}U \rightarrow {}^{88}_{36}Kr + {}^{144}_{56}Ba + \underline{\quad}$$

解　原子番号は両辺で $92 = 36+56$ なので，右辺の第3の粒子は原子番号0となる．左辺の質量数は236，右辺の質量数の和は $88+144 = 232$ であるから，右辺に加えるべき質量数は4である．原子番号0で質量数4の粒子は存在しないので，実際これは4個の中性子である．そこで反応はつぎのようになる．

$${}^{236}_{92}U \rightarrow {}^{88}_{36}Kr + {}^{144}_{56}Ba + 4n$$

問 10.9

つぎの核分裂の方程式を完結せよ．

$${}^{236}_{92}U \rightarrow {}^{90}_{38}Sr + \underline{\quad} + 2n$$

速く分裂する ${}^{236}U$ は反応の中間に介在する核なので，${}^{235}U$ の中性子による核分裂方程式からは省くことが多く，例題10.9の反応方程式を普通つぎのように書く．

$$n + {}^{235}_{92}U \rightarrow {}^{88}_{36}Kr + {}^{144}_{56}Ba + 4n$$

核分裂反応は3つの重要な特徴をもつ．

1. 核分裂生成物である中くらいの核はほとんど放射性物質であり，多くは数千年の半減期をもつ（この特徴は厄介な放射性廃棄物処理の問題を引き起こす）．
2. 大量のエネルギーが生み出される（10.6節参照）．[訳注1]
3. 何個かの中性子が放出される．[訳注2]

訳注1 1個の ${}^{236}U$ が核分裂すると約200 MeV のエネルギーが放出される．

訳注2 このことが連鎖反応の可能性を示す．

拡大する連鎖反応では，1個の最初の反応が引き金になって，続いて起こる反応の数が増大する．核分裂の場合，1個の中性子が1個の ${}^{235}U$ 核にぶつかって ${}^{236}U$ をつくり，これが分裂して2個（またはそれ以上の）中性子を放出する．これらの2個の中性子はそこで2個の別の ${}^{235}U$ 核にぶつかって核分裂を起こし，エネルギーと4個の中性子を放出する．これらの4個の中性子は4つの核分裂を起こし，エネルギーと8個の中性子を放出するなど…（図10.17b）．核分裂するたびにエネルギーが放出され，連鎖が拡大するにつれてエネルギー出力は増大する．

連鎖反応が定常的に継続するためには，おのおのの核分裂が，引き続きただ1回だけの分裂を起こすことが必要である．こうすればエネルギーの放出は定常的になり，拡大することはない．

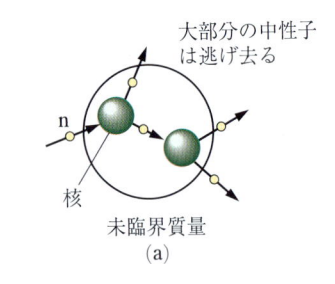

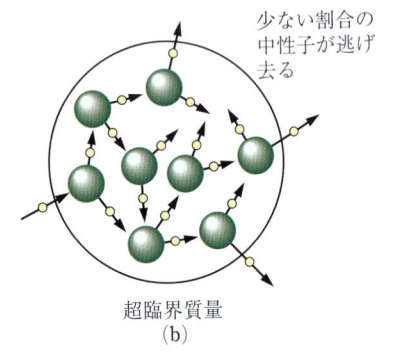

図10.18 未臨界質量と超臨界質量
(a) 核分裂物質の質量が十分小さく，生成された中性子のほとんどが他の核分裂を起こす前に逃げ去ってしまう．反応は止まる．(b) 核分裂物質の質量が十分大きく，それぞれの核分裂がさらに平均して1回以上の核分裂を起こす．反応は継続する．

もちろん分裂によってエネルギーを生み出す実際の過程は，それほど簡単ではない．継続する連鎖反応が進行するためには，十分な量の核分裂性物質（^{235}U）が存在しなければならない．さもなければ多くの中性子は，核と反応する前に逃げ出してしまうだろう．いわば連鎖のチェーンが切れることになる．連鎖反応を継続するのに必要な核分裂性物質の最小量を臨界質量という．純粋な^{235}Uの臨界質量は約4 kgであって，おおよそ野球のボールの大きさである．臨界未満（未臨界）質量では連鎖反応は起こらない．臨界超過（超臨界）質量では連鎖反応は拡大し，ある最適条件のもとで核爆発を起こすことができる（図10.18）．

天然ウランは99.3 %の^{238}Uとわずか0.7 %の分裂性同位体^{235}Uからできている．そこでウラン中の^{235}Uの濃度を高めた濃縮ウランがつくられた．アメリカの発電用原子炉に使われる濃縮ウランは約3 % ^{235}Uである．核兵器用規格の濃縮ウランは90 %以上であって，この高濃度では多くの分裂性核は，大量のエネルギーを瞬時に放出する（残余の^{238}Uは劣化ウランとして知られ，装甲板貫通弾に使われる）．

核分裂爆弾（原子爆弾）では，超臨界質量の高濃縮された核分裂性物質が，短時間に爆発的なエネルギーの放出がなされるように装備されている．爆発前には，臨界質量が連鎖反応を起こさないように，核分裂性物質を未臨界量ずつに分割し隔てて収納してある．爆発させるには，化学的爆薬を使って分割する仕切りを取り去り分裂性物質を一緒に集めると，物質の大部分が核分裂を行う超臨界質量の状態を十分長く保つことができる．この結果は莫大なエネルギーの爆発的放出である．この章の第2のハイライトでは，最初の原爆製造について論ずる．

原子炉

原子爆弾は制御されない核分裂の一例である．原子炉は制御される核分裂の例であって，連鎖反応の拡大とエネルギーの放出を制御している．アメリカでは発電のための最初の商業用原子炉が，1957年ペンシルベニア州シッピングスポートで運転に入った．核分裂原子炉の基本的な略図を図10.19に示す．

濃縮酸化ウラン燃料の小粒を金属管に入れた燃料棒を数多くつくり，それらを炉心におくと，そこで核分裂を起こす．また炉心には，ほう素Bやカドミウム Cdのような中性子を吸収する物質からできた制御棒がある．制御棒を挿入したり引き出したりして調整することによって，ある数の中性子だけが吸収されるようにすると，連鎖反応によるエネルギー放出を望みどおりの割合にすることができる．エネルギー放出が定常的割合で起こるためには，めいめいの核分裂で生じる1個の中性子が，1回だけ別の核分裂を起こすようになっていなければならない．もしエネルギーがもっと必要であれば，制御棒をさらに引き上げればよい．逆に，制御棒を十分に炉心内に挿入すると，制御棒は多くの中性子を吸収して連鎖反応が止まるので，原子炉は運転を停止する．

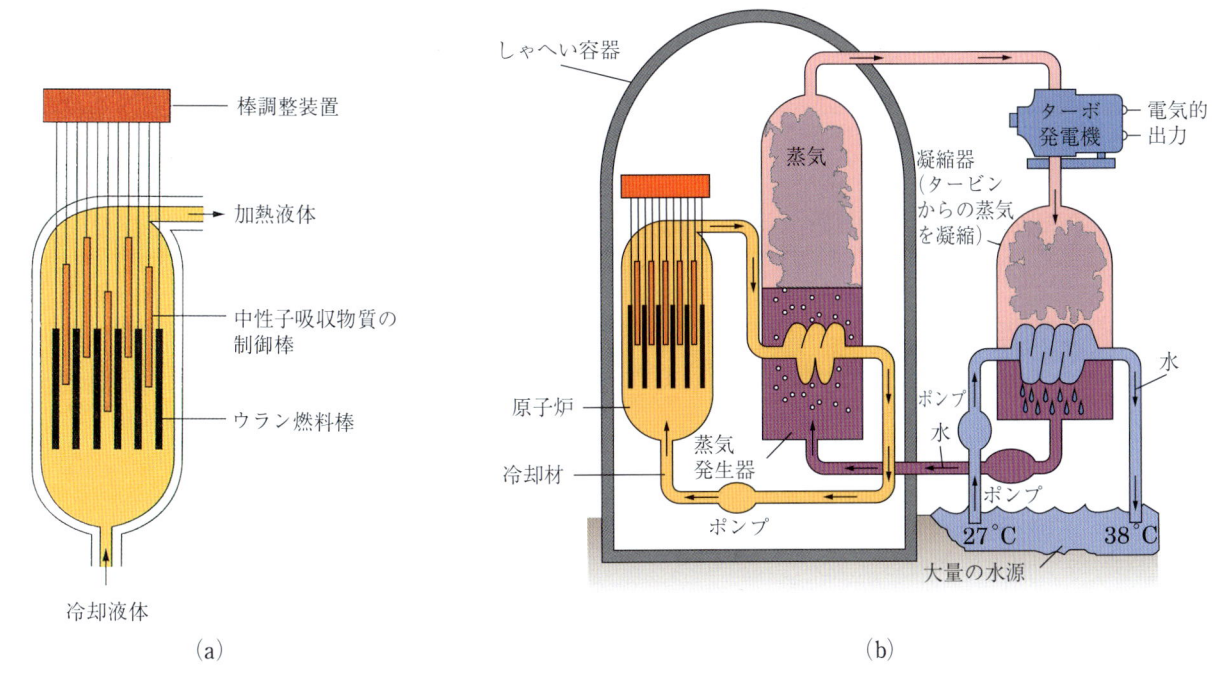

図10.19 原子炉 (a) 原子炉の炉心の概略図．制御棒の位置は核分裂を起こす中性子の数を調整して，生成されるエネルギーの水準を決める．燃料棒は約3% ^{235}UO$_2$ に濃縮された酸化ウランを含む．(b) 原子力発電プラントの構成の概略図．炉心が左側に置かれている．燃料棒の中の ^{235}U の分裂で生ずる熱によって蒸気がつくられ，蒸気はタービンを回して電気的エネルギーを発生する．

　原子炉の炉心は基本的には熱源であり，熱エネルギーは炉心を流れる冷却材によって運び出される．アメリカの原子炉では，冷却材はほとんどが水である．高温の燃料集合体を通る冷却材によって運ばれる熱は蒸気をつくり，この蒸気によりターボ発電機を運転して電力を生み出す．

　さらに，冷却材の種類によっては**減速材**としての役目を果す．^{235}U 核は「遅い」中性子とよく反応する．しかし，核分裂反応で放出される中性子は比較的「速い」ので，^{235}U の分裂に最適のエネルギーではない．したがって，速い中性子は減速材中の原子核との衝突によってエネルギーを失い減速するようにする．中性子はわずか数回の衝突でも，^{235}U 核を効果的に分裂することができる程度にまで減速する．訳注1

　連続的な核分裂連鎖反応では，核事故の危険な可能性が常に存在することは，1979年にアメリカのペンシルベニア州スリーマイル島の原子力発電所で起こった事故，1986年旧ソ連のウクライナ共和国チェルノブイリにおける原子炉事故を想起すればわかる．これらの事故を論ずるときに，よくメルトダウン（炉心の溶融）という語が使われる．もし，熱エネルギーを核分裂炉の炉心から連続的に取り除かないと，燃料棒は熱で溶けてしまう．そうなれば，核反応は制御棒によって制御できなくなるので，熱エネルギーを棒の間を流れる冷却材によって取り除くことはもはやできなくなる．核分裂物質の全体は極度に高温となり，容器の床板を破って溶けてでてきて，環境を汚染することになる．しかし，最悪の条件の場合でも原子炉が核爆弾のようには爆発しないのは，存在する核分裂物質が十分の純度には程遠いからである．訳注2

訳注1 減速過程はおもに中性子と原子核との弾性衝突によるので，減速材としては質量数が小さく中性子の吸収が少ない原子核を含む材料が望ましい．減速材が水ならば水の分子中の水素原子核つまり陽子と衝突する．陽子は質量数 $A = 1$ の最小の原子核である．

訳注2 核爆弾のように爆発しないからといって，原子炉に危険がないという意味ではない．

ハイライト

核爆弾の製造

1934年ローマにおいて，フェルミ（Enrico Fermi, 1901-1954；1938年ノーベル物理学賞）とセグレ（Emilio Segrè, 1905-1989；1959年ノーベル物理学賞）は超ウラン元素を生成する試みとして，ウランに中性子を衝突させた．彼らは93番目の元素ネプツニウム Np をつくることに成功した．しかし，このとき生成された他の放射性物質を確定することはできなかった．

1938年にベルリンでは，ハーン（Otto Hahn, 1879-1968；1944年ノーベル化学賞）とシュトラスマン（Fritz Strassmann, 1902- ）がこの実験を繰り返していて，反応生成物の中にバリウム元素 Ba [訳注1] を見つけて驚いた．ハーンはこの発見について，以前の研究仲間であったマイトナー（Lise Meitner, 1978-1968）に手紙を書いて知らせた．ユダヤ系オーストリア人の女性物理学者マイトナーは，その頃はスウェーデンに住んでいた．1938年ナチスがオーストリアを併合したとき，ハーンはマイトナーが国外に逃げるのを助けたのである．

マイトナーは，ハーンが発見したのはウラン原子が分割するような核反応過程であると推測した．彼女はこの反応を**核分裂**と呼び，自分の推測した仮説を甥のフリッシュ（Otto Frisch, 1904-1979）に知らせた．デンマークのボーア（Niels Bohr, 1885-1962）の所で研究していたフリッシュは，クリスマス休暇に叔母のマイトナーを訪ね，2人で計算をして，ウランが核分裂するときに大量のエネルギーを解放することを説明した．フリッシュはこの結果をボーアに知らせた．ボーアはちょうどプリンストン大学での学術会議に出席するためアメリカに出発するところであった．

ボーアはプリンストンに到着すると，核分裂の情報をフェルミに伝えた．フェルミは妻ローラがユダヤ人であったため，ファシストのイタリアを逃れアメリカに亡命していた（フェルミは，イタリアの独裁者ムッソリーニを説得して，彼が1938年ノーベル物理学賞を受けるためストックホルムへ行くとき家族を同行するのを認めさせた．授賞式が終わると，彼は家族とともに急いでアメリカに向かった）．ボーアはデンマークへ帰ったが，1940年にナチスの軍隊がデンマークを侵略したとき，アメリカへ逃れることにした．彼は小さな飛行機でイギリスへ飛んだとき酸素不足のため昏睡状態になり，もう少しで死ぬところであった．

1939年コロンビア大学でジン（Walter Zinn）とシラード（Leo Szilard, 1898-1964；ハンガリー生れでアメリカに亡命）は1回の核分裂で2個以上の中性子が放出されることを発見して，おそらく連鎖反応が起こるこだろうと考えた．連鎖反応が恐るべき莫大な爆発能力の潜在的可能性をもっていることを理解したシラードとフェルミはルーズベルト大統領に手紙を書いて，ドイツがこのような爆弾をつくっているかも知れないという懸念について知らせようと思った．しかし，ルーズベルトが彼らの手紙に注意を払わないこともあると考え，彼らはその手紙をアインシュタイン（Albert Einstein, 1879-1955）のところへ持ってきた．アインシュタインもまたナチスのドイツを逃れてプリンストンに移っていた．ルーズベルトは世界で最も著名な科学者の言葉にはきっと耳を傾けるだろうと彼らは思ったが，その通りになった．アインシュタインはその手紙に署名して送り，ルーズベルトはその手紙を真剣に受け止めたのである．

1941年の終りに，極秘事項としての**マンハッタン計画**が発足した．1942年12月2日フェルミの指導のもと

訳注1 バリウムの質量数はウランの半分ほどである．

図1 この絵画に描かれているのは，1942年12月2日にシカゴで最初に自己持続の核分裂反応に成功したときの情景である．手すりに近い中央で，一部が禿頭の紳士がフェルミである．

にあった研究グループは，はじめて自己持続をする核分裂反応に達成した．世界最初のこの原子炉は，シカゴ大学の廃屋となっていたフットボール・スタンドの下にある壁で囲まれた中庭に建設された（図1）．

原子爆弾（原爆）を製造するための大きなハードルは，必要な核分裂性物質を生産することであった．核分裂するのは ^{235}U であって，もっと豊富にある ^{238}U ではない．天然ウランに含まれる通常の濃度 0.7 % ^{235}U から約 90 % ^{235}U の濃度にまで濃縮しなければならなかった．ウラン濃縮のために，オークリッジと呼ばれる機密の軍事施設がテネシー州東部の丘陵地に建設され，そこで UF_6 について気体拡散法を使って濃縮が遂行された（気体拡散法による同位体分離は，$^{235}UF_6$ 分子の方が少し重い $^{238}UF_6$ 分子よりも多孔質の壁を通り抜けて少し速く動くことができるのを利用している）．

プルトニウム ^{239}Pu も核分裂性をもち原爆製造に適しているが，それが利用できるようになったのは，^{238}U に中性子を衝突させてできたネプツニウム ^{239}Np が β 崩壊をしてできることがわかったからである．^{239}Pu を生産するために，一連の大きな原子炉がワシントン州ハンフォードに建設された．

最初の原爆は核分裂物質として ^{239}Pu を使って開発され，1945 年 7 月にニューメキシコ州で実験が行われた．そのときロスアラモス研究所長として原爆製造の指導をしたのは，アメリカの理論物理学者オッペンハイマー（John Robert Oppenheimer, 1904-1967）であった．またグローブズ将軍がマンハッタン計画全体の指揮をとっていた．30 m の鋼鉄製の塔の上に原爆がおかれていたが，爆発の熱によってこの塔は蒸発してしまい，実験がなされた場所の周囲の砂は溶けてしまった．爆発で放出された光はいままでに見たこともない最高の明るさであった．

爆発のあまりの凄まじさのために，原爆の使用に反対する科学者たちもあった．しかし，日本の侵略的行動を止めさせるのに，さらに双方に数百万の犠牲者がでる恐れを考えて，トルーマン大統領は2つの原爆を日本に投下することを命じた．エノラ・ゲイと名付けた B-29 爆撃機から「リトル・ボーイ」と呼ばれる ^{235}U 爆弾（図2）が 1945 年 8 月 6 日に広島に落された．放出されたエネルギーは高性能爆薬 TNT（トリニトロトルエン）の 20 000 t に相当する（そのため 20 キロトン爆弾といわれる）．犠牲者は 10 万人を数えた．[訳注2] 3 日後には長崎に 2 番目の原爆（「ファット・マン」と呼ばれる ^{239}Pu 爆弾）が投下された．その 5 日後に日本は降伏した．[訳注3]

核分裂爆弾でも十分に強力であるが，そのわずか数年後に，今度は**核融合**に基礎をおくさらに強力な爆弾がつくられた．最初の「水素爆弾」（水爆）の爆発は，1952 年アメリカによって南太平洋のエニウェトク環礁において行われた．その引き金の機構には核分裂爆弾が使われた（本文図 10.17）．核分裂爆弾の性能は TNT の何キロトン [kt]（= 10^3 t）相当かで表わされるが，核融合爆弾の性能はメガトン [Mt]（= 10^6 t）で与えられる．[訳注4]

われわれは放射性核種の医学，工業への応用や原子力の利用で，多くの恩恵を受けている．また多くの生命が核医学によって救われていることも事実である．しかし多くの核兵器を保有する国があり，新たに開発する国もあることを考えると，核エネルギーのもつ恐ろしい破壊力がまた再び利用されるのではないかという恐怖が存在する．

訳注2 死者だけで 10 数万から 20 万人以上と推定されている．広島の惨禍は図 2 の原爆ただ 1 発によるものである．現在世界には破壊力にして広島の原爆の数 100 万発分に相当する核兵器が保有されている状況を考えてみよう．

訳注3 正確には 8 月 15 日は 6 日後というべきであるが，アメリカの日付では日本の降伏は 8 月 14 日なのでこのように書いてある．

訳注4 1954 年アメリカがビキニ環礁において行った水爆実験で，第 5 福竜丸が死の灰を浴びたことが，わが国ではよく知られている．

図2 「リトル・ボーイ」型の原爆（長さ 3 m）．

スリーマイル島の事故でも，燃料棒がわずか溶けるという部分的なメルトダウンが起こったが，放射性物質は少ししか環境に漏れ出さなかった．漏れたのはおもに放射性気体であった．しかし，チェルノブイリではメルトダウン，爆発，火災を経験した．この特別のタイプの原子炉は減速材に黒鉛（炭素）のブロックを使っていたので，気体の爆発で炭素に引火し，放射性物質が煙になって漏れ出して，放射性降下物がヨーロッパの多くの地域に広がった．数百人の死が事故直後に近くの地域で起こったが，長期間にわたる放射能の影響のためにさらに多くの犠牲が生じるであろう．

ウラン ^{235}U のほかに，重要な分裂性核種としてプルトニウム ^{239}Pu（半減期 2.4×10^4 年）がある．このプルトニウム同位体は，^{238}U に速い中性子の衝撃を与えてつくられる．原子炉内ではすべての中性子が減速されていないので，これは原子炉を運転しているとき，^{239}Pu が生産されることを意味する．^{239}Pu は分裂性であるから，原子炉の燃料補給までの期間を延長することができる．

増殖炉ではこの過程を促進して，それ自身は核分裂しない ^{238}U から分裂性の ^{239}Pu を生産して燃料とするのである．したがって，原子炉の中で消費される燃料よりも多くの燃料が生み出されるように設計されている．もし，アメリカのテネシー州オークリッジ国立研究所にあるウランを全部 ^{239}Pu に変換したとすると，^{239}Pu の分裂によるエネルギー出力はサウジアラビアの原油全体に匹敵するといわれている．^{239}Pu は化学的方法で核分裂の副生成物と分離できて，普通の原子炉の燃料または核兵器として使用することができる．このプルトニウムは通常の原子炉から得られるので，それが兵器に使われる可能性のあることは重大な問題である．

増殖炉は普通の原子炉よりも高温で運転されて，制御するのがずっと困難である．訳注1 1983 年にアメリカ・テネシー州のクリンチリバー増殖炉計画は連邦準備銀行が資金提供を保留したので取り止めとなった．しかし，増殖炉の研究はイリノイ州にあるアルゴンヌ国立研究所で続けられている．訳注2

訳注1 わが国では1995年に，高速増殖炉原型炉「もんじゅ」がナトリウムもれ事故を起こして，現在運転停止中である．この増殖炉には，1次，2次冷却材ともにナトリウムが使われている．

訳注2 現在アメリカでは事実上増殖炉の研究を中止している．イギリスとドイツではすでに研究を中止した．フランスでは実証炉スーパーフェニックスが，ナトリウム火災のため数年間運転を停止した．その後，発電ではなくプルトニウムの燃焼研究に目的を変更して運転中であったが，1998年2月，フランス政府は経済性と信頼性の問題からスーパーフェニックスの即時廃止と解体を正式に決定した．これに伴い放射性廃棄物処理の研究を進めるために，停止中の原型炉フェニックスを再稼働させることを決めた．ロシアと旧ソ連のカザフスタンに増殖炉がそれぞれ1基ずつあり，度々事故を起こしながらも電力不足のため実用目的の運転をしている．

10.6 核融合

> **学習目標**
> 核融合はどのように起こるか説明すること．
> 核反応における質量とエネルギーの変化を計算すること．

核融合とは軽い核の間の反応で，いくつかの小さい核がいっしょに結合してより安定な核をつくり，大きなエネルギーを放出する過程である．核融合は太陽や他の恒星のエネルギー源になっている．太陽の中で核融合過程により，4個の陽子（水素原子核）から1個のヘリウム原子核が

10.6 核融合

つくられる．この過程はいくつかのステップ[訳注1]で起こるが，正味の結果は

$$4\,{}^1_1\mathrm{H} \rightarrow {}^4_2\mathrm{He} + 2\,e^+ + エネルギー$$

となる．ここで e^+ は**陽電子**と呼ばれる電子の反粒子である．[訳注2] 太陽の中では毎秒約6億トンの水素が5億9600万トンのヘリウムに変換されている．この差約400万トンの物質が太陽からの放射エネルギーとなる．[訳注3] 幸いなことに，太陽には十分の水素があるので，今後も数十億年にわたって現在の割合でエネルギーを放出し続けることができる．

さらに核融合の例を2つあげる：

$$2\,{}^2_1\mathrm{H} \rightarrow {}^3_1\mathrm{H} + {}^1_1\mathrm{H}$$
$$ {}^2_1\mathrm{H} + {}^3_1\mathrm{H} \rightarrow {}^4_2\mathrm{He} + n$$

第1の反応は2個の重陽子が融合して，トリトン（三重陽子）と陽子をつくるもので D–D 反応という．第2の例は重陽子とトリトンが融合して，α粒子（ヘリウム原子核）と中性子をつくるもので D–T 反応という（●図10.20）．

核融合には臨界の質量も大きさもないのは，連鎖反応を持続することがないからである．[訳注4] しかし，互いの核の正電荷のため静電反発力が働いて融合反応が起こるのを妨げる．水素の融合の場合，核は1個の陽子しか含まないので，この斥力は最小になる．斥力に打ち勝つためには，温度を上げることによって粒子の運動エネルギーを増加させなければならない．核融合を起こすのには，数千万度から1億度の程度の温度に達することが必要である．このような高温では，水素などの原子からは電子が奪い取られて，自由電子と陽子または他の原子核が完全に電離

訳注1 もっとも重要なものの1つに炭素と窒素を触媒とする C–N サイクルがある．

訳注2 このほかに放出されるのはニュートリノνと光子γ（γ線）である．

訳注3 約 $4.3\times10^9\,\mathrm{kg/s} \approx (3.9\times10^{26}\,\mathrm{J/s})/c^2$．

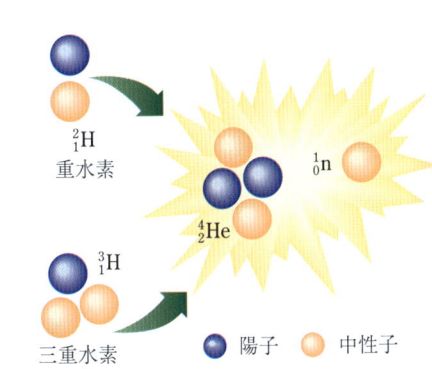

図 10.20 D–T 核融合反応 デュウテロン（重陽子）Dとトリトン（三重陽子）Tが反応して，アルファ粒子αと中性子nが生成される核融合の1例である．この他の元素でもいくつかの質量数の小さい核が反応して，より重いより安定な核を生成する核融合が起こり，大きなエネルギーが解放される．

訳注4 核融合反応が維持されるための臨界温度は存在する．

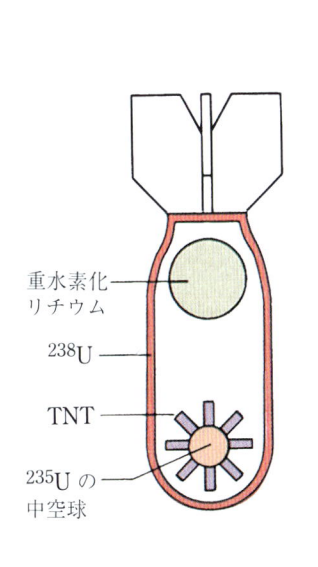

図 10.21 水素爆弾（水爆） 左の図解は水素爆弾の基本的な構成を示す．水爆を爆発させるには，まず TNT の爆発燃焼により ^{235}U が臨界質量になるように一緒にし，核分裂爆発を起こさせる（これは小型の原爆である）．核融合物質は重水素化リチウム（LiD）の中にある重水素である．高温プラズマになると D–D 融合反応が起こる．核分裂爆発でできる中性子はリチウムと反応してトリチウムをつくるので，D–T 融合反応も起こる．図のように爆弾を ^{238}U で囲んでおくと，爆発の最終段階でも分裂反応が起こり，大量のフォールアウト（放射性降下物）を生ずる（**訳注** これをウラン水素爆弾といい，汚い水爆ともいわれる）．写真はビキニ環礁における水爆実験（1956年）の様子を示す．

した高温ガス状態，つまり**プラズマ**になっている．核融合を実現するためには，超高温にするだけでなく，プラズマが十分高密度で閉じ込められて，陽子（または他の原子核）が頻繁に衝突するようになっていなければならない．

水素爆弾（水爆）では莫大な量の核融合エネルギーを，制御できない方法によって放出する．核融合反応を起こすのに必要なエネルギーを供給するには，核分裂爆弾（原爆）が用いられる（●図10.21）．残念ながら，商業用の制御された核融合炉をつくることはまだ成功していない．

制御された核融合は，炉に少量の燃料を絶え間なく安定して加えることで達成できるかも知れない．T-D反応は，要求される温度が核融合反応の中ではもっとも低い数千万度であるから，エネルギー源として開発される最初の融合反応になりそうである．実用の目的では約1億度の温度が必要であろう．

重要な問題は，そのような温度に達することと，高温のプラズマをどのように閉じ込めるかということである．もし，プラズマが炉の壁に触れると急速に冷却するので，普通の容器に閉じ込めることはできない．

プラズマ閉じ込めへのアプローチの1つに，強い磁場による**磁気閉じ込め法**注 がある．プラズマは荷電粒子のガスであるから，電場と磁場によって制御し操作することができる．トカマクと呼ばれるタイプはドーナツ型の環状磁場によって，高温プラズマを閉じ込める代表的な装置である．環状方向に電場をかけてプラズマ中に電流を流し，プラズマの温度を上げる．核融合研究の先導的な施設の1つが，ニュージャージー州のプリンストン・プラズマ物理学研究所である（●図10.22）．訳注

磁気閉じ込めで問題なのは，プラズマの温度，密度，閉じ込め時間である．ところで，1993年12月に画期的な前進があった．プリンストンの科学者たちは，磁気的に閉じ込められたプラズマの中で重水素とトリチウムの核を溶かして640万ワット（6.4メガワット［MW］）の記録水準でエネルギーを生成した．惜しいことに，核融合反応を起こすには2400万ワット（24メガワット［MW］）の割合でのエネルギー生成が必

注 この他のアプローチとして，プラズマイオンの慣性を利用する慣性閉じ込め法がある．重水素と三重水素でできた小球形の固体ペレットに，パルス化した高出力のレーザービームを周囲の多くの側面から同時に当てると，ペレットの内部は強く圧縮されて高温高密度のプラズマが発生し閉じ込められる．もし，ペレットが十分の時間そのままで持続されると，核融合が起こる可能性がある（本文1ページ参照）．

訳注 トカマクは旧ソ連のクルチャトフ研究所で開発された．トカマクの名称はロシア語の電流（ток），容器（камера），磁場（магнит），コイル（катушка）からきている．

図10.22 磁気閉じ込め ニュージャージー州のプリンストン・プラズマ物理学研究所にある核融合研究用の磁気閉じ込め装置．中央のトカマクは，環状磁場によって高温プラズマの磁気閉じ込めをする．ビーム入射装置がその周辺をとり囲んでいる．

要であった．多くの技術的問題が核融合には残っているので，商業的なエネルギーが生産されるのは 21 世紀初頭までには期待できそうにない．訳注 それでも核融合が有望なエネルギー源であると考えられるのは，つぎのような核分裂を超える優位性があるためである：

1. **重水素は低価格で豊富に存在する**．海洋の水から重水素を抽出するのはわずかの費用ででき，しかも海洋の水は百万年以上にわたって世界のエネルギー需要を満たすのに十分なだけの重水素を含むことが概算されている．それに比べてウランの存在は不十分であって高価格であり，採掘に危険を伴う．
2. **放射性廃棄物処理の問題が少ない**．若干の核融合副産物は放射性をもつが，半減期は比較的短い．核分裂による放射性廃棄物が数千年にもわたって貯蔵保管を必要とするのに比べれば問題は少ない．
3. 核分裂炉とは異なって，暴走事故の可能性はない．

他方，核融合が核分裂に対して不利な点はつぎのとおりである：

1. **制御された核融合炉が，実用的なエネルギーの生産をすることはまだ実証されていない**．これに対し制御された核分裂炉は現在広範に利用されている．
2. **核融合炉プラントを建設し運転するには，核分裂炉よりも多くのコストがかかると見積もられている**．

> **訳注** 日本，アメリカ，ヨーロッパ，ロシア共同で「国際熱核融合実験炉」（ITER，イーターと呼ばれる）計画が進められてきた．これは TD 反応を利用して，長時間安定した核融合反応の持続を目的とする，大規模な制御核融合実験装置である．
>
> 1998 年にアメリカは議会の反対でこの計画から撤退した．日本は施設誘致を 2000 年まで凍結したので計画が延期されてきたが，2001 年には ITER 計画による炉建設地誘致の立候補国が決まることになっている．

核反応とエネルギー

1905 年，アインシュタインは特殊相対性理論を発表した．この理論では物体の速さが光速 c に近付くと，質量，時間，長さがどう変化するかを取り扱っている．この理論はまた質量 m とエネルギー E が別々の物理量ではなくて，つぎの式で関係づけられていると予言した．（第 4 章ハイライトおよび付録 B7 参照）

$$E = mc^2 \tag{10.2}$$

この予言は正しいことが証明された；科学者たちは実際に質量をエネルギーに変化させ，また非常に小さいスケールであるがエネルギーを質量に変換した．

たとえば 1.0 g (1.0×10^{-3} kg) の質量は (10.2) 式によって

$E = (1.0 \times 10^{-3}$ kg$)(3.00 \times 10^8$ m/s$)^2$

$ = 9.0 \times 10^{13}$ J

に相当する．この 90 兆 J のエネルギーは，高性能爆薬 TNT（トリニトロトルエン）約 20 000 t の爆発によって放出されるエネルギーと同等である．このような計算によって科学者たちは，少量の質量が「失われる」核反応が，莫大な量のエネルギー源としての潜在的可能性をもつことを確信した．

核物理学で一般に使われる質量とエネルギーの単位は，今までの章で

訳注 1 素粒子の静止質量は，静止エネルギーに換算して MeV で表すことが多い．

訳注 2 この数値を正しく出すには有効数字 5 桁以上で計算する必要がある．炭素の同位体 ^{12}C の 12 g (1 mol) 中に含まれる炭素原子の数（アボガドロ定数）$N = 6.02214 \times 10^{23}$/mol を使い，その逆数から 1 u $= 1.66054 \times 10^{-24}$ g を求める．また，光速は $c = 2.99792 \times 10^8$ m/s，1 電子ボルトは 1 eV $= 1.60218 \times 10^{-19}$ J として計算する：1 u $\times c^2 = 1.6605 \times 10^{-27}$ kg $\times (2.99792 \times 10^8$ m/s$)^2 / (1.60218 \times 10^{-19}$ J/eV$) = 9.3149 \times 10^8$ eV $= 931.5$ MeV．

使われたものとは異なり，普通には質量に原子質量単位 u を，エネルギーにメガ電子ボルト [MeV] を使う．^{訳注1} アインシュタインの式から，1 u の質量は 931.5 MeV のエネルギーと等量であることがわかる．^{訳注2}

核反応における質量の変化，したがって，放出または吸収されるエネルギーを決めるには，反応するすべての粒子の質量を加え合わせて，生成されたすべての粒子の質量の総計から引き算すればよい．もし質量が Δm [u] だけ減少する結果になれば，これは**発熱反応**であり，$\Delta m \times 931.5$ [MeV] のエネルギーが放出される．もし質量が Δm [u] だけ増加することが起これば，これは**吸熱反応**であり，$\Delta m \times 931.5$ [MeV] のエネルギーが吸収される．

例題 10.10　核反応におけるエネルギーの計算

つぎの典型的な核分裂反応の際に，失われる質量と対応する解放エネルギーを計算せよ．

$$^{236}_{92}\text{U} \rightarrow {}^{88}_{36}\text{Kr} + {}^{144}_{56}\text{Ba} + 4\text{n}$$

ただし，質量値として ^{236}U $= 236.04556$ u，^{88}Kr $= 87.91445$ u，^{144}Ba $= 143.92284$ u，n $= 1.00867$ u を使え．^{注}

解　左辺の質量 236.04556 u から右辺の質量の合計 235.87197 u を差し引くと，その差 $\Delta m = 0.17359$ u の質量が失われることがわかる．この質量差が

$$0.17359 \text{ u} \times 931.5 \text{ MeV/u} = 161.7 \text{ MeV}$$

つまり，162 MeV のエネルギーに変換される．

注　これらの質量値は，核外電子の質量を含めた原子の質量である．方程式の両辺で電子の数は同じであるから，両辺の質量の差を計算するには，原子の質量を使っても，核だけの質量を使っても結果は同じである．多くのハンドブックには原子の質量が掲載してあるので，それらを使うことにする（電子の結合エネルギーは無視できる）．

問 10.10

つぎの D-T 融合反応の際に，失われる質量と対応する解放エネルギーを計算せよ．

$$^{2}_{1}\text{H} + {}^{3}_{1}\text{H} \rightarrow {}^{4}_{2}\text{He} + \text{n}$$

ただし質量値として，^{2}H $= 2.0141$ u，^{3}H $= 3.0161$ u，^{4}He $= 4.0026$ u，n $= 1.0087$ u を使え．

問 10.10 の核融合反応で解放されるエネルギーを計算すると，答は 17.6 MeV であることがわかる．この値は例題 10.10 の核分裂反応で解放されるエネルギー 162 MeV よりも少ない．しかし，これらの例で反応が始まるときの質量は核融合では 5.03 u であり，核分裂では 236.05 u であることを考えると，最初の質量のうちどれだけの質量が失われて解放エネルギーに変換されるか，その割合を計算して比較する必要がある．核融合では $0.0189/5.03 \times 100\% = 0.376\%$，核分裂では $0.1736/236.05 \times 100\% = 0.0735\%$ のパーセンテージで初期の質量がエネルギーに変換されるので，核融合反応の方が核分裂反応よりも多くのエネルギーを得ることができる（もちろん融合炉の運転にはかなりのエネルギーを要することも考えに入れておこう）．通常の化学反応によるエネルギー生成と核融合の場合を比較してみると，1 g の重水素が解放するエネルギーは，約 20 t の石炭が燃焼するときのエネルギーと同じである．

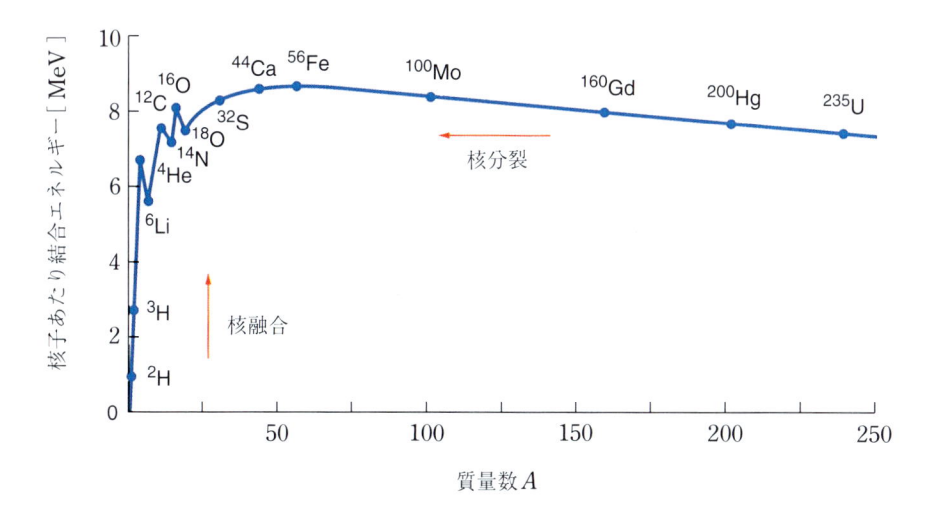

図 10.23　核の相対的安定性
相対的安定性は核子あたりの結合エネルギーに基づいて論ぜられる．結合エネルギーとは，ばらばらに分離した核子を集めて，ある核をつくるときに放出されるエネルギーのことである．本文参照．

●図 10.23 は核子あたりの結合エネルギーが質量数に対してどう変化するかを描いたもので，核の安定性の議論に重要であり，核分裂や核融合によってエネルギーが解放される可能性を示す．自然科学における最も重要なグラフの 1 つであると考えられる．[訳注1] このグラフで曲線のずっと右の方にある重い核が分裂して曲線の中央部分にある中間の大きさの核になると，核子あたりの結合エネルギーがより大きい上向きの方向に移動することになる．また左の方にある軽い核が融合して右側のより重い核になると，やはり曲線の上向きの方向に移動する．いずれの場合も，図 10.23 のグラフの曲線上で上向きの方向に移動するのでエネルギーが解放される．[訳注2]

生成される核の方が反応する核よりも，曲線上で低いところにあるような反応は，質量の正味の増加があるので，対応するエネルギーの吸収があるときだけ反応が進行する．

訳注1　核の全結合エネルギーとは，核を構成する陽子と中性子がそれぞれ自由に運動できるように，ばらばらに分離するのに必要なエネルギーのことである．核子あたりの結合エネルギーは，全結合エネルギーを核内の核子数で割ったものである．

訳注2　反応によって生じる核の結合エネルギーが大きいということは，その核の質量が減少したことを意味するので，相当するエネルギーが解放される．

10.7　放射線の生物学的影響

> **学習目標**
> 放射線が生物にどのような影響を与えるかを論ずること．

放射線が，原子や分子から電子をたたきだしてイオンをつくるのに十分なエネルギーをもっているとき，**電離放射線**という．α 粒子，β 粒子，中性子，γ 線，X 線などがこの範疇に入る．このような放射線は，生きている細胞を損傷して殺すこともできる．それが細胞の増殖に関係する蛋白質や DNA の分子に作用すると，とくに有害である．

放射線が生命のある有機体に及ぼす影響は，つぎのように分類される．

1. **身体的影響**とは，放射線を照射された生物の個体自身に短期的と長期的に現れる効果のことである．

2. **遺伝的影響**とは，放射線を受けた生物のあとの世代の子孫に現れる異常のことである．

放射線の身体的影響を論ずるときに，吸収線量当量に対して使われるSI単位はシーベルト［Sv］である．注 この単位は，各種のタイプの放射線による相対的な電離作用と，それらの照射が人体に及ぼす影響の仕方を考慮して決めたものである．自然界のバックグラウンドとしての放射線や，X線診断の過程で受ける線量を表すのに適当な単位はミリシーベルト［mSv］である．たとえば，乳房のX線照射では約 0.75 mSv，歯科用X線では約 0.3 mSv の被曝となる．

平均的なアメリカ市民は1年間に，自然界からと人工的な放射線によるバックグラウンドとして約 3 mSv の被曝を受けている．自然放射線源には宇宙空間からの宇宙線が含まれる．頻繁にジェット機で飛ぶ人や，高緯度の都市たとえばコロラド州デンバーに住む人は，バックグラウンド放射線のうち宇宙線による照射を多く受けることになる．宇宙線はまた炭素 ^{14}C やカリウム ^{40}K のような放射性核種をつくる．炭素とカリウムは生きている有機体にとって欠くことのできない元素であるから，これらの放射性核種はすべての生命体の一部に入って，上記以外の自然放射線源のバックグラウンドとなる．この他，自然放射線源のバックグラウンドとしては，われわれの環境にある岩石や鉱石に含まれる放射性核種がある．ウラン ^{238}U の崩壊生成物の1つはラドン ^{222}Rn である．ラドンの気体およびその放射性娘核は，呼吸によって肺の中に入り，そこでさらに崩壊が起こって放射線を放出する．アメリカにおける年間の肺ガンによる死亡者 130 000 人のうち約 10 000 人は屋内のラドン汚染が原因と考えられている．ラドン被曝は地域によって大きな変化がある．ある場所では土壌や基底岩盤がウランを比較的多く含むが，別の場所では非常に少ないということがある（●図 10.24）．

人工放射線源には，X線，医学的処置で使用される放射性核種，核爆発実験による放射性降下物，テレビ，たばこの煙，核廃棄物，原子力発電所からの放出などがある．皮肉なことに，化石燃料はウラン，トリウム，それらの娘核などを微量に含んでいるために，石炭や石油を燃焼する火力発電所から大気中に放出される放射能が，原子力発電所から放出される放射能よりも多いのである．

放射線の被曝を減らすのに，遮蔽物質が使われる．α および β 粒子は電荷をもつので，紙とか木のような物質によって止められる．これらの物質内にある荷電粒子と相互作用をするからである．γ 線，X 線や中性子は荷電粒子でないので，止めるのはもっと困難になる（●図 10.25）．これらの放射線から防御するには，厚い鉛とかコンクリートによる遮蔽が必要である．

表 10.5 は単一線量に全身を照射された個体への，典型的な短期間の身体的影響を示す．250 mSv までの放射線に一度だけ被曝しても，目立った短期間の身体的影響はないが，このような被曝が累積するときの

注 現在も広く使われている古い単位にレム［rem］がある．1 rem = 0.01 Sv である．

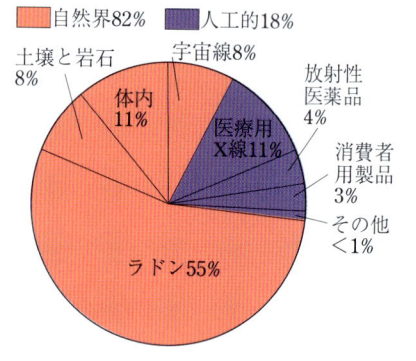

図 10.24 放射線被曝の原因 アメリカでは年間に一人が受ける放射線被曝は，平均して 3.6 mSv である．そのうち 82% は自然界からの放射線源によるものであり，残りの 18% は人工的な放射線源によるものである．

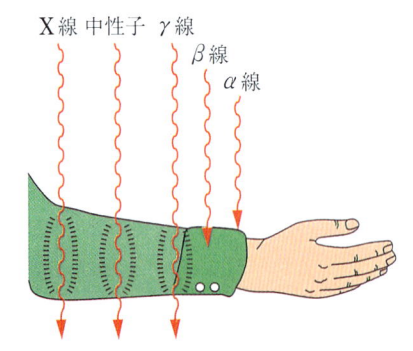

図 10.25 放射線の透過 α 粒子は衣服や皮膚を通らない．β 粒子はわずかだけ侵入できる．しかし γ 線，X 線や中性子は容易に腕を透過する．

表 10.5 単一線量の全身照射による短期間の身体的影響

線量 [mSv]	起こり得る影響
0～250	認められる影響はない
250～1000	白血球の一時的減少
1000～2000	嘔吐，脱毛
2000～6000	嘔吐，下痢，多量出血，死亡の可能性
6000 以上	全員死亡

影響については十分にわかっていない．長期間の身体的影響としては，主としてがんの発生する可能性の増加である．とくに血液と骨のがんについて問題がある．初期の頃に放射性核種を取り扱った多くの従事者には，長期間にわたってわずかの放射線量を繰り返し受けたことからがんが発生した．ある場合には最初の被曝から40年も経って発がんした．

また憂慮すべき事態としては，これ以下の放射線ならば遺伝的影響は無視できるという下限つまりしきい値がないと思われることである．したがって，放射線のレベルが少しでも増加することは重大に受け止めるべきである．アメリカ連邦政府は職業的な放射線被曝に対して，厳格な安全基準を規定している．しかし，どのレベルの被曝まで「安全」であるかについては，現在も依然として異論がある．

重要用語

電子	元素	核種	半減期	核融合
核	中性子数	放射性核種	放射性年代測定	プラズマ
陽子	質量数	放射能	炭素年代測定	放射線の身体的影響
中性子	同位体	アルファ（α）崩壊	核分裂	放射線の遺伝的影響
核子	原子質量	ベータ（β）崩壊	連鎖反応	
原子番号	強い核力	ガンマ（γ）崩壊	臨界質量	

重要公式

中性子数　　$N = A - Z$
（質量数 A，原子番号 Z）

アインシュタインによる質量 m とエネルギー E の関係
$E = mc^2$　　（光速 $c = 2.9979 \times 10^8$ m/s）

質問

10.1　原子核

1. 原子 $^{35}_{17}\text{Cl}$ の核には何個の中性子があるか．(a) 35, (b) 17, (c) 18, (d) 52.
2. 平均的な原子核の直径はどれか．(a) 10^{-5} m, (b) 10^{-8} m, (c) 10^{-10} m, (d) 10^{-14} m
3. 原子を構成する3種類の粒子の名前をあげよ．それらの質量と電荷を比較せよ．
4. 原子核を構成する2種類の粒子の総称は何か．
5. 原子核を発見した科学者の名前をあげよ．また発見されたのは何年か．
6. 原子の直径と，原子核の直径とを比較せよ．
7. 原子の質量の約何パーセントが原子核に含まれているか．
8. 原子の化学的性質は（　　　）の数と配置によって決まる．
9. 文字 Z, A, N は何を表すか．これらの間の関係式を書け．
10. $^1\text{H}, ^2\text{H}, ^3\text{H}$ が表す特別な名称を述べよ．

11. 同位体を検出し分離するのに使われる機器を何というか．またその機器はどんな基本原理によって作動するか．
12. すべての原子質量はどの原子を基準にしているか．またその原子にはどんな質量の値を決めているか．
13. 原子核内の核子を一緒にまとめている力を何というか．この力はどの位に距離が離れると 0 になるか．

10.2 放射能（第 1 のハイライトを含む）
14. つぎの核崩壊で放出される粒子は何か：
    $^{179}_{79}\text{Au} \to ^{175}_{77}\text{Ir} + \underline{\quad}$.
    (a) 重陽子，(b) 中性子，(c) ベータ粒子，(d) アルファ粒子．
15. 安定核種の大部分は，つぎの分類のどれに属するか．
    (a) 奇-奇核，(b) 偶-偶核，(c) 偶-奇核，(d) 奇-偶核．
16. つぎの科学者のうちの誰が放射能を発見したか．
    (a) ラザフォード，(b) リビィ，(c) ベクレル，(d) キュリー．
17. 夫妻のチームでラジウムとポロニウムを発見した科学者の名前を書け．
18. 文字 A, B, b を使って，核崩壊の一般的な形式を示せ．
19. アルファ粒子，ベータ粒子，ガンマ線に対する記号を書け．
20. 核崩壊の際，矢印の両辺で（　　）の和も，（　　）の和も等しい．
21. 原子番号 Z がおおよそどのくらいの数よりも大きくなると，安定な核種は存在しないか．

10.3 半減期と放射性年代測定
22. ある放射性核種の試料がはじめの放射能の 1/32 の値になるのは，半減期の何倍の時間を経過したときか．(a) 32，(b) 16，(c) 6，(d) 5．
23. かつて生きていた動植物が残した遺物の年代測定をするのに普通使われる放射性核種はつぎのうちいずれか．(a) ^{238}U，(b) ^{14}C，(c) ^{40}Ar，(d) ^3H．
24. 半減期の 2 倍が経過すると，放射性核種の試料の残っている割合はいくらになるか．
25. ウランは放射性であるが，なぜ自然に地球上に生じたのだろうか．
26. 地球上にある岩石，月から持ち帰った岩石，また隕石についての放射線年代測定の示す結果によると，地球の年齢はどのくらいか．

10.4 核反応
27. 核反応 $^1_1\text{H} + ^{98}_{42}\text{Mo} \to \underline{\quad} + \text{n}$ が完結するように，つぎの中から適当なものを選べ．
    (a) $^{97}_{42}\text{Mo}$，(b) $^{99}_{101}\text{Md}$，(c) $^{99}_{43}\text{Tc}$，(d) $^{98}_{41}\text{Nb}$．
28. 文字 A, a, B, b を使って，核反応の一般的な形式を示せ．
29. アメリシウム ^{241}Am が広く使われている用途は何か．
30. 試料に中性子を当て，核反応で放出されるガンマ線の特性振動数（エネルギー）を測定する分析方法を何というか．

10.5 核分裂（第 2 のハイライトを含む）
31. 核分裂原子炉の炉心からの熱出力を減少させるには，つぎの手段のうちどれが適当か．(a) 制御棒をさらに挿入する．(b) いくつかの燃料棒を取り去る．(c) 冷却材の水準を増す．(d) 減速材の量を減らす．
32. （　　）と名付けられた原子構成要素の粒子が，核分裂の際に放出される．
33. 連鎖反応に関して，臨界質量，未臨界質量，超臨界質量とは何を意味するか．
34. 天然ウランには分裂性同位体 ^{235}U が何パーセント含まれているか．アメリカ（**訳注** 他の国でもほぼ同様）の発電用原子炉に使われる濃縮ウランは約何パーセントか．また核兵器用ではどうか．
35. 自己持続する連鎖反応に最初に成功した研究グループを指導した科学者は誰か．またそれはどこで，何年に行われたか．
36. **マンハッタン計画**とは何であったか．
37. 制御棒と減速材はともに原子炉内の中性子に関係している．おのおのの役割は何か．
38. なぜ原子炉は偶発的にでも核爆発を起こすことがないのか．
39. 増殖炉は運転中に非分裂性物質から分裂性物質の燃料をつくる．つくられた燃料の物質および使われた非分裂性物質とはそれぞれ何か．

10.6 核融合
40. 核と電子が電離した非常に高温のガス状態を何というか．
    (a) トカマク，(b) レーザー，(c) プラズマ，(d) メイルストローム（大渦巻き）．
41. どんな核反応過程によって，恒星は莫大な量のエネルギーを放出するのか．
42. 核融合を論ずるとき，文字 D, T は何を表すか．
43. プラズマとは何か．制御された核融合を実現するために，プラズマをつくり閉じ込める必要がある．どんなアプローチが研究されているかを簡単に述べよ．

練習問題　249

44. 核融合と核分裂によるエネルギーの発生について，それぞれ有利な点と不利な点を簡潔に述べよ．
45. 関係式 $E = mc^2$ を導いた科学者は誰か．文字 E, m, c は何を表すか．
46. 反応するすべての粒子の質量の和よりも，生成されるすべての粒子の質量の和が多い場合，または少ない場合，これらの核反応を何と呼ぶか．
47. 核子あたりの結合エネルギーの質量数に対する変化を描いた曲線（図10.23）から，核分裂と核融合の両方について核エネルギーがどのように解放されるかを説明せよ．

10.7　放射線の生物学的影響

48. 放射線の生物学的効果を共通の尺度で表すために，吸収線量に修正係数を考慮して決められた線量当量のSI単位はつぎのうちどれか．
    （a）キュリー，（b）シーベルト，（c）ベクレル，（d）cpm．
49. 人体が一度に照射を受けて，実際に確実に死亡するのは何ミリシーベルト [mSv] か．
50. 放射線被曝について，身体的影響と遺伝的影響との相違を述べよ．
51. 放射線被曝の原因となる自然放射線源および人工放射線源をそれぞれ2種あげよ．

思考のかて

1. 自然界には短い半減期の放射性核種がいくつも存在する．それらはずっと大昔に崩壊してしまっているはずではないのか．説明せよ．
2. 原子炉に関してチャイナ・シンドロームという言葉があるが，これは何を意味するか（**訳注**　原子炉の炉心が溶融（メルトダウン）して地球内部に浸透し，地球の反対側の中国にまで到達すると予想する誇張した表現のことである）．
3. 恒星の中で核融合がスタートするには，温度が非常に高くなければならない．温度を上げるためのエネルギーは何から供給されているのだろうか．

練習問題

10.1　原子核

1. つぎの原子のおのおのについて，核子数，陽子数，電子数，中性子数，元素記号を書け．
   (a) $^{7}_{3}X$, (b) $^{239}_{93}X$, (c) $^{31}_{15}X$, (d) $^{34}_{16}X$, (e) $^{90}_{38}X$, (f) $^{235}_{92}X$, (g) $^{11}_{5}X$, (h) $^{240}_{94}X$.

   答　(a) 7, 3, 3, 4, Li　　(b) 239, 93, 93, 146, Np
   　　(c) 31, 15, 15, 16, P　(d) 34, 16, 16, 18, S
   　　(e) 90, 38, 38, 52, Sr　(f) 235, 92, 92, 143, U
   　　(g) 11, 5, 5, 6, B　　(h) 240, 94, 94, 146, Pu

2. 地球上に存在する臭素は，50.69%の ^{79}Br（同位体質量78.918 u）と49.31%の ^{81}Br（同位体質量80.916 u）からできている．臭素の原子質量を計算せよ．　　　　　　　　　　　　答　79.90 u

3. 地球上に存在するカリウムは93.26%の ^{39}K（同位体質量38.964 u），0.012%の ^{40}K（同位体質量39.964 u），6.73%の ^{41}K（同位体質量40.926 u）からできている．カリウムの原子質量を計算せよ．
   　　　　　　　　　　　　　　　　答　39.10 u

10.2　放射能

4. 核崩壊に対するつぎの式を完結せよ．またどの過程がアルファ，ベータ，ガンマ崩壊であるかを記せ．
   (a) $^{47}_{21}Sc^* \rightarrow {}^{47}_{21}Sc + \underline{\quad}$
   (b) $^{232}_{90}Th \rightarrow \underline{\quad} + {}^{4}_{2}He$
   (c) $^{47}_{21}Sc \rightarrow {}^{47}_{22}Ti + \underline{\quad}$
   (d) $^{237}_{93}Np \rightarrow \underline{\quad} + e^-$
   (e) $^{210}_{84}Po \rightarrow {}^{206}_{82}Pb + \underline{\quad}$
   (f) $^{210}_{84}Po^* \rightarrow {}^{210}_{84}Po + \underline{\quad}$

   （**訳注**　Sc スカンジウム，Th トリウム，Ti チタン，Np ネプツニウム，Po ポロニウム，Pb 鉛）

   答　(a) γ, ガンマ　　(b) $^{228}_{88}Ra$, アルファ
   　　(c) e^-, ベータ　　(d) $^{237}_{94}Pu$, ベータ
   　　(e) $^{4}_{2}He$, アルファ　(f) γ, ガンマ

5. つぎの崩壊を表す式を書け．
   (a) ラジウム $^{226}_{88}Ra$ のアルファ崩壊，(b) コバルト $^{60}_{27}Co$ のベータ崩壊．　　答　(a) $^{226}_{88}Ra \rightarrow {}^{222}_{86}Rn + {}^{4}_{2}He$
   　　　　　　　　　　　　(b) $^{60}_{27}Co \rightarrow {}^{60}_{28}Ni + e^-$

6. トリウム $^{229}_{90}$Th はアルファ崩壊をする．
   (a) 崩壊を表す式を書け．(b) (a) でつくられた娘核はベータ崩壊をする．この式を書け．
   答 (a) $^{229}_{90}$Th → $^{225}_{88}$Ra + $^{4}_{2}$He
   (b) $^{225}_{88}$Ra → $^{225}_{89}$Ac + e^-

7. つぎのおのおのの組の中から放射性核種を選べ．また選んだ理由を説明せよ．
   (a) $^{249}_{98}$Cf, $^{12}_{6}$C, (b) $^{79}_{35}$Br, $^{76}_{33}$As, (c) $^{15}_{8}$O, $^{17}_{8}$O, (d) $^{31}_{15}$P, $^{33}_{15}$P．
   （訳注 Cf カリフォルニウム，As ひ素，P りん）
   答 (a) $^{249}_{98}$Cf ($Z > 83$) (b) $^{76}_{33}$As (奇-奇核)
   (c) $^{15}_{8}$O ($N < Z$) (d) $^{33}_{15}$P (奇-偶核で，A がその元素の原子質量から1.5 u 以内にない：33 > 31.0 + 1.5)

8. つぎのおのおのの組の中から放射性核種を選べ．また選んだ理由を説明せよ．
   (a) $^{107}_{47}$Ag, $^{111}_{47}$Ag, (b) $^{19}_{9}$F, $^{32}_{16}$S
   (c) $^{209}_{83}$Bi, $^{226}_{88}$Ra, (d) $^{24}_{11}$Na, $^{14}_{7}$N
   （訳注 Ag 銀，F ふっ素，S 硫黄，Bi ビスマス（蒼鉛））
   答 (a) $^{111}_{47}$Ag (111 > 107.9 + 1.5) (b) $^{19}_{9}$F ($N < Z$)
   (c) $^{226}_{88}$Ra ($Z > 83$) (d) $^{24}_{11}$Na (奇-奇核)（訳注 $^{14}_{7}$N は例外）

10.3 半減期と放射性年代測定

9. テクネチウム $^{99}_{43}$Tc (半減期 6.0 時間の準安定状態) は医療の画像診断に用いられる．36 時間経過すると，はじめの量はどれだけに減少するか．
   答 1/64

10. ある放射性核種の試料の放射能が 160 cpm (毎分カウント数) から 5 cpm に減少したとすると，この間に半減期の何倍の時間が経過したか．
    答 5 半減期

11. 甲状腺がんの患者によう素 ^{131}I (半減期 8.1 日) が与えられている．24.3 日経つと，この患者の甲状腺にははじめの ^{131}I のうちどれだけが残っているか．
    答 1/8

12. ある臨床検査技師がナトリウム ^{24}Na の試料の放射能を測定したところ，480 cpm であった．^{24}Na の半減期を15時間とすると，75時間後にはこの試料の放射能はいくらになるか．
    答 15 cpm

13. 半減期 12.3 年のトリチウム (三重水素) は高価なブランデーの年数を確かめるのに使われる．もしある古いブランデーが新しいブランデーの 1/16 しかトリチウムを含んでいないならば，それは何年前に生産されたものか．
    答 49.2 年前

14. 生きている生物は取り入れた ^{14}C (半減期 5730 年) のために 15.3 cpm/g の放射能をもつ．前史時代のある女性の骸骨からは，^{14}C の崩壊による 3.83 cpm/g の放射能が測定された．この骸骨の年代（補正前）はいくらか．
    答 11460 年前

15. つぎのグラフを使って，放射性核種 A と放射性核種 B のそれぞれの半減期を見いだせ．

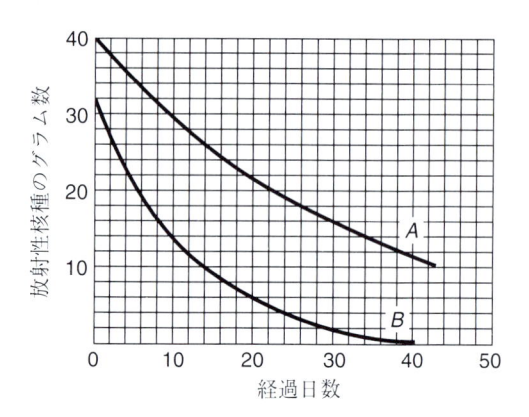

答 A の半減期は 22 日
（40 g が半分の 20 g に達するまでの日数）
B の半減期は 8 日
（32 g が半分の 16 g に達するまでの日数）

10.4 核反応

16. つぎの核反応の式を完結せよ．
    (a) $^{4}_{2}$He + $^{14}_{7}$N → $^{17}_{8}$O + ___
    (b) $^{4}_{2}$He + $^{27}_{13}$Al → $^{30}_{15}$P + ___
    (c) ___ + $^{66}_{29}$Cu → $^{67}_{30}$Zn + n
    (d) $^{1}_{0}$n + $^{235}_{92}$U → $^{138}_{54}$Xe + ___ + 5 n
    (e) $^{16}_{8}$O + $^{20}_{10}$Ne → ___ + $^{12}_{6}$C
    (f) n + $^{28}_{14}$Si → ___ + $^{1}_{1}$H
    (g) ___ + $^{230}_{90}$Th → $^{223}_{87}$Fr + 2 $^{4}_{2}$He
    (h) $^{4}_{2}$He + $^{65}_{30}$Zn → ___ + 2 n
    答 (a) $^{1}_{1}$H (b) n (c) $^{2}_{1}$H (d) $^{93}_{38}$Sr
    (e) $^{24}_{12}$Mg (f) $^{28}_{13}$Al (g) $^{1}_{1}$H (h) $^{67}_{32}$Ge

10.5 核分裂

17. 核分裂に対するつぎの式を完結せよ．
    (a) $^{240}_{94}$Pu → $^{97}_{38}$Sr + $^{140}_{56}$Ba + ___
    (b) $^{252}_{98}$Cf → ___ + $^{142}_{55}$Cs + 4 n
    答 (a) 3 n (b) $^{106}_{43}$Tc

10.6 核融合

18. 恒星が進化する段階で起こる核融合反応の 1 つに，つぎのようなヘリウム燃焼反応がある．
    $3\ ^{4}_{2}$He → $^{12}_{6}$C
    この反応が起こるごとに失われる質量 [u] と，解放されるエネルギー [MeV] を計算せよ．ただし同位体質量は，^{4}He = 4.00260 u，^{12}C = 12.00000 u

である. **答** $0.00780\,\text{u}$, $7.27\,\text{MeV}$

19. つぎの反応において,質量の変化 [u] とエネルギーの変化 [MeV] を計算せよ.この反応は発熱反応か吸熱反応か.

$$\text{n} + {}^{16}_{8}\text{O} \rightarrow {}^{13}_{6}\text{C} + {}^{4}_{2}\text{He}$$

ただし,n $= 1.00867\,\text{u}$, ${}^{16}_{8}\text{O} = 15.99491\,\text{u}$, ${}^{13}_{6}\text{C} = 13.00335\,\text{u}$, ${}^{4}_{2}\text{He} = 4.00260\,\text{u}$ を使え.

答 $0.00237\,\text{u} = 2.21\,\text{MeV}$,吸熱反応

質問(選択方式だけ)の答

1. c 2. d 14. d 15. b 16. c 22. d 23. b 27. c 31. a 40. c 48. b

本文問の解

10.1 原子番号 $Z = 92$ であるから,陽子数も電子数も 92 である.質量数 $A = 238$ なので,中性子数 $N = A - Z = 238 - 92 = 146$

10.2 $(0.60 \times 20.00\,\text{u}) + (0.40 \times 22.00\,\text{u}) = 20.80\,\text{u}$

10.3 ${}^{226}_{88}\text{Ra} \rightarrow {}^{222}_{86}\text{Rn} + {}^{4}_{2}\text{He}$

10.4 ${}^{232}_{90}\text{Th}\ (Z = 90 > 83)$, ${}^{40}_{19}\text{K}$(奇-奇核)

10.5 22 分 / (11 分/半減期) = 2 半減期,$N/N_0 = (1/2)^2 = 1/4$

10.6 最初の ${}^{40}\text{K}$ の 1/4 が残っているなら,$1/4 = (1/2)^2$ つまり 2 半減期を経過している.
2 半減期 × $(1.25 \times 10^9$ 年/半減期$) = 2.50 \times 10^9$ 年 = 25 億年.

10.7 残っている ${}^{14}\text{C}$ の放射能が,生きている生物の 1/2 になった標本は 1 半減期すなわち 5730 年前に死んだことになる.

10.8 ${}^{2}_{1}\text{H} + {}^{27}_{13}\text{Al} \rightarrow {}^{25}_{12}\text{Mg} + {}^{4}_{2}\text{He}$

10.9 ${}^{236}_{92}\text{U} \rightarrow {}^{90}_{38}\text{Sr} + {}^{144}_{54}\text{Xe} + 2\,\text{n}$

10.10 左辺の質量の合計 $2.0141\,\text{u} + 3.0161\,\text{u} = 5.0302\,\text{u}$ から右辺の質量の合計 $4.0026\,\text{u} + 1.0087\,\text{u} = 5.0113\,\text{u}$ を差し引くと,質量の差 $\Delta m = 5.0302\,\text{u} - 5.0113\,\text{u} = 0.0189\,\text{u}$ が失われ,解放されるエネルギーは

$$0.0189\,\text{u} \times 931.5\,\text{MeV/u} = 17.6\,\text{MeV}$$

付録A1　国際単位系（SI）における基本単位

メートル [m]（長さ）　メートルは時間の基本単位に関連して定義される．1 m（メートル）は，光が真空中を 1/299 792 458 s（秒）の間に進む距離である．

キログラム [kg]（質量）　1 kg（キログラム）は，国際キログラム原器（白金-イリジウム合金の円柱）の質量に等しい．これは人工物によって定義される唯一の基本単位である．

秒 [s]（時間）　1 s（秒）は，セシウム 133 原子 ^{133}Cs の基底状態の 2 つの超微細準位の間の遷移に対応する放射が 9 192 631 770 周期継続する時間である．

アンペア [A]（電流）　1 A（アンペア）は，真空中で無限に小さい円形断面積をもった無限に長い 2 本の直線状導体を 1 m の間隔で平行において電流を流すとき，これらの導体の長さ 1 m ごとに 2×10^{-7} N（ニュートン）の力を及ぼし合うような電流の強さである．

ケルビン [K]（温度）　熱力学的温度の単位 K（ケルビン）は，水の三重点（0.01 °C）の熱力学的温度の 1/273.16 である．0 K は絶対零度とよばれ，-273.15 °C である．

モル [mol]（物質量）　1 mol（モル）は，0.012 kg（12 g）の炭素 12 の同位体 ^{12}C に含まれる原子の数と等しい数（アボガドロ数）の構成要素粒子を含む系の物質量である．

カンデラ [cd]（光度）　1 cd（カンデラ）は，周波数 540×10^{12} Hz（ヘルツ）の単色放射をする光源の放射強度が 1/683 W/sr（ワット/ステラジアン）となる方向の光度と定義されている．ここで sr（ステラジアン）は立体角の単位である．この定義は 1979 年の国際度量衡総会で定められた（原著には改定前の定義が掲載されている）．

付録 A2　10 のべき（累乗）による科学的記法

10 のべきで表した数の加減算

加減算ではべきを同じ値に揃えなければならない．

例
$$4.6 \times 10^{-8} + 12 \times 10^{-9} = 4.6 \times 10^{-8} + 1.2 \times 10^{-8}$$
$$= (4.6 + 1.2) \times 10^{-8}$$
$$= 5.8 \times 10^{-8}$$
$$4.8 \times 10^{-7} - 0.25 \times 10^{-6} = 4.8 \times 10^{-7} - 2.5 \times 10^{-7}$$
$$= (4.8 - 2.5) \times 10^{-7}$$
$$= 2.3 \times 10^{-7}$$

10 のべきで表した数の乗除算

乗算ではべきの足し算をし，除算ではべきの引き算をする．

例
$$(2 \times 10^4) \times (4 \times 10^3) = 2 \times 4 \times 10^{4+3} = 8 \times 10^7$$
$$(1.2 \times 10^{-2}) \times (3 \times 10^6) = 1.2 \times 3 \times 10^{-2+6}$$
$$= 3.6 \times 10^4$$
$$(4.8 \times 10^8) \div (2.4 \times 10^2) = (4.8 \div 2.4) \times 10^{8-2}$$
$$= 2.0 \times 10^6$$
$$(3.4 \times 10^{-8}) \div (1.7 \times 10^{-2})$$
$$= (3.4 \div 1.7) \times 10^{-8-(-2)} = 2.0 \times 10^{-6}$$

10 のべきで表した数のべき乗

2 乗，3 乗，$\cdots$，n 乗を求めるには，10 のべきの値を 2 倍，3 倍，$\cdots$，n 倍する．

例
$$(3 \times 10^4)^2 = 3^2 \times (10^4)^2 = 9 \times 10^{4 \times 2} = 9 \times 10^8$$
$$(2 \times 10^{-7})^3 = 2^3 \times (10^{-7})^3 = 8 \times 10^{(-7) \times 3}$$
$$= 8 \times 10^{-21}$$

10 のべきで表した数のべき乗根

2 乗根（平方根），3 乗根（立方根），$\cdots$，n 乗根を求めるには，10 のべきの値を 1/2 倍，1/3 倍，$1/n$ 倍する．

例
$$\sqrt{9 \times 10^8} = \sqrt{9 \times 10^{8 \times (1/2)}} = 3 \times 10^4$$
$$\sqrt{2.5 \times 10^{-17}} = \sqrt{25 \times 10^{-18}}$$
$$= \sqrt{25} \times 10^{-18 \times (1/2)} = 5 \times 10^{-9}$$
$$\sqrt[3]{8 \times 10^9} = \sqrt[3]{8} \times 10^{9 \times (1/3)} = 2 \times 10^3$$

付録 A3　有効数字（Significant Figures, SF と略す）

有効数字とは，測定値や計算した近似値を表す数字のうち，上位の桁の意味のある数字のことである．たとえば 120 g という測定値または近似値は，1 g 未満を四捨五入したものであれば有効数字は 3 桁であり，10 のべきで表す科学的記法では 1.20×10^2 g と書く．もし 10 g 未満を四捨五入したものであれば有効数字は 2 桁であり，1.2×10^2 g と書く．

例　23.4 g，234 g は SF 3 桁，20.05 g は SF 4 桁，407 g は SF 3 桁．

0.04 g は SF 1 桁，0.00035 g は SF 2 桁，45.0 l は SF 3 桁．

450 l は多分 SF 2 桁だけであるが，SF を明確にするには 4.5×10^2 l と書く．

21.00 kg は SF 4 桁であり，2100 kg は多分 SF 2 桁だけであるがこのことを明確にするには 2.1×10^3 kg と書く．

55.20 mm は SF 4 桁，151.10 cal は SF 5 桁．3.0×10^4 J は SF 2 桁．

150 m が SF 3 桁であることを明確にするには，1.50×10^2 m と書く．

一般にすべての測定値は，測定に使う器械の精度によって有効数字が限定される．測定結果を記録するには，測定精度に合わせた有効数字で表すべきである．必要以上に数字を並べることも，必要な数字を落としてしまうこともないように，適切な数の有効数字を使うように注意しよう．測定値に基づいて数値計算するときも無意味な桁まで答を出さないようにしよう．

有効数字を含む数値の乗除算

いくつかの数値の掛け算や割り算をするときの答の有効数字は，計算に使った数値のうちで最も少ない桁数の有効数字と等しくなる．

例　130.8 cm×15.2 cm×2.3 cm = 4572.768 cm^3 において，左辺の数値でもっとも少ない桁数（2 桁）の SF をもつのは 2.3 cm なので，答の SF も 2 桁とすべきである．したがって右辺の答は，4.6×10^3 cm^3 となる．

有効数字を含む数値の加減算

いくつかの数値の足し算や引き算をするときの答の有効数字は，小数点を揃えて最も少ない小数位で数値が終わるものに合わせる．

例　(1) 46.6 m + 5.72 m = 52.32 m において，左辺の第 1 項の数値は小数第 1 位までが SF の桁数であり第 2 位は不確かであるから，答も小数第 1 位までをとり，52.3 m とする．

(2) 38 cm − 7.44 cm = 30.56 cm においても同様にして，答は 31 cm である．

(3) 5.687×10^3 g + 1.111×10^4 g については，まず 10 のべきを同じ値に揃えるため，第 2 項を 11.11×10^3 g と書き直して第 1 項に加えると，16.797×10^3 g となるが，第 2 項の小数第 2 位までに合わせて，答は 16.80×10^3 g となる．

付録 A4　次元解析

以下，付録 A4，付録 B1〜B8 は B4, B7 の一部を除き原著にない，監訳者による補足である．

一般に物理学に現れる関係式では，ある1つの物理量が他の異なる2つ以上の物理量との間の関係として与えられる．力学の範囲で考えると，第1章で述べたように，基本量として質量 M，長さ L，時間 T を選び，これらを組み合わせて得られる任意の物理量（誘導量）X は

$$X = CM^\alpha L^\beta T^\gamma$$

のように表される．C は数係数である．これは誘導量 X の誘導単位が基本量 M, L, T の基本単位のべきの積で表されることを示す．**次元**（dimension，ディメンション）とはこのように物理量の基本量と誘導量との関係を表す概念であり，括弧 [ ] を用いてつぎのような**次元式**

$$[X] = [M^\alpha L^\beta T^\gamma]$$

で表す．物理量 X は，基本量 M, L, T についてそれぞれのべき α, β, γ の次元をもつという．つぎに次元式の例を示す．括弧（ ）内に示す SI 単位と比較せよ．

例　[密度] = [質量]/[体積]
　　　 = $[M]/[L^3] = [ML^{-3}]$ 　　（[kg/m³]）
　　　[速度] = [長さ]/[時間]
　　　 = $[LT^{-1}]$ 　　（[m/s]）
　　　[力] = [質量]×[加速度]
　　　 = $[M]\times[LT^{-2}] = [MLT^{-2}]$
　　　　　　　　　　　　　　　（[kg·m/s²]）

物理法則を記述する数式は，その中に現れる物理量を表す単位の選び方には関係なく成り立っている．そこで**物理的関係式の両辺の各項は，基本量について同じ次元をもつ必要がある**．したがって，いくつかの物理量について加減算ができるのは，それらが同じ次元をもつときだけに限られる．また物理法則の中に現れるある物理量の次元を他の物理量の次元から求めることができる．

例題　ニュートンの万有引力の法則（第3章 (3.4) 式）において，万有引力定数 G の次元を求めよ．

解　(3.4) 式から $G = Fr^2/m_1 m_2$ となるので，
$$[G] = [F]\times[r^2]/[m_1 m_2]$$
$$= [MLT^{-2}]\times[L^2]/[M^2] = [M^{-1}L^3 T^{-2}]$$

逆に上記の事実を利用して，ある物理量が他の物理量のどんな組み合わせで表されるかを知ることができる．このような方法で物理現象を解析することを**次元解析**（dimensional analysis）という．

例題　単振り子の周期 τ は，おもりの質量 m，糸の長さ l，重力加速度 g のどのような組み合わせによって表すことができるか．

解　$\tau = Cm^\alpha l^\beta g^\gamma$（$C$ は数係数）とおいて，次元式を書くと
$$[T] = [M^\alpha L^\beta (LT^{-2})^\gamma] = [M^\alpha L^{\beta+\gamma} T^{-2\gamma}]$$

両辺の次元を比較して，$\alpha = 0$，$\beta + \gamma = 0$，$-2\gamma = 1$．したがって，$\alpha = 0$，$\beta = 1/2$，$\gamma = -1/2$ となり，

$$\tau = C\sqrt{\frac{l}{g}}$$

が得られる（次元解析では数係数の値 $C = 2\pi$ は得られない）．

付録 B1　スカラー積とベクトル積

2つのベクトル $\boldsymbol{A}, \boldsymbol{B}$ のスカラー積は $\boldsymbol{A}\cdot\boldsymbol{B}$ で表されるスカラー量である．$\boldsymbol{A}, \boldsymbol{B}$ の大きさを A, B，そのなす角を θ（$0° \leqq \theta \leqq 180°$）とすると（●図 B1.1 参照），スカラー積は

$$\boldsymbol{A}\cdot\boldsymbol{B} = AB\cos\theta \tag{B1.1}$$

で与えられ，これは $\boldsymbol{A}$ の $\boldsymbol{B}$ への正射影 $A\cos\theta$ と B の積，または $\boldsymbol{B}$ の $\boldsymbol{A}$ への正射影 $B\cos\theta$ と A との積と考えることができる．

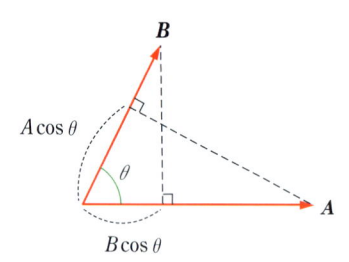

図 B1.1　スカラー積　2つのベクトル $\boldsymbol{A}, \boldsymbol{B}$ の大きさを A, B，そのなす角を θ（$0° \leqq \theta \leqq 180°$）とすると，$\boldsymbol{A}, \boldsymbol{B}$ のスカラー積はスカラー量 $\boldsymbol{A}\cdot\boldsymbol{B} = AB\cos\theta$ で表される．これは $\boldsymbol{A}$ の $\boldsymbol{B}$ への正射影 $A\cos\theta$ と B の積，または $\boldsymbol{B}$ の $\boldsymbol{A}$ への正射影 $B\cos\theta$ と A との積と考えることができる．

物体に働く力 $\boldsymbol{F}$ と角 θ の方向への移動を表す変位ベクトル $\boldsymbol{d}$ とのスカラー積

$$W = \boldsymbol{F}\cdot\boldsymbol{d} = Fd\cos\theta$$

を，力によってなされる**仕事**という（●図 B1.2 参照）．本文 p.72 (4.1)式は $\boldsymbol{F}$ と $\boldsymbol{d}$ が平行で同じ向きの場合を示す（$\theta = 0°$；$\cos\theta = 1$）．$\boldsymbol{F}$ と $\boldsymbol{d}$ の向きが垂直ならば力は仕事をしないことになる（$\theta = 90°$；$\cos\theta = 0$）．

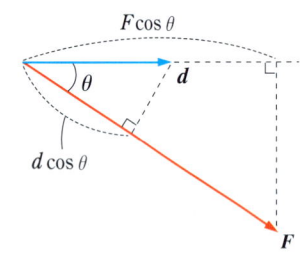

2つのベクトル $\boldsymbol{A}, \boldsymbol{B}$ のベクトル積は $\boldsymbol{A}\times\boldsymbol{B}$ で表されるベクトル量である．$\boldsymbol{A}, \boldsymbol{B}$ の大きさを A, B，そのなす角を θ（$0° \leqq \theta \leqq 180°$）とすると，ベクトル積 $\boldsymbol{A}\times\boldsymbol{B}$ の大きさは

$$|\boldsymbol{A}\times\boldsymbol{B}| = AB\sin\theta \tag{B1.2}$$

で与えられ，これは $\boldsymbol{A}, \boldsymbol{B}$ を2辺とする平行四辺形の面積に等しい．ベクトル積 $\boldsymbol{A}\times\boldsymbol{B}$ の向きはこの平行四辺形の面に垂直で $\boldsymbol{A}$ から $\boldsymbol{B}$ へ回転する右ねじが進行する方向である．これを**右ねじの規則**という（●図 B1.3 参照）．

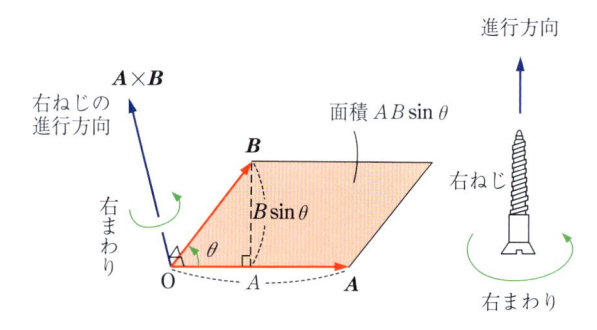

図 B1.2　仕事　仕事 W は，物体に働く力 $\boldsymbol{F}$ と角 θ の方向への移動を表す変位ベクトル $\boldsymbol{d}$ とのスカラー積 $W = \boldsymbol{F}\cdot\boldsymbol{d} = Fd\cos\theta$ である．ここで F は力 $\boldsymbol{F}$ の大きさ，d は変位 $\boldsymbol{d}$ の大きさを示す．

図 B1.3　ベクトル積　2つのベクトル $\boldsymbol{A}, \boldsymbol{B}$ の大きさを A, B，そのなす角を θ（$0° \leqq \theta \leqq 180°$）とすると，$\boldsymbol{A}, \boldsymbol{B}$ のベクトル積はベクトル量 $\boldsymbol{A}\times\boldsymbol{B}$ で表され，その大きさは $|\boldsymbol{A}\times\boldsymbol{B}| = AB\sin\theta$ で $\boldsymbol{A}, \boldsymbol{B}$ を2辺とする平行四辺形の面積に等しく，その向きは $\boldsymbol{A}, \boldsymbol{B}$ 面に垂直で $\boldsymbol{A}$ から $\boldsymbol{B}$ へ回転する右ねじの進行方向になる（**右ねじの規則**）．

物体の大きさを考えないで，その全体としての運動を問題にするとき，質量 m をもつ小さな粒子と見なして**質点**という．原点 O から測った位置ベクトル $\boldsymbol{r}$ の点 P にある質点に働く力を $\boldsymbol{F}$ とするとき，$\boldsymbol{r}$ と $\boldsymbol{F}$ とのベクトル積 $\boldsymbol{N} = \boldsymbol{r}\times\boldsymbol{F}$ を，原点 O のまわりの**力のモーメント**という（●図 B1.4 参照）．$\boldsymbol{r}$ と $\boldsymbol{F}$ のなす角を θ とすると，$\boldsymbol{N}$ の大きさは $N = rF\sin\theta$ である．そのベクトルの向きは，右ねじの規則できまり，$\boldsymbol{r}$ から $\boldsymbol{F}$ への回転を右ねじの回転と一致させるときの右ねじの進行方向になる．

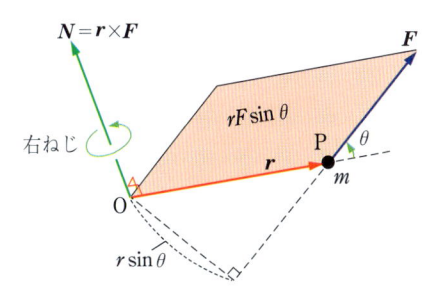

図B1.4 力のモーメント 原点Oから位置ベクトルrの点Pにある質点に働く力をFとするとき，rとFとのベクトル積$N = r \times F$を，原点Oのまわりの力のモーメントという．Nの大きさは$N = rF \sin\theta$であり，これは原点Oから力が作用する線上へ下ろした垂線の長さ$r \sin\theta$と，力の大きさFの積である．Nの向きは右ねじの規則できまる．

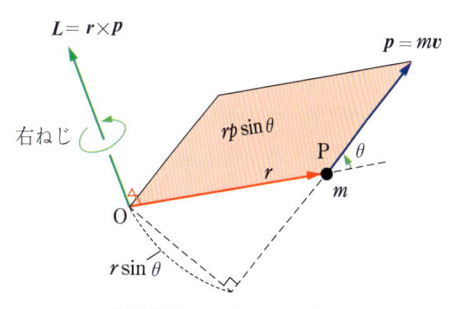

図B1.5 角運動量 原点Oから位置ベクトルrの点Pにある質点がもつ運動量を$p = mv$とするとき，rとpとのベクトル積$L = r \times p$を，質点がOのまわりにもつ角運動量という．これは原点Oのまわりの質点の運動量のモーメントである．Lの大きさは$L = rp \sin\theta$であり，その向きは右ねじの規則できまる．

この質点の速度をvとするとき，rと運動量$p = mv$とのベクトル積$L = r \times p = mr \times v$を，質点がOのまわりにもつ**角運動量**という（●図B1.5参照）．rとvのなす角をθとすると，Lの大きさは$L = mrv \sin\theta$となり，Lの向きは右ねじの規則できまる．本文p.63（3.9）式はrとvが垂直な場合（$\theta = 90°$；$\sin\theta = 1$）を示す．

付録 B2　運動量保存則と角運動量保存則

これらの保存法則については本文 3.5 で述べたが，ここではベクトル記号を使ってまとめておく．

ニュートンの運動の第 2 法則から，質量 m，速度 $\boldsymbol{v}$ の質点の運動量 $\boldsymbol{p} = m\boldsymbol{v}$ の時間的変化は，その質点に働く力（正味の外力）$\boldsymbol{F}$ に等しい：

$$\boldsymbol{F} = \frac{\Delta \boldsymbol{p}}{\Delta t} \tag{B2.1}$$

したがって，$\boldsymbol{F} = 0$ ならば $\Delta \boldsymbol{p} = 0$，つまり運動量 $\boldsymbol{p}$ は保存する．質量 m_i の質点の集まりである質点系については，m_i の総和を $m = \sum_i m_i$，各質点のもつ運動量 $\boldsymbol{p}_i$ のベクトル和を $\boldsymbol{p} = \sum_i \boldsymbol{p}_i$，$m_i$ に働く力のうち外力だけのベクトル和を $\boldsymbol{F} = \sum_i \boldsymbol{F}_i$ とすれば，(B2.1)式がそのまま成り立つ．系を構成する質点の間に働く内力は作用と反作用の関係にあるので，系に働く正味の力にはならない．

つぎに原点 O から位置ベクトル $\boldsymbol{r}$ の点 P にある質量 m，速度 $\boldsymbol{v}$ の質点が，O のまわりにもつ角運動量 $\boldsymbol{L} = \boldsymbol{r} \times \boldsymbol{p} = m\boldsymbol{r} \times \boldsymbol{v}$ の時間的変化は，この質点に働く力（正味の外力）$\boldsymbol{F}$ の O のまわりのモーメント $\boldsymbol{N} = \boldsymbol{r} \times \boldsymbol{F}$ に等しい：

$$\boldsymbol{N} = \frac{\Delta \boldsymbol{L}}{\Delta t} \tag{B2.2}$$

正味の外力が働かないで $\boldsymbol{F} = 0$ か，または力が位置ベクトルに平行な中心力 $\boldsymbol{r} \parallel \boldsymbol{F}$ であると，$\boldsymbol{N} = 0$ となるので $\Delta \boldsymbol{L} = 0$，つまり角運動量 $\boldsymbol{L}$ は保存する．質点系についても，各質点のもつ O のまわりの角運動量のベクトル和を $\boldsymbol{L} = \sum_i \boldsymbol{r}_i \times \boldsymbol{p}_i$，各質点に働く外力の O のまわりのモーメントのベクトル和を $\boldsymbol{N} = \sum_i \boldsymbol{r}_i \times \boldsymbol{F}_i$ とすれば，(B2.2)式がそのまま成り立つ．この場合も，系を構成する質点の間に働く内力は作用と反作用の関係にあるので，系に働く正味の力のモーメントにはならない．

付録 B3　位置エネルギー（ポテンシャル）と保存力

力学的エネルギーが保存される体系を考える．質点の位置 $\boldsymbol{r}$ だけできまる関数 $U(\boldsymbol{r})$ によって質点の位置エネルギー（**ポテンシャル**）が表され，$\boldsymbol{r}$ の大きさ r が Δr だけ変化するときの $U(\boldsymbol{r})$ の変化を $\Delta U(\boldsymbol{r})$ とすると，その変化の割合の符号を変えたもの，つまりポテンシャルのマイナス勾配が質点に働く力の大きさ F を与える：

$$-\frac{\Delta U(\boldsymbol{r})}{\Delta r} = F \tag{B3.1}$$

このような力を**保存力**という（ここでは詳しく述べないが，ベクトル解析の記号を使えば，(B3.1) 式は $-\mathrm{grad}\, U(\boldsymbol{r}) = \boldsymbol{F}$ と書ける）．質点が力 F をうけて力の方向に Δr だけ移動するとき，この力のなす仕事は (B3.1) 式から $F\Delta r = -\Delta U(\boldsymbol{r})$ である．つまり力のなす仕事の量はポテンシャルの減少分に等しい．

第 4 章で学んだように，地表で高さ h にある質量 m の質点がもつ重力の位置エネルギーは mgh である．このマイナス勾配をつくると，

$-\dfrac{\Delta(mgh)}{\Delta h} = -mg$ となり，これは質点に働く力，つまり下向き（マイナス符号）の重力を与えることがわかる．ポテンシャルは変化量だけが物理的意味をもつので基準点は任意であるが，地表近くの重力ポテンシャルを考えるときは，便宜のため地表 $h = 0$ を基準に選ぶ．

つぎに万有引力やクーロン力のポテンシャルを求めるために，r が微小量 Δr だけ変化するときの $1/r$ の変化を計算すると，

$$\Delta\left(\frac{1}{r}\right) = \frac{1}{r+\Delta r} - \frac{1}{r} = \frac{-\Delta r}{r(r+\Delta r)} \fallingdotseq -\frac{\Delta r}{r^2}$$

したがって

$$\frac{\Delta\left(\dfrac{1}{r}\right)}{\Delta r} = -\frac{1}{r^2} \tag{B3.2}$$

(B3.2) 式の両辺に $Gm_1 m_2$ を掛けて (B3.1) 式の形に書き直すと，

$$-\frac{\Delta\left(-G\dfrac{m_1 m_2}{r}\right)}{\Delta r} = -G\frac{m_1 m_2}{r^2}$$

この式の右辺は，G を万有引力定数とするとき，r だけ離れた 2 つの質量 m_1, m_2 の間に働く万有引力であるから（本文 **3.3**，p.54 参照），左辺の分子のかっこ内が，**万有引力ポテンシャル**

$$U(\boldsymbol{r}) = -G\frac{m_1 m_2}{r} \tag{B3.3}$$

を表す．この場合，$r \to \infty$ で $U \to 0$ になるので，ポテンシャルの基準点を無限遠にとったことになる．

(B3.2) 式の両辺に $kq_1 q_2$ を掛けて (B3.1) 式の形に書き直すと，

$$-\frac{\Delta\left(k\dfrac{q_1 q_2}{r}\right)}{\Delta r} = k\frac{q_1 q_2}{r^2}$$

この式の右辺は，k をクーロンの法則の比例定数とするとき，r だけ離れた 2 つの電荷 q_1, q_2 の間に働くクーロン力（$q_1 q_2 > 0$ ならば斥力，$q_1 q_2 < 0$ ならば引力）であるから（本文 **8.1**，p.164 参照），左辺の分子のかっこ内が**クーロン・ポテンシャル**

$$U(\boldsymbol{r}) = k\frac{q_1 q_2}{r} \tag{B3.4}$$

を表す．この場合もポテンシャルの基準点は無限遠にとってある．

付録 B4　惑星の運動とケプラーの法則

表, 図, 記述の一部は原著第 15 章 15.2 から採用したが, 記述の多くは監訳者によって書き改めてある.

学習目標
太陽系の構成と構造の概略を理解すること.
惑星の運動に関するケプラーの 3 法則について説明すること.

太陽系は重力によって結びついた質量をもつ多くの物体が運動する複雑な体系である. この体系の中心に太陽と呼ばれる星があり, このまわりを公転する 9 個の惑星のほか, 惑星のまわりを公転する 60 個以上の衛星（月）, 数千個の小惑星, 莫大な数の彗星, 流星群, 惑星間塵粒子, 気体, 荷電粒子からなる太陽風などでできている. 全体系の質量の 99.87 % が太陽に集中しているが, 全体系の角運動量は木星のような巨大惑星が担い, 太陽の自転角運動量は全体のわずか 0.5 % である.

太陽から惑星までの平均距離, 惑星の直径, 太陽と各惑星の質量が, 表 B4.1 に示してある.

太陽のまわりを公転する惑星の軌道はすべて楕円であるが, 冥王星以外の軌道はほとんど円に近い楕円である. 惑星の軌道面はほぼ同一面内にあって, 系内の物質分布は扁平である. 惑星の公転, 自転方向はほとんど同じで, 太陽の自転方向に一致している. ●図 B4.1 は地球の北極上の空間のある位置から見たものとして描いてあり, すべての惑星は反時計方向にまわっている. これらの軌道は同じ縮尺で描かれている. 冥王星の軌道が海王星の軌道の内側に入ることもある. この図で冥王星は 2002 年における位置を示す.

デンマークの天文学者ティコ・ブラーエ (Tycho Brahe, 1546-1601) は, 望遠鏡のなかった時代に驚くべき精度で天体の観測をした. ドイツの数学者・天文学者ケプラー (Johannes Kepler, 1571-1630) は, ティコ・ブラーエの行った太陽および惑星（とくに火星）についての詳細な観測データを整理し, 経験的に惑星の運動に関するつぎの 3 法則を発見し

表 B4.1 太陽系

	太陽からの平均距離（軌道長半径）AU（天文単位）	直径（地球 = 1）	質量（地球 = 1）
太陽	...	109	332946
水星	0.387	0.38	0.055
金星	0.723	0.95	0.815
地球	1.000	1.00	1.000
火星	1.524	0.53	0.107
小惑星	2.767	...	...
木星	5.203	11.21	317.8
土星	9.555	9.41	94.3
天王星	19.19	4.01	14.54
海王星	30.11	3.88	17.15
冥王星	39.44	0.18	0.002

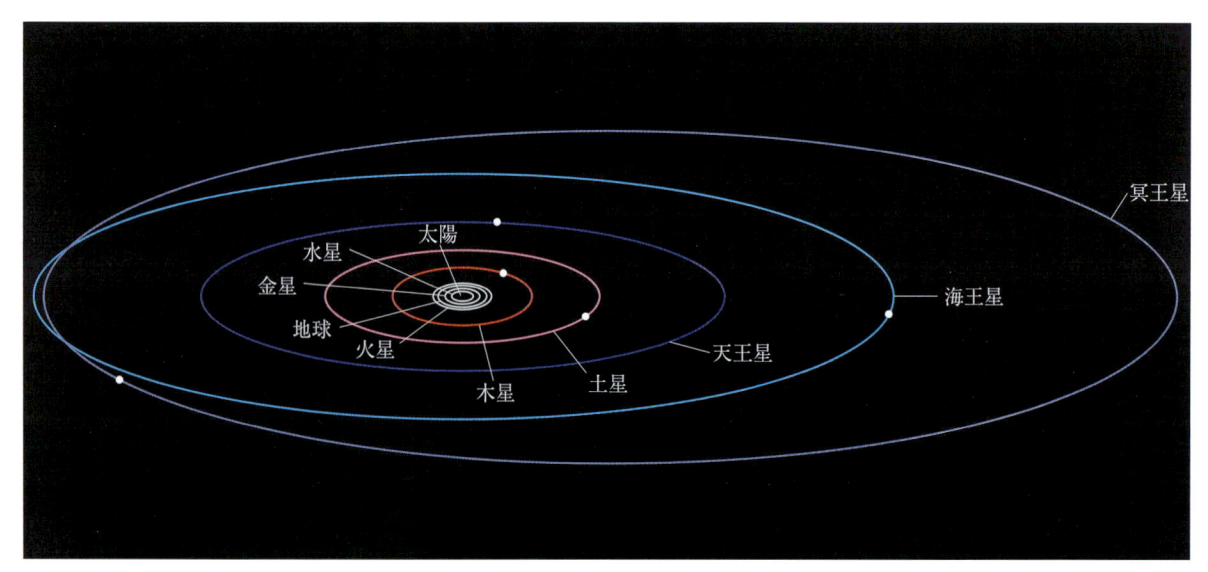

図 B4.1　惑星の軌道　地球の北極上の空間にある位置からみたとして, すべての惑星は反時計方向に公転している. 惑星の軌道は同じ縮尺で描かれている.

た．これを**ケプラーの法則**という．

> 1. **楕円軌道の法則**：すべての惑星は楕円軌道を描いて運動し，その焦点の1つに太陽が位置する．
> 2. **面積速度一定の法則**：太陽からある惑星を結ぶ動径ベクトルが単位時間に描く面積はそれぞれの惑星について一定である．
> 3. **調和の法則**：ある惑星の公転周期（太陽を1周りする時間）の2乗とその楕円軌道の長半径（半長軸）の3乗との比はどの惑星についても一定である．

ケプラーの3法則は，ある惑星と太陽との間に働く力が万有引力（本文 3.3 参照）であれば，他の惑星などの影響を無視して，ニュートンの運動法則によって導かれる．この場合，万有引力が中心力であることが重要である．中心力とは作用する力の方向が2物体を結ぶ直線上にあり，力の大きさが相互の距離で決まるものをいう．

第1法則を理解するため，楕円の作図の仕方を説明しよう．楕円とは焦点と呼ばれる2定点 F, F′ からの距離の和が一定な点の軌跡のことである．図 B4.2 のように，押しピン2個を紙面上の定点におき，これに閉じた糸のループをかけて，糸が張った状態で鉛筆を移動すれば紙面に楕円が描かれる．ただしピン，糸，鉛筆の芯の太さや，糸が張ったときの伸びは無視できるものとする．

長半径 a，短半径 b の楕円の方程式は，直交座標で表すと，$\dfrac{x^2}{a^2}+\dfrac{y^2}{b^2}=1$ となり，焦点の位置は $\pm a\sqrt{1-\dfrac{b^2}{a^2}}$ で表される．したがって，作図の際は，押しピンを原点から両側に $a\sqrt{1-\dfrac{b^2}{a^2}}$ だけ離れた位置におき，糸のループの長さを $2a\left(1+\sqrt{1-\dfrac{b^2}{a^2}}\right)$ に作ればよい．$\sqrt{1-\dfrac{b^2}{a^2}}=e$ を楕円の離心率という．地球は離心率 $e=0.0167$ である．完全な円ならば $e=0$ となる．

万有引力が距離の2乗に逆比例する中心力であることから，数学的計算だけで第1法則が自然に導かれるが，多少複雑な計算となりこの教科書のレベルを越えるのでここでは省略する．一般に得られる軌道は2次曲線，つまり楕円のほか，双曲線，放物線の場合もある．惑星はすべて楕円軌道であるが，彗星には楕円軌道でないものもある．

第2法則を理解するために 図 B4.3 を見よう．惑星は決まった時間の間に等しい大きさの面積を描くので，惑星が太陽に最も近づくとき（近日点という）公転の速さは最大となり，惑星が最も遠ざかるとき（遠日点という）公転の速さは最小となる．

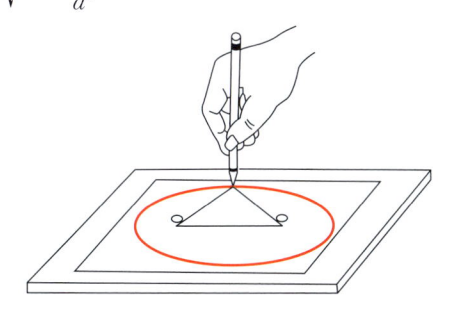

図 B4.2　楕円の作図　2個の押しピン，ループにした糸，鉛筆を使って紙面に楕円を描くことができる．

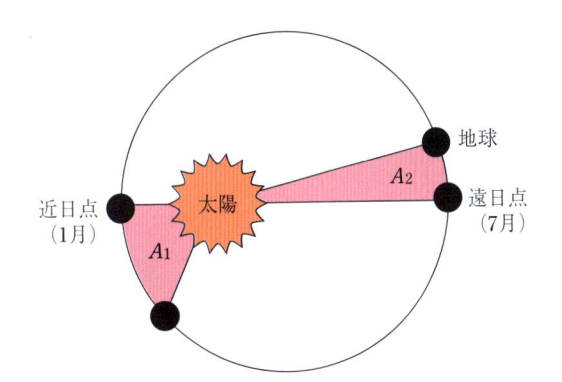

図 B4.3　ケプラーの面積速度一定の法則　太陽と1つの惑星（ここでは地球）を結ぶ線分が，等しい時間の間に描く面積は等しい．この図で面積 A_1 は面積 A_2 に等しい．地球は7月よりも1月のほうが，より大きな速さで軌道運動をすることがわかる．円に近い楕円では2つの焦点は円の中心に近くなる．面積速度の一定をわかりやすくするため，この図では焦点にある太陽の位置をわざとずらして描いてある．

図 B4.4 で面積速度と角運動量の関係を説明する．太陽の位置を原点 O にとり，惑星の時刻 t における位置を P とする．惑星を質点（質量 m をもつ小さな物体）と考える．微小な時間 Δt の間に，質点が P から P′ へ運動するときの移動距離は $\Delta s = \overparen{\text{PP}'} \fallingdotseq \overline{\text{PP}'}$（変位ベクトルの大きさ）であり，

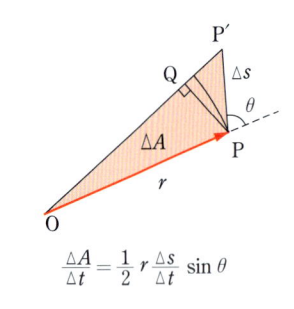

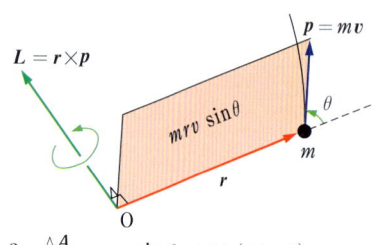

$$\frac{\Delta A}{\Delta t} = \frac{1}{2} r \frac{\Delta s}{\Delta t} \sin \theta$$

$$2m \frac{\Delta A}{\Delta t} = mrv \sin \theta = |\boldsymbol{L}| \quad (\Delta t \to 0)$$

図 B4.4 面積速度と角運動量 面積速度を $2m$ 倍すると角運動量になる

動径 $\overline{\mathrm{OP}} = r$ は $\overline{\mathrm{OP'}} = r + \Delta r$ に移動し，この間に動径が描く面積は，近似的な三角形 OPP′ の面積 ΔA である．P から $\overline{\mathrm{OP'}}$ へ下ろした垂線の足を Q とし，動径 $\overline{\mathrm{OP}}$ の方向（動径ベクトル $\boldsymbol{r}$ の方向）と変位 $\overline{\mathrm{PP'}}$ のなす角を θ とすると $\overline{\mathrm{PQ}} \fallingdotseq \Delta s \sin \theta$ であり，

$$\begin{aligned}\Delta A &= \overline{\mathrm{OP'}} \times \overline{\mathrm{PQ}}/2 \\ &= \frac{1}{2}(r + \Delta r)\Delta s \sin \theta \fallingdotseq \frac{1}{2} r \Delta s \sin \theta\end{aligned}$$
(B4.1)

ここで 2 次の微小量 $\Delta r \Delta s$ は省略した．両辺を Δt で割ると面積の時間的変化つまり**面積速度**（の大きさ）が得られる．

$$\frac{\Delta A}{\Delta t} = \frac{1}{2} r \frac{\Delta s}{\Delta t} \sin \theta = \frac{1}{2} rv \sin \theta \quad (\text{B4.2})$$

Δt の間の平均の速さ $v = \Delta s/\Delta t$ は，$\Delta t \to 0$ の極限を考えると，時刻 t の瞬間において質点が P でもつ速度ベクトル $\boldsymbol{v}$ の大きさを表す．また速度 $\boldsymbol{v}$ は軌道曲線の P における接線方向を向くので，θ は動径ベクトル $\boldsymbol{r}$ と速度ベクトル $\boldsymbol{v}$ のなす角になる．

$\Delta A/\Delta t$ が一定であることは，働く力が中心力ならば，運動法則から直接計算することもできるが，ここでは面積速度一定の法則が，実は本文 **3.5** で学

んだ角運動量保存の法則と同じ内容であることを説明する．**付録 B1** の図 B1.4 に示すように，原点 O に関する質点の角運動量 $\boldsymbol{L}$ は質点の位置（動径）ベクトル $\boldsymbol{r}$ と運動量 $\boldsymbol{p} = m\boldsymbol{v}$ とのベクトル積で定義されるので，その大きさは

$$L = |\boldsymbol{L}| = |\boldsymbol{r} \times m\boldsymbol{v}| = mrv \sin \theta \quad (\text{B4.3})$$

つまり面積速度を $2m$ 倍すると角運動量になることがわかる（図 B4.4 参照）．惑星が太陽から受ける万有引力は動径方向に働く中心力なので，惑星に作用する太陽のまわりの力のモーメントは 0 であるから角運動量は一定である（p.63 および**付録 B 2** 参照）．したがって面積速度も一定である．

面積速度も角運動量と同じ向きをもつベクトルである．このベクトルは動径が描く面積に垂直で，原点 O のまわりの動径の回転を右ねじの回転と一致させるとき右ねじが進行する向きをもつ（図 B4.4 で，紙面から手前に向う）．

惑星の楕円軌道を円で近似（冥王星を除く）すれば**第 3 法則**をすぐに導くことができる．太陽の質量を M，惑星の質量を m，惑星の軌道速度の大きさを v とする．いま楕円軌道の長半径 a は，円軌道の半径 R に等しい．惑星が円軌道を等速円運動するのに必要な向心力は，太陽からの万有引力によって与えられるので，G を万有引力定数とすると，本文 **3.2** の向心力（3.3）式と，本文 **3.3** の万有引力（3.4）式から

$$\frac{mv^2}{R} = \frac{GMm}{R^2} \quad (\text{B4.4})$$

公転周期を T とすれば，軌道速度の大きさは $v = 2\pi R/T$ である．これを（B4.4）式に代入すると，

$$\frac{T^2}{R^3} = \frac{4\pi^2}{GM} \ (= k) \quad (\text{B4.5})$$

右辺は万有引力定数 G と太陽の質量 M だけで決まり，どの惑星についても一定である．すなわち円軌道で近似した場合について第 3 法則が証明された．

地球についての値 $T = 1$ 年 [y]，$R = 1$ 天文単位 [AU] を使うと，$k = 1$ y^2/AU^3 である．SI 単位系では $T = 365.24 \times 24 \times 60^2$ s，$R = 1.496 \times 10^{11}$ m から $k = 2.974 \times 10^{-19}$ s^2/m^3 となる．また G と M の値を使って（表見返しにある表から）計算すると，$k = 4\pi^2/(6.673 \times 10^{-11}$ m^3/(s^2·kg)$\times 1.989 \times 10^{30}$ kg) $= 2.974 \times 10^{-19}$ s^2/m^3．ここで G

の単位は N・m²/kg² = (kg・m/s²) m²/kg² = m³/(s²・kg) となることを考慮した．

例題 B4.1　惑星の公転周期を計算する

長半径 1.52 AU（天文単位）をもつ惑星の公転周期を計算せよ．

解　公式（B4.5）に k と R の値を代入すると，
$$T^2 = kR^3 = 1\,\mathrm{y^2/AU^3} \times (1.52\,\mathrm{AU})^3$$
$$= 3.51\,[\mathrm{y^2}]$$
したがって，$T = \sqrt{3.51}\,\mathrm{y} = 1.87$ 年 [y]．

問 B4.1

長半径 30 AU をもつ惑星の公転周期を計算せよ．

（**解**　$T = \sqrt{30^3}\,\mathrm{y} = 164$ 年 [y]）

例題 B4.2　太陽の質量を計算する

地球の公転周期 $T = 365.24$ 日と太陽からの平均距離 $R = 1.496 \times 10^8$ km を使って，太陽の質量 M を kg の単位で計算せよ．

解　$R = 1.496 \times 10^{11}$ m，$T = 365.24 \times 24 \times 60^2$ s $= 3.156 \times 10^7$ s，$G = 6.673 \times 10^{-11}$ m³/(s²・kg)．これらを公式（B4.5）$M = 4\pi^2 R^3/GT^2$ に代入すると
$$M = \frac{4\pi^2 \times (1.496 \times 10^{11}\,\mathrm{m})^3}{6.673 \times 10^{-11}\,\mathrm{m^3/(s^2 \cdot kg)} \times (3.156 \times 10^7\,\mathrm{s})^2}$$
$$= 1.989 \times 10^{30}\,\mathrm{kg} \fallingdotseq 1.99 \times 10^{30}\,\mathrm{kg}.$$

問 B4.2

火星の公転周期 686.98 日と太陽からの平均距離 2.279×10^8 km を使って，太陽の質量 M を kg の単位で計算せよ．

（**解**　$M = \dfrac{4\pi^2 \times (2.279 \times 10^{11}\,\mathrm{m})^3}{6.673 \times 10^{-11}\,\mathrm{m^3/(s^2 \cdot kg)} \times (3.523 \times 10^7\,\mathrm{s})^2}$
$= 1.988 \times 10^{30}\,\mathrm{kg} \fallingdotseq 1.99 \times 10^{30}\,\mathrm{kg}$）

付録 B5　宇宙速度

　宇宙飛行をする人工衛星や宇宙船などの物体を，ロケットを用いて打ち上げる場合，飛行物体の運動を特徴づける基準になる速度が3種類ある．これらを第1，第2，第3宇宙速度というが，本文第2,3章で学んだことと付録B3から容易に計算できる．

第1宇宙速度　地表にごく近い円軌道上で，人工衛星となって地球をまわるために必要な速さ $V_1 = 7.9 \text{ km/s}$ のことである．この速さはつぎのように計算できる．地球の質量を M，飛行物体の質量を m，その速さを v とする．地球の半径を R，地表から衛星軌道までの距離を h とすると，$h \ll R$ であるから円軌道の半径は $R+h ≒ R$ としてよい．G を万有引力定数とすると，円運動の向心力は地球からの万有引力によって与えられる（●図B5.1参照）ので，本文(3.3)式と(3.4)式から，$\dfrac{mv^2}{R} = \dfrac{GMm}{R^2}$．これから求められる v が V_1 である：

$$V_1 = \sqrt{\dfrac{GM}{R}}$$

$$= \sqrt{\dfrac{6.673 \times 10^{-11} \text{ m}^3/(\text{s}^2 \cdot \text{kg}) \times 5.974 \times 10^{24} \text{ kg}}{6.367 \times 10^6 \text{ m}}}$$

$$= 7.91 \times 10^3 \text{ m/s} ≒ 7.9 \text{ km/s} \quad \text{(B5.1)}$$

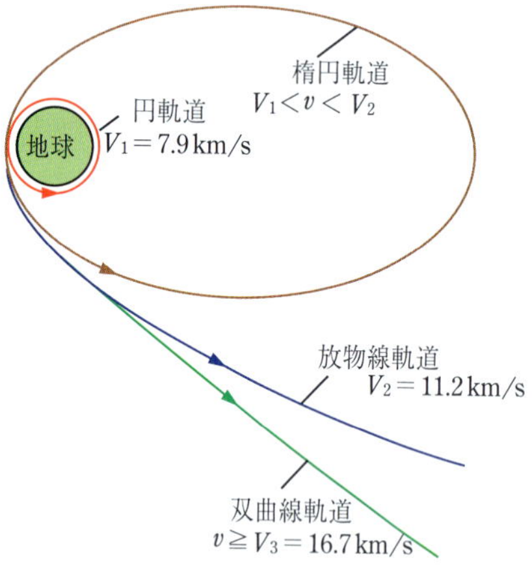

または地球表面における重力加速度（標準値）$g = 9.807 \text{ m/s}^2$ を使って，$\dfrac{m}{R}v^2 = mg$ から，

$$V_1 = \sqrt{gR}$$

$$= \sqrt{9.807 \text{ m/s}^2 \times 6.367 \times 10^6 \text{ m}}$$

$$= 7.90 \times 10^3 \text{ m/s} \quad \text{(B5.2)}$$

を求めてもよい．

　楕円軌道をまわる人工衛星となるには，これより大きな速さが必要である．

第2宇宙速度　地球の引力圏から脱出するために必要な最小の速さ $V_2 = 11.2 \text{ km/s}$ のことである．このとき飛行物体は地球の表面近くに近地点（地球に最も近づく位置）をもつ放物線軌道を描く（図B5.1参照）．この速さはつぎのように計算できる．地球の質量を M，その半径を R とし，飛行物体の質量を m，その速さを v とする．物体の運動エネルギーと位置エネルギー（ポテンシャル）の和である全エネルギー E は，力学的エネルギー保存則から一定である．万有引力ポテンシャルに(B3.3)式を使うと，地表の近くでは

$$E = \dfrac{1}{2}mv^2 - G\dfrac{Mm}{R} \quad (E \geq 0 \text{ は定数})$$

$$\text{(B5.3)}$$

が成り立つ．最小の速さ v を与えるのは $E = 0$ のときであって，この v が V_2 である：

$$V_2 = \sqrt{\dfrac{2GM}{R}} \quad \text{(B5.4)}$$

これは第1宇宙速度の $\sqrt{2}$ 倍であり，(B5.1)式から $V_2 = \sqrt{2}V_1 = \sqrt{2} \times 7.91 \times 10^3 \text{ m/s} = 11.19 \text{ km/s} ≒ 11.2 \text{ km/s}$ となる．重力加速度 $g = GM/R^2$（本文 **3.3** の (3.5) 式，p.55 参照）を使って，つぎの式から求めてもよい：

$$V_2 = \sqrt{2gR} \quad \text{(B5.5)}$$

　速さが $V_2 \geq 11.2 \text{ km/s}$ であれば，地球の引力圏を脱出でき，人工惑星にすることもできる．

図 B5.1　宇宙速度　地球表面に近い円軌道上で人工衛星となって地球をまわるのに必要な速さ $V_1 = 7.9 \text{ km/s}$ を第1宇宙速度，地球の引力圏から脱出するのに必要な最小の速さ $V_2 = 11.2 \text{ km/s}$ を第2宇宙速度，太陽の引力圏から脱出するのに必要な最小の速さ $V_3 = 16.7 \text{ km/s}$ を第3宇宙速度という．

第3宇宙速度　地球から出発した飛行物体が，太陽の引力圏から脱出して太陽系の外に出るために必要な最小の速さ $V_3 = 16.7$ km/s のことである．この計算は少し複雑になる．

太陽の質量を M_0，地球と太陽の間の平均距離を R_0，飛行物体の質量を m，その速さを v とする．太陽が物体に及ぼす万有引力だけを考えれば，物体が地球の公転軌道上にあるとき，飛行物体の力学的全エネルギー E は (B5.3) 式と同様に

$$E = \frac{1}{2}mv^2 - G\frac{M_0 m}{R_0} \quad (E \geqq 0 \text{ は定数})$$
(B5.6)

で与えられる．したがって地球の引力圏から出たところで考えると，地球の公転軌道上にある物体を太陽系から脱出させるのに必要な最小の速さは，(B5.6) 式で $E = 0$ とおいて，

$$\begin{aligned} v &= \sqrt{\frac{2GM_0}{R_0}} \\ &= \sqrt{\frac{2 \times 6.673 \times 10^{-11} \text{ m}^3/(\text{s}^2 \cdot \text{kg}) \times 1.989 \times 10^{30} \text{ kg}}{1.496 \times 10^{11} \text{ m}}} \\ &= 4.211 \times 10^4 \text{ m/s} = 42.11 \text{ km/s} \end{aligned}$$
(B5.7)

である．地球の公転速度の方向に脱出することにすれば，地球の公転の速さ v_0 は (B5.1) 式と類似の計算によって

$$v_0 = \sqrt{\frac{GM_0}{R_0}} = \frac{1}{\sqrt{2}} \times 42.11 \text{ km/s} = 29.78 \text{ km/s}$$
(B5.8)

であることがわかるので，(B5.7) 式の数値と (B5.8) 式の数値との差から，物体は地球に対して

$$v - v_0 = 42.11 \text{ km/s} - 29.78 \text{ km/s} = 12.33 \text{ km/s}$$
(B5.9)

だけの速さをもてばよいことになる．つまり地球に対して $\frac{1}{2}m(v-v_0)^2$ の運動エネルギーをもっていればよい．しかしこの計算結果は地球の引力圏を出たところでの話であるから，地球上から出発する物体には，この運動エネルギーの値にさらに，地球の引力圏を出るのに必要な第2宇宙速度に相当する運動エネルギー $\frac{1}{2}mV_2^2$ を付け加えておかなければならない．ゆえに

$$\frac{1}{2}mV_3^2 = \frac{1}{2}m(v-v_0)^2 + \frac{1}{2}mV_2^2 \quad \text{(B5.10)}$$

したがって

$$\begin{aligned} V_3 &= \sqrt{(v-v_0)^2 + V_2^2} = \sqrt{12.33^2 + 11.19^2} \text{ km/s} \\ &= 16.65 \text{ km/s} \fallingdotseq 16.7 \text{ km/s} \end{aligned}$$
(B5.11)

付録 B6　ローレンツ力と電磁誘導

本文 8.5 電磁気学において，電流の流れる導線が磁場から力を受ける現象（電動機の原理）と，磁場内を動く導線内に電磁誘導による誘導起電力が発生する現象（発電機の原理）とが，導体内の電子の移動を考えれば，同じ法則から統一的に説明できることを学んだ．ただし磁場の方向，電流（または導線の移動）の方向，導線が受ける力（または誘導起電力）の方向がたがいに直角になる場合について述べた．

ここではさらに一般的な場合についてベクトル記号を使って議論する．磁場 B の中で速度 v で運動する電荷 q の荷電粒子が磁場から受ける力 F_mag は

$$F_\text{mag} = qv \times B \tag{B6.1}$$

で表される．この力を**ローレンツ力**という（●図B6.1 参照）．これに荷電粒子が電場 E から受ける力 $F_\text{ele} = qE$ も含めて

$$F = F_\text{ele} + F_\text{mag} = q(E + v \times B) \tag{B6.2}$$

を広い意味のローレンツ力ということもある．

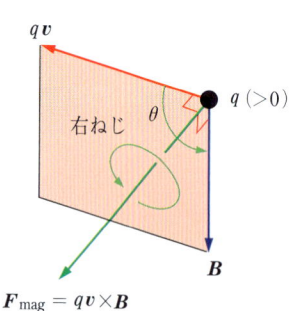

図 B6.1　ローレンツ力　電荷 q （>0）の粒子が一様な磁場 B の中を速度 v で運動するとき，磁場から受ける力 $F_\text{mag} = qv \times B$ をローレンツ力という．v と B とのなす角を θ とすれば，ローレンツ力の大きさは $qvB\sin\theta$ （qv と B を 2 辺とする平行四辺形の面積）であり，その向きは平行四辺形の面に垂直で，v から B へ回転する右ねじの進行方向になる．

本文 p.182 の図 8.27 に示すように，速度 v で運動する電子（電荷 $-e$）が一様な磁場 B に入ると磁場から力 F_mag を受けるが，この力は (B6.1) 式からわかるように電子の速度 v に垂直に働くので，電子が円運動をするのに必要な向心力を与える．電子が描く円弧の半径を r とすると，本文 p.52 の (3.3) 式から向心力は mv^2/r であり，これが F_mag の大きさ evB に等しい：

$$\frac{mv^2}{r} = evB. \tag{B6.3}$$

これから $v = (e/m)rB$ となり，e/m がわかっていれば r と B の測定値から電子の速度の大きさ v を知ることができる．図 8.27 は電子が磁場に直角に入る場合を示すが，θ の角度で入る場合は (B6.3) 式の右辺が $\sin\theta$ 倍になる．(B1.2) 式を参照せよ．

電流の流れる導線が磁場から受ける力は，導線内を運動する電子（電荷 $-e$）に働くローレンツ力である．本文 p.183 の図 8.29 (b) のように，鉛直下向きの磁場内に置かれた導線に電流が左向きに流れると，導線内の電子は右向きに速度 v で移動する．電子の電荷は $-e$ なので，磁場から電子が受けるローレンツ力は，(B6.1) 式によって $F_\text{mag} = -ev \times B$ であり，これが磁場から導線が受ける力となる．したがって電子の速度を逆向きにした $-v$ から B へ回転する右ねじの進行方向，つまり紙面の裏側から表側に向かう力を受ける（●図 B6.2 参照）．導線と磁場の向きが直交しないで θ の角度をなすときは，力の大きさが $\sin\theta$ 倍になるが，力の

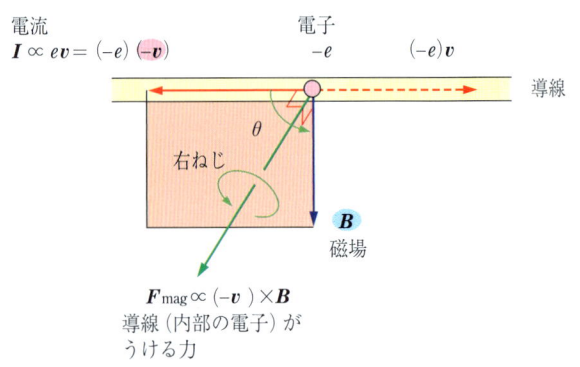

図 B6.2　電流の流れる導線が磁場から受ける力　磁場 B の中にある導線に電流が左向きに流れると，導線内の電子は右向きに速度 v で移動する．電子の電荷は $-e$ なので，電子の速度を逆向きにした $-v$ から B へ回転する右ねじの進行方向に，導線は磁場によるローレンツ力を受ける．

向きは変わらない．導線と磁場が平行であれば $\theta = 0$ であるから力は働かない．

　磁場の中を運動する導線内に**電磁誘導**によって発生する誘導電流もローレンツ力で説明できる．本文 p.184 の図 8.31 のように，鉛直下向きの磁場内に置かれた導線を紙面の表側から裏側に向けて速度 $\boldsymbol{v}$ で動かすと，導線内の電子に働くローレンツ力は，$-\boldsymbol{v}$ から $\boldsymbol{B}$ へ回転する右ねじの進行方向に働くので，電子は導線中で右向きに力を受けて右方向に移動する．そこで導線内には左向きに誘導起電力が発生して左向きに誘導電流が流れる（●図 B6.3 参照）．導線と磁場の向きが直交しないで θ の角度をなすときは，電子が受ける力の大きさが $\sin\theta$ 倍になるが，力の向きは変わらない．導線と磁場が平行であれば $\theta = 0$ となり電子には力が働かないので，誘導起電力は発生しない．

　図 B6.2 および図 B6.3 の結果（$\theta = 90°$ のとき）を，それぞれフレミングの左手則，右手則として親指，人差し指，中指を直角に広げて，各指に物理量を対応させて覚える方法があるが，こんな面倒なこ

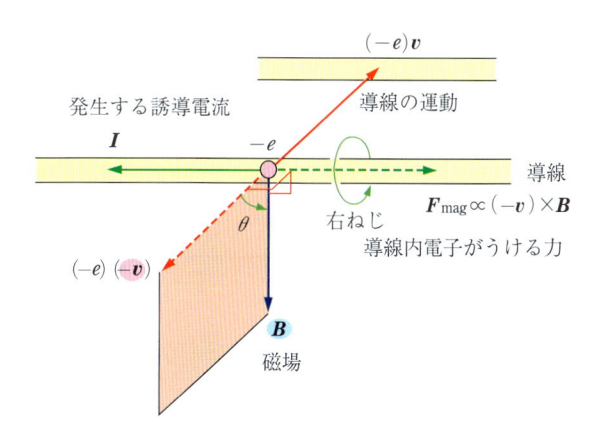

図 B6.3　磁場内を運動する導線に発生する誘導電流　磁場の中にある導線を紙面の表から裏へ向けて速度 $\boldsymbol{v}$ で動かすと，導線内の電子も $\boldsymbol{v}$ で移動するが，電荷が $-e$ なので，電子の速度を逆向きにした $-\boldsymbol{v}$ から $\boldsymbol{B}$ へ回転する右ねじの進行方向，つまり導線内で右方向に電子はローレンツ力を受ける．したがって導線内には左向きの誘導起電力が発生して誘導電流が左方向に流れる．

とを記憶する必要はない．導線内の電子が電荷 $-e$ をもつことを考慮して，ベクトル積で表したローレンツ力 (B6.1) 式を使えば，右ねじの規則だけで，両方の場合に正しい答が得られる．

付録 B7 特殊相対性理論における，長さの縮み，時計の遅れ，質量の増加

原著の付録 VIII の記述を補足し，大幅に書き改めてある．

アインシュタインが 1905 年に発表した**特殊相対性理論**はつぎの 2 つの原理に基づいて構成されている．

1. 相対性原理：たがいに等速直線運動をしているすべての慣性座標系では，物理法則は同一形式で表される．慣性座標系というのは，その中でニュートンの慣性法則が成立する座標系のことである．いくつかの慣性座標系はたがいに一定の速度で運動している．非慣性座標系は加速度をもつ．

2. 光速度不変の原理：真空中の光速度の大きさ c はすべての慣性座標系において一定であり，光源の運動には無関係である．

これらの原理に基づき，慣性座標系の空間 (x,y,z) と時間 t を合わせた 4 次元の時空間座標 (x,y,z,t) の間に成り立つ**ローレンツ変換**と呼ばれる変換式を導くことができ，空間と時間は別々に分けることのできない 4 次元の時空間をつくることが示される．結果として，運動する物体の観測者に対する相対速度が光速度に比べて無視できない場合には，長さの縮み，時計の遅れ，質量（エネルギー）の増加といわれる現象が重要になる．

ローレンツ変換

- 図 B7.1 に示すように，ある 1 つの慣性系 $S(x,y,z,t)$ に対して，この x 軸に沿って一様な速度 v で運動する慣性系 $S'(x',y',z',t')$ を考える．時刻 $t=t'=0$ において両系の座標軸と原点 O, O' が一致していて，この時刻に共通の原点から光が発せられたとする．ある時間経過後，光は時空間の点 P に到達する．この点の時空間座標は S 系では (x,y,z,t)，S' 系では (x',y',z',t') と表される．光速度不変の原理によって，光の速さはどちらの座標系でも同じ c でなければならないから，点 P は S 系では O を中心とする半径 ct の球面上にあり，S' 系では O' を中心とする半径 ct' の球面上にあることになる．したがって球面の方程式から

$$x^2+y^2+z^2=(ct)^2 \tag{B7.1}$$

$$x'^2+y'^2+z'^2=(ct')^2 \tag{B7.2}$$

これから

$$x^2+y^2+z^2-(ct)^2 = x'^2+y'^2+z'^2-(ct')^2 \tag{B7.3}$$

S, S' 系の相対運動は xx' 軸方向であり，垂直方向の変換には影響しないので，

$$y=y', \quad z=z' \tag{B7.4}$$

(B7.4) 式を (B7.3) 式に代入すると

$$x^2-(ct)^2 = x'^2-(ct')^2 \tag{B7.5}$$

(B7.5) 式を満足するように S 系の座標 (x,t) と S' 系の座標 (x',t') の間の変換式を求めることになる．S 系と S' 系の座標の間には 1 対 1 の対応が必要なので，変換は 1 次変換であり，x' も t' も x,t の 1 次関数で表されるはずである．実際

$$x' = \frac{x-vt}{\sqrt{1-\dfrac{v^2}{c^2}}}, \quad t' = \frac{t-\dfrac{v}{c^2}x}{\sqrt{1-\dfrac{v^2}{c^2}}} \tag{B7.6}$$

として，(B7.6) 式を (B7.5) 式の右辺に代入してみると，(B7.5) 式の左辺と一致することがわかる．

(B7.6) 式と (B7.4) 式とを組み合わせると，S 系から S' 系への時空間座標の変換式

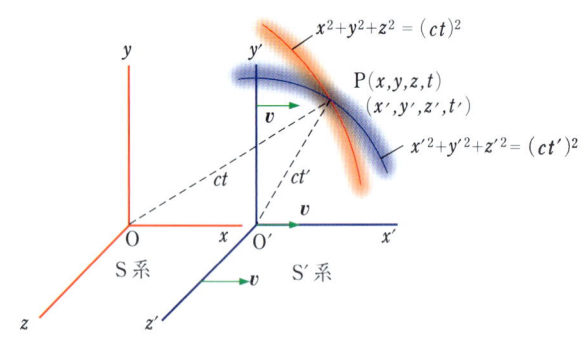

図 B7.1 ローレンツ変換 慣性座標系 $S(x,y,z,t)$ に対して一様な速度 v で x 軸に沿って運動する慣性座標系 $S'(x',y',z',t')$ との間に成り立つローレンツ変換式を考える．両系の原点 O, O' が一致した時刻 $t=t'=0$ に共通の原点から発した光が，S 系では時間 t 経過後に，S' 系では時間 t' 経過後に時空間の点 P に到達する．点 P は S 系では O を中心とする半径 ct の球面上にあり，S' 系では O' を中心とする半径 ct' の球面上にあることになる．

$$\left.\begin{array}{l} x' = \dfrac{x-vt}{\sqrt{1-\dfrac{v^2}{c^2}}} \\ y' = y, \ z' = z \\ t' = \dfrac{t-\dfrac{v}{c^2}x}{\sqrt{1-\dfrac{v^2}{c^2}}} \end{array}\right\} \quad \text{(B7.7)}$$

が得られる．これを**ローレンツ変換**という．S, S′系の間の相対速度の大きさ v が光速 c に比べて非常に小さい（$v \ll c$）ときは，$\sqrt{1-\dfrac{v^2}{c^2}} \to 1$，$\dfrac{v}{c^2} \to 0$ となるので，ローレンツ変換はつぎのようなニュートンの古典力学におけるガリレイ変換になる．

$$\left.\begin{array}{l} x' = x-vt \\ y' = y, \ z' = z \\ t' = t \end{array}\right\} \quad \text{(B7.8)}$$

長さの縮み

ローレンツ変換（B7.7）式から観測者に対して運動している物体の長さは，同じ物体が観測者に対して静止しているときの長さよりも運動方向に平行に収縮することを示す．S 系，S′ 系それぞれに対し静止する 2 人の観測者 A, B がいるとする．S′ 系の観測者 B が長さ L_0 の物差しを x' 軸に平行に持っていて，物差しの両端の座標を x_1', x_2' とすれば，$L_0 = x_2' - x_1'$ である．S 系の観測者 A にとってはこの物差しの長さは $L = x_2 - x_1$ となる．ローレンツ変換（B7.7）の第 1 式によって

$$x_2' - x_1' = \dfrac{(x_2-x_1)-v(t_2-t_1)}{\sqrt{1-\dfrac{v^2}{c^2}}} \quad \text{(B7.9)}$$

の関係にあるが，観測者 A は物差しの両端の座標 x_1, x_2 を S 系で同時に測らなければならないから $t_1 = t_2$ である．そこで $t_2 - t_1 = 0$ を（B7.9）式に代入して，

$$x_2' - x_1' = \dfrac{x_2-x_1}{\sqrt{1-\dfrac{v^2}{c^2}}}$$

したがって

$$L = L_0 \sqrt{1-\dfrac{v^2}{c^2}} \quad \text{(B7.10)}$$

となる．これは観測者に対して運動している物差しの長さが，観測者に対して静止しているときの長さよりも縮むことを表す．

例題 B7.1　長さの縮みの計算

1.0 m の物差しが，長さの方向に光速度の半分の速さで運動しているとき，物差しの長さはいくらに縮むか．

解　（B7.10）式に，$L_0 = 1.0$ m，$v = c/2$ を代入すると，

$$L = 1.0 \text{ m} \sqrt{1-(1/2)^2} = 1.0 \text{ m} \times \sqrt{3}/2$$
$$= 1.0 \text{ m} \times 0.866 \fallingdotseq 0.87 \text{ m}$$

例題 B7.2　長さの縮みの相反性

S 系，S′ 系の観測者の立場を逆にして，S 系の観測者 A が長さ L_0 の物差しを x 軸に平行に持っている場合，S′ 系の観測者 B にとっては，この物差しの長さが L に縮み，やはり（B7.10）式と同じ結果になることを示せ．

解　S′ 系の観測者 B は物差しの両端の座標 x_1'，x_2' を S′ 系で同時に測らなければならないから，$t_1' = t_2'$ となるので，ローレンツ変換（B7.7）の第 4 式によって

$$t_2' - t_1' = \dfrac{(t_2-t_1)-\dfrac{v}{c^2}(x_2-x_1)}{\sqrt{1-\dfrac{v^2}{c^2}}} = 0$$

これから $(t_2-t_1) = (v/c^2)(x_2-x_1)$ が得られ，これを（B7.9）式に代入すると，

$$x_2' - x_1' = (x_2-x_1)\sqrt{1-\dfrac{v^2}{c^2}}$$

この場合は $L_0 = x_2 - x_1$，$L = x_2' - x_1'$ なので，（B7.10）式が成り立つ．

時間の伸び（時計の遅れ）

つぎにローレンツ変換（B7.7）から，観測者に対して運動している時計は，観測者に対して静止している時計よりもゆっくり時を刻むことを示す．引き続いて起こる 2 つの出来事の時間間隔を，S, S′ 系

それぞれに置かれた時計で測定する．S′系に固定した時計で測定した2つの出来事はS′系の同一場所で起こると考えるので，$x_1' = x_2'$ であり，その時間間隔を $T_0 = t_2' - t_1'$ とする．同じ2つの出来事の時間間隔をS系に固定した時計で測定したものを $T = t_2 - t_1$ とする．ローレンツ変換(B7.7)の第4式から

$$t_2' - t_1' = \frac{(t_2-t_1) - \frac{v}{c^2}(x_2-x_1)}{\sqrt{1-\frac{v^2}{c^2}}} \quad \text{(B7.11)}$$

いまS′系では $x_2' - x_1' = 0$ なので，(B7.9)式から $x_2 - x_1 = v(t_2 - t_1)$ となる．これを(B7.11)式の右辺第2項に代入すると，

$$t_2' - t_1' = (t_2-t_1)\sqrt{1-\frac{v^2}{c^2}}$$

したがって

$$T = \frac{T_0}{\sqrt{1-\frac{v^2}{c^2}}} \quad \text{(B7.12)}$$

これは観測者に対して運動している時計が，観測者に対して静止している時計よりもゆっくり時を刻むことを表す．

例題 B7.3　パイオンの半減期の伸び

静止した荷電パイオン(π中間子)の崩壊の半減期は 1.80×10^{-8} s である．一方，非常に速い陽子をベリリウムに当てたとき発生するパイオンの速さは $v = 0.99c$ である．このパイオンの崩壊の半減期はどのくらい長くなるか．

解　運動するパイオンに固定した座標系で観測者がともに動いていると考えると，パイオンは観測者に対して静止しているので半減期は $T_0 = 1.80 \times 10^{-8}$ s のままであるが，実験室の時計で測ったパイオンの半減期 T は，(B7.12)式に $v = 0.99c$ を代入すれば計算できる．

$$T = \frac{T_0}{\sqrt{1-0.99^2}} = \frac{T_0}{\sqrt{0.0199}} = \frac{T_0}{0.141}$$
$$= 7.09 \, T_0$$
$$= 7.09 \times (1.80 \times 10^{-8} \text{ s}) = 1.28 \times 10^{-7} \text{ s}$$

問 B7.1

時間の伸びについての(B7.12)式は，S系，S′系の観測者の立場を逆にしても成り立つこと(相反性)を示せ．

質量(エネルギー)の増加

運動している物体の質量は，静止しているときの質量よりも増加する．m_0 を観測者に対し物体が静止しているときに測定した質量(静止質量)，m を観測者に対し物体が運動しているときの質量，v を相対速度，c を光速度とすると(式の導出は省略)，

$$m = \frac{m_0}{\sqrt{1-\frac{v^2}{c^2}}} \quad \text{(B7.13)}$$

例題 B7.4　質量の相対論的増加

1.0 kg の質量の物体が光速度の半分の速さで運動するとき，相対論的質量の増加により何 kg になるか．

解　上の公式に，$m_0 = 1.0$ kg，$v = c/2$ を代入すると，

$$m = 1.0 \text{ kg}/\sqrt{1-(1/2)^2} = 1.0 \text{ kg}/0.866$$
$$= 1.0 \text{ kg} \times 1.15 \fallingdotseq 1.2 \text{ kg}$$

アインシュタインの質量・エネルギー関係式

静止質量 m_0 の粒子が力の作用を受けながらある距離を進み，速さが v に達したとすると，運動エネルギー K はこの間になされた仕事として定義できる．古典力学の場合と異なり(B7.13)式のように質量 m が速度 v によって変化するので，計算結果は

$$K = mc^2 - m_0c^2$$
$$= \left[\frac{1}{\sqrt{1-\frac{v^2}{c^2}}} - 1\right] m_0 c^2 \quad \text{(B7.14)}$$

となる．ここで

$$E_0 = m_0 c^2 \quad \text{(B7.15)}$$

を**静止エネルギー**という．また

$$E = mc^2 = \frac{m_0 c^2}{\sqrt{1-\frac{v^2}{c^2}}} \quad \text{(B7.16)}$$

は**全エネルギー**を表す．これが有名な**アインシュタ**

インの質量・エネルギー関係である（第4章ハイライトおよび10.6節，p.243，(10.2)式参照）．

例題 B7.5　運動エネルギーの非相対論的極限

物体の速さ v が光速 c に比べて非常に小さいとき，(B7.14)式で与えられる運動エネルギーは，第4章で学んだ $K = (1/2)m_0 v^2$ と一致することを示せ．

解　(B7.14)式で $v^2/c^2 = x\ (\ll 1$．これを非相対論的極限という) とおいて，[　]内の近似計算をするため

$$\frac{1}{\sqrt{1-x}} \fallingdotseq 1 + \frac{1}{2}x$$

の関係を使う．ここで x^2 以上の高次の微小量は省略した（この関係式は両辺を2乗すると，左辺が

$$\frac{1}{1-x} = 1 + x + \cdots \fallingdotseq 1 + x$$

となることから，すぐに確かめられる）．したがって [　] 内は

$$\frac{1}{\sqrt{1-x}} - 1 \fallingdotseq \frac{1}{2}x = \frac{1}{2}\frac{v^2}{c^2}$$

となり，

$$K = \frac{1}{2}m_0 v^2$$

が得られる．

エネルギーと運動量の相対論的関係式

静止質量 m_0 の粒子の速度を $\boldsymbol{v}$ とすると，この粒子の運動量は (B7.13) 式から

$$\boldsymbol{p} = m\boldsymbol{v} = \frac{m_0 \boldsymbol{v}}{\sqrt{1-\dfrac{v^2}{c^2}}} \tag{B7.17}$$

で与えられる．この式と (B7.16) 式のエネルギーを組み合わせて（$\boldsymbol{p}^2 = \boldsymbol{p}\cdot\boldsymbol{p} = p^2$ に注意），

$$\begin{aligned}
E^2 - (\boldsymbol{p}c)^2 &= (mc^2)^2\left(1-\frac{v^2}{c^2}\right) \\
&= \left(\frac{m_0 c^2}{\sqrt{1-\dfrac{v^2}{c^2}}}\right)^2\left(1-\frac{v^2}{c^2}\right) = (m_0 c^2)^2
\end{aligned}$$

$$\therefore\ E^2 - (\boldsymbol{p}c)^2 = (m_0 c^2)^2 \tag{B7.18}$$

これは自由粒子のエネルギー，運動量，静止質量の間の相対論的関係式を表す．

付録 B8　水素原子の電子軌道半径とエネルギー準位

電子軌道半径の計算：ボーアの古典量子論によれば，水素原子では電子（電荷 $-e$）が，核の陽子（電荷 $+e$）から距離 r の点でうけるクーロン力の大きさは，(8.2) 式によって与えられ，これが速さ v で半径 r の円運動をする電子（質量 m）の向心力 (3.3) 式に等しいので，

$$\frac{ke^2}{r^2} = \frac{mv^2}{r} \quad (B8.1)$$

の関係が成り立つ．

ボーアが仮定した電子の角運動量の量子化とは，電子の角運動量 mvr が，$\hbar = \dfrac{h}{2\pi}$（h はプランクの定数）の正整数倍という不連続な値：

$$mvr = n\hbar \quad (n = 1, 2, 3, \cdots) \quad (B8.2)$$

だけしか許されないとすることである．この条件を理解するため，電子の波動性を考えてみよう．電子波がド・ブローイ波長（本文 **9.4** の (9.4) 式，p.204 参照）

$$\lambda = \frac{h}{p} = \frac{h}{mv} \quad (B8.3)$$

をもって，水素原子内部で半径 r の円周に沿って進行する場合，1 周して出発点に戻った電子波の位相（波の 1 周期内における進行段階）が，出発時の位相と同じになっているときにだけ安定した定常波をつくる．これは円周の長さ $2\pi r$ が波長の整数倍になっていることである（●図 B8.1 参照．定常波については本文 **6.5** を見よ）：

$$2\pi r = n\lambda \quad (n = 1, 2, 3, \cdots) \quad (B8.4)$$

(B8.3) 式を (B8.4) 式に代入すると (B8.2) 式が得られる．

(B8.2) 式から v を求めて，(B8.1) 式の右辺に代入すると，$\dfrac{ke^2}{r^2} = \left(\dfrac{\hbar^2}{mr^3}\right) n^2$ となり，これから得られる r を

$$r_n = \frac{\hbar^2}{ke^2 m} n^2 \quad (n = 1, 2, 3, \cdots) \quad (B8.5)$$

と書く．h, k, e, m の数値（有効数字 5 桁）を使って計算すると，

$$\begin{aligned}\frac{\hbar^2}{ke^2 m} &= \frac{(1.0546 \times 10^{-34}\,\text{J·s})^2}{8.9876 \times 10^9\,\text{N·m}^2/\text{C}^2} \\ &\quad \times \frac{1}{(1.6022 \times 10^{-19}\,\text{C})^2 (9.1094 \times 10^{-31}\,\text{kg})} \\ &= 0.52918 \times 10^{-10}\,\text{m} \fallingdotseq 0.5292\,\text{Å}.\end{aligned}$$

したがって電子の軌道半径は，本文 p.196 の (9.2) 式で与えられる：

$$r_n = 0.529 n^2\,[\text{Å}] \quad (n = 1, 2, 3, \cdots) \quad (B8.6)$$

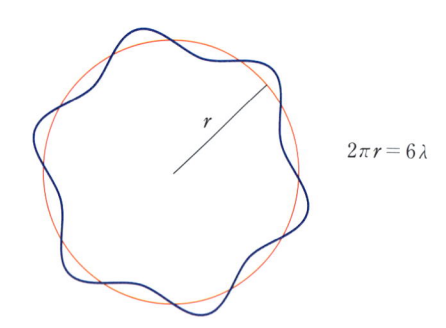

図 B8.1　電子の角運動量の量子化と電子波がつくる定常波の条件　角運動量の量子化の条件 $mvr = nh/2\pi = n\hbar$ は，電子波がド・ブローイ波長 $\lambda = h/mv$ をもって水素原子内で軌道半径 r の円周に沿って進行し，1 周したとき同じ位相で戻るために定常波をつくる条件 $2\pi r = n\lambda = nh/mv$ と一致する．例として $n = 6$ の場合を図示する．

エネルギー準位の計算：(B8.1) 式から，電子の運動エネルギーは

$$E_\text{k} = \frac{1}{2} mv^2 = \frac{1}{2} \frac{ke^2}{r} \quad (B8.7)$$

となる．またクーロン力による電子の位置エネルギーは，電荷 $+e$ の陽子と電荷 $-e$ の電子の間のクーロン・ポテンシャルであるから，付録 **B3** の (B3.4) 式から

$$E_\text{p} = -\frac{ke^2}{r} \quad (B8.8)$$

であることがわかる．そこで電子の全エネルギーは

$$E = E_\text{k} + E_\text{p} = -\frac{1}{2} \frac{ke^2}{r} \quad (B8.9)$$

となり，この式の r に (B8.5) 式の r_n を代入し，E を E_n と書くと，

$$E_n = -\frac{k^2 e^4 m}{2\hbar^2}\frac{1}{n^2} \quad (n=1,2,3,\cdots)$$
(B8.10)

ここで $\hbar, k, e, m$ の数値(有効数字5桁)を使って計算し,$1\,\mathrm{eV} = 1.6022\times 10^{-19}\,\mathrm{J}$ を考慮すると

$$\frac{k^2 e^4 m}{2\hbar^2} = \frac{(8.9876\times 10^9\,\mathrm{N\cdot m/C^2})^2}{2\times(1.0546\times 10^{-34}\,\mathrm{J\cdot s})^2}$$
$$\times (1.6022\times 10^{-19}\,\mathrm{C})^4\,(9.1094\times 10^{-31}\,\mathrm{kg})$$
$= 2.1799\times 10^{-18}\,\mathrm{J} = 13.606\,\mathrm{eV} \fallingdotseq 13.61\,\mathrm{eV}$.

したがってエネルギー準位は,本文(9.3)式で与えられる:

$$E_n = -\frac{13.6}{n^2}\,[\mathrm{eV}] \quad (n=1,2,3,\cdots)$$
(B8.11)

Photo Credits

カバー，表紙，Keith Kent/Science Photo Library/PPS；

p.1，中扉，Alexander Tsiaras/Photo Researchers/PPS；

第1章：
p.2，中扉，James A. Sugar/Black Star/PPS；図1.3, Peter Arnold, Inc. /Gerhard Gscheidle/PPS；図1.7, Mark Helfer/National Institute of Standards & Technology；図1.10 (a), Leonard Lessin/Peter Arnold, Inc. /PPS；図1.10 (b), Don & Pat Valenti/Tom Stack & Associates；図1.13, Custom Medical Stock Photo；図1.14, Leonard Lessin/Peter Arnold, Inc./PPS；

第2章：
p.22，中扉，Helmut Kiene/PPS；図2.3, John Biever/SI/PPS；p. 35，ハイライト，図1 (a), Corbis/Corbis Japan；図2.19 (b), 1990 Richard Megna/Fundamental Photographs/UNI PHOTO PRESS；図2.23, PPS；

第3章：
p.42，中扉，Tim Davis/Photo Researchers/PPS；図3.3 (b), Ken O' Donoghue；p. 47，ハイライト，図1 (a), (b), Science Photo Library/PPS；図3.7, John Smith；図3.13, PPS；図3.14, NASA；図3.15, NASA/Science Photo Library/PPS；図3.23 (a), (b), Manny Millan/PPS；図3.24 (a), George Hall/Woodfin Camp & Associates/PPS；図3.24 (b), Bell Helicopter Textron, Inc.；p.65，ハイライト，図1, Kairos, Latin Stock/Science Photo Library/PPS；

第4章：
p.70，中扉，TAXI/PPS；図4.5, Walter Looss Jr./SI/PPS；図4.8, Daemmrich/The Image Works；図4.18, ORION；図4.19 (a), Phil Degginger/Bruce Coleman/PPS；図4.19 (b), Mark Antman-Phototake/IMPERIAL PRESS；

第5章：
p. 92，中扉，Gary Settles/Science Photo Library/PPS；図5.1 (a), John Smith；図5.1 (b), Jerry Wilson；図5.3, Mark Burnett/Photo Researchers/PPS；p. 96，ハイライト，図2 (b), Larry Weat/Bruce Coleman, Inc. /PPS；図5.9, Dan McCoy/Rainbow；図5.11, Sylvain Grandadam/PPS；

第6章：
p. 118，中扉，C & A Purcell/Black Star/PPS；図6.10, John Smith；図6.13, 飛行機, David Hill/Photo Researchers/PPS；図6.13, 歌手, Mike Yamashita/Photo Researchers/PPS；図6.13, 道路交通, PPS；図6.13, 打ち合わせ, VCG/PPS；図6.13, 赤ちゃんと母親, VCG/PPS；p. 128，ハイライト，図1, Ken Straiton/PPS；図6.14, Lutheran Hospital/Peter Arnold, Inc. /PPS；図6.18 (b), 1991 Richard Megna/Fundamental Photographs/UNI PHOTO PRESS；図6.19 (b), Bettmann/CORBIS/Corbis Japan；

第7章：
p. 138，中扉，Pete Saloutes/PPS；図7.5, Tom Kitchin/PPS；図7.7, 1974 Fundamental Photographs/UNI PHOTO PRESS；図7.10 (a), 1990 Richard Megna/Fundamental Photographs/UNI PHOTO PRESS；図7.10 (b), Photo Researchers/PPS；図7.11 (b), Photo Researchers/PPS；図7.11 (c), James H. Karales/Peter Arnold, Inc. /PPS；図7.12 (b), David Parker/Science Photo Library/PPS；図7.13 (b), PASCO Scientific；図7.13 (c), Department of Physics, Imperial College/Science Photo Library/PPS；p. 146，ハイライト，図1, Ken

Straiton/PPS；図7.14, *PSSC Physics*, D. C. Heath；図7.16, Peter Aprahamian/Science Photo Library/PPS；図7.17(b), PSSC Physics D. C. Heath；図7.18(b), Damien Lovegrove/Science Photo Library/PPS；図7.20(c), Polaroid Corporation；図7.21(b), Polaroid Corporation；p.151, ハイライト, 図2(a), (b), Jerry Wilson；図7.23(c), 1990 Paul Silverman/Fundamental Photographs/UNI PHOTO PRESS；図7.25, Light Wave；図7.29(b), Ken O'Donoghue；図7.31(b), Ken O'Donoghue；

第8章：
p.160, 中扉, Adam Hart-Davis/Science Photo Library/PPS；図8.6(b), Ken O'Donoghue；図8.7, Charles D. Winters/PPS；図8.10(a), (b), Ken O'Donoghue；p.170, ハイライト, 図1(b), Yoav-Phototake/IMPERIAL PRESS；図8.17(a), (b), Ken O'Donoghue；図8.18(b), 1988 Paul Silverman/Fundamental Photographs/UNI PHOTO PRESS；図8.19(b), 1987 Richard Megna/Fundamental Photographs/UNI PHOTO PRESS；図8.20(a), (b), (c), 1990 Richard Megna/Fundamental Photographs/UNI PHOTO PRESS；図8.28(a), (b), C. N. K. Baker；図8.35, 送電線, Steve Allen/Peter Arnold, Inc. /PPS；図8.35, 配電柱, Matt Meadows/Peter Arnold, Inc. /PPS；図8.35, 変電所, 1982 Mark S. Wexler/PPS；

第9章：
p.190, 中扉, Roger Ressmeyer/CORBIS/Corbis Japan；図9.1(c), 山田清/PPS；図9.2, Photo Researchers/PPS；図9.3, Tom McHugh/Photo Researchers/PPS；図9.5, General College Chemistry, Fifth Edition (1976), by Charles W. Keenan, Jesse H. Wood, and Donald Kleinfelter；by permission of the authors；図9.6, Science Photo Library/PPS；図9.13(a), Dagmar Schilling/Peter Arnold, Inc. /PPS；図9.15, David Frazier/Photo Researchers/PPS；p.203, ハイライト, 図1, Aaron Haupt/Photo Researchers/PPS；図9.17, Science Photo Library/PPS；図9.19, 上, Dr. Jeremy Burgess/Science Photo Library/PPS；図9.19, 下, Dr. Tony Brain/Science Photo Library/PPS；図9.20, Science Photo Library/PPS；図9.22, Science Photo Library/PPS；

第10章：
p.216, 中扉, Omikron/Photo Researchers/PPS；p.225, ハイライト, 図1, Science Photo Library/PPS；p.225, ハイライト, 図2, Bettmann/CORBIS/Corbis Japan；p.225, ハイライト, 図3, AKG Berlin/PPS；図10.12, Bettmann/CORBIS/Corbis Japan；図10.13, Mike Yamashita/PPS；図10.14, Hank Morgan/Science Source/Photo Researchers/PPS；p.238, ハイライト, 図1, Argonne National Laboratory/Science Photo Library/PPS；p.239, ハイライト, 図2, Ben Martin/PPS；図10.17, US NAVY/Science Photo Library/PPS；図10.18, US Department of Energy/Science Photo Library/PPS；

索　引

あ行

I^2R 損失　I^2R losses　169
アイソトープ　isotope　218
アインシュタインの質量・エネルギー
　関係式　Einstein's mass-energy
　relation　88, 243, 270
α（アルファ）崩壊　alpha decay　222
α（アルファ）粒子　alpha particle　222
安定性のベルト　belt of stability　223
アンペア（単位）　ampere　162, 252
イオン　ion　218
位置　position　23
位置エネルギー　potential energy
　80, 259
1次宇宙線　primary cosmic rays　228
遺伝的影響　genetic effects　246
インコヒーレント　incoherent　201
宇宙速度　cosmic velocity　264
運動　motion　23
運動エネルギー　kinetic energy　78
運動量　momentum　60
運動量保存
　conservation of momentum　60
運動量保存則
　conservation law of momentum　258
液体　liquid　110, 111
液体比重計　hydrometer　13
SI（国際単位系）
　Système International d'Unités　8
X線　X-rays　124, 202
エネルギー　energy　77
エネルギー準位　energy levels　272
エネルギーと運動量の相対論的関係式
　relativistic relation between energy
　and momentum　271
エネルギー保存
　conservation of energy　85
MKS単位系　MKS system　8
遠隔作用　action-at-a-distance　43
エントロピー　entropy　107
大きさ　magnitude　31
凹（発散）レンズ
　concave (diverging) lens　154
凹面鏡　concave mirror　152
音　sound　124
音の大きさ　loudness　125
音のスペクトル　sound spectrum　125
音の強さ（単位）　sound intensity　126
オーム　ohm　168
オーム抵抗　ohmic resistance　168
オームの法則　Ohm's law　168
重さ　weight　6, 50
重みつき平均　weighted average　220
親核　parent nucleus　222
音速　speed of sound　129
温度　temperature　93, 94
温度計　thermometer　94

か行

ガイガー計数管　Geiger counter　226
回折　diffraction　147
回折格子　diffraction grating　149
概念　concept　4
回路遮断器（ブレーカー）
　circuit breaker　175
外力　external force　44
化学エネルギー　chemical energy　85
科学的記法　scientific notation　16
科学的方法　scientific method　5
核　nucleus　217
角運動量　angular momentum　63, 257
角運動量の量子化　quantization of
　angular momentum　272
角運動量保存　conservation of angular
　momentum　63
角運動量保存則　conservation law of
　angular momentum　258
核エネルギー　nuclear energy　85
拡散反射　diffuse reflection　140
核子　nucleon　217
核種　nuclide　221
核反応　nuclear reaction　231
核分裂　nuclear fission　234
核融合　nuclear fusion　240
力氏（ファーレンハイト）温度
　Fahrenheit scale　95
可視部　visible region　123
加速度　acceleration　23, 31
傾き　slope　29
可聴領域　audible region　125
過熱蒸気　superheated steam　101
間隔　interval　26
干渉　interference　148
桿状体　rods　156
慣性　inertia　45
慣性の法則　law of inertia　46
カンデラ　candela　252
γ（ガンマ）線　gamma rays　124, 222
γ（ガンマ）崩壊　gamma decay　222
気化熱（気化の潜熱）（latent) heat of
　vaporization　100, 110
奇-奇核　odd-odd nucleus　223
奇-偶核　odd-even nucleus　223
気体　gas　111
基底状態　ground state　196
軌道量子数　orbital quantum number
　208
基本振動数　fundamental frequency
　133
基本単位　standard units　7
基本量　fundamental quantities　5
吸収スペクトル　absorption spectrum
　198
吸熱反応　endoergic reaction　244
球面鏡　spherical mirror　152
球面レンズ　spherical lenses　155
キュリー温度　Curie temperature　179
強磁性体　ferromagnet　178
共鳴　resonance　133
極　poles　176
極性分子　polar molecule　166
虚像　virtual image　153, 156
距離　distance　24
キロ　kilo-　8, 17
キログラム　kilogram　9, 252
近接作用　contact force　43
偶-奇核　even-odd nucleus　223
偶-偶核　even-even nucleus　223
クォーク　quark　162
屈折　refraction　141
屈折角　angle of refraction　141
屈折率　index of refraction　141
グラム　gram　9
クーロン（単位）　coulomb　7, 162
クーロンの法則　Coulomb's law　7, 162
クーロン・ポテンシャル
　Coulomb potential　259
系　system　81
蛍光　fluorescence　203
撃力　impulsive force　62
ケプラーの法則　Kepler's laws　261
ケルビン（単位）　kelvin　95, 252
ケルビン温度　Kelvin scale　95
原子核　atomic nucleus　217
原子質量　atomic mass　220
原子番号　atomic number　218
現象　phenomenon　4
元素　element　218
減速材　moderator　237
減速度　deceleration　32
現代物理学　modern physics　191
降圧変圧器　step-down trasformer　185
光子　photon　193
格子　lattice　110
向心加速度　centripetal acceleration　52
向心力　centripetal force　51
光線（light）ray　139
光速　speed of light　124
光速度不変の原理　principle of
　constancy of light velocity　268
光電効果　photoelectric effect　193

日本語	English	ページ
公転周期	period of revolution	261
勾配	slope	29
交流（AC）	alternating current	171
国際単位系（SI）	International System of Units	8
固体	solid	110, 111
こだま	echo	139
コヒーレント	coherent	201
固有X線	characteristic X-rays	202
固有振動数	characteristic (natural) frequency	133
孤立系	isolated system	81

さ 行

日本語	English	ページ
サブシェル	electorn subshell	209
シェル	electorn shell	209
紫外カタストロフィ	ultraviolet catastrophe	191
紫外領域	ultraviolet region	123
時間	time	5, 6
時間の伸び	time dilation	269
磁気閉じ込め法	magnetic confinement	242
磁気偏角	magnetic declination	180
磁極の法則	law of magnetic poles	176
磁気量子数	magnetic quantum number	208
磁区	magnetic domains	178
次元解析	dimensional analysis	255
仕事	work	71, 256
仕事率	power	74
CGS単位系	CGS system	8
指数（べき）	exponent	16
自然放出	spontaneous emission	200
実像	real image	153, 156
質量	mass	5, 6, 45, 50, 88
質量数	mass number	218
質量の相対論的増加	relativistic mass increase	270
磁場	magnetic field	177
磁北極	magnetic north pole	180
シャルルの法則	Charles' law	113
周期	period	122
重水	heavy water	219
重力	gravitatinal force	50
重力加速度（重力による加速度）	acceleration due to gravity	33
重力による位置エネルギー	gravitational potential enargy	80
主軸	principal axis	152
主量子数	principal quantum number	195, 208
ジュール（単位）	joule	72
ジュール熱	joule heat	169
シュレーディンガー方程式	Schrödinger equation	206
準安定状態	metastable states	200
瞬間速度	instantaneous velocity	26
瞬間の速さ	instantaneous speed	26
昇圧変圧器	step-up transformer	185
昇華	sublimation	101
焦点	focal point	152
焦点距離	focal length	152
正味の力	net force	44
人工的核変換	artificial conversion of nuclei	231
身体的影響	somatic effects	245
振動数	frequency	121
振幅	amplitude	121
水晶体	crystalline lens	156
錐状体	cones	156
水素原子の電子軌道半径	hydrogen electron's radius	272
スカラー	scalar	24
スカラー積	scalar product	256
スピン量子数	spin quantum number	208
スペクトロスコピー	spectroscopy	144
制御棒	control rods	236
静止エネルギー	rest energy	270
静電気学	electrostatics	164
制動放射	bremsstrahlung	202
正に帯電	positively charged	164
正反射	regular (specular) reflection	140
成分	components	36
青方偏移	blue shift	131
赤外領域	infrared region	123
赤方偏移	red shift	131
セ氏（セルシウス）温度	Celsius scale	95
絶縁体	insulator	163
絶対温度	absolute temperature sclale	95
絶対零度	absolute zero	95
ゼロ g	zero g	57
全エネルギーの保存	conservation of tatal energy	81
全質量	total mass	48
センチ	centi-	17
潜熱	latent heat	100
全反射	total internal reflection	143
疎（波の）	rarefaction	125
増殖炉	breeder reactor	240
相対性原理	principle of relativity	268
測定	measurement	3
速度	velocity	23, 25
疎密波	compression wave	125

た 行

日本語	English	ページ
第1調和波	first harmonic	133
対流	convection	109
楕円軌道	elliptic orbit	261
縦波	longitudinal wave	120
単位	unit(s)	14
単位系	system of units	7
単位体積	unit volume	12
炭素年代測定法	carbon dating	228
単振り子	simple pendulum	84
力	force	43
力のモーメント	moment of force	63, 256
中性子	neutron	162, 217
中性子数	neutron number	218
中性子放射化分析	neutron activation analysis	233
超ウラン元素	transuranium elements	232
超音波	ultrasound	128
超音波領域	ultrasonic region	125
聴覚のしきい値	threshold of hearing	126
超低周波領域	infrasonic region	125
頂点	vertex	152
超伝導	superconductivity	170
長半径	semimajor axis	261
超臨界質量	supercritical mass	236
調和波	harmonics	133
直線偏光	linearly polarized light	150
直流（DC）	direct current	171
直列回路	series circuit	171
強い核力	strong nuclear force	50, 221
強い力	strong force	50
強め合う干渉	constructive interference	148
釣り合っていない力	unbalanced force	44
抵抗	resistance	168
定常波	standing wave	132
デシベル（単位）	decibel	126
デュウテリウム（重水素）	deuterium	219
デュウテロン（重陽子）	deuteron	219
電圧	voltage	167
電荷	electric charge	5, 7, 161
電荷に関するクーロンの法則	Coulomb's law of electric charges	164
電荷の法則	law of electric charges	163
電気エネルギー	electrical energy	85
電気的ポテンシャルエネルギー	electric potential energy	167
電子	electron	162, 217
電子殻	electron shell	209
電磁気学	electromagnetism	161, 181
電磁気力	electromagnetic force	50
電子周期	electron period	211
電磁波	electromagnetic waves	123
電子副殻	electron subshell	209
電子ボルト	electron volt	196
電弱力	electroweak force	50
電磁誘導	electromagnetic induction	184, 267
伝導	conduction	108
電動機（モーター）	motor	183
電離放射線	ionizing radiation	245

日本語	English	ページ
電力	electric power	169
電流	electric current	161, 162
同位体（同位元素）	isotopes	218
同位体質量	isotopic mass	220
統一原子質量単位	unified atomic mass units	220
等温変化	isothermal process	112
導体	conductor	163
到達距離	range	36
トカマク	tokamak	242
特殊相対性理論	special theory of relativity	268
ドップラー効果	Doppler effect	130
凸面鏡	convex mirror	152
凸（集束）レンズ	convex (converging) lens	154
ド・ブロイ波	de Broglie waves	204
トランス	transformer	185
トリチウム（三重水素）	tritium	219
トリトン（三重陽子）	triton	219

な 行

日本語	English	ページ
内力	internal force	44, 61
長さ	length	5, 6
長さの縮み	length contraction	269
ナノ	nano-	17
波の速度	wave velocity	120
2次宇宙線	secondary cosmic rays	228
入射角	angle of incidence	141
ニュートリノ	neutrino	222, 241
ニュートン（単位）	newton	48
ニュートンの運動の第1法則	Newton's first law of motion	45
ニュートンの運動の第2法則	Newton's second law of motion	48
ニュートンの運動の第3法則	Newton's third law of motion	57
ニュートンの万有引力の法則	Newton's law of universal gravitation	54
音色	tone quality (timbre)	128
熱	heat	93, 97
熱エネルギー	heat energy	85
熱機関	heat engine	104
熱効率	thermal efficiency	104
熱的絶縁体（断熱材）	thermal insulator	108
熱伝導率	thermal conductivity	108
熱の仕事当量	mechanical equivalent of heat	97
熱膨張	thermal expansion	94
熱力学	thermodynamics	103
熱力学第1法則	first law of thermodynamics	103
熱力学第2法則	second law of thermodynamics	105
熱力学第3法則	third law of thermodynamics	106
燃料棒	fuel rods	236

は 行

日本語	English	ページ
倍音	overtones	133
ハイゼンベルクの不確定性原理	Heisenberg uncertainty principle	207
倍率	magnification factor	154
パウリの排他原理	Pauli exclusion principle	210
パスカル（単位）	pascal	112
波長	wavelength	122
発電機	generator	184
発熱反応	exoergic reaction	244
波動	wave motion	119
波動関数	wave function	206
速さ	speed	23, 25
腹（波の）	antinode (loop)	132
バルマー系列	Balmer series	198
半減期	half-life	226
反射	reflection	139
反射の法則	law of reflection	139
半導体	semiconductor	163
反ニュートリノ	antineutrino	222
万有引力ポテンシャル	gravitational potential	259
光	light	124
光の2重性	dual nature of light	194
ピッチ	pitch	128
ヒートポンプ	heat pump	106
比熱	specific heat	98
比熱容量	specific heat capacity	99
ヒューズ	fuse	174
秒（単位）	second	10, 252
氷点	ice point	95
表面融解	surface melting	102
節	node	132
物質の相	phase of matter	110
物質波	matter waves	204
沸点	steam point	95
負に帯電	negatively charged	164
プラズマ	plasma	111, 242
プランクの定数	Planck's constant	192
ブレーカー（回路遮断器）	circuit breaker	175
フレネル・レンズ	Fresnel lens	156
プロチウム（水素）	protium	219
プロトン（陽子）	proton	219
分極	polarization	166
分光学（スペクトロスコピー）	spectroscopy	144
分散	dispersion	144
平均加速度	average acceleration	31
平均速度	average velocity	26
平均の速さ	average speed	25
平面偏光	plane-polarized light	150
並列回路	parallel circuit	172
べき	power	16, 253
ベクトル	vector	24
ベクトル積	vector product	256
β（ベータ）崩壊	beta decay	222
β（ベータ）粒子	beta particle	222
ヘリウム	helium	149
ヘリオスタット	heliostat	87
ヘルツ（単位）	hertz	121
変圧器（トランス）	transformer	185
変位	displacement	24
変換	transmutation	230
偏光	polarized light	150
ボイル-シャルルの法則	Boyle–Charles' law	113
ボイルの法則	Boyle's law	112
方位（軌道）量子数	orbital quantum number	208
方向	direction	24
放射	radiation	109
放射エネルギー	radiant energy	85
放射性核種	radionuclide	221
放射性年代測定	radiometric dating	227
放射性崩壊	radioactive decay	221
放射能	radioactivity	221
法線	normal	139
法則	law(s)	5
保存力	conservative force	259
ポテンシャル	potential	259
ボルト（単位）	volt	167

ま 行

日本語	English	ページ
マイクロ	micro-	17
マイクロ波	microwave(s)	123, 200
摩擦電気	charging by friction	164
マンハッタン計画	Manhattan Project	238
右ねじの法則	right handed screw rule	256
密（波の）	compression	125
密度	density	12
ミリ	milli-	8, 10, 17
未臨界質量	subcritical mass	236
向き（方向）	direction	24, 31
無重量	weightlessness	57
娘核	daughter nucleus	222
メガ	mega-	17
メーザー	maser	200
メートル	meter	9, 252
メートル単位系	metric system of units	7
メルトダウン	meltdown	237
面積速度	areal velocity	261
モーター	motor	183
モル	mole	252

や 行

日本語	English	ページ
融解熱（融解の潜熱）（latent）heat of fusion		100
有効数字	significant figures	18, 254
誘導による帯電	charging by induction	166

誘導放出 stimulated emission　200
誘導量 derived quantities　12
陽子 proton　162, 217
陽電子 positron　241
横波 transverse wave　120
弱い力 weak force　50
弱め合う干渉
　destructive interference　148

ら 行

乱反射
　irregular (diffuse) reflection　140
力学的エネルギー
　mechanical energy　82
力学的エネルギーの保存 conservation
　of mechanical energy　82
力積 impulse　62
理想（完全）気体の法則
　ideal (perfect) gas law　112
理想的効率 ideal efficiency　105
リットル liter　10
粒子加速器 particle accelerator　231
量子 quantum　193
量子物理学 quantum physics　192
量子力学 quantum mechanics　207
両凹レンズ biconcave (diverging)
　spherical lenses　155
両凸レンズ biconvex (converging)
　spherical lenses　155
臨界角 critical angle　143
臨界質量 critical mass　236
臨界超過（超臨界）質量
　supercritical mass　236
臨界未満（未臨界）質量
　subcritical mass　236
燐光 phosphorescence　203
励起状態 excited states　196
レーザー laser　199
レーダー radar　132
劣化ウラン depleted uranium　236
連鎖反応 chain reaction　235
ローレンツ変換
　Lorentz transformation　268
ローレンツ力 Lorentz force　266

わ 行

惑星 planet(s)　4, 260
ワット（単位）watt　75

監訳者略歴

勝守　寛（かつもり・ひろし）

1925年生まれ．1947年九州大学理学部物理学科卒．京都大学助教授，パリ大学客員教授，中部大学教授，同副学長などを経て現在中部大学名誉教授．工博．専門は理論物理学．

訳書：「シップマン自然科学入門　物理学」(1980，共訳，学術図書出版社)．

シップマン自然科学入門　**新物理学**　増補改訂版

1998年11月 5日	第 1 版	第 1 刷	発行
2001年 4月20日	第 1 版	第 4 刷	発行
2002年11月30日	増補改訂版	第 1 刷	発行
2021年 4月10日	増補改訂版	第11刷	発行

著　者　James T. Shipman
監訳者　勝守 寛
訳　者　勝守 寛　吉福康郎
発行者　発田和子
発行所　株式会社　学術図書出版社
　　　　〒113-0033　東京都文京区本郷 5-4-6
　　　　TEL 03-3811-0889　振替 00110-4-28454
　　　　印刷　三和印刷（株）

定価はカバーに表示してあります．

本書の一部または全部を無断で複写(コピー)・複製・転載することは，著作権法で認められた場合を除き，著作者および出版社の権利の侵害となります．あらかじめ，小社に許諾を求めてください．

Ⓒ1998, 2002　Printed in Japan
ISBN978-4-87361-930-9

元素表（50音順）

元素名	元素記号	原子番号	原子質量[u]	元素名	元素記号	原子番号	原子質量[u]
アインスタイニウム	Es	99	(252.1)	テルル	Te	52	127.6
亜鉛	Zn	30	65.4	銅	Cu	29	63.5
アクチニウム	Ac	89	(227.0)	ドブニウム	Db	105	(262.1)
アスタチン	At	85	(210.0)	トリウム	Th	90	232.0
アメリシウム	Am	95	(243.1)	ナトリウム	Na	11	23.0
アルゴン	Ar	18	39.9	鉛	Pb	82	207.2
アルミニウム	Al	13	27.0	ニオブ	Nb	41	92.9
アンチモン	Sb	51	121.8	ニッケル	Ni	28	58.7
硫黄	S	16	32.1	ネオジム	Nd	60	144.2
イッテルビウム	Yb	70	173.0	ネオン	Ne	10	20.2
イットリウム	Y	39	88.9	ネプツニウム	Np	93	(237.0)
イリジウム	Ir	77	192.2	ノーベリウム	No	102	(259.1)
インジウム	In	49	114.8	バークリウム	Bk	97	(247.1)
ウラン	U	92	238.0	白金	Pt	78	195.1
エルビウム	Er	68	167.3	ハッシウム	Hs	108	(265.1)
塩素	Cl	17	35.5	バナジウム	V	23	50.9
オスミウム	Os	76	190.2	ハフニウム	Hf	72	178.5
カドミウム	Cd	48	112.4	パラジウム	Pd	46	106.4
ガドリニウム	Gd	64	157.3	バリウム	Ba	56	137.3
カリウム	K	19	39.1	ビスマス	Bi	83	209.0
ガリウム	Ga	31	69.7	砒（ひ）素	As	33	74.9
カリホルニウム	Cf	98	(251.1)	フェルミウム	Fm	100	(257.1)
カルシウム	Ca	20	40.1	弗（ふっ）素	F	9	19.0
キセノン	Xe	54	131.3	プラセオジム	Pr	59	140.9
キュリウム	Cm	96	(247.1)	フランシウム	Fr	87	(223.0)
金	Au	79	197.0	プルトニウム	Pu	94	(244.1)
銀	Ag	47	107.9	プロトアクチニウム	Pa	91	231.0
クリプトン	Kr	36	83.8	プロメチウム	Pm	61	(144.9)
クロム	Cr	24	52.0	ヘリウム	He	2	4.00
珪（けい）素	Si	14	28.1	ベリリウム	Be	4	9.01
ゲルマニウム	Ge	32	72.6	硼（ほう）素	B	5	10.8
コバルト	Co	27	58.9	ボーリウム	Bh	107	(262.1)
サマリウム	Sm	62	150.4	ホルミウム	Ho	67	164.9
酸素	O	8	16.0	ポロニウム	Po	84	(209.0)
ジスプロシウム	Dy	66	162.5	マイトネリウム	Mt	109	(266.1)
シーボギウム	Sg	106	(263.1)	マグネシウム	Mg	12	24.3
臭素	Br	35	79.9	マンガン	Mn	25	54.9
ジルコニウム	Zr	40	91.2	メンデレビウム	Md	101	(258.1)
水銀	Hg	80	200.6	モリブデン	Mo	42	95.9
水素	H	1	1.01	ユウロピウム	Eu	63	152.0
スカンジウム	Sc	21	45.0	沃（よう）素	I	53	126.9
錫（すず）	Sn	50	118.7	ラザフォージウム	Rf	104	(261.1)
ストロンチウム	Sr	38	87.6	ラジウム	Ra	88	(226.0)
セシウム	Cs	55	132.9	ラドン	Rn	86	(222.0)
セリウム	Ce	58	140.1	ランタン	La	57	138.9
セレン	Se	34	79.0	リチウム	Li	3	6.94
タリウム	Tl	81	204.4	燐（りん）	P	15	31.0
タングステン	W	74	183.9	ルテチウム	Lu	71	175.0
炭素	C	6	12.0	ルテニウム	Ru	44	101.1
タンタル	Ta	73	180.9	ルビジウム	Rb	37	85.5
チタン	Ti	22	47.9	レニウム	Re	75	186.2
窒素	N	7	14.0	ロジウム	Rh	45	102.9
ツリウム	Tm	69	168.9	ローレンシウム	Lr	103	(262.1)
テクネチウム	Tc	43	(97.9)	110番元素	( )	110	(269.3)
鉄	Fe	26	55.8	111番元素	( )	111	(272)
テルビウム	Tb	65	158.9	112番元素	( )	112	(277)

この表における原子質量の値は，^{12}C = 12.0000 u を基準にして相対的に決めたものである．原子質量の数値は 0.1 位未満を四捨五入するか，または少なくとも有効数字3桁で表してある．括弧内の値は放射性元素について最長の半減期をもつ同位体の原子質量を示す．赤で印刷されている元素名と元素記号の対応は記憶しておくと便利である．